本书由上海财经大学浙江学院发展基金资助出版

高等院校经济数学系列教材

高 等 代 数

沈炳良　邹晓光　晁海洲　任建国　郭巧玲　编

上海财经大学出版社

图书在版编目(CIP)数据

高等代数/沈炳良等编. —上海:上海财经大学出版社,2024.2
高等院校经济数学系列教材
ISBN 978 - 7 - 5642 - 4306 - 7/F·4306

Ⅰ.①高… Ⅱ.①沈… Ⅲ.①高等代数—高等学校—教材 Ⅳ.①O15

中国国家版本馆 CIP 数据核字(2023)第 254485 号

□ 责任编辑　刘光本
□ 封面设计　张克瑶

高等代数

沈炳良　邹晓光　晁海洲　任建国　郭巧玲　编

上海财经大学出版社出版发行
(上海市中山北一路 369 号　邮编 200083)
网　　址:http://www.sufep.com
电子邮箱:webmaster @ sufep.com
全国新华书店经销
上海华业装潢印刷厂有限公司印刷装订
2024 年 2 月第 1 版　2024 年 2 月第 1 次印刷

787mm×1092mm　1/16　17.25 印张　442 千字
定价:59.00 元

前　言

　　高等代数是本科院校师范类和理工类专业一门重要的基础理论课程.它在培养学生的抽象概括能力、逻辑思维能力、运算能力方面的独特作用,可为学生终身可持续发展打好数学基础,是其他课程无法替代的.

　　然而,由于应用型本科院校在我国的发展历史还相对较短,《高等代数》教材的编写又是一件费时费力、十分繁杂的工作,对编写者的要求较高,不仅要熟悉应用型本科院校的办学模式和人才培养定位,还要熟悉教材内容、高瞻远瞩,更要了解学生的特点,否则很难编写出针对性强的教材.尽管已发行的高等代数的教材从种类到数量十分庞大,但我们很难寻觅到一部较为权威、适用于应用型本科院校、特色鲜明的教材.

　　考虑到这些因素,我们研究和借鉴了国内外众多优秀教材的结构和内容安排,并充分考虑到统计类专业学生的特点,编写了这本《高等代数》教材.本教材由上海财经大学浙江学院公共基础部及上海电子信息职业技术学院公共基础部教师负责编写.全书共八章,参加编写的教师为:晁海洲(第一、四章),任建国(第二、三章),沈炳良(第五章),郭巧玲(第六章),邹晓光(第七、八章),由沈炳良统纂定稿.全书叙述简洁准确,适当减少烦琐的证明和推导,重在对数学思想的理解和把握,尽量增加较多的例题,在概念的引入等环节力求从解决问题的角度体现实用性.

　　本书可读性较强,既可以作为应用型本科院校或同等层次学生的教学用书,也可以作为线性代数的教学参考书.学习本书的预修课程只需初等数学即可.

　　本书的出版得到上海财经大学浙江学院发展基金及数学科研团队建设项目的资助.沈炳良得到金华市 321 专业技术人才培养工程的资助.特此致谢!

　　在高等代数课程建设及本书的编写过程中,得到了上海财经大学浙江学院领导的关心和支持,并得到了上海财经大学出版社的协助,尤其是刘光本博士的认真编辑对保证教材的质量起到了积极的作用;浙江师范大学的刘玲博士仔细阅读了全书,提出不少修改意见;陈海红、崔响等十位同学做了很多辅助工作,在此一并表示衷心的感谢.

　　由于编者水平有限,书中错误难免,恳请专家和本书的使用者批评指正.

编者

2024 年 2 月

目 录

第一章

多 项 式

多项式是代数学中最基本的对象之一,它不但与高次方程讨论有关,而且在进一步学习代数及其他数学分支时也会碰到.本章主要介绍有关多项式的一些基本知识.

§1 数 域

首先我们介绍一下数环和数域这两个概念.

在整数范围内可以进行加、减、乘三种运算,即两个整数经过加、减、乘运算所得到的结果仍然在整数集合当中,然而两个整数的商不一定是整数.也就是说,在整数范围内,除法不是永远可以实施的.两个整数经过除法运算所得到的结果可能超出整数集合本身.但在有理数范围内,不仅可以施行加、减、乘三种运算,还可以施行除法(只要除数不为零).在实数和复数范围内,也同样可以施行这四种运算.我们把在一个数集上实施某个运算后所得结果仍然包含在原数集当中这一性质,称为该数集关于此运算具有**封闭性**.除上述四个数集外,还有很多数集,关于加、减、乘(或加、减、乘、除)运算是封闭的.一般我们把关于加、减、乘运算封闭的数集叫做数环,把关于加、减、乘、除运算封闭的数集叫做数域.

定义 1.1 设 S 是复数集 C 的一个非空子集.如果对于 S 中任意两个数 a,b 来说,$a+b$,$a-b$,ab 都在 S 内,那么就称 S 是一个数环.

例如,上面提到的整数集 Z,有理数集 Q,实数集 R 和复数集 C 都是数环.我们再看一些数环的例子.

例 1 取定一个整数 a,令
$$S = \{na \mid n \in Z\}.$$
那么 S 是一个数环.事实上,S 显然不是空集.设 n_1,$n_2 \in Z$,那么
$$n_1 a \pm n_2 a = (n_1 \pm n_2)a \in S, \quad (n_1 a)(n_2 a) = (n_1 n_2 a)a \in S.$$

例如,取 $a=2$,那么 S 就是全体偶数所组成的数环.特别地,如果取 $a=0$,那么 $S=\{0\}$.所以单独一个数 0 组成一个数环.

例 2 令 $S = \{a+bi \mid a,b \in Z, i^2 = -1\}$.$S$ 显然不是空集.如果 $a+bi$,$c+di \in S$,

那么

$$(a+bi)\pm(c+di)=(a\pm c)+(b\pm d)i\in S,$$
$$(a+bi)(c+di)=(ac-bd)+(bc+ad)i\in S.$$

所以 S 是一个数环.

现在引入数域的概念.

定义 1.2 设 F 是复数集 C 的一个包含 $0,1$ 的非空子集.如果对于 F 中任意两个数 a，b 来说，$a+b$，$a-b$，ab，$\dfrac{a}{b}$（其中 $b\neq 0$）都在 F 内，那么就称 F 是一个数域.

在数环的基础上，数域还可以按照以下方式定义.

定义 1.2* 设 F 是一个数环.如果(i) F 含有一个不等于零的数；(ii) 如果 a，$b\in F$，且 $b\neq 0$，则 $\dfrac{a}{b}\in F$，那么就称 F 是一个数域.

例如，有理数集 Q，实数集 R 和复数集 C 都是数域，然而整数环 Z 不是数域.例 1 和例 2 的数环也不是数域.我们再看一个数域的例子.

例 3 令 $F=\{a+b\sqrt{2}\mid a,b\in Q\}$，则 F 是一个数域.首先，容易看出，F 是一个数环，并且 $1=1+0\sqrt{2}\in F$，所以(i)成立.

现在设 $c+d\sqrt{2}\neq 0$，那么 $c-d\sqrt{2}\neq 0$.否则在 $d=0$ 的情形将得出 $c=0$，这与 $c+d\sqrt{2}\neq 0$ 的假设矛盾；在 $d\neq 0$ 的情形将得出 $\sqrt{2}=\dfrac{c}{d}\in Q$，这与 $\sqrt{2}$ 是无理数的事实矛盾.因此，

$$\frac{a+b\sqrt{2}}{c+d\sqrt{2}}=\frac{(a+b\sqrt{2})(c-d\sqrt{2})}{(c+d\sqrt{2})(c-d\sqrt{2})}=\frac{ac-2bd}{c^2-2d^2}+\frac{bc-ad}{c^2-2d^2}\sqrt{2}\in F.$$

这就证明了 F 是一个数域.

例 4 可以验证，所有可以表示成形如

$$\frac{a_0+a_1\pi+\cdots+a_n\pi^n}{b_0+b_1\pi+\cdots+b_m\pi^m}$$

的数组成一个数域，其中 n，m 为任意非负整数，a_i，b_j，$i=0,1,\cdots,n$；$j=0,1,\cdots,m$ 是整数.

例 5 所有奇数组成的数集，对于乘法是封闭的，但对于加、减法不是封闭的.$\sqrt{2}$ 的整倍数的全体构成的数集，对于加、减法是封闭的，但对于乘除法不封闭.以上两个数集均不是数域.

最后证明数域的一个重要性质.

定理 1.1 任何数域都包括有理数域 Q.

证 设 F 是一个数域.那么由条件(i)，F 含有一个不等于 0 的数 a，再由条件(ii)，$1=\dfrac{a}{a}\in F$.用 1 和它自己重复相加，可得全体正整数，因而全体正整数都属于 F.另一方面，$0=a-a\in F$.所以 F 也含有 0 与任一正整数的差，亦即含有全体负整数.因而 F 含有一切有理数.

在这个定理的意义下，可以认为，有理数域 Q 是最小的数域.

习 题 1-1

1. 证明:如果一个数环 $S \neq \{0\}$,那么 S 含有无限多个数.

2. 证明:$F = \{a + bi \mid a, b \in Q\}$ 是数域.

3. 证明:$S = \left\{\dfrac{m}{n} \mid m, n \in Z\right\}$ 是一个数环,S 是不是数域?

4. 证明:两个数环的交还是一个数环;两个数域的交还是一个数域.两个数环的并是不是数环?

5. 设 n 是一整数,令 $nZ = \{nz \mid z \in Z\}$. 记

$$mZ + nZ = \{mx + ny \mid x, y \in Z\}, \quad m, n \in Z$$

证明:(1) $mZ + nZ$ 是一个数环;

(2) $mZ \subseteq nZ \Leftrightarrow n \mid m$;

(3) $mZ + nZ = dZ$,这里 $d = (m, n)$ 是 m 与 n 的最大公因数;

(4) $mZ + nZ = Z \Leftrightarrow (m, n) = 1$.

§2 一元多项式

我们将在一个数环 S 上来讨论多项式.

令 S 是一个数环,并且 S 含有数 1,因而 S 含有全体整数.在这一章里,凡是说到数环,都作这样的约定,不再每次重复.

先讨论一元多项式.

定义 2.1 数环 S 上一个关于 x 的多项式或一元多项式指的是形式表达式

$$a_0 + a_1 x + a_2 x^2 + \cdots + a_n x^n,$$

这里 n 是非负整数,而 $a_0, a_1, a_2, \cdots, a_n$ 都是 S 中的数.

我们称 a_0 为零次项或常数项,$a_1 x$ 为一次项.一般地,$a_i x^i$ 叫作 i 次项,a_i 叫作 i 次项的系数.

规定在一个多项式中,可以任意添上或者去掉一些系数为零的项;如果某一个 i 次项 $(i \neq 0)$ 的系数是 1,那么这个系数可以省略不写.

一元多项式常用符号 $f(x)$,$g(x)$,$\cdots$ 来表示.

现在对于多项式引入相等的概念.

定义 2.2 如果数环 S 上两个一元多项式 $f(x)$ 和 $g(x)$ 有完全相同的项,或者只差一些系数为零的项,那么 $f(x)$ 和 $g(x)$ 就说是相等,记为 $f(x) = g(x)$.

我们来看两个例子.根据上面的规定和定义 2.2,我们有

$$1 + 0x + 5x^2 + 0x^3 = 1 + 0x + 5x^2 = 1 + 5x^2,$$

$$3 + 1x + 2x^2 = 3 + x + 2x^2 \neq 3 + x + x^2.$$

按照上面的定义,一个数环 S 上的系数不全为零的多项式总可以写成

$$a_0 + a_1 x + a_2 x^2 + \cdots + a_n x^n, \quad a_n \neq 0$$

的形式,并且这种写法是唯一的.因此我们可以对多项式引入次数的概念.

定义 2.3 $a_n x^n$ 叫作多项式 $a_0 + a_1 x + a_2 x^2 + \cdots + a_n x^n$ 的最高次项,非负整数 n 叫作多项式 $a_0 + a_1 x + a_2 x^2 + \cdots + a_n x^n$ 的次数,记作 $\partial(f(x))$.

这样,数环 S 上每一个系数不全为零的多项式有一个唯一确定的次数.特别地,最高次项是零次项的多项式 $a(a \neq 0)$ 的次数为零.

系数全为零的多项式没有次数,这个多项式叫作零多项式,按照定义 2.2,零多项式总可以记为 0.以后谈到多项式 $f(x)$ 的次数时,总假定 $f(x) \neq 0$.

现在定义多项式的运算.设

$$f(x) = a_0 + a_1 x + \cdots + a_n x^n,$$
$$g(x) = b_0 + b_1 x + \cdots + b_m x^m$$

是数环 S 上两个多项式,并且设 $m \leqslant n$. 多项式 $f(x)$ 与 $g(x)$ 的和 $f(x) + g(x)$ 指的是多项式

$$(a_0 + b_0) + (a_1 + b_1)x + \cdots + (a_m + b_m)x^m + \cdots + (a_n + b_n)x^n,$$

这里当 $m \leqslant n$ 时,取 $b_{m+1} = \cdots = b_n = 0$.

多项式 $f(x)$ 与 $g(x)$ 的积 $f(x)g(x)$ 指的是多项式

$$c_0 + c_1 x + \cdots + c_{n+m}x^{n+m},$$

这里

$$c_k = a_0 b_k + a_1 b_{k-1} + \cdots + a_{k-1}b_1 + a_k b_0, \ k = 0, 1, \cdots, n+m.$$

求多项式的和与积的运算分别叫作加法运算与乘法运算.这里定义的多项式加法和乘法运算显然与中学里多项式加法和乘法运算是一致的.

利用多项式的加法运算可以定义多项式的减法运算.设 $h(x)$ 是 S 上任一多项式.我们用 $-h(x)$ 来表示把 $h(x)$ 中每一个系数都变号后所得多项式.我们定义 $f(x)$ 和 $g(x)$ 的差

$$f(x) - g(x) = f(x) + (-g(x)).$$

由于减法运算是利用加法运算来定义的,所以减法运算不是一个独立的运算.

根据以上定义,S 上两个多项式 $f(x)$,$g(x)$ 的和、差、积的系数都可以用 $f(x)$ 和 $g(x)$ 的系数的和、差、积表示出来.由于 $f(x)$ 和 $g(x)$ 的系数都属于数环 S,所以它们的和、差、积也都属于 S,所以 S 上两个多项式的和、差、积仍是 S 上的多项式.

多项式的加法和乘法满足以下运算规则:

(1) 加法交换律:

$$f(x) + g(x) = g(x) + f(x);$$

(2) 加法结合律:

$$(f(x) + g(x)) + h(x) = f(x) + (g(x) + h(x));$$

(3) 乘法交换律:

$$f(x)g(x) = g(x)f(x);$$

（4）乘法结合律：

$$(f(x)g(x))h(x) = f(x)(g(x)h(x));$$

（5）乘法对加法的分配律：

$$f(x)(g(x) + h(x)) = f(x)g(x) + f(x)h(x).$$

以上 $f(x)$，$g(x)$，$h(x)$ 表示 S 上任意多项式.这些运算规则的成立都可以由多项式的加法和乘法定义加以验证.由于我们都熟悉这些运算规则,所以不再给出它们的验证.

有时候把一个多项式按"降幂"书写是方便的,这时将多项式写成

$$a_0 x^n + a_1 x^{n-1} + \cdots + a_{n-1} x + a_n,$$

当 $a_0 \neq 0$ 时,$a_0 x^n$ 叫作该多项式的首项.

多项式的次数在多项式的讨论中占有重要地位.关于次数有以下结论.

定理 2.1 设 $f(x)$ 和 $g(x)$ 是数环 S 上两个多项式,并且 $f(x) \neq 0$，$g(x) \neq 0$，那么

（i）当 $f(x) + g(x) \neq 0$ 时,

$$\partial(f(x) + g(x)) \leqslant \max(\partial(f(x)), \partial(g(x))),$$

（ii）$\partial(f(x)g(x)) = \partial(f(x)) + \partial(g(x))$.

证 设 $\partial(f(x)) = n$，$\partial(g(x)) = m$，

$$f(x) = a_0 + a_1 x + \cdots + a_n x^n, \ a_n \neq 0,$$
$$g(x) = b_0 + b_1 x + \cdots + b_m x^m, \ b_m \neq 0,$$

并且 $m \leqslant n$.那么

$$f(x) + g(x) = (a_0 + b_0) + (a_1 + b_1)x + \cdots + (a_n + b_n)x^n,$$

于是,$f(x) + g(x)$ 的次数显然不能超过 n.另一方面,

$$f(x)g(x) = a_0 b_0 + (a_0 b_1 + a_1 b_0)x + \cdots + a_n b_m x^{n+m}$$

由 $a_n \neq 0$，$b_m \neq 0$ 得 $a_n b_m \neq 0$.所以 $f(x)g(x)$ 的次数是 $n+m$.

推论 1 如果 $f(x)$ 和 $g(x)$ 中有一个是零多项式,那么由多项式乘法定义得 $f(x)g(x) = 0$.若 $f(x) \neq 0$ 且 $g(x) \neq 0$，那么由定理 2.1 的证明,得 $f(x)g(x) \neq 0$.

推论 2 若 $f(x)g(x) = f(x)h(x)$，且 $f(x) \neq 0$，那么 $g(x) = h(x)$.

证 由 $f(x)g(x) = f(x)h(x)$，得 $f(x)(g(x) - h(x)) = 0$.但 $f(x) \neq 0$，所以由推论 1,必有 $g(x) - h(x) = 0$，即 $g(x) = h(x)$.

由于推论 2 成立,我们说,多项式的乘法适合消去律.

最后我们引入一个术语.我们用 $S[x]$ 来表示数环 S 上一个关于 x 的多项式的全体,并且把在其中如上定义了加法和乘法运算的 $S[x]$ 叫作数环 S 上的一元多项式环.

习 题 1-2

1. 设 $f(x)$，$g(x)$ 和 $h(x)$ 是实数域上的多项式.证明：若

$$f^2(x) = xg^2(x) + xh^2(x),$$

那么 $f(x) = g(x) = h(x) = 0$.

2. 求一组满足 $f^2(x) = xg^2(x) + xh^2(x)$ 的不全为零的复系数多项式 $f(x)$，$g(x)$ 和 $h(x)$.

3. 证明：$1 - x + \dfrac{x(x-1)}{2!} - \cdots + (-1)^n \dfrac{x(x-1)\cdots(x-n+1)}{n!} = (-1)^n \dfrac{(x-1)\cdots(x-n)}{n!}$.

§3 多项式的整除性

在一个数环 S 上的一元多项式环内，除法不是永远可以施行的.因此关于多项式的整除性的研究，也就是关于一个多项式能否除尽另一个多项式的研究，在多项式的理论中占有重要的地位.

我们限于讨论一个数域 F 上一元多项式的整除性.这样的多项式的整除性理论和整数的整除性理论具有相似性.

类似数环 S 上的多项式环，设 F 是一个数域，我们记 $F[x]$ 是 F 上的一元多项式环.

定义 3.1 令 $f(x)$ 和 $g(x)$ 是数域 F 上多项式环 $F[x]$ 的两个多项式.如果存在 $F[x]$ 的多项式 $h(x)$，使

$$g(x) = f(x)h(x),$$

我们就说，$f(x)$ 整除（能除尽）$g(x)$.

我们用符号 $f(x) \mid g(x)$ 表示 $f(x)$ 整除 $g(x)$，用符号 $f(x) \nmid g(x)$ 表示 $f(x)$ 不能整除 $g(x)$.

当 $f(x) \mid g(x)$ 时，称 $f(x)$ 为 $g(x)$ 的一个**因式**，$g(x)$ 称为 $f(x)$ 的一个**倍式**.

在以下几节里，如果不特别声明，谈到的多项式都是 $F[x]$ 中的多项式.

由上面定义我们可以直接推出关于多项式整除性的一些基本性质：

(1) 如果 $f(x) \mid g(x)$，$g(x) \mid h(x)$，那么 $f(x) \mid h(x)$.

事实上，由所给的条件得

$$g(x) = f(x)u(x), \quad h(x) = g(x)v(x).$$

因此

$$h(x) = f(x)(u(x)v(x)),$$

即 $f(x) \mid h(x)$.

(2) 如果 $h(x) \mid f(x)$，$h(x) \mid g(x)$，那么 $h(x) \mid (f(x) \pm g(x))$.

事实上，由等式

$$f(x) = h(x)u(x), \quad g(x) = h(x)v(x).$$

得

$$f(x) \pm g(x) = h(x)(u(x) \pm v(x)).$$

(3) 如果 $h(x) \mid f(x)$，那么对于任意 $F[x]$ 中的多项式 $g(x)$ 有，$h(x) \mid f(x)g(x)$.

事实上，由等式

$$f(x)=h(x)u(x),$$

得

$$f(x)g(x)=h(x)(u(x)g(x)).$$

由(2)与(3)得：

(4) 如果 $h(x)\mid f_i(x)$，$i=1,2,\cdots,t$，那么对 $F[x]$ 中任意 $g_i(x)$，$i=1,2,\cdots,t$，

$$h(x)\mid(f_1(x)g_1(x)\pm f_2(x)g_2(x)\pm\cdots\pm f_t(x)g_t(x)).$$

(5) 零次多项式，也就是 F 中不等于零的数，整除任一多项式.

事实上，设 $f(x)=a_0+a_1x+\cdots+a_nx^n$ 是任一多项式，而 c 是 F 中任一不等于零的数，那么

$$f(x)=c\left(\frac{a_0}{c}+\frac{a_1}{c}x+\cdots+\frac{a_n}{c}x^n\right).$$

(6) 每一个多项式 $f(x)$ 都能被 $cf(x)$ 整除，这里 c 是 F 中任一不等于零的数.事实上，$f(x)=\frac{1}{c}(cf(x))$.

(7) 如果 $f(x)\mid g(x)$，$g(x)\mid f(x)$，那么 $f(x)=cg(x)$，这里 c 是 F 中一个不等于零的数.

事实上，由

$$g(x)=f(x)u(x),$$
$$f(x)=g(x)v(x)$$

得

$$f(x)=f(x)u(x)v(x).$$

如果 $f(x)=0$，那么由 $g(x)=f(x)u(x)$ 得 $g(x)=0$，从而 $f(x)=g(x)$.

如果 $f(x)\neq 0$，那么由 $f(x)=f(x)u(x)v(x)$ 得 $u(x)v(x)=1$. 于是，有 $\partial(u(x)v(x))=0$，从而

$$\partial(u(x))=0,\ \partial(v(x))=0.$$

这样，$v(x)$ 是 F 中一个不等于零的数 c，从而 $f(x)=cg(x)$.

在整数的整除性理论中，带余除法定理起着基本的作用.以下我们将证明，对于一个数域 F 上一元多项式来说也有类似的定理.这个定理同样是多项式整除性理论的基础.

在中学代数里我们通过具体例子学习过用一个非零多项式去除另一多项式的方法.

例1 设 $f(x)=3x^3+4x^2-5x+6$，$g(x)=x^2-3x+1$，我们可以按照下面的格式来作除法：

$$
\begin{array}{r|l|l}
x^2-3x+1 & 3x^3+4x^2-5x+6 & 3x+13 \\
& \underline{3x^3-9x^2+3x} & \\
& 13x^2-8x+6 & \\
& \underline{13x^2-39x+13} & \\
& 31x-7 &
\end{array}
$$

于是有 $3x^3+4x^2-5x+6=(3x+13)(x^2-3x+1)+(31x-7)$.

我们发现,若 $f(x)$, $g(x)$ 是任意两个多项式,并且 $g(x) \neq 0$,那么 $f(x)$ 可以写成

$$f(x) = g(x)q(x) + r(x),$$

这里或者 $r(x) = 0$,或者 $r(x)$ 的次数小于 $g(x)$ 的次数,有时候我们把 $g(x)$ 称为**除式**,$f(x)$ 称为**被除式**,$q(x)$ 称为用 $g(x)$ 除 $f(x)$ 的**商式**,$r(x)$ 称为用 $g(x)$ 除 $f(x)$ 的**余式**.

我们现在要一般地证明这个事实,并且证明 $q(x)$ 和 $r(x)$ 都是唯一确定的.

定理 3.1 设 $f(x)$ 和 $g(x)$ 是 $F[x]$ 的任意两个多项式,并且 $g(x) \neq 0$. 那么在 $F[x]$ 中可以找到多项式 $q(x)$ 和 $r(x)$,使

$$f(x) = g(x)q(x) + r(x). \tag{1}$$

这里或者 $r(x) = 0$,或者 $\partial(r(x)) < \partial(g(x))$,满足以上条件的多项式 $q(x)$ 和 $r(x)$ 是唯一的.

证 先证定理的前一部分.

若 $f(x) = 0$ 或 $\partial(f(x)) < \partial(g(x))$,那么可以取

$$q(x) = 0, \ r(x) = f(x).$$

现在假定 $\partial(f(x)) \geqslant \partial(g(x))$. 我们把 $f(x)$ 和 $g(x)$ 按降幂书写:

$$f(x) = a_0 x^n + a_1 x^{n-1} + \cdots + a_{n-1} x + a_n,$$
$$g(x) = b_0 x^m + b_1 x^{m-1} + \cdots + b_{m-1} x + b_m,$$

这里 $a_0 \neq 0$, $b_0 \neq 0$,并且 $n \geqslant m$.

用中学代数中多项式除多项式的方法,$f(x)$ 减去 $g(x)$ 与 $b_0^{-1} a_0 x^{n-m}$ 的积,那么 $f(x)$ 的首项被消去,而我们得到 $F[x]$ 的一多项式 $f_1(x)$:

$$f_1(x) = f(x) - b_0^{-1} a_0 x^{n-m} g(x).$$

$f_1(x)$ 有以下性质:或者 $f_1(x) = 0$,或者 $f_1(x)$ 的次数小于 $f(x)$ 的次数 n.

若 $f_1(x) \neq 0$,并且 $f_1(x)$ 的次数 n_1 仍不小于 $g(x)$ 的次数 m,那么用同样的步骤我们可以得到 $F[x]$ 的一个多项式 $f_2(x)$:

$$f_2(x) = f_1(x) - b_0^{-1} a' x^{n_1-m} g(x),$$

这里 a' 是 $f_1(x)$ 的首项系数. $f_2(x)$ 有以下性质:或者 $f_2(x) = 0$,或者 $f_2(x)$ 的次数小于 $f_1(x)$ 的次数 n_1.

这样作下去,由于多项式 $f_1(x)$, $f_2(x)$, $\cdots$ 的次数是递降的,最后一定达到这样的一个多项式 $f_k(x)$:

$$f_k(x) = f_{k-1}(x) - b_0^{-1} a_{k-1,0} x^{n_{k-1}-m} g(x),$$

而 $f_k(x) = 0$ 或 $f_k(x)$ 的次数小于 m. 因此我们得到等式:

$$f(x) - b_0^{-1} a_0 x^{n-m} g(x) = f_1(x),$$
$$f_1(x) - b_0^{-1} a_{1,0} x^{n_1-m} g(x) = f_2(x),$$
$$\cdots\cdots\cdots\cdots$$
$$f_{k-1}(x) - b_0^{-1} a_{k-1,0} x^{n_{k-1}-m} g(x) = f_k(x).$$

把这些等式加起来,得

$$f(x)=g(x)(b_0^{-1}a_0x^{n-m}+b_0^{-1}a_{1,0}x^{n_1-m}+\cdots+b_0^{-1}a_{k-1,0}x^{n_{k-1}-m})+f_k(x).$$

这样,$F[x]$ 的多项式

$$q(x)=b_0^{-1}a_0x^{n-m}+b_0^{-1}a_{1,0}x^{n_1-m}+\cdots+b_0^{-1}a_{k-1,0}x^{n_{k-1}-m},\ r(x)=f_k(x)$$

满足等式(1),并且或者 $r(x)=0$,或者 $\partial(r(x))<\partial(g(x))$.

现在证明定理的后一部分.

假定还能找到 $F[x]$ 的多项式 $\bar{q}(x)$ 和 $\bar{r}(x)$,使

$$f(x)=g(x)\bar{q}(x)+\bar{r}(x), \tag{2}$$

并且或者 $\bar{r}(x)=0$,或者 $\partial(\bar{r}(x))<\partial(g(x))$,那么由等式(1)减去等式(2),得

$$g(x)[q(x)-\bar{q}(x)]=r(x)-\bar{r}(x).$$

若 $r(x)-\bar{r}(x)\neq0$,那么 $q(x)-\bar{q}(x)$ 也不能等于零.这时等式右边的次数将小于 $g(x)$ 的次数,而等式左边的次数将不小于 $g(x)$ 的次数.这不可能. 因此必然有

$$r(x)-\bar{r}(x)=0,$$

因而

$$q(x)-\bar{q}(x)=0.$$

这就是说,$q(x)=\bar{q}(x)$,$r(x)=\bar{r}(x)$.

我们看到,在以上证明中,对于已给多项式 $f(x)$ 和 $g(x)$ 来求出 $q(x)$ 和 $r(x)$ 的方法正是中学代数中多项式除多项式的方法.这种方法叫作带余除法.多项式 $q(x)$ 和 $r(x)$ 分别叫作以 $g(x)$ 除 $f(x)$ 所得的商式和余式.

现在很容易判断,一个已给多项式 $g(x)$ 是否能够整除另一多项式 $f(x)$.

若 $g(x)=0$,那么根据整除的定义,$g(x)$ 只能整除零多项式 0.

若 $g(x)\neq0$,那么由以上定理,当且仅当 $g(x)$ 除 $f(x)$ 所得余式 $r(x)=0$ 的时候,$g(x)$ 能整除 $f(x)$.

注意 (1) 如果(1)中 $q(x)$ 和 $r(x)$ 不是唯一的,那么我们不能如上地定义商式和余式的概念,也不能利用带余除法来判断一个多项式 $g(x)$ 是否能整除另一个多项式 $f(x)$.

(2) 在定理 3.1 的证明过程中,只有 $g(x)$ 的最高次项系数 b_0 才在分母中出现.因此,若 $f(x)$,$g(x)$ 都是某一数环 S 上的多项式,且 $g(x)$ 是一个最高次项系数是 1 的非零多项式,那么带余除法可以在 $S[x]$ 内进行.也就是说,存在唯一的一对多项式 $q(x)$,$r(x)\in S[x]$,其中 $r(x)=0$ 或者 $\partial(r(x))<\partial(g(x))$,使得等式(1)成立.

最后我们说明以下事实:

设 F 和 $\bar{F}$ 是两个数域,并且 $\bar{F}$ 是含有 F 的更大的数域,那么多项式环 $\bar{F}[x]$ 含有多项式环 $F[x]$.因此 F 上的一个多项式 $f(x)$ 也是 $\bar{F}$ 上的一个多项式.例如,有理数域上多项式 x^2+3x+1 同时是实数域上的多项式,也是复数域上的多项式.

现在假定 $f(x)$ 和 $g(x)$ 是 $F[x]$ 的两个多项式,并且在 $F[x]$ 里 $g(x)$ 不能整除 $f(x)$,换一句话说,在 $F[x]$ 里找不到多项式 $h(x)$,使

$$f(x) = g(x)h(x).$$

我们会有以下问题：是否在较大的 $\bar{F}[x]$ 里能够找到一个满足条件的多项式，使得在 $\bar{F}[x]$ 里 $g(x)$ 能够整除 $f(x)$？ 这是不可能的.因为由上面定理可以推出以下事实：

设数域 $\bar{F}$ 含有数域 F 而 $f(x)$ 和 $g(x)$ 是 $F[x]$ 的两个多项式,如果在 $F[x]$ 里 $g(x)$ 不能整除 $f(x)$,那么在 $\bar{F}[x]$ 里 $g(x)$ 也不能整除 $f(x)$.

事实上,如果 $g(x)=0$,那么由于在 $F[x]$ 里 $g(x)$ 不能整除 $f(x)$, $f(x)$ 不能等于 0,因此在 $\bar{F}[x]$ 里 $g(x)$ 显然仍不能整除 $f(x)$.

假定 $g(x) \neq 0$,那么在 $F[x]$ 里,以下等式成立：

$$f(x) = g(x)q(x) + r(x),$$

并且 $r(x) \neq 0$.但是 $F[x]$ 的多项式 $q(x)$ 和 $r(x)$ 都是 $\bar{F}[x]$ 的多项式,因而在 $\bar{F}[x]$ 里,这一等式仍然成立.于是由 $r(x)$ 的唯一性得出,在 $\bar{F}[x]$ 里 $g(x)$ 仍然不能整除 $f(x)$.

例 2 求多项式 $f(x)$,使 $x^2 + 1 \mid f(x)$, $(x^3 + x^2 + 1) \mid f(x) + 1$.

解 提示：本题可考虑利用整除定义.

设 $f(x) = (x^2 + 1)g(x)$, $f(x) + 1 = (x^3 + x^2 + 1)h(x)$,
则 $f(x) = (x^2 + 1)h(x) + x^3 h(x) - 1$, 所以

$$(x^2 + 1)(g(x) - h(x)) = x^3 h(x) - 1,$$

取 $g(x) - h(x) = x^2 - 1$, $h(x) = x$, 则上式成立.于是 $g(x) = x^2 + x - 1$, $h(x) = x$, $f(x) + 1 = (x^3 + x^2 + 1)x$, 所以 $f(x) = x^4 + x^3 + x - 1$.

习 题 1-3

1. 求 $f(x)$ 被 $g(x)$ 除所得的商式和余式：

(1) $f(x) = x^4 - 4x^3 - 1$, $g(x) = x^2 - 3x - 1$;

(2) $f(x) = x^5 - x^3 + 3x^2 - 1$, $g(x) = x^3 - 3x + 2$.

2. 证明：$x \mid f^k(x)$ 当且仅当 $x \mid f(x)$.

3. 令 $f_1(x)$, $f_2(x)$, $g_1(x)$, $g_2(x)$ 都是数域 F 上的多项式,其中 $f_1(x) \neq 0$ 且 $g_1(x)g_2(x) \mid f_1(x)f_2(x)$, $f_1(x) \mid g_1(x)$. 证明：$g_2(x) \mid f_2(x)$.

4. 实数 m, p, q 满足什么条件时,多项式 $x^2 + mx + 1$ 能够整除多项式 $x^4 + px + q$?

5. 设 F 是一个数域,$a \in F$. 证明：$x - a$ 整除 $x^n - a^n$.

6. 考虑有理数域上多项式

$$f(x) = (x+1)^{k+n} + (2x)(x+1)^{k+n-1} + \cdots + (2x)^k (x+1)^n,$$

这里 k 和 n 都是非负整数.证明：

$$x^{k+1} \mid (x+1)f(x) + (x+1)^{k+n+1}.$$

7. 证明：$x^d - 1$ 整除 $x^n - 1$ 当且仅当 d 整除 n.

§4 最 大 公 因 式

前面我们已经给出多项式因式的概念. 当一个多项式 $u(x)$ 既是 $f(x)$ 的因式又是 $g(x)$

的因式时,我们称 $u(x)$ 为 $f(x)$ 和 $g(x)$ 的公因式.下面我们来讨论其中一类非常重要的公因式——最大公因式.

设 F 是一个数域,$F[x]$ 是 F 上一元多项式环.

定义 4.1 令 $f(x)$ 和 $g(x)$ 是 $F[x]$ 的两个多项式.若 $F[x]$ 的一个多项式 $h(x)$ 同时整除 $f(x)$ 和 $g(x)$,那么 $h(x)$ 叫作 $f(x)$ 与 $g(x)$ 的一个公因式.

两个多项式 $f(x)$ 与 $g(x)$ 的公因式总是存在的,因为根据上节性质(5),至少每一零次多项式都是 $f(x)$ 与 $g(x)$ 的公因式.一般 $f(x)$ 与 $g(x)$ 还有其他的公因式.

定义 4.2 设 $d(x)$ 是多项式 $f(x)$ 与 $g(x)$ 的一个公因式.若 $d(x)$ 能被 $f(x)$ 与 $g(x)$ 的每一公因式整除,那么 $d(x)$ 叫作 $f(x)$ 与 $g(x)$ 的一个最大公因式.

定理 4.1 $F[x]$ 的任意两个多项式 $f(x)$ 与 $g(x)$ 一定有最大公因式.除一个零次因式外,$f(x)$ 与 $g(x)$ 的最大公因式是唯一确定的.这就是说,若 $d(x)$ 是 $f(x)$ 与 $g(x)$ 的一个最大公因式,那么数域 F 的任何一个不为零的数 c 与 $d(x)$ 的乘积 $cd(x)$ 也是 $f(x)$ 与 $g(x)$ 的一个最大公因式;而且当 $f(x)$ 与 $g(x)$ 不全为零多项式时,只有这样的乘积才是 $f(x)$ 与 $g(x)$ 的最大公因式.

证 先证明定理的前一部分.

如果 $f(x)=g(x)=0$,那么根据定义,$f(x)$ 与 $g(x)$ 的最大公因式就是 0.

假定 $f(x)$ 与 $g(x)$ 不都等于零,比方说,$g(x)\neq0$.应用带余除法,以 $g(x)$ 除以 $f(x)$,得商式 $q_1(x)$ 及余式 $r_1(x)$.如果 $r_1(x)\neq0$,那么再以 $r_1(x)$ 除以 $g(x)$,得商式 $q_2(x)$ 及余式 $r_2(x)$.如果 $r_2(x)\neq0$,再以 $r_2(x)$ 除以 $r_1(x)$,如此继续下去,因为余式的次数每次降低,所以作了有限次这种除法后,必然得出这样一个余式 $r_k(x)\neq0$,它整除前一个余式 $r_{k-1}(x)$.这样我们得到一串等式:

$$f(x)=g(x)q_1(x)+r_1(x),$$
$$g(x)=r_1(x)q_2(x)+r_2(x),$$
$$r_1(x)=r_2(x)q_3(x)+r_3(x),$$
$$\cdots\cdots\cdots\cdots$$
$$r_{k-3}(x)=r_{k-2}(x)q_{k-1}(x)+r_{k-1}(x),$$
$$r_{k-2}(x)=r_{k-1}(x)q_k(x)+r_k(x),$$
$$r_{k-1}(x)=r_k(x)q_{k+1}(x).$$

我们说,$r_k(x)$ 就是 $f(x)$ 与 $g(x)$ 的一个最大公因式.

上面最后一个等式说明 $r_k(x)$ 整除 $r_{k-1}(x)$.由此得,$r_k(x)$ 整除倒数第二个等式右端的两项,因而也就整除 $r_{k-2}(x)$.同理,由倒数第三个等式看出 $r_k(x)$ 也整除 $r_{k-3}(x)$.如此逐步往上推,最后得出 $r_k(x)$ 能整除 $g(x)$ 与 $f(x)$.这就是说,$r_k(x)$ 是 $f(x)$ 与 $g(x)$ 的一个公因式.

其次,假定 $h(x)$ 是 $f(x)$ 与 $g(x)$ 的任一公因式,那么由第一个等式,$h(x)$ 也一定能整除 $r_1(x)$.同理,由第二个等式,$h(x)$ 也能整除 $r_2(x)$.如此逐步往下推,最后得出 $h(x)$ 能整除 $r_k(x)$.这样 $r_k(x)$ 的确是 $f(x)$ 与 $g(x)$ 的一个最大公因式.

定理的后一论断可由最大公因式的定义以及前节的性质(1),(6)及(7)直接推出.

注意,由上面过程我们不但证明了任意两个多项式都有最大公因式,并且也获得了实际求出这样一个最大公因式的一种方法.这种方法叫作辗转相除法.

我们也看到,两个零项多项式的最大公因式就是 0,它是唯一确定的.两个不全为零的多项式的最大公因式总是非零多项式,它们之间只有常数因子的差别.在这一情形我们约定,最大公因式指的是最高次项系数是 1 的那一个.这样,在任何情形,两个多项式 $f(x)$ 与 $g(x)$ 的最大公因式就都唯一确定了.我们以后用符号

$$(f(x), g(x))$$

来表示这样确定的最大公因式.

由于可以用辗转相除法求出两个多项式的最大公因式,我们还可以得出一个结果.我们知道,如果数域 $\bar{F}$ 含有 F,那么 $F[x]$ 的多项式 $f(x)$ 与 $g(x)$ 可以看作 $\bar{F}[x]$ 的多项式.我们有以下事实:

令 $\bar{F}$ 是含有 F 的一个数域,$d(x)$ 是 $F[x]$ 的多项式 $f(x)$ 与 $g(x)$ 在 $F[x]$ 中最高次项系数为 1 的最大公因式,而 $\bar{d}(x)$ 是这两个多项式在 $\bar{F}[x]$ 中最高次项系数为 1 的最大公因式,那么

$$\bar{d}(x)=d(x).$$

这就是说,从数域 F 过渡到数域 $\bar{F}$ 时,$f(x)$ 与 $g(x)$ 的最大公因式本质上没有改变.

事实上,若 $f(x)=g(x)=0$,那么 $d(x)=\bar{d}(x)=0$.

设 $f(x)$ 与 $g(x)$ 之间至少有一个不等于零.不论我们把 $f(x)$ 与 $g(x)$ 看成 $F[x]$ 或 $\bar{F}[x]$ 的多项式,在我们对这两个多项式施行辗转相除法时,总得到同一非零的最后余式 $r_k(x)$.因此这样得来的 $r_k(x)$ 既是 $f(x)$ 与 $g(x)$ 在 $F[x]$ 里的也是它们在 $\bar{F}[x]$ 里的一个最大公因式.令 $r_k(x)$ 的首项系数是 c,那么

$$\bar{d}(x)=d(x)=\frac{1}{c}r_k(x).$$

上述事实并不是显然的,因为从数域 F 过渡到数域 $\bar{F}$,多项式 $f(x)$ 与 $g(x)$ 可能获得与旧有的本质上不同的公因式.例如,令 F 是有理数域而 $\bar{F}$ 是实数域.看 $F(x)$ 的多项式

$$f(x)=x^3-3x^2-2x+6,$$
$$g(x)=x^3+x^2-2x-2.$$

容易算出,x^2-2 是这两个多项式的最大公因式.由于 $F[x]$ 的任何一次多项式都不能整除 x^2-2,知 $f(x)$ 与 $g(x)$ 在 $F[x]$ 中没有一次公因式,但在 $\bar{F}[x]$ 中这两个多项式有一次公因式 $x-\sqrt{2}$.

例1 令 F 是有理数域.求 $F[x]$ 的多项式

$$f(x)=x^4-2x^3-4x^2+4x-3,$$
$$g(x)=2x^3-5x^2-4x+3$$

的最大公因式.

对 $f(x)$ 与 $g(x)$ 施行辗转相除法.为了避免分数系数,在做除法时可以用 F 的一个不等于零的数乘被除式或除式.而且不仅在每一次除法开始时可以这样做,就是在进行除法的过程中也可以这样做.这样商式自然受到影响,但每次求得的余式与正确的余式只会差一个零次因式.这对求最大公因式来说是没有什么关系的.

把 $f(x)$ 先乘以 2,再用 $g(x)$ 来除

$$2x^3 - 5x^2 - 4x + 3 \left| \begin{array}{l} 2x^4 - 4x^3 - 8x^2 + 8x - 6 \\ \underline{2x^4 - 5x^3 - 4x^2 + 3x} \\ x^3 - 4x^2 + 5x - 6 \end{array} \right| x + 1$$

（乘以 2）

$$\left| \begin{array}{l} 2x^3 - 8x^2 + 10x - 12 \\ \underline{2x^3 - 5x^2 - 4x + 3} \\ -3x^2 + 14x - 15 \end{array} \right|$$

这样,得到第一余式

$$r_1(x) = -3x^2 + 14x - 15,$$

把 $g(x)$ 乘以 3,再用 $r_1(x)$ 去除

$$-3x^2 + 14x - 15 \left| \begin{array}{l} 6x^3 - 15x^2 - 12x + 9 \\ \underline{6x^3 - 28x^2 + 30x} \\ 13x^2 - 42x + 9 \end{array} \right| -2x - 13$$

（乘以 3）

$$\left| \begin{array}{l} 39x^2 - 126x + 27 \\ \underline{39x^2 - 182x + 195} \\ 56x - 168 \end{array} \right|$$

约去公因子 56 后,得出第二余式

$$r_2(x) = x - 3.$$

再以 $r_2(x)$ 除 $r_1(x)$ 计算结果 $r_1(x)$ 被 $r_2(x)$ 整除

$$-3x^2 + 14x - 15 = (x - 3)(-3x + 5),$$

所以 $r_2(x)$ 就是 $f(x)$ 与 $g(x)$ 的最大公因式:

$$(f(x), g(x)) = x - 3.$$

关于两个多项式的最大公因式,我们也有下面的与整数的最大公因数平行的重要定理.

定理 4.2 若 $d(x)$ 是 $F[x]$ 的多项式 $f(x)$ 与 $g(x)$ 的最大公因式,那么在 $F[x]$ 里可以求得多项式 $u(x)$ 与 $v(x)$,使以下等式成立:

$$f(x)u(x) + g(x)v(x) = d(x).$$

证 若 $f(x) = g(x) = 0$,那么 $d(x) = 0$. 这时 $F[x]$ 中任何两个多项式都可以取作 $u(x)$ 与 $v(x)$.

若 $f(x)$ 与 $g(x)$ 不都等于零,不妨假定 $g(x) \neq 0$. 辗转相除,得

$$r_{k-2}(x) - r_{k-1}(x)q_k(x) = r_k(x).$$

令

$$u_1(x) = 1, \quad v_1(x) = -q_k(x),$$

那么上面的等式可以写成

$$r_{k-2}(x)u_1(x) + r_{k-1}(x)v_1(x) = r_k(x).$$

由 $r_{k-3}(x) = r_{k-2}(x)q_{k-1}(x) + r_{k-1}(x)$ 可得

$$r_{k-1}(x) = r_{k-3}(x) - r_{k-2}(x)q_{k-1}(x),$$

代入前式,并令

$$u_2(x) = v_1(x),$$
$$v_2(x) = u_1(x) - v_1(x)q_{k-1}(x),$$

我们得到

$$r_{k-3}(x)u_2(x) + r_{k-2}(x)v_2(x) = r_k(x).$$

这样继续下去,我们最后得到

$$f(x)u_k(x) + g(x)v_k(x) = r_k(x).$$

但 $f(x)$ 与 $g(x)$ 的最大公因式 $d(x)$ 等于 F 中不为零的数 c 与 $r_k(x)$ 的积:

$$d(x) = cr_k(x),$$

因此取 $u(x) = cu_k(x)$, $v(x) = cv_k(x)$,即得所要证明的等式.

注意 定理 4.2 的逆命题不成立.例如,令

$$f(x) = x, \quad g(x) = x + 1,$$

那么以下等式成立:

$$x(x+2) + (x+1)(x-1) = 2x^2 + 2x - 1.$$

但 $2x^2 + 2x - 1$ 显然不是 $f(x)$ 与 $g(x)$ 的最大公因式.

但是当 $f(x)u(x) + g(x)v(x) = d(x)$ 成立,而 $d(x)$ 是 $f(x)$ 与 $g(x)$ 的一个公因式时, $d(x)$ 一定是 $f(x)$ 与 $g(x)$ 的一个最大公因式.这个事实的证明很容易,我们留给读者.

例 2 令 F 是有理数域.求出 $F[x]$ 的多项式

$$f(x) = 4x^4 - 2x^3 - 16x^2 + 5x + 9,$$
$$g(x) = 2x^3 - x^2 - 5x + 4$$

的最大公因式 $d(x)$ 以及满足 $f(x)u(x) + g(x)v(x) = d(x)$ 的多项式 $u(x)$ 与 $v(x)$.

对 $f(x)$ 与 $g(x)$ 施行辗转相除法.现在不允许用一个零次多项式乘被除式或除式,因为在求多项式 $u(x)$ 与 $v(x)$ 时,不仅要用到余式,同时也要用到商式.施行除法的结果,我们得到以下一串等式:

$$f(x) = g(x) \cdot 2x + (-6x^2 - 3x + 9),$$
$$g(x) = (-6x^2 - 3x + 9)\left(-\frac{1}{3}x + \frac{1}{3}\right) - (x-1),$$
$$-6x^2 - 3x + 9 = -(x-1)(6x+9).$$

由此得出，$x-1$ 是 $f(x)$ 与 $g(x)$ 的最大公因式，而

$$u(x)=-\frac{1}{3}(x-1),\ v(x)=\frac{1}{3}(2x^2-2x-3).$$

现在我们对多项式引入互素这一概念.

定义 4.3 如果 $F[x]$ 的两个多项式除零次多项式外不再有其他的公因式，我们就说这两个多项式互素.

显然，若多项式 $f(x)$ 与 $g(x)$ 互素，那么 1 是它们的最大公因式；反之，若 1 是 $f(x)$ 与 $g(x)$ 的最大公因式，那么这两个多项式互素.

与定理 4.2 联系起来，我们得到定理 4.3.

定理 4.3 $F[x]$ 的两个多项式 $f(x)$ 与 $g(x)$ 互素的充要条件是：在 $F[x]$ 中可以求得多项式 $u(x)$ 与 $v(x)$，使

$$f(x)u(x)+g(x)v(x)=1.$$

事实上，若 $f(x)$ 与 $g(x)$ 互素，那么它们有最大公因式 1，因而由定理 4.2，可以找到 $u(x)$ 与 $v(x)$，使 $f(x)u(x)+g(x)v(x)=1$ 成立.反之，由 $f(x)u(x)+g(x)v(x)=1$ 可得，$f(x)$ 与 $g(x)$ 的每一公因式都能整除 1，因此都是零次多项式.

从这个定理我们可以推出关于互素多项式的以下重要事实：

(1) 若多项式 $f(x)$ 与 $g(x)$ 都与多项式 $h(x)$ 互素，那么乘积 $f(x)g(x)$ 也与 $h(x)$ 互素.

事实上，由于 $f(x)$ 与 $h(x)$ 互素，所以存在多项式 $u(x)$ 与 $v(x)$，使

$$f(x)u(x)+h(x)v(x)=1.$$

以 $g(x)$ 乘这一等式的两端，得

$$[f(x)g(x)]u(x)+h(x)[g(x)v(x)]=g(x).$$

由此看出，$f(x)g(x)$ 与 $h(x)$ 的每一公因式都是 $g(x)$ 的一个因式，因而是 $g(x)$ 与 $h(x)$ 的一个公因式.但 $g(x)$ 与 $h(x)$ 互素，所以 $f(x)g(x)$ 与 $h(x)$ 互素.

(2) 若多项式 $h(x)$ 整除多项式 $f(x)$ 与 $g(x)$ 的乘积，而 $h(x)$ 与 $f(x)$ 互素，那么 $h(x)$ 一定整除 $g(x)$.

事实上，以 $g(x)$ 乘等式

$$f(x)u(x)+h(x)v(x)=1$$

的两端，得

$$[f(x)g(x)]u(x)+h(x)[g(x)v(x)]=g(x).$$

这个等式左端的两项都能被 $h(x)$ 整除，因而 $g(x)$ 能被 $h(x)$ 整除.

(3) 若多项式 $g(x)$ 与 $h(x)$ 都整除多项式 $f(x)$，而 $g(x)$ 与 $h(x)$ 互素，那么乘积 $g(x)h(x)$ 也整除 $f(x)$.

事实上，由于

$$f(x)=g(x)u(x),$$

而 $f(x)$ 能被 $h(x)$ 整除，所以乘积 $g(x)u(x)$ 能被 $h(x)$ 整除.但 $g(x)$ 与 $h(x)$ 互素，所以由

(2)，$h(x)$ 必须整除

$$u(x)=h(x)v(x),$$

这样

$$f(x)=[g(x)h(x)]v(x),$$

即 $f(x)$ 能被积 $g(x)h(x)$ 整除.

最大公因式的定义可以推广到 n（$n>2$）个多项式的情形.

如果多项式 $h(x)$ 整除多项式 $f_1(x),f_2(x),\cdots,f_n(x)$ 中的每一个，那么 $h(x)$ 叫作这 n 个多项式的一个公因式.如果 $f_1(x),f_2(x),\cdots,f_n(x)$ 的公因式 $d(x)$ 能被 n 个多项式的每一个公因式整除，那么 $d(x)$ 叫作 $f_1(x),f_2(x),\cdots,f_n(x)$ 的一个最大公因式.

容易推出：若 $d_0(x)$ 是多项式 $f_1(x),f_2(x),\cdots,f_{n-1}(x)$ 的一个最大公因式，那么 $d_0(x)$ 与多项式 $f_n(x)$ 的最大公因式也是多项式 $f_1(x),\cdots,f_{n-1}(x),f_n(x)$ 的最大公因式.这样，由于两个多项式的最大公因式总是存在的，所以 n 个多项式的最大一个公因式也总是存在的，并且可以累次应用辗转相除法来求出.

与两个多项式的情形一样，n 个多项式的最大公因式也只有常数因子的差别.我们约定，n 个不全为零的多项式的最大公因式指的是最高次项系数是 1 的那一个.那么 n 个多项式 $f_1(x),f_2(x),\cdots,f_n(x)$ 的最大公因式就是唯一确定的.我们用符号

$$(f_1(x),f_2(x),\cdots,f_n(x))$$

表示这样确定的最大公因式.

最后，如果多项式 $f_1(x),f_2(x),\cdots,f_n(x)$ 除零次多项式外没有其他公因式，就说这一组多项式互素.我们要注意，n（$n>2$）个多项式 $f_1(x),f_2(x),\cdots,f_n(x)$ 互素时，它们并不一定两两互素.例如，多项式

$$f_1(x)=x^2-3x+2,\ f_2(x)=x^2-5x+6,\ f_3(x)=x^2-4x+3$$

是互素的，但

$$(f_1(x),f_2(x))=x-2.$$

上面关于互素多项式的论断(1)—(3)不难推广到多个多项式的情形.

例 3 若 $(f(x),g(x))=1$，则

$$(f(x)h(x),g(x))=(h(x),g(x)).$$

证法 1 显然 $(h(x),g(x))$ 是 $f(x)h(x)$ 和 $g(x)$ 的一个公因式.假设 $\varphi(x)\mid f(x)h(x)$，$\varphi(x)\mid g(x)$，由 $(f(x),g(x))=1$ 得到 $u(x)f(x)+v(x)g(x)=1$，及

$$u(x)f(x)h(x)+v(x)h(x)g(x)=h(x)$$

所以 $\varphi(x)\mid h(x)$，又 $\varphi(x)\mid g(x)$，故有 $\varphi(x)\mid(h(x),g(x))$，因此 $(h(x),g(x))$ 是 $f(x)h(x)$ 与 $g(x)$ 的最大公因式.

证法 2 设 $(f(x)h(x),g(x))=d(x)$，则 $d(x)\mid f(x)h(x)$ 且 $d(x)\mid g(x)$.从 $(f(x),g(x))=1$，知 $(d(x),f(x))=1$，所以 $d(x)\mid h(x)$ 且 $d(x)\mid g(x)$，即 $d(x)\mid(h(x),g(x))$.

反之,由 $(h(x), g(x)) \mid h(x)$, $(h(x), g(x)) \mid g(x)$, 当然有 $(h(x), g(x)) \mid f(x)h(x)$, 且 $(h(x), g(x)) \mid g(x)$,所以 $(h(x), g(x)) \mid (f(x)h(x), g(x))$. 因此等式成立.

例 4 设 $g(x) \neq 0$,证明对任意多项式 $f(x)$, $h(x)$,

$$(f(x), g(x), h(x)) = ((f(x), g(x)), (g(x), h(x))).$$

证 设

$$(f(x), g(x)) = d_1(x), \ (g(x), h(x)) = d_2(x), \ d(x) = (d_1(x), d_2(x)),$$

则 $d(x) \mid d_1(x)$, $d(x) \mid d_2(x) \Rightarrow d(x) \mid f(x)$, $d(x) \mid g(x)$, $d(x) \mid h(x)$.

又对任意的 $\varphi(x) \mid f(x)$, $\varphi(x) \mid g(x)$, $\varphi(x) \mid h(x)$,必有

$$\varphi(x) \mid d_1(x), \ \varphi(x) \mid d_2(x) \Rightarrow \varphi(x) \mid d(x).$$

所以也有 $(f(x), g(x), h(x)) \mid d(x)$. 因此等式成立.

例 5 证明 $(f_1, g_1)(f_2, g_2) = (f_1 f_2, f_1 g_2, g_1 f_2, g_1 g_2)$.

证 记 $d(x) = (f_1(x), g_1(x))$,则

$f_1(x) = d(x)F_1(x)$, $g_1(x) = d(x)G_1(x)$, $(F_1(x), G_1(x)) = 1$ 存在 $u(x)$, $v(x)$,使 $u(x)F_1(x) + v(x)G_1(x) = 1$, 因此

$$u(x)f_2(x)F_1(x) + v(x)f_2(x)G_1(x) = f_2(x) \tag{1}$$

$$u(x)g_2(x)F_1(x) + v(x)g_2(x)G_1(x) = g_2(x) \tag{2}$$

要证原式,只需证 $(f_2, g_2) = (F_1 f_2, F_1 g_2, G_1 f_2, G_1 g_2)$.

设 $\varphi(x)$ 是 $F_1 f_2$, $F_1 g_2$, $G_1 f_2$, $G_1 g_2$ 的任一公因式,则

$\varphi(x) \mid F_1 f_2$, $\varphi(x) \mid G_1 f_2$,由 $(1) \Rightarrow \varphi(x) \mid f_2(x)$.

$\varphi(x) \mid F_1 g_2$, $\varphi(x) \mid G_1 g_2$,由 $(2) \Rightarrow \varphi(x) \mid g_2(x)$.

因此 $\varphi(x) \mid (f_2(x), g_2(x))$,而 $(f_2(x), g_2(x))$ 显然是 $F_1 f_2$, $F_1 g_2$, $G_1 f_2$, $G_1 g_2$ 的一个公因式,从而 $(f_2(x), g_2(x))$ 是 $F_1 f_2$, $F_1 g_2$, $G_1 f_2$, $G_1 g_2$ 的一个最大公因式.

习 题 1-4

1. 计算以下各组多项式的最大公因式:

(1) $f(x) = x^4 + 3x^3 - x^2 - 4x - 3$, $g(x) = 3x^3 + 10x^2 + 2x - 3$;

(2) $f(x) = x^4 + (2-2i)x^3 + (2-4i)x^2 + (-1-2i)x - 1 - i$,

$\quad g(x) = x^2 + (1-2i)x + 1 - i$.

2. 设 $f(x) = d(x)f_1(x)$, $g(x) = d(x)g_1(x)$. 证明:若 $(f(x), g(x)) = d(x)$, 且 $f(x)$ 和 $g(x)$ 不全为零,则 $(f_1(x), g_1(x)) = 1$; 反之,若 $(f_1(x), g_1(x)) = 1$,则 $d(x)$ 是 $f(x)$ 与 $g(x)$ 的一个最大公因式.

3. 令 $f(x)$ 与 $g(x)$ 是 $F[x]$ 的多项式,而 a, b, c, d 是 F 中的数,并且

$$ad - bc \neq 0.$$

证明:

$$(af(x) + bg(x), cf(x) + dg(x)) = (f(x), g(x)).$$

4. 证明：

(1) $(f, g)h$ 是 fh 和 gh 的最大公因式；

(2) $(f_1, g_1)(f_2, g_2) = (f_1 f_2, f_1 g_2, g_1 f_2, g_1 g_2)$,

此处 f, g, h 等都是 $F[x]$ 的多项式.

5. 设 $f(x) = x^4 + 2x^3 - x^2 - 4x - 2$, $g(x) = x^4 + x^3 - x^2 - 2x - 2$ 都是有理数数域 Q 上的多项式. 求 $u(x), v(x) \in Q[x]$ 使得

$$f(x)u(x) + g(x)v(x) = (f(x), g(x)).$$

6. 设 $(f, g) = 1$. 令 n 是任意正整数, 证明: $(f, g^n) = 1$. 由此进一步证明, 对于任意正整数 m, n, 都有 $(f^m, g^n) = 1$.

7. 设 $(f, g) = 1$. 证明:

$$(f, f + g) = (g, f + g) = (fg, f + g) = 1.$$

8. 证明: 对于任意正整数 n 都有 $(f, g)^n = (f^n, g^n)$.

9. 证明: 如果 $f(x)$ 与 $g(x)$ 互素, 并且 $f(x)$ 与 $g(x)$ 的次数都大于 0. 那么定理 4.3 里的 $u(x)$ 与 $v(x)$ 可以如此选取, 使得 $u(x)$ 的次数低于 $g(x)$ 的次数, $v(x)$ 的次数低于 $f(x)$ 的次数, 并且这样的 $u(x)$ 与 $v(x)$ 是唯一的.

10. 确定 k, 使 $x^2 + (k+6)x + 4k + 2$ 与 $x^2 + (k+2)x + 2k$ 的最大公因式是一次的.

11. 证明: 如果 $(f(x), g(x)) = 1$, 那么对于任意正整数 m,

$$(f(x^m), g(x^m)) = 1.$$

12. 设 $f(x), g(x)$ 是数域 F 上的多项式. $f(x)$ 与 $g(x)$ 的最小公倍式指的是 $F[x]$ 中满足以下条件的一个多项式 $m(x)$:

(1) $f(x) \mid m(x)$ 且 $g(x) \mid m(x)$;

(2) 如果 $h(x) \in F[x]$ 且 $f(x) \mid h(x)$, $g(x) \mid h(x)$, 那么 $m(x) \mid h(x)$.

① 证明: $F[x]$ 中任意两个多项式都有最小公倍式, 并且除了可能的零次因式的差别外, 是唯一的;

② 设 $f(x), g(x)$ 都是最高次项系数是 1 的多项式. 令 $[f(x), g(x)]$ 表示 $f(x)$ 和 $g(x)$ 的最高次项系数是 1 的那个最小公倍式. 证明

$$f(x)g(x) = (f(x)g(x))[f(x)g(x)].$$

13. 设 $g(x) \mid f_1(x) \cdots f_n(x)$, 并且 $(g(x)f_i(x)) = 1$, $i = 1, 2, \cdots, n-1$. 证明: $g(x) \mid f_n(x)$.

14. $f_1(x), f_2(x), \cdots, f_n(x) \in F[x]$. 证明:

(1) $(f_1(x), f_2(x), \cdots, f_n(x)) = ((f_1(x), \cdots, f_k(x)), (f_{k+1}(x), \cdots, f_n(x)))$, $1 \leqslant k \leqslant n-1$;

(2) $f_1(x), f_2(x), \cdots, f_n(x)$ 互素的充要条件是存在多项式 $u_1(x), u_2(x), \cdots, u_n(x) \in F[x]$, 使得

$$f_1(x)u_1(x) + f_2(x)u_2(x) + \cdots + f_n(x)u_n(x) = 1.$$

15. 设 $f_1(x), \cdots, f_n(x) \in F[x]$.

$$I=\{f_1(x)g_1(x)+\cdots+f_n(x)g_n(x)\mid g_i(x)\in F[x],1\leqslant i\leqslant n\},$$

证明 $f_1(x)$，$\cdots$，$f_n(x)$ 有最大公因式.

〔提示：如果 $f_1(x)$，$\cdots$，$f_n(x)$ 不全为零，取 $d(x)$ 是 I 中次数最低的一个多项式，则 $d(x)$ 就是 $f_1(x)$，$\cdots$，$f_n(x)$ 的一个最大公因式.〕

§5 因式分解定理

在这一节我们要系统地讨论多项式的因式分解问题.在中学代数里我们学过一些具体方法，把一个多项式分解为不能再分的因式的乘积.但所谓的不可再分是一个含糊的概念，事实上同一个多项式在不同的系数数域中，不可再分的意义有可能是不一样的.例如，x^4-4 在有理数域中分解为 $(x^2-2)(x^2+2)$ 就不能再分了，但在实数域中还可以进一步分解为 $(x-\sqrt{2})(x+\sqrt{2})(x^2+2)$，甚至于当系数数域取为复数域时还可以分解为 $(x-\sqrt{2})(x+\sqrt{2})(x-\sqrt{2}i)(x+\sqrt{2}i)$.这说明一个多项式的不可再分是与系数数域有关的.下面的讨论我们都是在给定系数数域的多项式环 $F[x]$ 中讨论.

我们知道，给了 $F[x]$ 的任何一个多项式 $f(x)$，那么 F 的任何不为零的元素 c 都是 $f(x)$ 的因式.另一方面，c 与 $f(x)$ 的乘积 $cf(x)$ 也总是 $f(x)$ 的因式.我们把 $f(x)$ 这样的因式叫作它的平凡因式.任何一个零次多项式显然只有平凡因式.一个次数大于零的多项式可能只有平凡因式，也可能还有其他因式.

定义 5.1 令 $f(x)$ 是 $F[x]$ 的一个次数大于零的多项式.如果 $f(x)$ 在 $F[x]$ 中只有平凡因式，则称 $f(x)$ 在数域 F 上(或在 $F[x]$ 中)不可约.若 $f(x)$ 除平凡因式外，在 $F[x]$ 中还有其他因式，则称 $f(x)$ 在 F 上(或在 $F[x]$ 中)可约.

这个定义的条件也可以用另一种形式来叙述.

若多项式 $f(x)$ 有一个非平凡因式 $g(x)$ 而 $f(x)=g(x)h(x)$，那么 $g(x)$ 与 $h(x)$ 的次数显然都小于 $f(x)$ 的次数.反之，若 $f(x)$ 能写成两个这样的多项式的乘积，那么 $f(x)$ 有非平凡因式.因此我们可以说：

定义 5.1*   如果 $F[x]$ 的一个 $n(n>0)$ 次多项式能够分解成 $F[x]$ 中两个次数都小于 n 的多项式 $g(x)$ 与 $h(x)$ 的积

$$f(x)=g(x)h(x),$$

那么 $f(x)$ 在 F 上可约.如果 $f(x)$ 在 $F[x]$ 中的任一个如上的分解式总含有一个零次因式，那么 $f(x)$ 在 F 上不可约.

根据以上定义，对于零多项式与零次多项式我们既不能说它们是可约的，也不能说它们是不可约的.

由于次数低于 1 的多项式只有零次多项式，而两个零次多项式的乘积仍是一个零次多项式.因此，一个一次多项式不能分解成两个次数较低的多项的乘积，即在 $F[x]$ 上任何一个一次多项式总是不可约的.这就说明，在任一多项式环 $F[x]$ 中一定存在不可约多项式.

关于不可约多项式，容易得到以下结论.

(1) 如果多项式 $p(x)$ 不可约，那么 F 中任一不为零的数 c 与 $p(x)$ 的乘积 $cp(x)$ 也不可约.

事实上,如果

$$cp(x)=g(x)h(x),$$

其中 $g(x)$ 与 $h(x)$ 的次数都小于 $cp(x)$ 的次数,那么

$$p(x)=[c^{-1}g(x)]h(x),$$

并且 $c^{-1}g(x)$ 与 $h(x)$ 的次数也都小于 $p(x)$ 的次数.这与 $p(x)$ 不可约的假设矛盾.

(2) 设 $p(x)$ 是一个不可约多项式而 $f(x)$ 是一个任意多项式,那么或者 $p(x)$ 与 $f(x)$ 互素,或者 $p(x)$ 整除 $f(x)$.

事实上,设 $(p(x),f(x))=d(x)$,那么 $d(x)$ 是不可约多项式 $p(x)$ 的一个因式.所以或者 $d(x)$ 是一个零次多项式,或者 $d(x)=cp(x)$,此处 c 是一个零次多项式.在前一情形 $p(x)$ 与 $f(x)$ 互素,在后一情形 $p(x)$ 整除 $f(x)$.

(3) 如果多项式 $f(x)$ 与 $g(x)$ 的乘积能被不可约多项式 $p(x)$ 整除,那么至少有一个因式被 $p(x)$ 整除.

事实上,设 $p(x)$ 不能整除 $f(x)$.那么由上述性质(2),$p(x)$ 与 $f(x)$ 互素,因而由前一节的论断(2),$p(x)$ 整除 $g(x)$.

性质(3)很容易推广到任意 $s(s\geqslant2)$ 个多项式的乘积的情形.我们有:

(3′) 如果多项式 $f_1(x),f_2(x),\cdots,f_s(x)(s\geqslant2)$ 的乘积能够被不可约多项式 $p(x)$ 整除,那么至少有一个因式被 $p(x)$ 整除.

现在可以证明本节的两个主要定理(唯一因式分解定理).

定理 5.1 $F[x]$ 的每一个 $n(n>0)$ 次多项式 $f(x)$ 都可以分解成 $F[x]$ 的不可约多项式的乘积.

证 如果多项式 $f(x)$ 不可约,定理成立.这时可以认为 $f(x)$ 是一个不可约因式的乘积:

$$f(x)=f(x).$$

若 $f(x)$ 可约,那么 $f(x)$ 可以分解成两个次数较低的多项式的乘积:

$$f(x)=f_1(x)f_2(x).$$

若因式 $f_1(x)$ 与 $f_2(x)$ 中仍有可约的,那么又可以把出现的每一个可约因式分解成次数较低的多项式的乘积.如此继续下去.在这一分解过程中,因式的个数逐渐增多,而每一因式的次数都大于零.但 $f(x)$ 最多能分解成 n 个次数大于零的多项式的乘积,所以这种分解过程作了有限次后必然终止.于是我们得到

$$f(x)=p_1(x)p_2(x)\cdots p_r(x),$$

其中每一 $p_i(x)$ 都是 $F[x]$ 中的不可约多项式.

把多项式分解成不可约因式的分解式不是绝对唯一的.设 $f(x)$ 可以分解成不可约多项式 $p_1(x),p_2(x),\cdots,p_r(x)$ 的乘积:

$$f(x)=p_1(x)p_2(x)\cdots p_r(x),$$

取数域 F 的元素 $c_1,c_2,\cdots,c_r$,使它们的乘积等于1.那么由性质(1),$f(x)$ 也可以如下地分解成不可约因式的乘积:

$$f(x)=[c_1p_1(x)]\cdot[c_2p_2(x)]\cdots[c_rp_r(x)].$$

但是,我们有:

定理 5.2　令 $f(x)$ 是 $F[x]$ 的一个次数大于零的多项式,并且

$$f(x)=p_1(x)p_2(x)\cdots p_r(x)=q_1(x)q_2(x)\cdots q_s(x),$$

此处 $p_i(x)$ 与 $q_j(x)$ $(i=1,2,\cdots,r;j=1,2,\cdots,s)$ 都是 $F[x]$ 的不可约多项式,那么 $r=s$,并且适当调换 $q_j(x)$ 的次序后可使

$$q_i(x)=c_ip_i(x),\ i=1,2,\cdots,r,$$

此处 c_i 是 F 的不为零的元素.换句话说,如果不计零次因式的差异,多项式 $f(x)$ 分解成不可约因式乘积的分解式是唯一的.

证　我们对因式的个数 r 用数学归纳法.

对于不可约的多项式,也就是对于 $r=1$ 的情形来说,定理显然成立.

假定 $r>1$,并且对于能分解成 $r-1$ 个不可约因式的乘积多项式来说,定理成立.我们证明对于能分解成 r 个不可约因式的乘积的多项式 $f(x)$,定理也成立.等式

$$p_1(x)p_2(x)\cdots p_r(x)=q_1(x)q_2(x)\cdots q_s(x)$$

表明,乘积 $q_1(x)q_2(x)\cdots q_s(x)$ 可以被不可约多项式 $p_1(x)$ 整除.因此由性质 $(3')$,至少某一 $q_i(x)$ 能被 $p_1(x)$ 整除.适当调换 $q_i(x)$ 的次序,可以假定 $p_1(x)$ 整除 $q_1(x)$,即 $q_1(x)=h(x)p_1(x)$.但 $q_1(x)$ 是不可约多项式,而 $p_1(x)$ 的次数不等于零,所以 $h(x)$ 必须是一个零次多项式 c_1,此时

$$q_1(x)=c_1p_1(x).$$

把 $q_1(x)$ 的表示式代入 $p_1(x)p_2(x)\cdots p_r(x)=q_1(x)q_2(x)\cdots q_s(x)$ 的右端,得

$$p_1(x)p_2(x)\cdots p_r(x)=c_1p_1(x)q_2(x)\cdots q_s(x).$$

从等式两端消去不等于零的多项式 $p_1(x)$,得出等式

$$p_2(x)p_3(x)\cdots p_r(x)=[c_1q_2(x)]q_3(x)\cdots q_s(x).$$

令

$$f_1(x)=p_2(x)p_3(x)\cdots p_r(x)=[c_1q_2(x)]q_3(x)\cdots q_s(x).$$

那么 $f_1(x)$ 是一个能分解成 $r-1$ 个不可约多项式的乘积的多项式.于是由归纳假定得 $r-1=s-1$,亦即 $r=s$,并且可以假定

$$c_1q_2(x)=c_2'p_2(x),\ q_i(x)=c_ip_i(x),\ i=3,4,\cdots,r,$$

其中 c' 及 $c_i(i=3,4,\cdots,r)$ 都是零次多项式.令 $c_2=c_1^{-1}c_2'$,容易得到

$$q_i(x)=c_ip_i(x),\ i=1,2,\cdots,r.$$

这样,定理完全得到证明.

根据定理 5.2,如果我们取多项式 $f(x)$ 的任一不可约因式分解并且从每一因式中把最高次项系数提到括号前面,我们就得到 $f(x)$ 的唯一确定的分解:

$$f(x) = ap_1(x)p_2(x)\cdots p_r(x), \tag{*}$$

其中每一 $p_i(x)$ 都是最高次项系数等于 1 的不可约多项式,而 a 是 $f(x)$ 的最高次项系数.

上式中的不可约多项式不一定都不相同.如果在多项式 $f(x)$ 的分解式(*)中有 t 个因式,例如 $p_1(x)$,$p_2(x)$,$\cdots$,$p_t(x)$ 互不相等,而其他每一因式都等于这个 t 个因式中的一个,那么(*)式可以写成以下形状:

$$f(x) = ap_1^{k_1}(x)p_2^{k_2}(x)\cdots p_t^{k_t}(x). \tag{**}$$

该式叫作多项式 $f(x)$ 的**典型分解式(或标准分解式)**.每一个多项式的典型分解式都是唯一确定的.

如果已知两个多项式的典型分解式,那么我们很容易求出这两个多项式的最大公因式.

令 $f(x)$ 与 $g(x)$ 是 $F[x]$ 中两个次数大于零的多项式.假定它们的典型分解式有 r 个共同的不可约因式:

$$f(x) = ap_1^{k_1}(x)\cdots p_r^{k_r}(x)q_{r+1}^{k_{r+1}}(x)\cdots q_s^{k_s}(x),$$

$$g(x) = bp_1^{l_1}(x)\cdots p_r^{l_r}(x)\bar{q}_{r+1}^{l_{r+1}}(x)\cdots \bar{q}_t^{l_t}(x)$$

其中每一 $q_i(x)(i=r+1,\cdots,s)$ 不等于任何 $\bar{q}_j(x)(j=r+1,\cdots,t)$,令 m_i 是 k_i 与 l_i 两正整数中较小的一个 $(i=1,2,\cdots,r)$,那么

$$d(x) = p_1^{m_1}(x)p_2^{m_2}(x)\cdots p_r^{m_r}(x)$$

就是 $f(x)$ 与 $g(x)$ 的最大公因式.

事实上,$d(x)$ 显然是 $f(x)$ 与 $g(x)$ 的一个公因式.若 $d_1(x)$ 是 $f(x)$ 和 $g(x)$ 的任一次数大于零的公因式,那么由定理 5.2,出现在 $d_1(x)$ 的典型分解式中的每一不可约因式只能是某一 $p_i(x)$,并且这一不可约因式的幂指数不能超过 m_i,因此

$$d_1(x) = cp_1^{n_1}(x)p_2^{n_2}(x)\cdots p_r^{n_r}(x),$$

其中 $0 \leqslant n_i \leqslant m_i(i=1,2,\cdots,r)$. c 是数域 F 的一个不为零的元素,从而 $d_1(x)$ 整除 $d(x)$.

如果 $f(x)$ 与 $g(x)$ 的典型分解式没有共同的不可约因式,那么 $f(x)$ 与 $g(x)$ 的最大公因式显然是零次多项式.

但我们要注意,上述求最大公因式的方法不能代替辗转相除法,因为在一般的情况下我们没有实际分解多项式为不可约因式的乘积的方法.即使要判断数域 F 上一个多项式是否可约,一般是很困难的.

例 1 在有理数域上分解多项式 $f(x)=x^3+x^2-2x-2$ 为不可约因式的乘积.容易看出

$$x^3+x^2-2x-2 = (x+1)(x^2-2).$$

一次因式 $x+1$ 自然在有理数域上不可约.我们证明,二次因式 x^2-2 也在有理数域上不可约.不然的话,x^2-2 将能写成有理数域上两个次数小于 2 的因式的乘积,因此能写成

$$x^2-2 = (x+a)(x+b)$$

的形式,这里 a 和 b 是有理数.把右端乘开,并且比较两端的系数,将得 $a+b=0$,$ab=-2$,由此将得 $a=\pm\sqrt{2}$.这与 a 是有理数的假定矛盾.于是,我们得到了多项式 $f(x)$ 的一个不可约因式分解 $x^3+x^2-2x-2 = (x+1)(x^2-2)$.

我们还可以如下证明 x^2-2 在有理数域上不可约.

如果 $x^2-2=(x+a)(x+b)$ 成立,那么它也给出 x^2-2 在实数域上的一个不可约因式分解.但在实数域上,

$$x^2-2=(x+\sqrt{2})(x-\sqrt{2}).$$

因此由唯一分解定理就得出 $a=\pm\sqrt{2}$ 的矛盾.

习 题 1-5

1. 在有理数域上分解以下多项式为不可约因式的乘积:

(1) $3x^2+1$;　　　　(2) x^3-2x^2-2x+1.

2. 分别在复数域、实数域和有理数域上分解多项式 x^4+1 为不可约因式的乘积.

3. 证明: $g^2(x)\mid f^2(x)$,当且仅当 $g(x)\mid f(x)$.

4.(1) 求 $f(x)=x^5-x^4-2x^3+2x^2+x-1$ 在 $Q[x]$ 内的典型分解式;

(2) 求 $f(x)=2x^5-10x^4+16x^3-16x^2+14x-6$ 在 $R[x]$ 内的典型分解式.

5. 证明:数域 F 上一个次数大于零的多项式 $f(x)$ 是 $F[x]$ 中某一不可约多项式的幂的充要条件是对于任意 $g(x)\in F[x]$,或者 $(f(x),g(x))=1$,或者存在一个正整数 m 使得 $f(x)\mid g^m(x)$.

6. 设 $p(x)$ 是 $F[x]$ 中一个次数大于零的多项式.证明:如果对于任意 $f(x),g(x)\in F[x]$,只要 $p(x)\mid f(x)g(x)$ 就有 $p(x)\mid f(x)$ 或 $p(x)\mid g(x)$,那么 $p(x)$ 不可约.

§6 重 因 式

在数域 F 上多项式 $f(x)$ 的典型分解式中,一个不可约多项式因式 $p(x)$ 可能出现多于一次.像这样的因式,我们称为多项式 $f(x)$ 的重因式.一般我们也可以按照如下方式定义重因式:

定义 6.1 数域 F 上一个不可约多项式 $p(x)$ 叫作 F 上多项式 $f(x)$ 的一个 k 重因式(k 是一个非负整数),如果 $p^k(x)$ 整除 $f(x)$ 但 $p^{k+1}(x)$ 不整除 $f(x)$.

一重因式称为单因式.重数大于 1 的因式称为重因式.F 中任意不等于零的数是 F 上任意多项式的零重因式.

虽然我们没有一般的方法把一个多项式分解成不可约因式的乘积,但我们有方法来判断一个多项式有没有重因式.

这一方法要用到多项式的导数这一概念.

定义 6.2 $F[x]$ 的多项式

$$f(x)=a_0+a_1x+a_2x^2+\cdots+a_nx^n$$

的导数或一阶导数指的是 $F[x]$ 的多项式

$$f'(x)=a_1+2a_2x+\cdots+na_nx^{n-1}.$$

一阶导数 $f'(x)$ 的导数叫作 $f(x)$ 的二阶导数,记作 $f''(x)$,$f''(x)$ 的导数叫作 $f(x)$ 的三阶导数,记作 $f'''(x)$,等等.$f(x)$ 的 k 阶导数也记作 $f^{(k)}(x)$.

这个定义显然来源于数学分析.但是数学分析中的导数定义涉及函数、极限概念,我们不

能把它简单地移用于任意数域上的多项式.因此我们采取以上形式的定义.

根据以上定义不难直接验证,关于和与积的导数公式仍然成立:

$$[f(x)+g(x)]'=f'(x)+g'(x),$$

$$[f(x)g(x)]'=f(x)g'(x)+f'(x)g(x).$$

上式不难推广到任意一个多项式的乘积的情形.特别地,以下等式成立:

$$[f^k(x)]'=kf^{k-1}(x)f'(x).$$

定理 6.1 设 $p(x)$ 是多项式 $f(x)$ 的一个 $k(k \geqslant 1)$ 重因式.那么 $p(x)$ 是 $f(x)$ 的导数的一个 $k-1$ 重因式.

证 因为 $p(x)$ 是 $f(x)$ 的 k 重因式,所以

$$f(x)=p^k(x)g(x),$$

并且 $p(x)$ 不能整除 $g(x)$.求 $f(x)$ 的导数,得

$$f'(x)=p^k(x)g'(x)+kp^{k-1}(x)p'(x)g(x)=p^{k-1}(x)[p(x)g'(x)+kp'(x)g(x)].$$

$p(x)$ 不能整除括号里的第二项.事实上,$p'(x)$ 的次数小于 $p(x)$ 的次数,因而 $kp'(x)$ 的次数也小于 $p(x)$ 的次数,所以 $p(x)$ 不能整除 $kp'(x)$;又由已给的条件,$p(x)$ 不能整除 $g(x)$.因此根据不可约多项式的性质(3),$p(x)$ 不能整除乘积 $kp'(x)g(x)$.但 $p(x)$ 能整除括号里的第一项.因此 $p(x)$ 不能整除括号里的和.这就是说,$p(x)$ 是 $f'(x)$ 的一个 $k-1$ 重因式.

设 $f(x)$ 是一个 $n(n > 0)$ 次多项式,而

$$f(x)=ap_1^{k_1}(x)p_2^{k_2}(x)\cdots p_t^{k_t}(x)$$

是 $f(x)$ 的典型分解式.那么由定理 6.1,

$$f'(x)=p_1^{k_1-1}(x)p_2^{k_2-1}(x)\cdots p_t^{k_t-1}(x)g(x),$$

此处 $g(x)$ 不能被任何 $p_i(x)(i=1, 2, \cdots, t)$ 整除,于是由上一节末尾求最大公因式的方法,得 $f(x)$ 与 $f'(x)$ 的最大公因式是

$$(f(x), f'(x))=d(x)=p_1^{k_1-1}(x)p_2^{k_2-1}(x)\cdots p_t^{k_t-1}(x).$$

因此,若 $f(x)$ 没有重因式,亦即 $k_1=k_2=\cdots=k_t=1$,那么 $d(x)=1$ 而 $f(x)$ 与它的导数 $f'(x)$ 互素.反之,若 $f(x)$ 与 $f'(x)$ 互素,那么 $f(x)$ 没有重因式,这样我们得到:

定理 6.2 多项式 $f(x)$ 没有重因式的充要条件是 $f(x)$ 与它的导数 $f'(x)$ 互素.

定理 6.2 给予我们实际判断一个多项式有无重因式的方法.不仅如此,由于多项式的导数以及两个多项式互素与否的事实在由数域 F 过渡到含 F 的数域 $\bar{F}$ 时都无改变,所以由定理 6.2 我们还得出以下结论:

如果多项式 $f(x)$ 在 $F[x]$ 中没有重因式,那么把 $f(x)$ 看成含 F 的某一数域 $\bar{F}$ 上的多项式时,$f(x)$ 也没有重因式.

现在假定利用上述方法断定了多项式 $f(x)$ 有重因式,也就是说,$f(x)$ 与 $f'(x)$ 的最大公因式 $d(x) \neq 1$.那么容易得到,用 $d(x)$ 除 $f(x)$ 所得商式是

$$g(x)=ap_1(x)p_2(x)\cdots p_t(x).$$

这样我们得到一个没有重因式的多项式 $g(x)$,并且不计重数,$g(x)$ 与 $f(x)$ 含有完全相同的不可约因式.因此,欲求 $f(x)$ 的不可约因式,只需求 $g(x)$ 的不可约因式.但 $g(x)$ 的次数小于 $f(x)$ 的次数,所以 $g(x)$ 的不可约因式能比较容易求得.如果知道 $g(x)$ 的一个不可约因式,那么不难决定这个不可约因式在 $f(x)$ 中的重数.这只需应用带余除法即可计算出来.

例1 设 $d(x)=(f(x),f'(x))$,如果 α 是 $d(x)$ 的 $k-1(k\geqslant2)$ 重根,那么 α 是 $f(x)$ 的 k 重根.

证 设 α 是 $d(x)$ 的 $k-1(k\geqslant2)$ 重根,则 $x-\alpha\mid f(x)$,且 $x-\alpha\mid f'(x)$,所以 α 是 $f(x)$ 的重根.设 α 是 $f(x)$ 的 $s(s\geqslant2)$ 重根,则 α 是 $f'(x)$ 的 $s-1$ 重根,因此 α 是 $d(x)$ 的 $s-1$ 重根,故 $s-1=k-1$,即 $s=k$.所以 α 是 $f(x)$ 的 k 重根.

例2 证明

$$f(x)=x^n+nx^{n-1}+n(n-1)x^{n-2}+\cdots+n(n-1)\cdots2\cdot x+n!$$

没有重因式.

证法1 考虑 $f(x)$ 的导数

$$f'(x)=nx^{n-1}+n(n-1)x^{n-2}+\cdots+n(n-1)\cdots2\cdot x+n!=f(x)-x^n,$$

$f(x)=f'(x)+x^n$. 而

$$(f(x),f'(x))=(f(x),f(x)-x^n),$$

所以 $f(x)$ 与 $f'(x)$ 的因式都是 x^n 的因式,形式为 x^k,$0\leqslant k\leqslant n$. 由于 $f(x)$ 的常数项 $\neq0$,所以 $x^k=1$(即 $k=0$),因此 $(f(x),f'(x))=1$,$f(x)$ 没有重因式.

证法2 假如 $f(x)$ 有重根 α,$f(\alpha)=f'(\alpha)=0$,由 $f'(x)+x^n=f(x)$,得 $\alpha^n=0$,即 $\alpha=0$. 但 0 显然不是 $f(x)$ 的根,矛盾.所以 $f(x)$ 无重根.

例3 多项式

$$f(x)=a_nx^n+a_{n-1}x^{n-1}+\cdots+a_1x+a_0$$

能被 $(x-1)^{k+1}$ 整除的充分必要条件是

$$\begin{cases}a_0+a_1+a_2+\cdots+a_n=0\\a_1+2a_2+\cdots+na_n=0\\a_1+4a_2+\cdots+n^2a_n=0.\\\cdots\cdots\cdots\cdots\cdots\\a_1+2^ka_2+\cdots+n^ka_n=0\end{cases}$$

证 因为 $(x-1)^{k+1}\mid f(x)\Leftrightarrow(x-1)^k\mid f'(x)$,$x-1\mid f(x)$,所以

$$(x-1)^{k+1}\mid f(x)\Leftrightarrow(x-1)^k\mid xf'(x),\ x-1\mid f(x).$$

因此 $(x-1)^{k+1}$ 是 $f(x)$ 的 $k+1$ 重因式 $\Leftrightarrow1$ 是 $xf'(x)$ 的 k 重根,且 $f(1)=0$. 而 $xf'(x)=\sum_{k=1}^{n}ka_kx^k$,$f'(1)=\sum_{k=1}^{n}ka_k$,即

$$a_0+a_1+a_2+\cdots+a_n=0,$$
$$a_1+2a_2+\cdots+na_n=0.$$

同理,1 是 $f_1(x) = xf'(x)$ 的 k 重根 $\Leftrightarrow$ 1 是 $xf_1'(x) = \sum_{k=1}^{n} k^2 a_k x^k$ 的 $k-1$ 重根,并且 $f_1(1) = 0$,即

$$a_1 + 2a_2 + \cdots + na_n = 0,$$
$$a_1 + 4a_2 + \cdots + n^2 a_n = 0.$$

以此类推即可.

例 4 试求多项式 $f(x) = x^5 + 10ax^3 + 5bx + c$ 有不为零的三重根的条件.

解 先求出

$$f'(x) = 5(x^4 + 6ax^2 + b), \quad f''(x) = 20x(x^2 + 3a).$$

如果计算 $(f(x), f'(x))$,那么 $(f(x), f'(x))$ 的二重根是 $f(x)$ 的三重根.但直接计算 $(f(x), f'(x))$ 太麻烦.

$f(x)$ 的不为零的三重根必是 $f'(x)$ 的二重根,是 $f''(x)$ 中的 $x^2 + 3a$ 的单根,且 $a \neq 0$. 所以 $f'(x)$ 应含有 $x^2 + 3a$ 为 2 重因式.而

$$x^4 + 6ax^2 + b = (x^2 + 3a)^2 + (b - 9a^2),$$

要使 $f(x)$ 有不为零的三重根,必 $b = 9a^2$,此时 $f'(x) = 5(x^2 + 3a)^2$ 有 2 重根,它的根也是 $x^2 + 3a$ 的单根.

把 $b = 9a^2$ 代入 $f(x)$:

$$f(x) = x^5 + 10ax^3 + 5bx + c = x^5 + 10ax^3 + 45a^2 x + c,$$

再求 $f(x)$ 与 $x^2 + 3a$ 的最大公因式:

$$f(x) = (x^3 + 7ax)(x^2 + 3a) + r_1(x), \quad \text{余式 } r_1(x) = 24a^2 x + c \neq 0,$$

$$x^2 + 3a = \left[x - \frac{c}{24a^2}\right] r_1(x) + r_2(x), \quad \text{余式 } r_2(x) = 3a + \frac{c^2}{576a^4}.$$

令余式 $r_2(x) = 0$,即 $c^2 + 1\,728a^5 = 0$.

所以 $f(x)$ 有不为零的三重根的条件是

$$b = 9a^2 \text{ 和 } c^2 + 1\,728a^5 = 0.$$

此时 $f(x), f'(x)$ 和 $f''(x)$ 有公因式 $24a^2 x + c$:

$$x + \frac{c}{24a^2} \bigg| x^2 + 3a, \ x + \frac{c}{24a^2} \bigg| f'(x), \ x + \frac{c}{24a^2} \bigg| f(x).$$

例 5 证明 $\sum_{k=0}^{n} (-1)^k C_n^k (n-k+1)^n = n!$.

证 利用等式 $\sum_{k=0}^{n} (-1)^k C_n^k x^{n-k+1} = (x-1)^n x$,两边求导并乘 x 得

$$\sum_{k=0}^{n} (-1)^k C_n^k (n-k+1) x^{n-k+1} = n(x-1)^{n-1} x^2 + (x-1)^n x.$$

再求导并乘 x 得

$$\sum_{k=0}^{n}(-1)^k C_n^k(n-k+1)^2 x^{n-k+1}=n(n-1)(x-1)^{n-2}x^3+(x-1)^{n-1}f_2(x)$$

求第 n 次导后,

$$\sum_{k=0}^{n}(-1)^k C_n^k(n-k+1)^n x^{n-k}=n!\ x^n+(x-1)f_n(x),$$

令 $x=1$,即得所要得等式.

习 题 1-6

1. 证明下列关于多项式的导数的公式:

(1) $(f(x)+g(x))'=f'(x)+g'(x)$;

(2) $(f(x)+g(x))'=f'(x)g(x)+f(x)g'(x)$.

2. 设 $p(x)$ 是 $f(x)$ 的导数 $f'(x)$ 的 $k-1$ 重因式.证明:

(1) $p(x)$ 是 $f(x)$ 的 k 重因式;

(2) $p(x)$ 是 $f(x)$ 的 k 重因式的充要条件是 $p(x)\mid f(x)$.

3. 证明有理系数多项式

$$f(x)=1+x+\frac{x^2}{2!}+\cdots+\frac{x^n}{n!}$$

没有重因式.

4. a,b 应该满足什么条件,下列的有理系数多项式才能有重因式?

(1) $x^3+3ax+b$;

(2) $x^4+4ax+b$.

5. 证明:数域 F 上的一个 n 次多项式 $f(x)$ 能被它的导数整除的充要条件是

$$f(x)=a(x-b)^n,$$

这里 a,b 是 F 中的数.

§7 多 项 式 函 数

到现在为止,我们始终是纯形式地讨论多项式,也就是把多项式看作形式的表达式.在这一节里,我们将从函数的观点来考察多项式.

我们回到一个数环 S 上来讨论多项式.注意在本章一开始就约定了 $1\in S$.因而 S 含有无限多个数.

设给定 $S[x]$ 的一个多项式

$$f(x)=a_0+a_1x+\cdots+a_nx^n$$

和一个数 $c\in S$.那么在 $f(x)$ 的表达式里,把 x 用 c 来代替,就得到 S 的一个数

$$a_0+a_1c+\cdots+a_nc^n.$$

这个数叫作当 $x=c$ 时 $f(x)$ 的值,用 $f(c)$ 来表示.

这样,对于 S 的每一个数 c,就有 S 中唯一确定的数 $f(c)$ 与它对应.于是得到 S 到 S 的一

个映射.这个映射是由多项式 $f(x)$ 所确定的,叫作 S 上一个多项式函数.

设 $f(x)$, $g(x) \in S[x]$. 那么对于任意 $c \in S$,由 $f(x)=g(x)$ 就有 $f(c)=g(c)$; 并且如果

$$u(x)=f(x)+g(x), \quad v(x)=f(x)g(x),$$

那么

$$u(c)=f(c)+g(c), \quad v(c)=f(c)g(c).$$

因此,任意一个由加法和乘法得到的 $S[x]$ 的一些多项式间的关系式在用 S 中的数 c 代替 x 后仍然成立.

现在设 $f(x) \in S[x]$,而 $c \in S$. 在 $S[x]$ 里可以用 $x-c$ 除 $f(x)$,得到的商式和余式仍在 $S[x]$ 内,因为 $x-c$ 是一次多项式,所以余式或者是零,或者是一个零次多项式.因此存在 $q(x) \in S[x]$, $r \in S$,使得

$$f(x)=(x-c)q(x)+r.$$

在这个等式两边用 c 代替 x,我们得到 $r=f(c)$. 于是就得到以下的余式定理:

定理 7.1 设 $f(x) \in S[x]$, $c \in S$,用 $x-c$ 除 $f(x)$ 所得的余式等于当 $x=c$ 时 $f(x)$ 的值 $f(c)$.

根据这个定理,要求 $f(x)$ 当 $x=c$ 时的值,只需用带余除法求出用 $x-c$ 除 $f(x)$ 所得的余式.但是我们还有一个更简便的方法,叫作综合除法.

设

$$f(x)=a_0 x^n + a_1 x^{n-1} + a_2 x^{n-2} + \cdots + a_{n-1} x + a_n,$$

并且设

$$f(x)=(x-c)q(x)+r, \tag{1}$$

其中

$$q(x)=b_0 x^{n-1} + b_1 x^{n-2} + b_2 x^{n-3} + \cdots + b_{n-2} x + b_{n-1}.$$

比较等式(1)中两端同次项的系数,我们得到

$$a_0 = b_0,$$
$$a_1 = b_1 - cb_0,$$
$$a_2 = b_2 - cb_1,$$
$$\cdots\cdots\cdots\cdots$$
$$a_{n-1} = b_{n-1} - cb_{n-2},$$
$$a_n = r - cb_{n-1}.$$

由此得出

$$b_0 = a_0,$$
$$b_1 = cb_0 + a_1,$$
$$b_2 = cb_1 + a_2,$$
$$\cdots\cdots\cdots\cdots$$
$$b_{n-1} = cb_{n-2} + a_{n-1},$$
$$r = cb_{n-1} + a_n.$$

这样,欲求系数 b_k,只要把前一系数 b_{k-1} 乘以 c 再加上对应系数 a_k,而余式 r 也可以按照类似的规律求出.因此按照下表所指出的算法就可以很快地陆续求出商式的系数和余式:

$$\begin{array}{c|ccccccc} c & a_0 & a_1 & a_2 & \cdots & a_{n-1} & a_n \\ + & & cb_0 & cb_1 & \cdots & cb_{n-2} & cb_{n-1} \\ \hline & b_0 & b_1 & b_2 & \cdots & b_{n-1} & r \end{array}$$

表中的加号通常略去不写.

例 1 用 $x+3$ 除 $f(x)=x^4+x^2+4x-9$.

解 作综合除法:

$$\begin{array}{r|rrrrr} -3 & 1 & 0 & 1 & 4 & -9 \\ & & -3 & 9 & -30 & 78 \\ \hline & 1 & -3 & 10 & -26 & 69 \end{array}$$

所以商式是 $g(x)=x^3-3x^2+10x-26$,而余式 $r=f(-3)=69$.

多项式的研究与方程的研究有密切的关系.例如,由中学代数我们知道,求二次方程 $ax^2+bx+c=0$ 的根和二次多项式 ax^2+bx+c 的因式分解本质上是同一个问题.因此我们把方程 $f(x)=0$ 的根也叫作多项式 $f(x)$ 的根.确切地说,我们有以下定义:

定义 7.1 令 $f(x)$ 是 $S[x]$ 的一个多项式而 c 是 S 中的一个数.如果当 $x=c$ 时 $f(x)$ 的值 $f(c)=0$,那么 c 叫作 $f(x)$ 在数环 S 中的一个根.

由余式定理我们立刻得到如下重要定理:

定理 7.2 数 c 是多项式 $f(x)$ 的根的充要条件是 $f(x)$ 能被 $x-c$ 整除.

这样,求多项式在数环 S 中的根相当于求它的形如 $x-c$ 的因式.要判断 $x-c$ 是不是多项式 $f(x)$ 的因式,自然可以用综合除法.

利用余式定理,我们可以看出,$S[x]$ 的一个多项式在 S 中最多有多少根.我们有:

定理 7.3 设 $f(x)$ 是 $S[x]$ 中一个 $n \geqslant 0$ 次多项式,那么 $f(x)$ 在 S 中至多有 n 个不同的根.

证 如果 $f(x)$ 是零次多项式,那么 $f(x)$ 是 S 中一个不等于零的数,所以没有根.因此定理对于 $n=0$ 成立.于是我们可以对 n 作数学归纳法来证明这一定理.设 $c \in S$ 是 $f(x)$ 的一个根.那么

$$f(x)=(x-c)g(x),$$

这里 $g(x) \in S[x]$ 是一个 $n-1$ 次多项式.如果 $d \in S$ 是 $f(x)$ 的另一个根,$d \neq c$,那么

$$0=f(d)=(d-c)g(d).$$

因为 $d-c \neq 0$,所以 $g(d)=0$.因为 $g(x)$ 的次数是 $n-1$,由归纳法假设,$g(x)$ 在 R 内至多有 $n-1$ 个不同的根.因此 $f(x)$ 在 S 中至多有 n 个不同的根.

这一定理对零多项式不能应用,因为零多项式没有次数.事实上,数环 S 的每一个数都是零多项式的根.

由定理 7.3 可以得出:

定理 7.4 设 $f(x)$ 与 $g(x)$ 是 $S[x]$ 的两个多项式,它们的次数都不大于 n.如果以 S 中 $n+1$ 个或更多的不同的数来代替 x 时,每次所得 $f(x)$ 与 $g(x)$ 的值都相等,那么 $f(x)=g(x)$.

证 令

$$u(x)=f(x)-g(x).$$

若 $f(x)\neq g(x)$,换一句话说,$u(x)\neq 0$,那么 $u(x)$ 是一个次数不超过 n 的多项式,并且在 R 中有 $n+1$ 个或更多的根.这与定理 7.3 矛盾.

我们看到,$S[x]$ 的每一个多项式都可以确定一个 S 上的多项式函数.我们提出以下问题:如果 $S[x]$ 的两个多项式 $f(x)$ 和 $g(x)$ 所确定的多项式函数相等,这两个多项式是否相等?我们要注意,多项式 $f(x)$ 和 $g(x)$ 相等指的是它们有完全相同的项,而 $f(x)$ 和 $g(x)$ 所确定的函数相等指的是,对 S 的任何数 c 都有 $f(c)=g(c)$.这是两种不同的相等概念.因此以下定理并不是显而易见的.

定理 7.5 $S[x]$ 的两个多项式 $f(x)$ 和 $g(x)$ 相等,当且仅当它们所定义的 S 上多项式函数相等.

证 设 $f(x)=g(x)$.那么它们有完全相同的项,因而对 S 的任何数 c 都有 $f(c)=g(c)$,这就是说,$f(x)$ 和 $g(x)$ 所确定的函数相等.

反过来设 $f(x)$ 和 $g(x)$ 所确定的函数相等,令

$$u(x)=f(x)-g(x).$$

那么对 S 的任何数 c 都有 $u(c)=f(c)-g(c)=0$.这就是说,S 中的每一个数都是多项式 $u(x)$ 的根.但 S 有无穷多个数,因此 $u(x)$ 有无穷多个根.根据定理 7.3,只有零多项式才有这个性质,因此有

$$u(x)=f(x)-g(x)=0, \quad f(x)=g(x).$$

有了定理 7.5,在必要时,我们可以把多项式看成函数.

定理 7.4 告诉我们,给了一个数环 S 里 $n+1$ 个互不相同的数 $a_1, a_2, \cdots, a_{n+1}$ 以及任意 $n+1$ 个不全为 0 的数 $b_1, b_2, \cdots, b_{n+1}$ 后,至多存在 $S[x]$ 的一个次数不超过 n 的多项式 $f(x)$,能使 $f(a_i)=b_i$,$i=1, 2, \cdots, n+1$.如果 S 还是一个数域,那么这样一个多项式的确是存在的,因为容易看出,由以下公式给出的多项式 $f(x)$ 就具有上述性质:

$$f(x)=\sum_{i=1}^{n+1} \frac{b_i(x-a_1)\cdots(x-a_{i-1})(x-a_{i+1})\cdots(x-a_{n+1})}{(a_i-a_1)\cdots(a_i-a_{i-1})(a_i-a_{i+1})\cdots(a_i-a_{n+1})}.$$

这个公式叫作拉格朗日(Lagrange)插值公式.

例 2 求次数小于 3 的多项式 $f(x)$,使

$$f(1)=1, \quad f(-1)=3, \quad f(2)=3.$$

解 由拉格朗日插值公式,得

$$f(x)=\frac{(x+1)(x-2)}{(1+1)(1-2)}+\frac{3(x-1)(x-2)}{(-1-1)(-1-2)}+\frac{3(x-1)(x+1)}{(2-1)(2+1)}=x^2-x+1.$$

习题 1-7

1. 设 $f(x)=2x^5-3x^4-5x^3+1$. 求 $f(3)$，$f(-2)$.

2. 数环 S 的一个数 c 是 $f(x)\in S[x]$ 的一个 k 重根，如果 $f(x)$ 可以被 $(x-c)^k$ 整除，但不能被 $(x-c)^{k+1}$ 整除. 判断 5 是不是多项式

$$f(x)=3x^5-224x^3+742x^2+5x+50$$

的根，如果是的话，是几重根？

3. 设

$$2x^3-x^2+3x-5=a(x-2)^3+b(x-2)^2+c(x-2)+d.$$

求 a,b,c,d.

[提示：应用综合除法.]

4. 将下列多项式 $f(x)$ 表成 $x-a$ 的多项式.

(1) $f(x)=x^5$，$a=1$；

(2) $f(x)=x^4-2x^2+3$，$a=-2$.

5. 求一个次数小于 4 的多项式 $f(x)$，使

$$f(2)=3,\ f(3)=-1,\ f(4)=0,\ f(5)=2.$$

6. 求一个 2 次多项式，使它在 $x=0,\dfrac{\pi}{2}$，π 处与函数 $\sin x$ 有相同的值.

7. 令 $f(x)$，$g(x)$ 是两个多项式，并且 $f(x^3)+xg(x^3)$ 可以被 x^2+x+1 整除. 证明：$f(1)=g(1)=0$.

8. 令 c 是一个复数，并且是 $Q[x]$ 中一个非零多项式的根. 令

$$J=\{f(x)\in Q[x]\mid f(c)=0\}.$$

证明：(1) 在 J 中存在唯一的最高次系数是 1 的多项式 $p(x)$，使得 J 中每一多项式 $f(x)$ 都可以写成 $p(x)q(x)$ 的形式，这里 $q(x)\in Q[x]$；

(2) $p(x)$ 在 $Q[x]$ 中不可约.

如果 $c=\sqrt{2}+\sqrt{3}$，求上述的 $p(x)$.

[提示：取 $p(x)$ 是 J 中次数最低且最高次项系数是 1 的多项式.]

9. 设 $C[x]$ 中多项式 $f(x)\neq 0$ 且 $f(x)\mid f(x^n)$，n 是一个大于 1 的整数. 证明：$f(x)$ 的根只能是零或单位根.

[提示：如果 c 是 $f(x)$ 的根，那么 c^n，c^{n^2}，c^{n^3}，… 都是 $f(x)$ 的根.]

§8 复数和实数域上多项式

在以下两节我们针对复数、实数和有理数的特点，分别研究这三个数域上的一元多项式的根和因式分解. 这三个数域上的多项式是使用最多的多项式.

我们先讨论复数域上的多项式.

给了任意数域 F 上的一个 $n(n>0)$ 次多项式 $f(x)$，那么 $f(x)$ 在 F 中未必有根. 但对于

复数域 C 上的多项式来说,我们有如下的重要定理:

定理 8.1 (代数基本定理)任何 $n(n>0)$ 次多项式在复数域中至少有一个根.

证明略.

由定理 8.1 容易得到如下定理:

定理 8.2 任何 $n(n>0)$ 次多项式在复数域中有 n 个根(重根按重数计算).

证 设 $f(x)$ 是一个 $n(n>0)$ 次多项式,那么由定理 8.1,它在复数域 C 上有一个根 α_1,因此在 $C[x]$ 中

$$f(x)=(x-\alpha_1)f_1(x),$$

这里 $f_1(x)$ 是 C 上的一个 $n-1$ 次多项式.若 $n-1>0$,那么 $f_1(x)$ 在 C 中有一个 α_2,因而在 $C[x]$ 中

$$f(x)=(x-\alpha_1)(x-\alpha_2)f_2(x).$$

这样继续下去,最后 $f(x)$ 在 $C[x]$ 中完全分解成 n 个一次因式的乘积,而 $f(x)$ 在 C 中有 n 个根.

由这个证明显然可以得出以下结论:

复数域 C 上任一 $n(n>0)$ 次多项式可以在 $C[x]$ 里分解为一次因式的乘积.复数域上任一次数大于 1 的多项式都是可约的.

我们在中学学过二次方程的根与系数的关系,现在我们讨论 n 次多项式的根与系数的关系.

令

$$f(x)=x^n+a_1x^{n-1}+\cdots+a_n$$

是一个 $n(n>0)$ 次多项式,那么在复数域 C 中 $f(x)$ 有 n 个根 $\alpha_1,\alpha_2,\cdots,\alpha_n$,因而在 $C[x]$ 中 $f(x)$ 完全分解成一次因式的乘积:

$$f(x)=(x-\alpha_1)(x-\alpha_2)\cdots(x-\alpha_n).$$

展开这一等式右端的括号,合并同次项,然后与原多项式比较系数,我们可得到根与系数的关系:

$$a_1=-(\alpha_1+\alpha_2+\cdots+\alpha_n),$$
$$a_2=(\alpha_1\alpha_2+\alpha_1\alpha_3+\cdots+\alpha_{n-1}\alpha_n),$$
$$a_3=-(\alpha_1\alpha_2\alpha_3+\alpha_1\alpha_2\alpha_4+\cdots+\alpha_{n-2}\alpha_{n-1}\alpha_n),$$
$$\cdots\cdots\cdots\cdots$$
$$a_{n-1}=(-1)^{n-1}(\alpha_1\alpha_2\cdots\alpha_{n-1}+\alpha_1\alpha_3\cdots\alpha_n+\cdots+\alpha_2\alpha_3\cdots\alpha_n),$$
$$a_n=(-1)^n\alpha_1\alpha_2\cdots\alpha_n,$$

其中第 $k(k=1,2,\cdots,n)$ 个等式的右端是一切可能的 k 个根的乘积之和再乘以 $(-1)^k$.

如果多项式

$$f(x)=a_0x^n+a_1x^{n-1}+\cdots+a_n$$

的首项系数 $a_0 \neq 1$，那么应用根与系数的关系时须先用 a_0 除所有系数，这样做多项式的根并无改变.这时根与系数的关系取以下形式：

$$\frac{a_1}{a_0} = -(\alpha_1 + \alpha_2 + \cdots + \alpha_n),$$

$$\frac{a_2}{a_0} = \alpha_1\alpha_2 + \alpha_1\alpha_3 + \cdots + \alpha_{n-1}\alpha_n,$$

$$\cdots\cdots\cdots\cdots$$

$$\frac{a_n}{a_0} = (-1)^n \alpha_1\alpha_2\cdots\alpha_n.$$

利用根与系数的关系容易求出有已知根的多项式.例如,求有单根 5 与 −2 以及二重根 3 的四次多项式.根据根与系数的关系,我们得到

$$a_1 = -(5 - 2 + 3 + 3) = -9,$$

$$a_2 = 5(-2) + 5 \cdot 3 + 5 \cdot 3 + (-2)3 + (-2)3 + 3 \cdot 3 = 17,$$

$$a_3 = -[5(-2)3 + 5(-2)3 + 5 \cdot 3 \cdot 3 + (-2)3 \cdot 3] = 33,$$

$$a_4 = 5(-2)3 \cdot 3 = -90.$$

因此所求多项式是

$$f(x) = x^4 - 9x^3 + 17x^2 + 33x - 90,$$

或

$$f(x) = ax^4 - 9ax^3 + 17ax^2 + 33ax - 90a,$$

这里 $a \neq 0$.

现在我们导出实系数多项式的一些性质.

定理 8.3 若实系数多项式 $f(x)$ 有一个非实的复数根 a,那么 a 的共轭数 $\bar{a}$ 也是 $f(x)$ 的根,并且 a 与 $\bar{a}$ 有同一重数.换句话说,实系数多项式的非实的复数根两两成对.

证 令 $f(x) = a_0 x^n - a_1 x^{n-1} + \cdots + a_n$. 由假设

$$a_0 x^n - a_1 x^{n-1} + \cdots + a_n = 0,$$

把等式两端都换成它们的共轭数,得

$$\overline{a_0 x^n - a_1 x^{n-1} + \cdots + a_n} = \bar{0}.$$

根据共轭数的性质,并且注意到 $a_0, a_1, \cdots, a_n$ 和 0 都是实数,我们有

$$a_0 \bar{a}^n + a_1 \bar{a}^{n-1} + \cdots + a_n = 0,$$

即 $\bar{a}$ 也是 $f(x)$ 的一个根.

因此多项式 $f(x)$ 能被多项式

$$g(x) = (x - a)(x - \bar{a}) = x^2 - (a + \bar{a})x + a\bar{a}$$

整除.由共轭复数的性质知道 $g(x)$ 的系数都是实数,所以

$$f(x) = g(x)h(x).$$

此处 $h(x)$ 也是一个实系数多项式.

若 a 是 $f(x)$ 的重根,那么它一定是 $h(x)$ 的根,根据方才所证明的,$\bar{a}$ 也是 $h(x)$ 的一个根.这样,$\bar{a}$ 也是 $f(x)$ 的重根.重复应用这个推理方法,容易看出,a 与 $\bar{a}$ 的重数相同.

由代数基本定理和定理 8.3 立即得到关于实数域上多项式的因式分解的以下定理.

定理 8.4 实数域上不可约多项式,除一次多项式外,只有含非实共轭复数根的二次多项式.

定理 8.5 每一个次数大于 0 的实系数多项式都可以分解为实系数的一次和二次不可约因式的乘积.

由代数基本定理我们知道,任何一个 $n(n>0)$ 次多项式 $f(x)$ 在复数域内有 n 个根,但是这个定理现有的任何证明都没有给出实际求这些根的方法.因此找出实际求根的方法是一个需要进一步研究的问题.

关于求多项式 $f(x)$ 或方程 $f(x)=0$ 的根的研究,集中在以下两个问题:

(1) 根的近似求法;

(2) 根号解问题.

这两个问题的详细讨论已超出本教程的范围,我们只对第二个问题作一个简短的介绍.

我们知道,求二次方程 $ax^2+bx+c=0$ 的根可以应用公式

$$x = \frac{-b \pm \sqrt{b^2-4ac}}{2a}.$$

这里是利用根号把根由方程的系数表示出的.一般地,如果一个方程的根能够由方程的系数经过有限次加、减、乘、除以及开方运算来表示,那么这个方程说是能够用根号来解.根号解问题就是研究高次方程是否能够用根号来解.

关于这个问题我们有以下结果:

对于三次和四次方程在十六世纪已经找到了用根号表示根的一般公式,因此三次和四次方程是可以用根号来解的(三次和四次方程的用根号表示根的公式都比较复杂,没有多少实用价值).

用根号解五次以上方程的问题,直到十九世纪才得到解决,并且结果和二、三、四次方程的情形完全相反.利用伽罗瓦(Calois)理论可以证明,对于五次以上方程不但不存在用根号表示根的一般公式,甚至具体的数字方程如

$$x^5 - 4x - 2 = 0$$

也不能用根号来解.

例 1 求次数最低的实系数多项式 $f(x)$,以 $1, i, 1+i$ 为根.

解 根据实系数多项式复数根以共轭形式成对出现的事实,$-i$ 和 $1-i$ 也是 $f(x)$ 的根,所以所求的实系数多项式

$$f(x) = (x-1)(x-i)(x+i)(x-(1+i))(x-(1-i))$$
$$= (x-1)(x^2+1)(x^2-2x+2).$$

例 2 证明:如果实系数 n 次多项式 $f(x)$ 的根都是实数,那么 $f'(x)$ 的根也都是实数,并

且在 $f(x)$ 的两相邻实根之间必有 $f'(x)$ 的一个根,且是单根.

证 设

$$f(x)=(x-\alpha_1)^{k_1}(x-\alpha_2)^{k_2}\cdots(x-\alpha_r)^{k_r},$$

其中 $\alpha_1<\alpha_2<\cdots<\alpha_r$ 是互不相同的实数,$k_1+k_2+\cdots+k_r=n$,那么 $\alpha_1,\alpha_2,\cdots,\alpha_r$ 分别是 $f'(x)$ 的 $k_1-1,k_2-1,\cdots,k_r-1$ 重根.

由于 $f(\alpha_i)=f(\alpha_{i+1})=0$,根据罗尔定理,$f'(x)$ 在 $f'(x)(\alpha_i,\alpha_{i+1})$ 中有一个实根 β_i,$i=1,2,\cdots,r-1$.这样 $f'(x)$ 至少已经有

$$(k_1-1)+(k_2-1)+\cdots+(k_r-1)+r-1=k_1+k_2+\cdots+k_r-r+r-1=n-1$$

个根.所以 $f'(x)$ 的根都是实根,并且 $\beta_1,\beta_2,\cdots,\beta_{r-1}$ 都是单根.

例3 设 $f(x)\in R[x]$,且 $\forall a\in R,f(a)\geqslant 0$,证明存在多项式 $g(x),h(x)\in R[x]$ 使 $f(x)=g^2(x)+h^2(x)$.

证 因为 $f(x)\geqslant 0$,所以 $f(x)$ 的次数是偶数,并且由于复数根成对出现,因而 $f(x)$ 的实根个数也是偶数,且首项系数 $a>0$.设 $f(x)$ 的全部互异实根为 $a_1\leqslant a_2\leqslant\cdots\leqslant a_k$,全部成对共轭复数根为 $\alpha_1,\cdots,\alpha_r,\overline{\alpha_1},\cdots,\overline{\alpha_r}$,则

$$f(x)=a\ (x-a_1)^{m_1}\cdots(x-a_k)^{m_k}(x-\alpha_1)\cdots(x-\alpha_k)(x-\overline{\alpha_1})\cdots(x-\overline{\alpha_k})$$
$$=g(x)g_1(x)\overline{g_1(x)},$$

其中 $m_i\geqslant 1,i=1,2,\cdots,k$,

$$g(x)=(x-a_1)^{m_1}\cdots(x-a_k)^{m_k},\quad g_1(x)=(x-\alpha_1)\cdots(x-\alpha_k).$$

因为没有实根的多项式

$$(x-\alpha_i)(x-\overline{\alpha_i})=x^2-(\alpha+\bar{\alpha})x+\alpha\bar{\alpha}\geqslant 0,$$

所以乘积 $g_1(x)\overline{g_1(x)}\geqslant 0$,从而恒有 $g(x)\geqslant 0$.

在 $g(x)$ 中,我们断定每个 m_i 都是偶数.假设 m_r 是 $m_1,m_2,\cdots,m_r$ 中的第一个奇数,那么至少还有一个奇数 m_i(并且这样的奇数 m_i 有偶数个),并设在 $m_r,m_{r+1},\cdots,m_{s-1},m_s$ 中,m_s 是奇数,排在 m_r 与 m_s 中间的 m_i 都是偶数,重写 $g(x)$ 成

$$g(x)=(x-a_1)^{m_1}\cdots(x-a_r)^{m_r}\cdots(x-a_s)^{m_s}\cdots(x-a_k)^{m_k}.$$

取 $a_r<x<a_s$,将导致 $g(x)<0$,这与 $g(x)\geqslant 0$ 矛盾.

由于每个 m_i 都是偶数,所以 $g(x)=\phi^2(x),\phi(x)\in R[x]$,并设

$$g_1(x)=\varphi(x)+i\psi(x),$$

其中 $\varphi(x),\psi(x)\in R[x]$,则

$$f(x)=\phi^2(x)(\varphi(x)+i\psi(x))(\varphi(x)-i\psi(x))$$
$$=\phi^2(x)\varphi^2(x)+\phi^2(x)\psi^2(x).$$

例4 证明 $P[x]$ 中不可约多项式 $f(x)$ 在复数域中无重根.

证法1 在复数域上,$f(x)$ 有重根 $\Leftrightarrow$

$$(f(x), f'(x)) = d(x) \neq \text{常数}$$

如果 $f(x)$ 在 $P[x]$ 中不可约,那么 $f(x)$ 在 $P[x]$ 中无真因式,而上述表示 $f(x)$ 在 $P[x]$ 中有一个真因式 $d(x)$,得到矛盾.

证法 2 因为 $f(x)$ 不可约,$f'(x) \neq 0$,且 $\partial f'(x) < \partial f(x)$,所以 $P[x]$ 中 $f(x)$ 不整除 $f'(x)$,因而 $(f(x), f'(x)) = 1$,那么在复数域上也有 $(f(x), f'(x)) = 1$,$f(x)$ 无重因式,也就没有 1 次重因式 $x - a$,即 $f(x)$ 没有重根.

例 5 如果有理系数不可约多项式 $f(x)$ 的一个复数根 α,并且其倒数 $1/\alpha$ 也是 $f(x)$ 的根,那么 $f(x)$ 的每一个根 β 的倒数 $1/\beta$ 也是 $f(x)$ 的根.

证 α 是 $f(x) = a_0 + a_1 x + a_2 x^2 + \cdots + a_n x^n$ 的根,则容易验证 $1/\alpha$ 也是

$$g(x) = a_0 x^n + a_1 x^{n-1} + \cdots + a_{n-1} x + a_n$$

的根,因此 $f(x)$ 与 $g(x)$ 有公共根 $1/\alpha$.

$f(x)$ 和 $g(x)$ 都不可约.但它们有公共复数根,所以 $f(x)$ 与 $g(x)$ 的最大公约式 $d(x) \neq$ 常数.由 $f(x)$ 和 $g(x)$ 的不可约性,得 $f(x) = cg(x)$,$c \neq 0$.

既然 β 也是 $f(x)$ 的根,那么由上面所述,$1/\beta$ 是 $g(x)$ 的根.而 $f(x) = cg(x)$,所以 $1/\beta$ 也是 $f(x)$ 的根.

习 题 1-8

1. 设 n 次多项式 $f(x) = a_0 x^n + a_1 x^{n-1} + \cdots + a_{n-1}x + a_n$ 的根是 $\alpha_1, \alpha_2, \cdots, \alpha_n$. 求:

(1) 以 $c\alpha_1, c\alpha_2, \cdots, c\alpha_n$ 为根的多项式,这里 c 是一个数;

(2) 以 $\dfrac{1}{\alpha_1}, \dfrac{1}{\alpha_2}, \cdots, \dfrac{1}{\alpha_n}$ (假定 $\alpha_1, \alpha_2, \cdots, \alpha_n$ 都不等于零)为根的多项式.

2. 设 $f(x)$ 是一个多项式,用 $\overline{f}(x)$ 表示把 $f(x)$ 的系数分别换成它们的共轭数后所得多项式.证明:

(1) 如果 $g(x) \mid f(x)$,那么 $\overline{g}(x) \mid \overline{f}(x)$;

(2) 如果 $d(x)$ 是 $f(x)$ 和 $\overline{f}(x)$ 的一个最大公因式,并且 $d(x)$ 的最高次项系数 1,那么 $d(x)$ 是一个实系数多项式.

3. 在复数和实数域上,分解 $x^n - 2$ 为不可约因式的乘积.

4. 证明:数域 F 上任意一个不可约多项式在复数域内没有重根.

§9 有理数域上多项式

关于有理数域上的多项式,我们讨论以下两个问题:(1) 有理数域上多项式的可约性;(2) 求有理数域上多项式的有理根.

设 $f(x)$ 是有理数域上的一个多项式.如果 $f(x)$ 的系数不全是整数,那么以 $f(x)$ 的系数的分母的一个公倍数 k 乘 $f(x)$,就得到一个整系数多项式 $kf(x)$. 显然,多项式 $f(x)$ 与 $kf(x)$ 在有理数域上同时可约或同时不可约.这样,在讨论有理数域上多项式的可约性时,只需讨论整系数多项式在有理数域上是否可约.

令 $f(x)$ 是整数环 Z 上一个 $n(n > 0)$ 次多项式.如果存在 $g(x), h(x) \in Z[x]$,它们的次数都小于 n,使得

$$f(x) = g(x)h(x),$$

那么 $f(x)$, $g(x)$, $h(x)$ 自然可以看成有理数域 Q 上的多项式,即 $f(x)$ 在 $Q[x]$ 中是可约的.现在反过来问:如果 $f(x)$ 在 $Q[x]$ 中可约,是否存在次数都小于 n 的整系数多项式 $g(x)$, $h(x)$, 使得 $f(x) = g(x)h(x)$ 成立? 下面我们将解答这个问题.为此,引入以下概念:

定义 9.1 如果一个整系数多项式 $f(x)$ 的系数互素,那么 $f(x)$ 叫作一个本原多项式.

先证关于本原多项式的一个引理,通常称为高斯(Gauss)引理.

引理 9.1 两个本原多项式的乘积仍是一个本原多项式.

证 设给定两个本原多项式

$$f(x) = a_0 + a_1 x + \cdots + a_i x^i + \cdots + a_m x^m,$$
$$g(x) = b_0 + b_1 x + \cdots + b_j x^j + \cdots + b_n x^n,$$

并且设

$$f(x)g(x) = c_0 + c_1 x + \cdots + c_{i+j} x^{i+j} + \cdots + c_{m+n} x^{m+n}.$$

如果 $f(x)g(x)$ 不是本原多项式,那么一定存在一个素数 p,它能整除所有系数 c_0, c_1, $\cdots$, c_{m+n}. 由于 $f(x)$ 和 $g(x)$ 都是本原多项式,所以 p 不能整除 $f(x)$ 的所有系数,也不能整除 $g(x)$ 的所有系数.令 a_i 和 b_j 各是 $f(x)$ 和 $g(x)$ 的第一个不能被 p 除的系数.我们考察 $f(x)g(x)$ 的系数 c_{i+j}.我们有

$$c_{i+j} = a_0 b_{i+j} + \cdots + a_{i-1} b_{j+1} + a_i b_j + a_{i+1} b_{j-1} + \cdots + a_{i+j} b_0.$$

这个等式的左端被 p 整除,根据选择 a_i 和 b_j 的条件,所有系数 a_0, $\cdots$, a_{i-1} 以及 b_{j-1}, $\cdots$, b_0 都能被 p 整除,因而等式右端除 $a_i b_j$ 这一项外,其他每一项也都能被 p 整除.因此乘积 $a_i b_j$ 也必须被 p 整除.但 p 是一个素数,所以 p 必须整除 a_i 或 b_j.这与假设矛盾.

现在可以回答上面提出的问题.

定理 9.1 如果一个整系数 $n(n > 0)$ 次多项式 $f(x)$ 在有理数域上可约,那么 $f(x)$ 总可以分解成次数都小于 n 的两个整系数多项式的乘积.

证 设

$$f(x) = g_1(x)g_2(x),$$

这里 $g_1(x)$ 与 $g_2(x)$ 都是有理数域上的次数小于 n 的多项式.

令 $g_1(x)$ 的系数的公分母是 b_1,那么 $g_1(x) = \frac{1}{b_1} h(x)$,这里 $h(x)$ 是一个整系数多项式.又令 $h(x)$ 的系数的最大公因数是 a_1,那么

$$g_1(x) = \frac{a_1}{b_1} f_1(x),$$

这里 $\frac{a_1}{b_1}$ 是一个有理数而 $f_1(x)$ 是一个本原多项式.同理,

$$g_2(x) = \frac{a_2}{b_2} f_2(x),$$

这里 $\dfrac{a_2}{b_2}$ 是一个有理数而 $f_2(x)$ 是一个本原多项式. 于是

$$f(x)=\frac{a_1 a_2}{b_1 b_2} f_1(x) f_2(x) = \frac{r}{s} f_1(x) f_2(x),$$

其中 r 与 s 是互素的整数,并且 $s>0$. 由于 $f(x)$ 是一个整系数多项式,所以多项式 $f_1(x) f_2(x)$ 的每一系数与 r 的乘积都必须被 s 整除,但 r 与 s 互素,所以 $f_1(x) f_2(x)$ 的每一个系数必须被 s 整除,这就是说,s 是多项式 $f_1(x) f_2(x)$ 的系数的一个公因数.但 $f_1(x) f_2(x)$ 是一个本原多项式,因此 $s=1$,而

$$g(x)=[r f_1(x)] f_2(x).$$

$r f_1(x)$ 和 $f_2(x)$ 显然各与 $g_1(x)$ 和 $g_2(x)$ 有相同的次数,这样,$f(x)$ 可以分解成次数都小于 n 的两个整系数多项式的乘积.

以上定理把有理系数多项式在有理数域上是否可约的问题归结到整系数多项式能否分解成次数较低的整系数多项式的乘积的问题.克罗内克(Kronecker)给出一个通过有限次计算实际判断任一整系数多项式能否分解成次数较低的整系数多项式的乘积的方法.因此我们也能判断任一有理系数多项式在有理数域上是否可约.我们知道,对于任意数域上的多项式来说,这一点是做不到的.但是克罗内克方法比较麻烦,实用价值不大,所以我们不在这里介绍.我们介绍另一个判断整系数多项式在有理数域上是否可约的方法.这个方法有时还是比较有用的.

定理 9.2 (艾森斯坦(Eisenstein)判断法)设

$$f(x)=a_0+a_1 x+\cdots+a_n x^n$$

是一个整系数多项式. 如果能够找到一个素数 p,使

(1) 最高次项系数 a_n 不能被 p 整除;

(2) 其余各项的系数都能被 p 整除;

(3) 常数项 a_0 不能被 p^2 整除,

那么多项式 $f(x)$ 在有理数域上不可约.

证 如果多项式 $f(x)$ 在有理数域上可约,那么由定理 9.1,$f(x)$ 可以分解成两个次数较低的整系数多项式的乘积:

$$f(x)=g(x)h(x),$$

这里

$$g(x)=b_0+b_1 x+\cdots+b_k x^k,$$

$$h(x)=c_0+c_1 x+\cdots+c_l x^l,$$

并且 $k<n$,$l<n$,$k+l=n$. 由此得到

$$a_0=b_0 c_0.$$

因为 a_0 被 p 整除,而 p 是一个素数,所以 b_0 或 c_0 被 p 整除.但 a_0 不能被 p^2 整除,所以 b_0 与 c_0 不能同时被 p 整除.不妨假定 b_0 被 p 整除而 c_0 不被 p 整除.$g(x)$ 的系数不能全被 p 整除,否则 $f(x)=g(x)h(x)$ 的系数 a_n 将被 p 整除,这与假定矛盾.令 $g(x)$ 中第一个不能被 p 整

除的系数是 b_s. 考察等式

$$a_s = b_s c_0 + b_{s-1} c_1 + \cdots + b_0 c_s.$$

由于在这个等式中 a_s, b_{s-1}, $\cdots$, b_0 都被 p 整除,所以 $b_s c_0$ 也必须被 p 整除.但 p 是一个素数,所以 b_s 与 c_0 中至少有一个被 p 整除.这是一个矛盾.

我们知道,在复数域上只有一次的多项式是不可约的,而在实数域上只有一次和一部分二次的多项式是不可约的.应用艾森斯坦判断法,我们很容易证明以下事实:

有理数域上任意次的不可约多项式都存在.

事实上,任意给定一个正整数 n,我们很容易写出满足定理 9.2 的条件的不可约多项式,例如 $f(x) = x^n + 2$ 就是这样的一个多项式.

艾森斯坦判断法不是对于所有整系数多项式都能应用的,因为满足判断法中条件的素数 p 不一定存在. 如果对于某一多项式 $f(x)$ 找不到这样的素数 p,那么 $f(x)$ 可能在有理数域上可约也可能不可约. 例如,对于多项式 $x^2 + 3x + 2$ 与 $x^2 + 1$ 来说,就找不到一个满足判断法的条件的素数 p.显然前一个多项式在有理数域上可约,而后一多项式不可约.

有时对于某一多项式 $f(x)$ 来说,艾森斯坦判断法不能直接应用,但是把 $f(x)$ 适当变形后,就可以应用这个判断法.我们看一个例子.

设 p 是一个素数.多项式

$$f(x) = x^{p-1} + x^{p-2} + \cdots + x + 1$$

叫作分圆多项式. 我们证明,$f(x)$ 在 $Q[x]$ 中不可约.在这里不能直接应用艾森斯坦判断法.如果令 $x = y + 1$,那么由于

$$(x-1)f(x) = x^p - 1,$$

我们得到

$$yf(y+1) = (y+1)^p - 1 = y^p + C_p^1 y^{p-1} + C_p^2 y^{p-2} + \cdots + C_p^{p-1} y.$$

令 $g(y) = f(y+1)$. 于是

$$g(y) = y^{p-1} + C_p^1 y^{p-2} + \cdots + C_p^{p-1},$$

$g(y)$ 的最高次项系数不能被 p 整除.其余的系数都是二项式系数,它们都能被 p 整除.事实上,当 $k < p$ 时,

$$C_p^k = \frac{p(p-1)\cdots(p-k+1)}{k!}.$$

因为 C_p^k 是一个整数,所以右端的分子能被 $k!$ 整除.但 $k!$ 与 p 互素,所以 $k! \mid (p-1)\cdots(p-k+1)$. 因此 C_p^k 是 p 的一个倍数.但 $g(y)$ 的常数项 $C_p^{p-1} = p$ 不能被 p^2 整除.这样,由艾森斯坦判断法,$g(y)$ 在有理数域上不可约,$f(x)$ 也在有理数域上不可约,因为如果存在 $f_1(x)$, $f_2(x) \in Q[x]$,使得

$$f(x) = f_1(x)f_2(x),$$

那么

$$g(y) = f_1(y+1)f_2(y+1) = g_1(y)g_2(y),$$

这里 $g_i(y) = f_i(y+1) \in Q[x]$, $i = 1, 2$.

我们现在讨论求有理系数多项式的有理根问题.我们知道,并没有一般的方法来求多项式的实根或复根(指精确根),但是我们能够较简单地求出有理系数多项式的有理根.

在讨论求有理数域上多项式的有理根时,我们可以限于讨论如何求整系数多项式的有理根.因为如果给定了一个有理系数多项式 $f(x)$,可以把 $f(x)$ 乘以一个整数 k 而得到一个整系数多项式 $kf(x)$,而 $f(x)$ 与 $kf(x)$ 显然有相同的根.

定理 9.3 设

$$f(x) = a_0 x^n + a_1 x^{n-1} + \cdots + a_n$$

是一个整系数多项式.如果有理数 $\dfrac{u}{v}$ 是 $f(x)$ 的一个根,这里 u 和 v 是互素的整数,那么

(1) v 整除 $f(x)$ 的最高次项系数 a_0,而 u 整除 $f(x)$ 的常数项 a_n;

(2) $f(x) = \left(x - \dfrac{u}{v}\right) q(x)$,这里 $q(x)$ 是一个整系数多项式.

证 由于 $\dfrac{u}{v}$ 是 $f(x)$ 的一个根,所以

$$f(x) = \left(x - \frac{u}{v}\right) q(x),$$

这里 $q(x)$ 是一个有理系数多项式.我们有

$$\left(x - \frac{u}{v}\right) = \frac{1}{v}(vx - u),$$

这里 $vx - u$ 是一个本原多项式,因为 u 和 v 互素.另一方面,$q(x)$ 可以写成

$$q(x) = \frac{a}{b} f_1(x),$$

这里 $\dfrac{a}{b}$ 是一个有理数而 $f_1(x)$ 是一个本原多项式.这样

$$f(x) = \frac{r}{s}(vx - u) f_1(x),$$

这里 r 和 s 是互素的整数并且 $s > 0$,而 $vx - u$ 和 $f_1(x)$ 都是本原多项式.由此,与定理 9.1 的证明一样,可以推得 $s = 1$,而

$$f(x) = (vx - u) q_1(x),$$

这里 $q_1(x) = r f_1(x)$ 是一个整系数多项式.令

$$q_1(x) = b_0 x^{n-1} + b_1 x^{n-2} + \cdots + b_{n-1}.$$

于是

$$a_0 x^n + \cdots + a_n = (vx - u)(b_0 x^{n-1} + \cdots + b_{n-1}).$$

比较系数,得 $a_0 = vb_0$,$a_n = -ub_{n-1}$,这就是说 v 整除 a_0,而 u 整除 a_n.另一方面,$q(x) = vq_1(x)$,所以 $q(x)$ 也是一个整系数多项式.

给定了一个整系数多项式 $f(x)$.设它的最高次项系数 a_0 的因数是 $v_1, v_2, \cdots, v_k$,它的

常数项 a_n 的因数是 $u_1, u_2, \cdots, u_l$. 那么根据定理 9.3，欲求 $f(x)$ 的有理根，我们只需对有限个有理数 $\dfrac{u_i}{v_j}$ 用综合除法来进行试验.

当有理数 $\dfrac{u_i}{v_j}$ 的个数很多的时候，对它们逐个进行试验是比较麻烦的. 下面的讨论使我们能够简化计算. 首先，1 与 -1 永远在有理数 $\dfrac{u_i}{v_j}$ 中出现，而计算 $f(1)$ 与 $f(-1)$ 并不困难. 另一方面，如果有理数 $\alpha (\neq \pm 1)$ 是 $f(x)$ 的根，那么由定理 9.3,

$$f(x) = (x - \alpha)q(x),$$

而 $q(x)$ 也是一个整系数多项式，因此商

$$\frac{f(1)}{1 - \alpha} = q(1), \frac{f(-1)}{1 + \alpha} = -q(-1)$$

都应该是整数. 这样，我们只需对那些使商 $\dfrac{f(1)}{1 - \alpha}$ 与 $\dfrac{f(-1)}{1 + \alpha}$ 都是整数的 $\dfrac{u_i}{v_j}$ 来进行试验（我们可以假定 $f(1)$ 与 $f(-1)$ 都不等于零. 否则可以用 $(x - 1)$ 或 $(x + 1)$ 除 $f(x)$ 而考虑所得的商式）.

例 1 求多项式

$$f(x) = 3x^4 + 5x^3 + x^2 + 5x - 2$$

的有理根.

这个多项式的最高次项系数 3 的因数是 $\pm 1, \pm 3$，常数项 -2 的因数是 $\pm 1, \pm 2$. 所以可能的有理根是 $\pm 1, \pm 2, \pm \dfrac{1}{3}, \pm \dfrac{2}{3}$.

我们算出，$f(1) = 12$，$f(-1) = -8$. 所以 1 与 -1 都不是 $f(x)$ 的根. 另一方面，由于

$$\frac{-8}{1 + 2}, \frac{-8}{1 + \frac{2}{3}}, \frac{12}{1 + \frac{2}{3}}$$

都不是整数，所以 2 和 $\pm \dfrac{2}{3}$ 都不是 $f(x)$ 的根. 但

$$\frac{12}{1 + 2}, \frac{-8}{1 - 2}, \frac{12}{1 - \frac{1}{3}}, \frac{-8}{1 + \frac{1}{3}}, \frac{12}{1 + \frac{1}{3}}, \frac{-8}{1 - \frac{1}{3}}$$

都是整数，所以有理数 $-2, \pm \dfrac{1}{3}$ 在试验之列. 应用综合除法：

$$
\begin{array}{r|rrrrr}
-2 & 3 & 5 & 1 & 5 & -2 \\
   &   & -6 & 2 & -6 & 2 \\
\hline
   & 3 & -1 & 3 & -1 & 0
\end{array}
$$

所以 -2 是 $f(x)$ 的一个根. 同时我们得到

$$f(x)=(x+2)(3x^3-x^2+3x-1).$$

容易看出，-2 不是 $g(x)=3x^3-x^2+3x-1$ 的根，所以它不是 $f(x)$ 的重根. 对 $g(x)$ 应用综合除法

$$
\begin{array}{r|rrrr}
-\dfrac{1}{3} & 3 & -1 & 3 & -1 \\[2mm]
& & -1 & \dfrac{2}{3} & \\[2mm]
\hline
& 3 & -2 & 3\dfrac{2}{3} &
\end{array}
$$

至此已经看到，商式不是整系数多项式，因此不必再除下去就知道 $-\dfrac{1}{3}$ 不是 $g(x)$ 的根，所以它也不是 $f(x)$ 的根. 再作综合除法

$$
\begin{array}{r|rrrr}
-\dfrac{1}{3} & 3 & -1 & 3 & -1 \\[2mm]
& & -1 & 0 & 1 \\[2mm]
\hline
& 3 & 0 & 3 & 0
\end{array}
$$

所以 $\dfrac{1}{3}$ 是 $g(x)$ 的一个根，因而它也是 $f(x)$ 的一个根，容易看出，$\dfrac{1}{3}$ 是 $g(x)$ 的重根. 这样，$f(x)$ 的有理根是 -2 和 $\dfrac{1}{3}$.

例 2 设 p 是素数 $f(x)=x^{p-1}+x^{p-2}+\cdots+x+1$，证明 $f(x)$ 在有理数域上不可约.

解 注意到 $f(x)=x^{p-1}+x^{p-2}+\cdots+x+1=\dfrac{x^p-1}{x-1}$，令 $t=x-1$，$x=t+1$，则

$$f(x)=g(t)=\frac{(t+1)^p-1}{t}=t^{p-1}+C_p^1 t^{p-2}+C_p^2 t^{p-3}+\cdots+C_p^{p-2} t+C_p^{p-1},$$

$C_p^k=\dfrac{p!}{k!\,(p-k)!}$，$C_p^k$ 是整数，$(p-1)!\cdot p=k!\,(p-k)!\,C_p^k$，$1\leqslant k<p$，$p$ 是素数，$p \nmid k!\,(p-k)!$，所以 $p\mid C_p^k$，$1\leqslant k<p$，$p\nmid 1$，$p^2\nmid C_p^{p-1}=p$，根据 Eisenstein 判别法，$g(t)$ 在有理数域上不可约，因此 $f(x)$ 在有理数域上也不可约.

例 3 设 $f(x)\in Q[x]$，$\partial(f(x))<n$，p 是素数，证明 $\sqrt[n]{p}$ 不是 $f(x)$ 的根.

证法 1 作 Q 上不可约多项式 $g(x)=x^n-p$，由 $g(x)$ 的不可约性知，在 Q 上，$g(x)\mid f(x)$ 或 $(g(x),f(x))=1$，但是 $\partial(f(x))<n$，故 $g(x)\nmid f(x)$. 于是 $(f(x),g(x))=1$，故存在多项式 $u(x),v(x)\in Q[x]$，使

$$u(x)f(x)+v(x)g(x)=1.$$

由于 $g(\sqrt[n]{p})=0$，因此 $v(\sqrt[n]{p})f(\sqrt[n]{p})=1$，所以 $\sqrt[n]{p}$ 不是 $f(x)$ 的根.

证法 2 假如 $\sqrt[n]{p}$ 是 $f(x)$ 的根，那么有理系数多项式 $f(x)$ 与 $g(x)=x^n-p$ 有公共实数根 $\sqrt[n]{p}$，所以在实数域上有最大公因式

$$(g(x), f(x)) = d(x) \neq 1.$$

但是 $g(x)$ 和 $f(x)$ 都是有理系数多项式,它们的最大公因式 $d(x)$ 也一定是有理系数的,所以在有理数域上 $d(x) \mid g(x)$,而 $g(x)$ 是不可约的,因此

$$d(x) = g(x).$$

所以 $g(x) = d(x) \mid f(x)$.但 $\partial(g(x)) = n > \partial(f(x))$,所以不可能有 $g(x) \mid f(x)$,矛盾,因此 $\sqrt[n]{p}$ 不是 $f(x)$ 的根.

例 4 设 $f(x) = a_0 x^n + a_1 x^{n-1} + \cdots + a_{n-1} x + a_n \in Z[x]$,证明:如果 $a_0, a_n, f(1)$,$f(-1)$ 都不能被 3 整除,那么 $f(x)$ 没有有理根.

证 假如 $f(x)$ 有有理根 $\dfrac{q}{p}$,$(p, q) = 1$,那么

$$p \mid a_0, \quad q \mid a_n, \quad p + q \mid f(-1), \quad p - q \mid f(1). \qquad (*)$$

由于 $3 \nmid a_0, 3 \nmid a_n, 3 \nmid f(1), 3 \nmid f(-1)$,则由 $(*)$ 得到

$$3 \nmid p, \quad 3 \nmid q, \quad 3 \nmid p + q, \quad 3 \nmid p - q. \qquad (**)$$

而 $p, q, p+q, p-q$ 四个数被 3 除必有两个数的余数相同,比如设 p, q 被 3 除的余数相同,那么就有 $3 \mid p - q$,这与 $(**)$ 相矛盾,所以 $f(x)$ 没有有理根.

例 5 若整系数多项式 $ax^2 + bx + 1$ 不可约,$\varphi(x) = (x - a_1)(x - a_2) \cdots (x - a_n)$,则多项式 $a\varphi(x)^2 + b\varphi(x) + 1$ 在 $n \geq 7$ 时也不可约,这里 $a_1, a_2 \cdots, a_n$ 是互不相同的整数.

证 假如 $a\varphi(x)^2 + b\varphi(x) + 1$ 可约,

$$a\varphi(x)^2 + b\varphi(x) + 1 = \phi(x)\psi(x),$$

$\phi(x), \psi(x)$ 都是整系数多项式,并且不妨设 $\partial(\phi(x)) \leq n$.由 $\phi(a_k)\psi(a_k) = 1$ 得到 $\phi(a_k)$ 与 $\psi(a_k)$ 同取 1 或同取 -1.

如果 $\psi(x)$ 对 $a_1, a_2, \cdots, a_n$ 中至少 4 个整数的函数值取值 1,那么根据例 4,$\psi(x)$ 对其余整数的函数值就不能为 -1,也就是说 $\psi(a_k) = 1$,$k = 1, 2, \cdots, n$.

如果 $\psi(x)$ 对 $a_1, a_2, \cdots, a_n$ 中最多 3 个整数的函数值取值 1,由于 $\partial(\psi(x)) \geq n \geq 7$,那么 $-\psi(x)$ 就至少对 4 个整数的函数值是 1,根据例 4,$\psi(a_k) = -1$,$k = 1, 2, \cdots, n$.

综上所述,得到

$$\psi(a_k) = 1, \quad k = 1, 2, \cdots, n,$$

或

$$\psi(a_k) = -1, \quad k = 1, 2, \cdots, n,$$

所以 $\phi(x)$ 也有同样的结果

$$\phi(a_k) = 1, \quad k = 1, 2, \cdots, n,$$

或

$$\phi(a_k) = -1, \quad k = 1, 2, \cdots, n,$$

这样 $\phi(x) - 1$ 和 $\phi(x) + 1$ 有 n 个不同的根,因此 $\partial(\phi(x)) \geq n$.同理,有 $\partial(\psi(x)) \geq n$,于是

有 $\partial(\phi(x))=\partial(\psi(x))=n$. 设 $\phi(x)$ 的首项系数是 α,则

$$\phi(x)-[\alpha(x-a_1)(x-a_2)\cdots(x-a_n)\pm1]$$

有 n 个不同的根,所以

$$\phi(x)=\alpha(x-a_1)(x-a_2)\cdots(x-a_n)\pm1.$$

同理

$$\psi(x)=\beta(x-a_1)(x-a_2)\cdots(x-a_n)\pm1,$$

于是

$$a\varphi(x)^2+b\varphi(x)+1==(\alpha\varphi(x)\pm1)(\beta\varphi(x)\pm1).$$

与 ax^2+bx+1 的不可约假设相矛盾.

习 题 1-9

1. 证明以下多项式在有理数域上不可约:

(1) $x^4-2x^3+8x-10$;

(2) $2x^5+18x^4+6x^2+6$;

(3) x^4-2x^3+2x-3;

(4) x^6+x^3+1.

2.利用艾森斯坦判断法,证明:如果 p_1,p_2,$\cdots$,p_t 是 t 个不相同的素数而 n 是一个大于 1 的整数,那么 $\sqrt[n]{p_1p_2\cdots p_t}$ 是一个无理数.

3. 设 $f(x)$ 是一个整系数多项式.证明:如果 $f(0)$ 和 $f(1)$ 都是奇数,那么不能有整数根.

4. 求以下多项式的有理根:

(1) $x^3-6x^2+15x-14$;

(2) $4x^4-7x^2+-5x-1$;

(3) $x^5-x^4-\frac{5}{2}x^3+2x^2-\frac{1}{2}x-3$.

第 二 章

行 列 式

　　行列式是高等代数的一个重要概念,广泛用于自然科学、工程技术及经济、管理、金融等众多领域.本章主要介绍 n 阶行列式的定义、性质及计算方法,进而介绍用行列式求解一类特殊线性方程的克拉默(Cramer)法则.

§1　二阶与三阶行列式

一、二元线性方程组与二阶行列式

用消元法解二元线性方程组

$$\begin{cases} a_{11}x_1 + a_{12}x_2 = b_1 \\ a_{21}x_1 + a_{22}x_2 = b_2 \end{cases}. \tag{1}$$

为消去未知数 x_2,以 a_{22} 与 a_{12} 分别乘以上两方程的两端,然后两个方程相减,得

$$(a_{11}a_{22} - a_{12}a_{21})x_1 = b_1a_{22} - b_2a_{12};$$

类似地,消去 x_1,得

$$(a_{11}a_{22} - a_{12}a_{21})x_2 = b_2a_{11} - b_1a_{21}.$$

当 $a_{11}a_{22} - a_{12}a_{21} \neq 0$ 时,求得方程组(1)的解为

$$x_1 = \frac{b_1a_{22} - a_{12}b_2}{a_{11}a_{22} - a_{12}a_{21}}, \quad x_2 = \frac{a_{11}b_2 - b_1a_{21}}{a_{11}a_{22} - a_{12}a_{21}}. \tag{2}$$

(2)式中的分子、分母都是四个数分两对相乘再相减而得.其中分母 $a_{11}a_{22} - a_{12}a_{21}$ 是由方程组(1)的四个系数确定的,把这个四个数按它们在方程组(1)中的位置,排成二行二列(横排称行、竖排成列)的数表

$$\begin{array}{cc} a_{11} & a_{12} \\ a_{21} & a_{22} \end{array} \tag{3}$$

表达式 $a_{11}a_{22} - a_{12}a_{21}$ 称为数表(3)所确定的二阶行列式,并记作

$$\begin{vmatrix} a_{11} & a_{12} \\ a_{21} & a_{22} \end{vmatrix}. \tag{4}$$

数 $a_{ij}(i=1,2;j=1,2)$ 称为行列式(4)的元素或元. 元素 a_{ij} 的第一个下标 i 称为行标,表明该元素位于第 i 行,第二个下标 j 称为列标,表明该元素位于第 j 列.位于第 i 行第 j 列的元素称为行列式(4)的 (i,j) 元.

上述二阶行列式的定义,可用对角线法则来记忆. 参看图 $2-1$,把 a_{11} 到 a_{22} 的实连线称为主对角线,a_{12} 到 a_{21} 的虚连线称为副对角线(或次对角线),于是二阶行列式便是主对角线上的两元素之积减去副对角线上两元素之积所得的差.

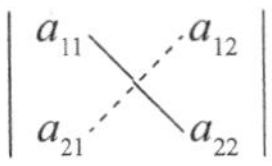

图 2 - 1

利用二阶行列式的概念,(2)式中 x_1,x_2 的分子也可写成二阶行列式,即

$$b_1 a_{22} - a_{12} b_2 = \begin{vmatrix} b_1 & a_{12} \\ b_2 & a_{22} \end{vmatrix},\ a_{11} b_2 - b_1 a_{21} = \begin{vmatrix} a_{11} & b_1 \\ a_{21} & b_2 \end{vmatrix}.$$

若记

$$D = \begin{vmatrix} a_{11} & a_{12} \\ a_{21} & a_{22} \end{vmatrix},\ D_1 = \begin{vmatrix} b_1 & a_{12} \\ b_2 & a_{22} \end{vmatrix},\ D_2 = \begin{vmatrix} a_{11} & b_1 \\ a_{21} & b_2 \end{vmatrix},$$

那么(2)式可写成

$$x_1 = \frac{D_1}{D} = \frac{\begin{vmatrix} b_1 & a_{12} \\ b_2 & a_{22} \end{vmatrix}}{\begin{vmatrix} a_{11} & a_{12} \\ a_{21} & a_{22} \end{vmatrix}},\ x_2 = \frac{D_2}{D} = \frac{\begin{vmatrix} a_{11} & b_1 \\ a_{21} & b_2 \end{vmatrix}}{\begin{vmatrix} a_{11} & a_{12} \\ a_{21} & a_{22} \end{vmatrix}}.$$

注意这里的分母 D 是由方程组(1)的系数所确定的二阶行列式(称系数行列式),x_1 的分子 D_1 是用常数项 b_1,b_2 替换 D 中 x_1 的系数 a_{11},a_{21} 所得的二阶行列式,x_2 的分子 D_2 是用常数项 b_1,b_2 替换 D 中 x_2 的系数 a_{12},a_{22} 所得的二阶行列式.

例1 求解二元线性方程组

$$\begin{cases} 3x_1 - 2x_2 = 12 \\ 2x_1 + x_2 = 1 \end{cases}.$$

解 由于

$$D = \begin{vmatrix} 3 & -2 \\ 2 & 1 \end{vmatrix} = 3 - (-4) = 7 \neq 0,$$

$$D_1 = \begin{vmatrix} 12 & -2 \\ 1 & 1 \end{vmatrix} = 12 - (-2) = 14,$$

$$D_2 = \begin{vmatrix} 3 & 12 \\ 2 & 1 \end{vmatrix} = 3 - 24 = -21,$$

因此 $\quad x_1 = \dfrac{D_1}{D} = \dfrac{14}{7} = 2,\ x_2 = \dfrac{D_2}{D} = \dfrac{-21}{7} = -3.$

二、三阶行列式

定义 1.1 设有 9 个数排成 3 行 3 列的数表

$$\begin{matrix} a_{11} & a_{12} & a_{13} \\ a_{21} & a_{22} & a_{23} \\ a_{31} & a_{32} & a_{33} \end{matrix} \qquad (5)$$

记

$$\begin{vmatrix} a_{11} & a_{12} & a_{13} \\ a_{21} & a_{22} & a_{23} \\ a_{31} & a_{32} & a_{33} \end{vmatrix} = a_{11}a_{22}a_{33} + a_{12}a_{23}a_{31} + a_{13}a_{21}a_{32} - a_{11}a_{23}a_{32} - a_{12}a_{21}a_{33} - a_{13}a_{22}a_{31},$$

$$(6)$$

(6)式称为数表(5)所确定的三阶行列式.

上述定义表明三阶行列式含 6 项,每项均为不同行不同列的三个元素的乘积再冠以正负号,其规律遵循图 2-2 所示的对角线法则:图中有三条实线看作平行于主对角线的连线,三条虚线看作平行于副对角线的连线,实线上三元素的乘积冠以正号,虚线上三元素的乘积冠以负号.

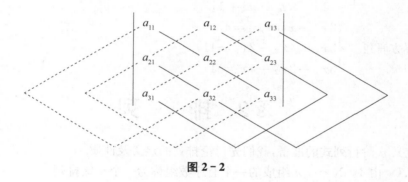

图 2-2

例 2 计算三阶行列式

$$D = \begin{vmatrix} 1 & 2 & -4 \\ -2 & 2 & 1 \\ -3 & 4 & -2 \end{vmatrix}.$$

解 按对角线法则,有

$$\begin{aligned} D = & 1 \times 2 \times (-2) + 2 \times 1 \times (-3) + (-4) \times (-2) \times 4 \\ & -1 \times 1 \times 4 - 2 \times (-2) \times (-2) - (-4) \times 2 \times (-3) \\ = & -4 - 6 + 32 - 4 - 8 - 24 = -14. \end{aligned}$$

例 3 求解方程

$$\begin{vmatrix} 1 & 1 & 1 \\ 2 & 3 & x \\ 4 & 9 & x^2 \end{vmatrix} = 0.$$

解 方程左端的三阶行列式

$$D = 3x^2 + 4x + 18 - 9x - 2x^2 - 12 = x^2 - 5x + 6,$$

由 $x^2 - 5x + 6 = 0$，解得 $x = 2$ 或 $x = 3$.

注意：对角线法则只适用于二阶与三阶行列式，为研究四阶及更高阶行列式，我们先介绍有关排列的知识，然后引出 n 阶行列式的概念.

习 题 2-1

1. 计算下列二、三阶行列式：

(1) $\begin{vmatrix} 2 & 5 \\ 3 & 7 \end{vmatrix}$; 　(2) $\begin{vmatrix} a^2 & ab \\ ab & b^2 \end{vmatrix}$; 　(3) $\begin{vmatrix} 1 & 2 & 3 \\ 4 & 5 & 6 \\ 7 & 8 & 9 \end{vmatrix}$;

(4) $\begin{vmatrix} 2 & 0 & 1 \\ 1 & -4 & -1 \\ -1 & 8 & 3 \end{vmatrix}$; 　(5) $\begin{vmatrix} a & b & c \\ b & c & a \\ c & a & b \end{vmatrix}$; 　(6) $\begin{vmatrix} 1 & 1 & 1 \\ a & b & c \\ a^2 & b^2 & c^2 \end{vmatrix}$.

2. 求解方程 $\begin{vmatrix} x+1 & 2 & -1 \\ 2 & x+1 & 1 \\ -1 & 1 & x+1 \end{vmatrix} = 0.$

3. 求解方程组 $\begin{cases} 2x_1 - x_2 - x_3 = 4, \\ 3x_1 + 4x_2 - 2x_3 = 11, \\ 3x_1 - 2x_2 + 4x_3 = 11. \end{cases}$

§2 排 列

作为定义 n 阶行列式的准备，我们先讨论排列的定义及性质.

定义 2.1 由 $1, 2, \cdots, n$ 组成的一个有序数组称为一个 n 级排列.

例如，2431 是一个四级排列，45321 是一个五级排列.我们知道，n 级排列的总数是

$$P_n = n \cdot (n-1) \cdots 3 \cdot 2 \cdot 1 = n!.$$

显然，$12 \cdots n$ 也是一个 n 级排列，这个排列具有自然顺序，就是按递增的顺序排起来的，我们称为自然排列.其他的排列都或多或少破坏自然顺序.

定义 2.2 在一个排列中，如果一对数的前后位置与大小顺序相反，即前面的数大于后面的数，那么它们就称为一个逆序，一个排列中逆序的总数称为这个排列的逆序数.

逆序数为奇数的排列称为奇排列，逆序数为偶数的排列称为偶排列.

下面介绍求逆序数的方法.设

$$p_1 p_2 \cdots p_n$$

为 $1, 2, \cdots, n$ 的一个排列，考虑数 $p_i (i = 1, 2, \cdots, n)$，如果比 p_i 大且排在 p_i 前面的数有 τ_i 个，就说 p_i 的逆序数为 τ_i，每个数的逆序数之总和

$$\tau_1 + \tau_2 + \cdots + \tau_n$$

即是这个排列的逆序数,记为 $\tau(p_1 p_2 \cdots p_n)$,简记为 τ,即

$$\tau = \tau_1 + \tau_2 + \cdots + \tau_n.$$

例 1 求排列 45321 的逆序数.

解 在排列 45321 中,

4 排在首位,逆序数为 0;

5 是最大数,故逆序数为 0;

3 的前面比 3 大的数有两个:4,5,故逆序数为 2;

2 的前面比 2 大的数有三个:4,5,3,故逆序数为 3;

1 的前面比 1 大的数有四个:4,5,3,2,故逆序数为 4.

于是这个排列的逆序数为

$$\tau(45321) = 0 + 0 + 2 + 3 + 4 = 9.$$

故排列 45321 是一个奇排列.显然,$\tau(12\cdots n) = 0$,故自然排列是偶排列.

把一个排列中某两个数的位置互换,而其余的数不动,就得到另一个排列.这样的一个变换称为对换.将相邻两个数对换,叫做相邻对换.

定理 2.1 对换改变排列的奇偶性.

证 先证相邻对换的情形.

设排列为 $a_1\cdots a_s a b b_1\cdots b_t$,对换 a 与 b,变为排列 $a_1\cdots a_s b a b_1\cdots b_t$.显然,$a_1,\cdots,a_s$;$b_1,\cdots,b_t$ 这些数的逆序数经过对换并不改变,而 a,b 两数的逆序数改变为:当 $a<b$ 时,经对换后 a 的逆序数增加 1 而 b 的逆序数不变;当 $a>b$ 时,经过对换后 a 的逆序数不变而 b 的逆序数减少 1,所以排列 $a_1\cdots a_s a b b_1\cdots b_t$ 与排列 $a_1\cdots a_s b a b_1\cdots b_t$ 的奇偶性不同.

再证一般对换的情形.

设排列为 $a_1\cdots a_s a b_1\cdots b_t b c_1\cdots c_m$,把它作 t 次相邻的对换,变成 $a_1\cdots a_s a b b_1\cdots b_t c_1\cdots c_m$,再作 $t+1$ 次相邻的对换,变成 $a_1\cdots a_s b b_1\cdots b_t a c_1\cdots c_m$.总之,经 $2t+1$ 次相邻对换,排列 $a_1\cdots a_s a b_1\cdots b_t b c_1\cdots c_m$ 变成排列 $a_1\cdots a_s b b_1\cdots b_t a c_1\cdots c_m$,所以这两个排列的奇偶性相反.

推论 1 在全部 n 级排列中,奇、偶排列的个数相等,各有 $\dfrac{n!}{2}$ 个.

证 假设在全部 n 级排列中共有 s 个奇排列,t 个偶排列.将 s 个奇排列中的前两个数字对换,得到 s 个不同的偶排列,因此,$s \leqslant t$.同理可证 $t \leqslant s$,于是 $t=s$,即奇、偶排列的总数相等,各有 $\dfrac{n!}{2}$ 个.

推论 2 奇排列变成自然排列的对换次数为奇数,偶排列变成自然排列的对换次数为偶数.

证 由定理 2.1 知对换的次数就是排列奇偶性的变化次数.而自然排列是偶排列(逆序数为 0),由此可知推论成立.

习 题 2-2

1. 计算下列排列的逆序数:

(1) 1 2 3 4;

(2) 4 1 3 2;

(3) 64175382;

(4) 28357146;

(5) 1 3$\cdots$(2n-1)2 4$\cdots$(2n);

(6) 1 3$\cdots$(2n-1)(2n)(2n-2)$\cdots$2.

2. 选择 i 和 k,使

(1) $1274i56k9$ 成偶排列;

(2) $1i25k4897$ 成奇排列.

3. 计算 n 级排列 $n(n-1)\cdots21$ 的逆序数,并讨论它的奇偶性.

4. 设 $\tau(p_1p_2\cdots p_n)=k$,求 $\tau(p_n\cdots p_2p_1)$.

§3 n 阶行列式的定义与性质

一、n 阶行列式的定义

为了给出 n 阶行列式的定义,先来研究三阶行列式的结构. 三阶行列式定义为

$$\begin{vmatrix} a_{11} & a_{12} & a_{13} \\ a_{21} & a_{22} & a_{23} \\ a_{31} & a_{32} & a_{33} \end{vmatrix} = a_{11}a_{22}a_{33} + a_{12}a_{23}a_{31} + a_{13}a_{21}a_{32} - a_{11}a_{23}a_{32} - a_{12}a_{21}a_{33} - a_{13}a_{22}a_{31}.$$

容易看出:

(1) 上式右边的每一项都恰是三个元素的乘积,这三个元素位于不同的行、不同的列. 因此,上式右端的任一项除正负号外可以写成 $a_{1p_1}a_{2p_2}a_{3p_3}$. 这里第一个下标(行标)排成自然顺序 123,而第二个下标(列标)排成 $p_1p_2p_3$,它是 $1,2,3$ 三个数的某个排列. 这样的排列共有 6 种,对应上式右端共含 6 项.

(2) 各项的正负号与列标的排列对照.

带正号的三项列标排列是 $123,231,312$;

带负号的三项列标排列是 $132,213,321$.

经计算可知前三个排列都是偶排列,而后三个排列都是奇排列. 因此各项带的正负号可以表示为 $(-1)^{\tau(p_1p_2p_3)}$,其中 $\tau(p_1p_2p_3)$ 为列标排列的逆序数.

总之,三阶行列式可以写成

$$\begin{vmatrix} a_{11} & a_{12} & a_{13} \\ a_{21} & a_{22} & a_{23} \\ a_{31} & a_{32} & a_{33} \end{vmatrix} = \sum_{p_1p_2p_3} (-1)^{\tau(p_1p_2p_3)} a_{1p_1}a_{2p_2}a_{3p_3},$$

其中,$\displaystyle\sum_{p_1p_2p_3}$ 表示对 $1,2,3$ 三个数的所有排列 $p_1p_2p_3$ 求和.

仿此,可以把行列式推广到一般情形.

定义 3.1   设有 n^2 个数,排成 n 行 n 列的数表

$$\begin{matrix} a_{11} & a_{12} & \cdots & a_{1n} \\ a_{21} & a_{22} & \cdots & a_{2n} \\ \cdots & \cdots & \cdots & \cdots \\ a_{n1} & a_{n2} & \cdots & a_{nn} \end{matrix},$$

其 n 阶行列式记作

$$D = \begin{vmatrix} a_{11} & a_{12} & \cdots & a_{1n} \\ a_{21} & a_{22} & \cdots & a_{2n} \\ \vdots & \vdots & & \vdots \\ a_{n1} & a_{n2} & \cdots & a_{nn} \end{vmatrix},$$

简记作 $\det(a_{ij})$，它表示如下形式的代数和

$$\begin{vmatrix} a_{11} & a_{12} & \cdots & a_{1n} \\ a_{21} & a_{22} & \cdots & a_{2n} \\ \vdots & \vdots & & \vdots \\ a_{n1} & a_{n2} & \cdots & a_{nn} \end{vmatrix} = \sum_{p_1 p_2 \cdots p_n} (-1)^{\tau(p_1 p_2 \cdots p_n)} a_{1p_1} a_{2p_2} \cdots a_{np_n}.$$

这里，$\displaystyle\sum_{p_1 p_2 \cdots p_n}$ 表示对 $1, 2, \cdots, n$ 这 n 个数的所有排列 $p_1 p_2 \cdots p_n$ 求和，共有 $n!$ 项.

按此定义的二阶、三阶行列式，与 §1 中用对角线法则定义的二阶、三阶行列式显然是一致的. 当 $n=1$ 时，一阶行列式 $|a|=a$，注意不要与绝对值记号相混淆.

例 1 证明 n 阶行列式

$$\begin{vmatrix} \lambda_1 & & & \\ & \lambda_2 & & \\ & & \ddots & \\ & & & \lambda_n \end{vmatrix} = \lambda_1 \lambda_2 \cdots \lambda_n,$$

$$\begin{vmatrix} & & & \lambda_1 \\ & & \lambda_2 & \\ & \ddots & & \\ \lambda_n & & & \end{vmatrix} = (-1)^{\frac{n(n-1)}{2}} \lambda_1 \lambda_2 \cdots \lambda_n,$$

其中未写出的元素都是 0.

证 第一式左端称为对角行列式，其结果是显然的，下面只证第二式.

在第二式左端中，λ_i 为行列式的 $(i, n-i+1)$ 元，故记 $\lambda_i = a_{i, n-i+1}$，则按行列式定义

$$\begin{vmatrix} & & & \lambda_1 \\ & & \lambda_2 & \\ & \ddots & & \\ \lambda_n & & & \end{vmatrix} = \begin{vmatrix} & & & a_{1n} \\ & & a_{2, n-1} & \\ & \ddots & & \\ a_{n1} & & & \end{vmatrix}$$

$$= (-1)^{\tau[n(n-1)\cdots 21]} a_{1n} a_{2, n-1} \cdots a_{n1}$$

$$= (-1)^{\tau[n(n-1)\cdots 21]} \lambda_1 \lambda_2 \cdots \lambda_n,$$

而 $\tau[n(n-1)\cdots 21] = 0 + 1 + 2 + \cdots + (n-1) = \dfrac{n(n-1)}{2}$，故第二式成立.

主对角线以下（上）的元素都为零的行列式称为上（下）三角形行列式，它的值与对角行列式一样.

例 2 证明下三角形行列式

$$D = \begin{vmatrix} a_{11} & 0 & 0 & 0 \\ a_{21} & a_{22} & 0 & 0 \\ \vdots & \vdots & \ddots & \vdots \\ a_{n1} & a_{n2} & \cdots & a_{nn} \end{vmatrix} = a_{11} a_{22} \cdots a_{nn}.$$

证 当 $j > i$ 时，$a_{ij} = 0$，故 D 中可能不为 0 的元素 a_{ip_i}，其下标应有 $p_i \leqslant i$，即 $p_1 \leqslant 1$，$p_2 \leqslant 2, \cdots, p_n \leqslant n$.

在所有排列 $p_1 p_2 \cdots p_n$ 中，能满足上述关系的排列只有自然排列 $12 \cdots n$，所以 D 中可能不为 0 的项只有一项，故

$$D = (-1)^{\tau(12 \cdots n)} a_{11} a_{22} \cdots a_{nn} = a_{11} a_{22} \cdots a_{nn}.$$

下面给出 n 阶行列式定义的等价形式.

在行列式的定义中，为了决定每一项的正负号，我们把 n 个元素按行指标排起来.事实上，数的乘法是交换的，因而这 n 个元素的次序是可以任意写的.一般地，n 级行列式中的项可以写成

$$a_{i_1 j_1} a_{i_2 j_2} \cdots a_{i_n j_n}, \tag{1}$$

其中 $i_1 i_2 \cdots i_n, j_1 j_2 \cdots j_n$ 是两个 n 级排列.利用排列的性质，不难证明 (1) 的符号等于

$$(-1)^{\tau(i_1 i_2 \cdots i_n) + \tau(j_1 j_2 \cdots j_n)}. \tag{2}$$

事实上，为了根据定义来决定 (1) 的符号，需要把这 n 个元素重新排一下，使得它们的行指标成自然顺序，也就是排成

$$a_{1 j_1'} a_{2 j_2'} \cdots a_{n j_n'}. \tag{3}$$

于是它所带的符号是

$$(-1)^{\tau(j_1' j_2' \cdots j_n')}. \tag{4}$$

现在来证明，式 (2) 与式 (4) 是一致的.我们知道，由式 (1) 变成式 (3) 可以经过一系列元素的对换来实现，每作一次对换，元素的行指标与列指标所成的排列 $i_1 i_2 \cdots i_n$ 与 $j_1 j_2 \cdots j_n$ 就都同时作一次对换，也就是 $\tau(i_1 i_2 \cdots i_n)$ 与 $\tau(j_1 j_2 \cdots j_n)$ 同时改变奇偶性，因而它们的和

$$\tau(i_1 i_2 \cdots i_n) + \tau(j_1 j_2 \cdots j_n)$$

的奇偶性不改变.也就是说，对式 (1) 作一次元素的对换不改变式 (2) 的值. 因此，在一系列对换后，有

$$(-1)^{\tau(i_1 i_2 \cdots i_n) + \tau(j_1 j_2 \cdots j_n)} = (-1)^{\tau(12 \cdots n) + \tau(j_1' j_2' \cdots j_n')} = (-1)^{\tau(j_1' j_2' \cdots j_n')}.$$

这就证明了式 (2) 与式 (4) 是一致的.

例如，$a_{23} a_{34} a_{12} a_{41}$ 是四阶行列式中的一项，$\tau(2314) = 2$，$\tau(3421) = 5$，于是它的符号应为 $(-1)^{2+5} = -1$. 如按行指标排列起来，就是 $a_{12} a_{23} a_{34} a_{41}$，$\tau(2341) = 3$，因而它的符号也是 $(-1)^3 = -1$.

按式 (2) 来决定行列式中每一项的符号的好处在于，行指标与列指标的地位是对称的，因而为了决定每一项的符号，我们同样可以把每一项按列指标排起来，于是定义又可写成：

定理 3.1 $\quad D = \begin{vmatrix} a_{11} & a_{12} & \cdots & a_{1n} \\ a_{21} & a_{22} & \cdots & a_{2n} \\ \vdots & \vdots & & \vdots \\ a_{n1} & a_{n2} & \cdots & a_{nn} \end{vmatrix} = \sum\limits_{i_1 i_2 \cdots i_n} (-1)^{\tau(i_1 i_2 \cdots i_n)} a_{i_1 1} a_{i_2 2} \cdots a_{i_n n}.$

二、行列式的性质

$$
记 D = \begin{vmatrix} a_{11} & a_{12} & \cdots & a_{1n} \\ a_{21} & a_{22} & \cdots & a_{2n} \\ \vdots & \vdots & & \vdots \\ a_{n1} & a_{n2} & \cdots & a_{nn} \end{vmatrix}, \quad D^T = \begin{vmatrix} a_{11} & a_{21} & \cdots & a_{n1} \\ a_{12} & a_{22} & \cdots & a_{n2} \\ \vdots & \vdots & & \vdots \\ a_{1n} & a_{2n} & \cdots & a_{nn} \end{vmatrix},
$$

行列式 D^T 称为 D 的转置行列式.

性质1 行列式与它的转置行列式相等.

证 记 $D = \det(a_{ij})$, 得转置行列式

$$
D^T = \begin{vmatrix} b_{11} & b_{12} & \cdots & b_{1n} \\ b_{21} & b_{22} & \cdots & b_{2n} \\ \vdots & \vdots & & \vdots \\ b_{n1} & b_{n2} & \cdots & b_{nn} \end{vmatrix},
$$

即 D^T 的 (i, j) 元为 b_{ij}, 则 $b_{ij} = a_{ji} (i, j = 1, 2, \cdots, n)$, 按定义

$$
D^T = \sum_{p_1 p_2 \cdots p_n} (-1)^{\tau(p_1 p_2 \cdots p_n)} b_{1 p_1} b_{2 p_2} \cdots b_{n p_n} = \sum_{p_1 p_2 \cdots p_n} (-1)^{\tau(p_1 p_2 \cdots p_n)} a_{p_1 1} a_{p_2 2} \cdots a_{p_n n}.
$$

而由定理 3.1, 有

$$
D = \sum_{p_1 p_2 \cdots p_n} (-1)^{\tau(p_1 p_2 \cdots p_n)} a_{p_1 1} a_{p_2 2} \cdots a_{p_n n},
$$

故 $D^T = D$.

由此性质可知, 行列式中的行与列具有同等的地位, 行列式的性质凡是对行成立的对列也同样成立, 反之亦然.

性质2 互换行列式的两行 (列), 行列式变号.

证 设行列式

$$
D_1 = \begin{vmatrix} b_{11} & b_{12} & \cdots & b_{1n} \\ b_{21} & b_{22} & \cdots & b_{2n} \\ \vdots & \vdots & & \vdots \\ b_{n1} & b_{n2} & \cdots & b_{nn} \end{vmatrix}
$$

是由行列式 $D = \det(a_{ij})$ 对换 i, j $(i < j)$ 两行得到的, 即当 $k \neq i, j$ 时, $b_{kp} = a_{kp}$; 当 $k = i$ 或 j 时, $b_{ip} = a_{jp}$, $b_{jp} = a_{ip}$, 于是

$$
\begin{aligned}
D_1 &= \sum (-1)^{\tau(p_1 \cdots p_i \cdots p_j \cdots p_n)} b_{1 p_1} \cdots b_{i p_i} \cdots b_{j p_j} \cdots b_{n p_n} \\
&= \sum (-1)^{\tau(p_1 \cdots p_i \cdots p_j \cdots p_n)} a_{1 p_1} \cdots a_{j p_i} \cdots a_{i p_j} \cdots a_{n p_n} \\
&= \sum (-1)^{\tau(p_1 \cdots p_i \cdots p_j \cdots p_n)} a_{1 p_1} \cdots a_{i p_j} \cdots a_{j p_i} \cdots a_{n p_n} \\
&= -\sum (-1)^{\tau(p_1 \cdots p_j \cdots p_i \cdots p_n)} a_{1 p_1} \cdots a_{i p_j} \cdots a_{j p_i} \cdots a_{n p_n} \\
&= -D,
\end{aligned}
$$

其中第四步利用了对换改变排列奇偶性的结论.

以 r_i 表示行列式的第 i 行,以 c_i 表示第 i 列.交换 i,j 两行记作 $r_i \leftrightarrow r_j$,交换 i,j 两列记作 $c_i \leftrightarrow c_j$.

推论 1 如果行列式有两行(列)完全相同,则此行列式等于零.

证 把这两行互换,有 $D = -D$,故 $D = 0$.

性质 3 行列式的某一行(列)中所有的元素都乘以同一数 k,等于用数 k 乘此行列式.

第 i 行(或列)乘以 k,记作 $r_i \times k$(或 $c_i \times k$).

推论 2 行列式中某一行(列)的所有元素的公因子可以提到行列式记号的外面.

第 i 行(或列)提出公因子 k,记作 $r_i \div k$(或 $c_i \div k$).

性质 4 行列式中如果有两行(列)的对应元素成比例,则此行列式等于零.

性质 5 若行列式的某一列(行)的元素都是两数之和,例如第 i 列的元素都是两数之和:

$$D = \begin{vmatrix} a_{11} & a_{12} & \cdots & (a_{1i}+a'_{1i}) & \cdots & a_{1n} \\ a_{21} & a_{22} & \cdots & (a_{2i}+a'_{2i}) & \cdots & a_{2n} \\ \vdots & \vdots & & \vdots & & \vdots \\ a_{n1} & a_{n2} & \cdots & (a_{ni}+a'_{ni}) & \cdots & a_{nn} \end{vmatrix},$$

则 D 等于下列两个行列式之和:

$$D = \begin{vmatrix} a_{11} & a_{12} & \cdots & a_{1i} & \cdots & a_{1n} \\ a_{21} & a_{22} & \cdots & a_{2i} & \cdots & a_{2n} \\ \vdots & \vdots & & \vdots & & \vdots \\ a_{n1} & a_{n2} & \cdots & a_{ni} & \cdots & a_{nn} \end{vmatrix} + \begin{vmatrix} a_{11} & a_{12} & \cdots & a'_{1i} & \cdots & a_{1n} \\ a_{21} & a_{22} & \cdots & a'_{2i} & \cdots & a_{2n} \\ \vdots & \vdots & & \vdots & & \vdots \\ a_{n1} & a_{n2} & \cdots & a'_{ni} & \cdots & a_{nn} \end{vmatrix}.$$

性质 6 把行列式的某一列(行)的各元素乘以同一数然后加到另一列(行)对应的元素上去,行列式不变.

例如,以数 k 乘第 j 列加到第 i 列上(记作 $c_i + kc_j$),有

$$\begin{vmatrix} a_{11} & \cdots & a_{1i} & \cdots & a_{1j} & \cdots & a_{1n} \\ a_{21} & \cdots & a_{2i} & \cdots & a_{2j} & \cdots & a_{2n} \\ \vdots & & \vdots & & \vdots & & \vdots \\ a_{n1} & \cdots & a_{ni} & \cdots & a_{nj} & \cdots & a_{nn} \end{vmatrix} \xlongequal{c_i+kc_j} \begin{vmatrix} a_{11} & \cdots & (a_{1i}+ka_{1j}) & \cdots & a_{1j} & \cdots & a_{1n} \\ a_{21} & \cdots & (a_{2i}+ka_{2j}) & \cdots & a_{2j} & \cdots & a_{2n} \\ \vdots & & \vdots & & \vdots & & \vdots \\ a_{n1} & \cdots & (a_{ni}+ka_{nj}) & \cdots & a_{nj} & \cdots & a_{nn} \end{vmatrix} \quad (i \neq j).$$

(以数 k 乘第 j 行加到第 i 行上,记作 $r_i + kr_j$)

以上诸性质请读者证明之.

上述性质 5 表明:当某一行(或列)的元素为两数之和时,行列式关于该行(或列)可分解为两个行列式之和.若 n 阶行列式每个元素都表示成两数之和,则它可分解成 2^n 个行列式之和.例如,二阶行列式

$$\begin{vmatrix} a+x & b+y \\ c+z & d+w \end{vmatrix} = \begin{vmatrix} a & b+y \\ c & d+w \end{vmatrix} + \begin{vmatrix} x & b+y \\ z & d+w \end{vmatrix}$$
$$= \begin{vmatrix} a & b \\ c & d \end{vmatrix} + \begin{vmatrix} a & y \\ c & w \end{vmatrix} + \begin{vmatrix} x & b \\ z & d \end{vmatrix} + \begin{vmatrix} x & y \\ z & w \end{vmatrix}.$$

性质 2、3、6 介绍了行列式关于行和列的三种运算,即 $r_i \leftrightarrow r_j$, $r_i \times k$, $r_i + kr_j$ 和 $c_i \leftrightarrow c_j$, $c_i \times k$, $c_i + kc_j$,利用这些运算可简化行列式的计算,特别是利用运算 $r_i + kr_j$(或 $c_i + kc_j$) 可以把行列式中许多元素化为 0.计算行列式常用的一种方法就是利用运算 $r_i + kr_j$ 把行列式化为上三角形行列式,从而算得行列式的值.请看下例.

例 3 计算

$$D = \begin{vmatrix} 3 & 1 & -1 & 2 \\ -5 & 1 & 3 & -4 \\ 2 & 0 & 1 & -1 \\ 1 & -5 & 3 & -3 \end{vmatrix}.$$

解

$$D \xlongequal{c_1 \leftrightarrow c_2} \begin{vmatrix} 1 & 3 & -1 & 2 \\ 1 & -5 & 3 & -4 \\ 0 & 2 & 1 & -1 \\ -5 & 1 & 3 & -3 \end{vmatrix} \xlongequal[r_4+5r_1]{r_2-r_1} \begin{vmatrix} 1 & 3 & -1 & 2 \\ 0 & -8 & 4 & -6 \\ 0 & 2 & 1 & -1 \\ 0 & 16 & -2 & 7 \end{vmatrix}$$

$$\xlongequal{r_2 \leftrightarrow r_3} \begin{vmatrix} 1 & 3 & -1 & 2 \\ 0 & 2 & 1 & -1 \\ 0 & -8 & 4 & -6 \\ 0 & 16 & -2 & 7 \end{vmatrix} \xlongequal[r_4-8r_2]{r_3+4r_2} \begin{vmatrix} 1 & 3 & -1 & 2 \\ 0 & 2 & 1 & -1 \\ 0 & 0 & 8 & -10 \\ 0 & 0 & -10 & 15 \end{vmatrix}$$

$$\xlongequal{r_4+\frac{5}{4}r_3} \begin{vmatrix} 1 & 3 & -1 & 2 \\ 0 & 2 & 1 & -1 \\ 0 & 0 & 8 & -10 \\ 0 & 0 & 0 & \frac{5}{2} \end{vmatrix} = 40.$$

上述解法中,先用了运算 $c_1 \leftrightarrow c_2$,其目的是把 a_{11} 换成 1,从而利用运算 $r_i - a_{i1}r_1$,即可把 $a_{i1}(i=2,3,4)$ 变为 0. 如果不先作 $c_1 \leftrightarrow c_2$,则由于原式中 $a_{11}=3$,需用运算 $r_i - \frac{a_{i1}}{3}r_1$ 把 a_{i1} 变为 0,这样计算时就比较麻烦. 第二步把 $r_2 - r_1$ 和 $r_4 + 5r_1$ 写在一起,这是两次运算,并把第一次运算结果的书写省略了.

例 4 计算

$$D = \begin{vmatrix} 3 & 1 & 1 & 1 \\ 1 & 3 & 1 & 1 \\ 1 & 1 & 3 & 1 \\ 1 & 1 & 1 & 3 \end{vmatrix}.$$

解 这个行列式的特点是各列 4 个数之和都是 6.先把第 2,3,4 行同时加到第 1 行,提出公因子 6,然后各行减去第一行:

$$D \xlongequal{r_1+r_2+r_3+r_4} \begin{vmatrix} 6 & 6 & 6 & 6 \\ 1 & 3 & 1 & 1 \\ 1 & 1 & 3 & 1 \\ 1 & 1 & 1 & 3 \end{vmatrix} \xlongequal{r_1 \div 6} 6 \begin{vmatrix} 1 & 1 & 1 & 1 \\ 1 & 3 & 1 & 1 \\ 1 & 1 & 3 & 1 \\ 1 & 1 & 1 & 3 \end{vmatrix} \xlongequal[\substack{r_2-r_1 \\ r_3-r_1 \\ r_4-r_1}]{} 6 \begin{vmatrix} 1 & 1 & 1 & 1 \\ 0 & 2 & 0 & 0 \\ 0 & 0 & 2 & 0 \\ 0 & 0 & 0 & 2 \end{vmatrix} = 48.$$

例 5 计算

$$D = \begin{vmatrix} a & b & c & d \\ a & a+b & a+b+c & a+b+c+d \\ a & 2a+b & 3a+2b+c & 4a+3b+2c+d \\ a & 3a+b & 6a+3b+c & 10a+6b+3c+d \end{vmatrix}.$$

解 从第 4 行开始,后行减前行,

$$D \xrightarrow[\substack{r_3-r_2 \\ r_2-r_1}]{r_4-r_3} \begin{vmatrix} a & b & c & d \\ 0 & a & a+b & a+b+c \\ 0 & a & 2a+b & 3a+2b+c \\ 0 & a & 3a+b & 6a+3b+c \end{vmatrix} \xrightarrow[\substack{r_3-r_2}]{r_4-r_3} \begin{vmatrix} a & b & c & d \\ 0 & a & a+b & a+b+c \\ 0 & 0 & a & 2a+b \\ 0 & 0 & a & 3a+b \end{vmatrix}$$

$$\xrightarrow{r_4-r_3} \begin{vmatrix} a & b & c & d \\ 0 & a & a+b & a+b+c \\ 0 & 0 & a & 2a+b \\ 0 & 0 & 0 & a \end{vmatrix} = a^4.$$

上述诸例中都用到把几个运算写在一起的省略写法,这里要注意各个运算的次序一般不能颠倒,这是由于后一次运算是作用在前一次运算结果上的缘故.例如

$$\begin{vmatrix} a & b \\ c & d \end{vmatrix} \xrightarrow{r_1+r_2} \begin{vmatrix} a+c & b+d \\ c & d \end{vmatrix} \xrightarrow{r_2-r_1} \begin{vmatrix} a+c & b+d \\ -a & -b \end{vmatrix},$$

$$\begin{vmatrix} a & b \\ c & d \end{vmatrix} \xrightarrow{r_2-r_1} \begin{vmatrix} a & b \\ c-a & d-b \end{vmatrix} \xrightarrow{r_1+r_2} \begin{vmatrix} c & d \\ c-a & d-b \end{vmatrix},$$

可见两次运算当次序不同时所得结果不同.忽视后一次运算是作用在前一次运算的结果上,就会出错,例如

$$\begin{vmatrix} a & b \\ c & d \end{vmatrix} \xrightarrow[r_2-r_1]{r_1+r_2} \begin{vmatrix} a+c & b+d \\ c-a & d-b \end{vmatrix},$$

这样的运算是错误的,出错的原因在于第二次运算找错了对象.

此外还要注意运算 r_i+r_j 与 r_j+r_i 的区别,记号 r_i+kr_j 不能写作 kr_j+r_i(这里不能套用加法的交换律).

上述诸例都是利用运算 r_i+kr_j 把行列式化为上三角形行列式,用归纳法不难证明(这里不证)任何 n 阶行列式总能利用运算 r_i+kr_j 化为上三角形行列式,或化为下三角形行列式(这时要先把 $a_{1n},\cdots,a_{n-1,n}$ 化为 0).类似地,利用列运算 c_i+kc_j,也可把行列式化为上三角形行列式或下三角形行列式.

例 6 设

$$D = \begin{vmatrix} a_{11} & \cdots & a_{1k} & & & \\ \vdots & & \vdots & & 0 & \\ a_{k1} & \cdots & a_{kk} & & & \\ c_{11} & \cdots & c_{1k} & b_{11} & \cdots & b_{1n} \\ \vdots & & \vdots & \vdots & & \vdots \\ c_{n1} & \cdots & c_{nk} & b_{n1} & \cdots & b_{nn} \end{vmatrix},$$

$$D_1 = \det(a_{ij}) = \begin{vmatrix} a_{11} & \cdots & a_{1k} \\ \vdots & & \vdots \\ a_{k1} & \cdots & a_{kk} \end{vmatrix},$$

$$D_2 = \det(b_{ij}) = \begin{vmatrix} b_{11} & \cdots & b_{1n} \\ \vdots & & \vdots \\ b_{n1} & \cdots & b_{nn} \end{vmatrix},$$

证明: $D = D_1 D_2$.

证 对 D_1 作运算 $r_i + \lambda r_j$, 把 D_1 化为下三角形行列式, 设为

$$D_1 = \begin{vmatrix} p_{11} & & 0 \\ \vdots & \ddots & \\ p_{k1} & \cdots & p_{kk} \end{vmatrix} = p_{11} \cdots p_{kk},$$

对 D_2 作运算 $c_i + \lambda c_j$, 把 D_2 化为下三角形行列式, 设为

$$D_2 = \begin{vmatrix} q_{11} & & 0 \\ \vdots & \ddots & \\ q_{n1} & \cdots & q_{nn} \end{vmatrix} = q_{11} \cdots q_{nn}.$$

于是, 对 D 的前 k 行作运算 $r_i + \lambda r_j$, 再对后 n 列作运算 $c_i + \lambda c_j$, 把 D 化为下三角形行列式

$$D = \begin{vmatrix} p_{11} & & & & & \\ \vdots & \ddots & & & 0 & \\ p_{k1} & \cdots & p_{kk} & & & \\ c_{11} & \cdots & c_{1k} & q_{11} & & \\ \vdots & & \vdots & \vdots & \ddots & \\ c_{n1} & \cdots & c_{nk} & q_{n1} & \cdots & q_{nn} \end{vmatrix},$$

故

$$D = p_{11} \cdots p_{kk} q_{11} \cdots q_{nn} = D_1 D_2.$$

例 7 计算 $2n$ 阶行列式

$$D_{2n} = \begin{vmatrix} a & & & & & b \\ & \ddots & & & \iddots & \\ & & a & b & & \\ & & c & d & & \\ & \iddots & & & \ddots & \\ c & & & & & d \end{vmatrix},$$

其中未写出的元素为 0.

解 把 D_{2n} 中的第 $2n$ 行依次与第 $2n-1$ 行, ⋯, 第 2 行对调 (作 $2n-2$ 次相邻对换), 再把第 $2n$ 列依次与第 $2n-1$ 列, ⋯, 第 2 列对调, 得

$$D_{2n} = (-1)^{2(2n-2)} \begin{vmatrix} a & b & 0 & \cdots & & 0 \\ c & d & 0 & \cdots & & 0 \\ 0 & 0 & a & & & b \\ \vdots & \vdots & & \ddots & & \ddots \\ & & & a & b & \\ & & & c & d & \\ & & & \ddots & & \ddots \\ 0 & 0 & c & & & d \end{vmatrix},$$

$$\underbrace{\qquad\qquad\qquad}_{2(n-1)}$$

根据例 6 的结果,有

$$D_{2n} = D_2 D_{2(n-1)} = (ad - bc) D_{2(n-1)}.$$

以此作递推公式,即得

$$D_{2n} = (ad - bc)^2 D_{2(n-2)} = \cdots = (ad - bc)^{n-1} D_2 = (ad - bc)^n.$$

习 题 2-3

1. 判断下列乘积是不是 5 阶行列式 $\det(a_{ij})$ 的项;如果,试确定其所带的符号:

(1) $a_{21} a_{13} a_{45} a_{54} a_{22}$;

(2) $a_{32} a_{41} a_{15} a_{24} a_{53}$.

2. 写出四阶行列式中含有因子 $a_{11} a_{23}$ 的项.

3. 按定义计算下列行列式:

$$D_1 = \begin{vmatrix} 0 & 0 & \cdots & 0 & 1 \\ 0 & 0 & \cdots & 2 & 0 \\ \vdots & \vdots & & \vdots & \vdots \\ 0 & n-1 & \cdots & 0 & 0 \\ n & 0 & \cdots & 0 & 0 \end{vmatrix}; \qquad D_2 = \begin{vmatrix} 0 & 1 & 0 & \cdots & 0 \\ 0 & 0 & 2 & \cdots & 0 \\ \vdots & \vdots & \vdots & & \vdots \\ 0 & 0 & 0 & \cdots & n-1 \\ n & 0 & 0 & \cdots & 0 \end{vmatrix};$$

$$D_3 = \begin{vmatrix} 0 & \cdots & 0 & 1 & 0 \\ 0 & \cdots & 2 & 0 & 0 \\ \vdots & & \vdots & \vdots & \vdots \\ n-1 & \cdots & 0 & 0 & 0 \\ 0 & \cdots & 0 & 0 & n \end{vmatrix}.$$

4. 按定义计算

$$f(x) = \begin{vmatrix} 2x & x & 1 & 2 \\ 1 & x & 1 & -1 \\ 3 & 2 & x & 1 \\ 1 & 1 & 1 & x \end{vmatrix}$$

中 x^4 与 x^3 的系数，并说明理由.

5. 计算下列各行列式：

(1) $\begin{vmatrix} 4 & 1 & 2 & 4 \\ 1 & 2 & 0 & 2 \\ 10 & 5 & 2 & 0 \\ 0 & 1 & 1 & 7 \end{vmatrix}$;

(2) $\begin{vmatrix} 2 & 1 & 4 & 1 \\ 3 & -1 & 2 & 1 \\ 1 & 2 & 3 & 2 \\ 5 & 0 & 6 & 2 \end{vmatrix}$;

(3) $\begin{vmatrix} -ab & ac & ae \\ bd & -cd & de \\ bf & cf & -ef \end{vmatrix}$;

(4) $\begin{vmatrix} a & 1 & 0 & 0 \\ -1 & b & 1 & 0 \\ 0 & -1 & c & 1 \\ 0 & 0 & -1 & d \end{vmatrix}$;

(5) $\begin{vmatrix} 1 & 2 & 3 & 4 \\ 4 & 1 & 2 & 3 \\ 3 & 4 & 1 & 2 \\ 2 & 3 & 4 & 1 \end{vmatrix}$;

(6) $\begin{vmatrix} 1 & 2 & 0 & 0 \\ 3 & 4 & 0 & 0 \\ 0 & 0 & -1 & 3 \\ 0 & 0 & 5 & 1 \end{vmatrix}$;

(7) $\begin{vmatrix} 1 & 2 & 3 & 4 & 5 \\ 6 & 7 & 8 & 9 & 10 \\ 0 & 0 & 0 & 1 & 3 \\ 0 & 0 & 0 & 2 & 4 \\ 0 & 1 & 0 & 1 & 1 \end{vmatrix}$;

(8) $\begin{vmatrix} 1+x & 1 & 1 & 1 \\ 1 & 1+x & 1 & 1 \\ 1 & 1 & 1+y & 1 \\ 1 & 1 & 1 & 1+y \end{vmatrix}$;

(9) $D_n = \begin{vmatrix} x & a & \cdots & a \\ a & x & \cdots & a \\ \vdots & \vdots & & \vdots \\ a & a & \cdots & x \end{vmatrix}$.

6. 证明：

(1) $\begin{vmatrix} a^2 & ab & b^2 \\ 2a & a+b & 2b \\ 1 & 1 & 1 \end{vmatrix} = (a-b)^3$;

(2) $\begin{vmatrix} ax+by & ay+bz & az+bx \\ ay+bz & az+bx & ax+by \\ az+bx & ax+by & ay+bz \end{vmatrix} = (a^3+b^3)\begin{vmatrix} x & y & z \\ y & z & x \\ z & x & y \end{vmatrix}$;

(3) $\begin{vmatrix} a_1+b_1 & b_1+c_1 & c_1+a_1 \\ a_2+b_2 & b_2+c_2 & c_2+a_2 \\ a_3+b_3 & b_3+c_3 & c_3+a_3 \end{vmatrix} = 2\begin{vmatrix} a_1 & b_1 & c_1 \\ a_2 & b_2 & c_2 \\ a_3 & b_3 & c_3 \end{vmatrix}$;

(4) $\begin{vmatrix} a^2 & (a+1)^2 & (a+2)^2 & (a+3)^2 \\ b^2 & (b+1)^2 & (b+2)^2 & (b+3)^2 \\ c^2 & (c+1)^2 & (c+2)^2 & (c+3)^2 \\ d^2 & (d+1)^2 & (d+2)^2 & (d+3)^2 \end{vmatrix} = 0$.

§4   行列式的展开与计算

一般说来,低阶行列式的计算比高阶行列式的计算要简便,于是我们自然地考虑用低阶行列式来表示高阶行列式的问题.为此,先引进余子式和代数余子式的概念.

定义 4.1   在 n 阶行列式 $\det(a_{ij})$ 中,把 (i,j) 元 a_{ij} 所在的第 i 行和第 j 列划去后,留下来的 $n-1$ 阶行列式叫做 (i,j) 元 a_{ij} 的余子式,记作 M_{ij};记

$$A_{ij} = (-1)^{i+j} M_{ij},$$

A_{ij} 叫做 (i,j) 元 a_{ij} 的代数余子式.

例如四阶行列式

$$D = \begin{vmatrix} a_{11} & a_{12} & a_{13} & a_{14} \\ a_{21} & a_{22} & a_{23} & a_{24} \\ a_{31} & a_{32} & a_{33} & a_{34} \\ a_{41} & a_{42} & a_{43} & a_{44} \end{vmatrix}$$

中 $(3,2)$ 元 a_{32} 的余子式和代数余子式分别为

$$M_{32} = \begin{vmatrix} a_{11} & a_{13} & a_{14} \\ a_{21} & a_{23} & a_{24} \\ a_{41} & a_{43} & a_{44} \end{vmatrix},$$

$$A_{32} = (-1)^{3+2} M_{32} = -M_{32}.$$

引理 4.1   一个 n 阶行列式,如果其中第 i 行所有元素除 (i,j) 元 a_{ij} 外都为零,那么这行列式等于 a_{ij} 与它的代数余子式的乘积,即

$$D = a_{ij} A_{ij}.$$

证   先证 $(i,j)=(1,1)$ 的情形.此时

$$D = \begin{vmatrix} a_{11} & 0 & \cdots & 0 \\ a_{21} & a_{22} & \cdots & a_{2n} \\ \vdots & \vdots & & \vdots \\ a_{n1} & a_{n2} & \cdots & a_{nn} \end{vmatrix},$$

这是上节例 6 中当 $k=1$ 时的特殊情形,按上节例 6 的结论,即有

$$D = a_{11} M_{11},$$

又

$$A_{11} = (-1)^{1+1} M_{11} = M_{11},$$

从而

$$D = a_{11} A_{11}.$$

再证一般情形.此时

$$D = \begin{vmatrix} a_{11} & \cdots & a_{1j} & \cdots & a_{1n} \\ \vdots & & \vdots & & \vdots \\ 0 & \cdots & a_{ij} & \cdots & 0 \\ \vdots & & \vdots & & \vdots \\ a_{n1} & \cdots & a_{nj} & \cdots & a_{nn} \end{vmatrix}.$$

为了利用前面的结果,把 D 的行列作如下调换:把 D 的第 i 行依次与第 $i-1$ 行、第 $i-2$ 行、…、第 1 行对调,这样数 a_{ij} 就调成 $(1, j)$ 元,调换的次数为 $i-1$. 再把 D 的第 j 列依次与第 $j-1$ 列、第 $j-2$ 列、…、第 1 列对调,这样数 a_{ij} 就调成 $(1,1)$ 元,调换的次数为 $j-1$. 总之,经 $i+j-2$ 次对调,就把数 a_{ij} 就调成 $(1,1)$ 元,所得的行列式 $D_1=(-1)^{i+j-2}D=(-1)^{i+j}D$,而 D_1 中 $(1,1)$ 元的余子式就是 D 中 (i, j) 元的余子式 M_{ij}.

由于 D_1 的 $(1,1)$ 元为 a_{ij},第 1 行其余元素都为 0,利用前面的结果,有

$$D_1=a_{ij}M_{ij},$$

于是
$$D=(-1)^{i+j}D_1=(-1)^{i+j}a_{ij}M_{ij}=a_{ij}A_{ij}.$$

定理 4.1 行列式等于它的任一行(列)的各元素与其对应的代数余子式乘积之和,即

$$D=a_{i1}A_{i1}+a_{i2}A_{i2}+\cdots+a_{in}A_{in} \quad (i=1, 2, \cdots, n),$$

或
$$D=a_{1j}A_{1j}+a_{2j}A_{2j}+\cdots+a_{nj}A_{nj} \quad (j=1, 2, \cdots, n).$$

证

$$D=\begin{vmatrix} a_{11} & a_{12} & \cdots & a_{1n} \\ \vdots & \vdots & & \vdots \\ a_{i1}+0+\cdots+0 & 0+a_{i2}+\cdots+0 & \cdots & 0+0+\cdots+a_{in} \\ \vdots & \vdots & & \vdots \\ a_{n1} & a_{n2} & \cdots & a_{nn} \end{vmatrix}$$

$$=\begin{vmatrix} a_{11} & a_{12} & \cdots & a_{1n} \\ \vdots & \vdots & & \vdots \\ a_{i1} & 0 & \cdots & 0 \\ \vdots & \vdots & & \vdots \\ a_{n1} & a_{n2} & \cdots & a_{nn} \end{vmatrix}+\begin{vmatrix} a_{11} & a_{12} & \cdots & a_{1n} \\ \vdots & \vdots & & \vdots \\ 0 & a_{i2} & \cdots & 0 \\ \vdots & \vdots & & \vdots \\ a_{n1} & a_{n2} & \cdots & a_{nn} \end{vmatrix}+\cdots+\begin{vmatrix} a_{11} & a_{12} & \cdots & a_{1n} \\ \vdots & \vdots & & \vdots \\ 0 & 0 & \cdots & a_{in} \\ \vdots & \vdots & & \vdots \\ a_{n1} & a_{n2} & \cdots & a_{nn} \end{vmatrix},$$

根据引理 4.1,即得

$$D=a_{i1}A_{i1}+a_{i2}A_{i2}+\cdots+a_{in}A_{in} \quad (i=1, 2, \cdots, n).$$

类似地,若按列证明,可得

$$D=a_{1j}A_{1j}+a_{2j}A_{2j}+\cdots+a_{nj}A_{nj} \quad (j=1, 2, \cdots, n).$$

这个定理叫做行列式按行(列)展开法则.利用这一法则并结合行列式的性质,可以简化行列式的计算.

下面用此法则来计算上节例 3 的

$$D=\begin{vmatrix} 3 & 1 & -1 & 2 \\ -5 & 1 & 3 & -4 \\ 2 & 0 & 1 & -1 \\ 1 & -5 & 3 & -3 \end{vmatrix}.$$

保留 a_{33},把第 3 行其余元素变为 0,然后按第 3 行展开,

$$D \xrightarrow[c_4+c_3]{c_1-2c_3} \begin{vmatrix} 5 & 1 & -1 & 1 \\ -11 & 1 & 3 & -1 \\ 0 & 0 & 1 & 0 \\ -5 & -5 & 3 & 0 \end{vmatrix} = (-1)^{3+3} \begin{vmatrix} 5 & 1 & 1 \\ -11 & 1 & -1 \\ -5 & -5 & 0 \end{vmatrix}$$

$$\xrightarrow{r_2+r_1} \begin{vmatrix} 5 & 1 & 1 \\ -6 & 2 & 0 \\ -5 & -5 & 0 \end{vmatrix} = (-1)^{1+3} \begin{vmatrix} -6 & 2 \\ -5 & -5 \end{vmatrix} = 40.$$

因此,计算行列式的一种基本方法是利用上节行列式的性质(主要是性质 6)把行列式化为上(下)三角形行列式后再计算. 另一种方法是利用行列式的展开将行列式降阶后再进行计算.

例 1 证明范德蒙德(Vandermonde)行列式

$$D_n = \begin{vmatrix} 1 & 1 & 1 & \cdots & 1 \\ x_1 & x_2 & x_3 & \cdots & x_n \\ x_1^2 & x_2^2 & x_3^2 & \cdots & x_n^2 \\ \cdots & \cdots & \cdots & \cdots & \cdots \\ x_1^{n-1} & x_2^{n-1} & x_3^{n-1} & \cdots & x_n^{n-1} \end{vmatrix} = \prod_{1 \leqslant i < j \leqslant n} (x_j - x_i), \tag{1}$$

其中记号"$\prod$"表示全体同类因子的乘积.

证 用数学归纳法. 因为

$$D_2 = \begin{vmatrix} 1 & 1 \\ x_1 & x_2 \end{vmatrix} = x_2 - x_1 = \prod_{1 \leqslant i < j \leqslant 2} (x_j - x_i),$$

所以当 $n=2$ 时,(1)式成立. 现在假设(1)式对于 $n-1$ 阶范德蒙德行列式成立,下证式(1)对于 n 阶范德蒙德行列式也成立.

为此,设法把 D_n 降阶:从第 n 行开始,后行减去前行的 x_1 倍,有

$$D_n = \begin{vmatrix} 1 & 1 & 1 & \cdots & 1 \\ 0 & x_2-x_1 & x_3-x_1 & \cdots & x_n-x_1 \\ 0 & x_2(x_2-x_1) & x_3(x_3-x_1) & \cdots & x_n(x_n-x_1) \\ \cdots & \cdots & \cdots & \cdots & \cdots \\ 0 & x_2^{n-2}(x_2-x_1) & x_3^{n-2}(x_3-x_1) & \cdots & x_n^{n-2}(x_n-x_1) \end{vmatrix}.$$

按第 1 列展开,并把每列的公因子 x_i-x_1 提出,就有

$$D_n = (x_2-x_1)(x_3-x_1)\cdots(x_n-x_1) \begin{vmatrix} 1 & 1 & \cdots & 1 \\ x_2 & x_3 & \cdots & x_n \\ \vdots & \vdots & & \vdots \\ x_2^{n-2} & x_3^{n-2} & \cdots & x_n^{n-2} \end{vmatrix},$$

上式右端的行列式是 $n-1$ 阶范德蒙德行列式,按归纳法假设,它等于所有 (x_j-x_i) 因子的乘积,其中 $2 \leqslant i < j \leqslant n$. 故

$$D_n = (x_2-x_1)(x_3-x_1)\cdots(x_n-x_1) \prod_{2 \leqslant i < j \leqslant n} (x_j-x_i) = \prod_{1 \leqslant i < j \leqslant n} (x_j-x_i).$$

由定理 4.1,还可得以下重要推论.

推论 1 行列式某一行(列)的各元素与另一行(列)的对应元素的代数余子式乘积之和等于零,即

$$a_{i1}A_{j1}+a_{i2}A_{j2}+\cdots+a_{in}A_{jn}=0 \quad (i\neq j),$$

或

$$a_{1i}A_{1j}+a_{2i}A_{2j}+\cdots+a_{ni}A_{nj}=0 \quad (i\neq j).$$

证 把行列式 $D=\det(a_{ij})$ 按第 j 行展开,有

$$a_{j1}A_{j1}+a_{j2}A_{j2}+\cdots+a_{jn}A_{jn}=\begin{vmatrix} a_{11} & \cdots & a_{1n} \\ \vdots & & \vdots \\ a_{i1} & \cdots & a_{in} \\ \vdots & & \vdots \\ a_{j1} & \cdots & a_{jn} \\ \vdots & & \vdots \\ a_{n1} & \cdots & a_{nn} \end{vmatrix},$$

在上式中把 a_{jk} 换成 $a_{ik}(k=1,\cdots,n)$,可得

$$a_{i1}A_{j1}+a_{i2}A_{j2}+\cdots+a_{in}A_{jn}=\begin{vmatrix} a_{11} & \cdots & a_{1n} \\ \vdots & & \vdots \\ a_{i1} & \cdots & a_{in} \\ \vdots & & \vdots \\ a_{i1} & \cdots & a_{in} \\ \vdots & & \vdots \\ a_{n1} & \cdots & a_{nn} \end{vmatrix} \begin{matrix} \\ \\ \leftarrow 第 i 行 \\ \\ \leftarrow 第 j 行 \\ \\ \end{matrix},$$

当 $i\neq j$ 时,上式右端行列式中有两行对应元素相同,故行列式等于零,即得

$$a_{i1}A_{j1}+a_{i2}A_{j2}+\cdots+a_{in}A_{jn}=0, i\neq j.$$

上述证法如按列进行,可得

$$a_{1i}A_{1j}+a_{2i}A_{2j}+\cdots+a_{ni}A_{nj}=0, i\neq j.$$

综合定理 4.1 及其推论 4.1,得关于代数余子式的重要性质:

$$\sum_{k=1}^{n}a_{ki}A_{kj}=D\delta_{ij}=\begin{cases} D, & 当 i=j, \\ 0, & 当 i\neq j; \end{cases}$$

或

$$\sum_{k=1}^{n}a_{ik}A_{jk}=D\delta_{ij}=\begin{cases} D, & 当 i=j, \\ 0, & 当 i\neq j; \end{cases}$$

其中
$$\delta_{ij} = \begin{cases} 1, & \text{当 } i=j, \\ 0, & \text{当 } i \neq j. \end{cases}$$

仿照上述推论证明中所用的方法,在行列式 $\det(a_{ij})$ 按第 i 行展开的展开式
$$\det(a_{ij}) = a_{i1}A_{i1} + a_{i2}A_{i2} + \cdots + a_{in}A_{in}$$
中,用 $b_1, b_2, \cdots, b_n$ 依次代替 $a_{i1}, a_{i2}, \cdots, a_{in}$,可得

$$\begin{vmatrix} a_{11} & \cdots & a_{1n} \\ \vdots & & \vdots \\ a_{i-1,1} & \cdots & a_{i-1,n} \\ b_1 & \cdots & b_n \\ a_{i+1,1} & \cdots & a_{i+1,n} \\ \vdots & & \vdots \\ a_{n1} & \cdots & a_{nn} \end{vmatrix} = b_1 A_{i1} + b_2 A_{i2} + \cdots + b_n A_{in}. \tag{2}$$

其实,把式(2)左端行列式按第 i 行展开,注意到它的 (i,j) 元的代数余子式等于 $\det(a_{ij})$ 中 (i,j) 元的代数余子式 $A_{ij}(j=1,\cdots,n)$,也可知(2)式成立.

类似地,用 $b_1, b_2, \cdots, b_n$ 代替 $\det(a_{ij})$ 中的第 j 列,可得

$$\begin{vmatrix} a_{11} & \cdots & a_{1,j-1} & b_1 & a_{1,j+1} & \cdots & a_{1n} \\ \vdots & & \vdots & \vdots & \vdots & & \vdots \\ a_{n1} & \cdots & a_{n,j-1} & b_n & a_{n,j+1} & \cdots & a_{nn} \end{vmatrix} = b_1 A_{1j} + b_2 A_{2j} + \cdots + b_n A_{nj}. \tag{3}$$

例 2 设
$$D = \begin{vmatrix} 3 & -5 & 2 & 1 \\ 1 & 1 & 0 & -5 \\ -1 & 3 & 1 & 3 \\ 2 & -4 & -1 & -3 \end{vmatrix},$$

D 的 (i,j) 元的余子式和代数余子式依次记作 M_{ij} 和 A_{ij},求
$$A_{11} + A_{12} + A_{13} + A_{14} \text{ 及 } M_{11} + M_{21} + M_{31} + M_{41}.$$

解 按式(2),可知 $A_{11} + A_{12} + A_{13} + A_{14}$ 等于用 $1,1,1,1$ 代替 D 的第 1 行所得的行列式,即

$$A_{11} + A_{12} + A_{13} + A_{14} = \begin{vmatrix} 1 & 1 & 1 & 1 \\ 1 & 1 & 0 & -5 \\ -1 & 3 & 1 & 3 \\ 2 & -4 & -1 & -3 \end{vmatrix} \xrightarrow[r_3-r_1]{r_4+r_3} \begin{vmatrix} 1 & 1 & 1 & 1 \\ 1 & 1 & 0 & -5 \\ -2 & 2 & 0 & 2 \\ 1 & -1 & 0 & 0 \end{vmatrix}$$

$$= \begin{vmatrix} 1 & 1 & -5 \\ -2 & 2 & 2 \\ 1 & -1 & 0 \end{vmatrix} \xrightarrow{c_2+c_1} \begin{vmatrix} 1 & 2 & -5 \\ -2 & 0 & 2 \\ 1 & 0 & 0 \end{vmatrix}$$

$$= \begin{vmatrix} 2 & -5 \\ 0 & 2 \end{vmatrix} = 4.$$

按式(3),可知

$$M_{11}+M_{21}+M_{31}+M_{41}=A_{11}-A_{21}+A_{31}-A_{41}$$

$$=\begin{vmatrix} 1 & -5 & 2 & 1 \\ -1 & 1 & 0 & -5 \\ 1 & 3 & 1 & 3 \\ -1 & -4 & -1 & -3 \end{vmatrix} \xlongequal{r_4+r_3} \begin{vmatrix} 1 & -5 & 2 & 1 \\ -1 & 1 & 0 & -5 \\ 1 & 3 & 1 & 3 \\ 0 & -1 & 0 & 0 \end{vmatrix}$$

$$=(-1)\begin{vmatrix} 1 & 2 & 1 \\ -1 & 0 & -5 \\ 1 & 1 & 3 \end{vmatrix} \xlongequal{r_1-2r_3} \begin{vmatrix} -1 & 0 & -5 \\ -1 & 0 & -5 \\ 1 & 1 & 3 \end{vmatrix}=0.$$

习 题 2-4

1. 求行列式

$$D=\begin{vmatrix} -3 & 1 & 0 \\ 2 & 1 & -1 \\ 1 & 0 & 1 \end{vmatrix}$$

的每个元的代数余子式,并写出 D 对第二行和第三列的展开式.

2. 计算下列各行列式(D_k 为 k 阶行列式):

(1) $D_n=\begin{vmatrix} a & & 1 \\ & \ddots & \\ 1 & & a \end{vmatrix}$,其中对角线上元素都是 a,未写出的元素都是 0.

(2) $D_n=\begin{vmatrix} 1 & 2 & 2 & \cdots 2 & 2 \\ 2 & 2 & 2 & \cdots 2 & 2 \\ 2 & 2 & 3 & \cdots 2 & 2 \\ \vdots & \vdots & \vdots & \ddots \vdots & \vdots \\ 2 & 2 & 2 & \cdots n-1 & 2 \\ 2 & 2 & 2 & \cdots 2 & n \end{vmatrix}.$

(3) $D_{n+1}=\begin{vmatrix} a^n & (a-1)^n & \cdots & (a-n)^n \\ a^{n-1} & (a-1)^{n-1} & \cdots & (a-n)^{n-1} \\ \vdots & \vdots & & \vdots \\ a & a-1 & \cdots & a-n \\ 1 & 1 & \cdots & 1 \end{vmatrix}.$

[提示:利用范德蒙德行列式的结果.]

(4) $D_{2n}=\begin{vmatrix} a_n & & & & & b_n \\ & \ddots & & & \cdot & \\ & & a_1 & b_1 & & \\ & & c_1 & d_1 & & \\ & \cdot & & & \ddots & \\ c_n & & & & & d_n \end{vmatrix}$,其中未写出的元素都是 0.

(5) $D_n = \det(a_{ij})$,其中 $a_{ij} = |i-j|$.

(6) $D_n = \begin{vmatrix} 1+a_1 & 1 & \cdots & 1 \\ 1 & 1+a_2 & \cdots & 1 \\ \vdots & \vdots & & \vdots \\ 1 & 1 & \cdots & 1+a_n \end{vmatrix}$,其中 $a_1 a_2 \cdots a_n \neq 0$.

3. 证明:

(1) $\begin{vmatrix} 1 & 1 & 1 & 1 \\ a & b & c & d \\ a^2 & b^2 & c^2 & d^2 \\ a^4 & b^4 & c^4 & d^4 \end{vmatrix} = (a-b)(a-c)(a-d)(b-c)(b-d)(c-d)(a+b+c+d).$

[提示:添加一行一列,再利用范德蒙德行列式的结果.]

(2) $\begin{vmatrix} x & -1 & 0 & \cdots & 0 & 0 \\ 0 & x & -1 & \cdots & 0 & 0 \\ \vdots & \vdots & \vdots & & \vdots & \vdots \\ 0 & 0 & 0 & \cdots & x & -1 \\ a_0 & a_1 & a_2 & \cdots & a_{n-1} & a_n \end{vmatrix} = a_n x^n + a_{n-1} x^{n-1} + \cdots + a_1 x + a_0.$

§5 克拉默法则

含有 n 个未知数 $x_1, x_2, \cdots, x_n$ 的 n 个线性方程的方程组

$$\begin{cases} a_{11}x_1 + a_{12}x_2 + \cdots + a_{1n}x_n = b_1, \\ a_{21}x_1 + a_{22}x_2 + \cdots + a_{2n}x_n = b_2, \\ \qquad\cdots\cdots\cdots\cdots \\ a_{n1}x_1 + a_{n2}x_2 + \cdots + a_{nn}x_n = b_n \end{cases} \tag{1}$$

与二、三元线性方程组相类似,它的解可以用 n 阶行列式表示,即有:

定理 5.1(克拉默(Cramer)法则) 如果线性方程组(1)的系数行列式不等于零,即

$$D = \begin{vmatrix} a_{11} & \cdots & a_{1n} \\ \vdots & & \vdots \\ a_{n1} & \cdots & a_{nn} \end{vmatrix} \neq 0,$$

那么,方程组(1)有唯一解:

$$x_1 = \frac{D_1}{D}, \ x_2 = \frac{D_2}{D}, \ \cdots, \ x_n = \frac{D_n}{D}, \tag{2}$$

其中 $D_j (j=1, 2, \cdots, n)$ 是把系数行列式 D 中第 j 列的元素用方程组右端的常数项代替后所得到的 n 阶行列式,即

$$D_j = \begin{vmatrix} a_{11} & \cdots & a_{1,j-1} & b_1 & a_{1,j+1} & \cdots & a_{1n} \\ \vdots & & \vdots & \vdots & \vdots & & \vdots \\ a_{n1} & \cdots & a_{n,j-1} & b_n & a_{n,j+1} & \cdots & a_{nn} \end{vmatrix}.$$

根据已有的知识来证明这一定理略显烦琐,后面我们将用矩阵的方法给出该定理的一个简洁的证明.

例1 解线性方程组

$$\begin{cases} 2x_1 + x_2 - 5x_3 + x_4 = 8 \\ x_1 - 3x_2 - 6x_4 = 9 \\ 2x_2 - x_3 + 2x_4 = -5 \\ x_1 + 4x_2 - 7x_3 + 6x_4 = 0 \end{cases}.$$

解

$$D = \begin{vmatrix} 2 & 1 & -5 & 1 \\ 1 & -3 & 0 & -6 \\ 0 & 2 & -1 & 2 \\ 1 & 4 & -7 & 6 \end{vmatrix} \xrightarrow[r_4 - r_2]{r_1 - 2r_2} \begin{vmatrix} 0 & 7 & -5 & 13 \\ 1 & -3 & 0 & -6 \\ 0 & 2 & -1 & 2 \\ 0 & 7 & -7 & 12 \end{vmatrix}$$

$$= -\begin{vmatrix} 7 & -5 & 13 \\ 2 & -1 & 2 \\ 7 & -7 & 12 \end{vmatrix} \xrightarrow[c_3 + 2c_2]{c_1 + 2c_2} \begin{vmatrix} -3 & -5 & 3 \\ 0 & -1 & 0 \\ -7 & -7 & -2 \end{vmatrix}$$

$$= \begin{vmatrix} -3 & 3 \\ -7 & -2 \end{vmatrix} = 27,$$

$$D_1 = \begin{vmatrix} 8 & 1 & -5 & 1 \\ 9 & -3 & 0 & -6 \\ -5 & 2 & -1 & 2 \\ 0 & 4 & -7 & 6 \end{vmatrix} = 81,$$

$$D_2 = \begin{vmatrix} 2 & 8 & -5 & 1 \\ 1 & 9 & 0 & -6 \\ 0 & -5 & -1 & 2 \\ 1 & 0 & -7 & 6 \end{vmatrix} = -108,$$

$$D_3 = \begin{vmatrix} 2 & 1 & 8 & 1 \\ 1 & -3 & 9 & -6 \\ 0 & 2 & -5 & 2 \\ 1 & 4 & 0 & 6 \end{vmatrix} = -27,$$

$$D_4 = \begin{vmatrix} 2 & 1 & -5 & 8 \\ 1 & -3 & 0 & 9 \\ 0 & 2 & -1 & -5 \\ 1 & 4 & -7 & 0 \end{vmatrix} = 27,$$

于是得 $x_1 = 3$, $x_2 = -4$, $x_3 = -1$, $x_4 = 1$.

例2 设曲线 $y = a_0 + a_1 x + a_2 x^2 + a_3 x^3$ 通过四点 $(1, 3)$, $(2, 4)$, $(3, 3)$, $(4, -3)$,求系数 a_0, a_1, a_2, a_3.

解 把四个点的坐标代入曲线方程,得线性方程组

$$\begin{cases} a_0 + a_1 + a_2 + a_3 = 3 \\ a_0 + 2a_1 + 4a_2 + 8a_3 = 4 \\ a_0 + 3a_1 + 9a_2 + 27a_3 = 3 \\ a_0 + 4a_1 + 16a_2 + 64a_3 = -3 \end{cases},$$

其系数行列式

$$D = \begin{vmatrix} 1 & 1 & 1 & 1 \\ 1 & 2 & 4 & 8 \\ 1 & 3 & 9 & 27 \\ 1 & 4 & 16 & 64 \end{vmatrix}$$

是一个范德蒙德行列式,按上节例 1 的结果(例 1 中范德蒙德行列式取 D^T 的形式),可得

$$D = 1 \cdot 2 \cdot 3 \cdot 1 \cdot 2 \cdot 1 = 12,$$

而

$$D_1 = \begin{vmatrix} 3 & 1 & 1 & 1 \\ 4 & 2 & 4 & 8 \\ 3 & 3 & 9 & 27 \\ -3 & 4 & 16 & 64 \end{vmatrix} \xrightarrow[\substack{c_4 - c_3 \\ c_3 - c_2 \\ c_1 - 3c_2}]{} \begin{vmatrix} 0 & 1 & 0 & 0 \\ -2 & 2 & 2 & 4 \\ -6 & 3 & 6 & 18 \\ -15 & 4 & 12 & 48 \end{vmatrix}$$

$$= (-1)^3 \begin{vmatrix} -2 & 2 & 4 \\ -6 & 6 & 18 \\ -15 & 12 & 48 \end{vmatrix} \xrightarrow[\text{}]{c_1 + c_2} - \begin{vmatrix} 0 & 2 & 4 \\ 0 & 6 & 18 \\ -3 & 12 & 48 \end{vmatrix}$$

$$= -(-3) \begin{vmatrix} 2 & 4 \\ 6 & 18 \end{vmatrix} = 3 \times 12 = 36;$$

$$D_2 = \begin{vmatrix} 1 & 3 & 1 & 1 \\ 1 & 4 & 4 & 8 \\ 1 & 3 & 9 & 27 \\ 1 & -3 & 16 & 64 \end{vmatrix} = -18;$$

$$D_3 = \begin{vmatrix} 1 & 1 & 3 & 1 \\ 1 & 2 & 4 & 8 \\ 1 & 3 & 3 & 27 \\ 1 & 4 & -3 & 64 \end{vmatrix} = 24;$$

$$D_4 = \begin{vmatrix} 1 & 1 & 1 & 3 \\ 1 & 2 & 4 & 4 \\ 1 & 3 & 9 & 3 \\ 1 & 4 & 16 & -3 \end{vmatrix} = -6.$$

因此,按克拉默法则,得唯一解:

$$a_0 = 3, \ a_1 = -3/2, \ a_2 = 2, \ a_3 = -1/2,$$

即曲线方程为

$$y = 3 - \frac{3}{2}x + 2x^2 - \frac{1}{2}x^3.$$

撇开求解式(2),克拉默法则可叙述为下面的定理:

定理 5.2 如果线性方程组(1)的系数行列式 $D \neq 0$,则(1)一定有解,且解是唯一的.

定理 5.2 的逆否定理为:

定理 5.2′ 如果线性方程组(1)无解或至少有两个不同的解,则它的系数行列式必为零.

线性方程组(1)右端的常数项 $b_1, b_2, \cdots, b_n$ 不全为零时,线性方程组(1)称为非齐次线性方程组;当 $b_1, b_2, \cdots, b_n$ 全为零时,线性方程组(1)称为齐次线性方程组.

对于齐次线性方程组

$$\begin{cases} a_{11}x_1 + a_{12}x_2 + \cdots + a_{1n}x_n = 0 \\ a_{21}x_1 + a_{22}x_2 + \cdots + a_{2n}x_n = 0 \\ \cdots\cdots\cdots\cdots \\ a_{n1}x_1 + a_{n2}x_2 + \cdots + a_{nn}x_n = 0 \end{cases}, \tag{3}$$

$x_1 = x_2 = \cdots = x_n = 0$ 一定是它的解,这个解称为齐次线性方程组(3)的零解. 如果一组不全为零的数是方程组(3)的解,则称它为齐次线性方程组(3)的非零解. 齐次线性方程组(3)一定有零解,但不一定有非零解.

把定理 5.2 应用于齐次线性方程组(3),可得:

定理 5.3 如果齐次线性方程组(3)的系数行列式 $D \neq 0$,则齐次线性方程组(3)只有零解.

定理 5.3′ 如果齐次线性方程组(3)有非零解,则它的系数行列式必为零.

定理 5.3(或定理 5.3′)说明系数行列式 $D = 0$ 是齐次线性方程组有非零解的必要条件. 在第四章中还将证明这个条件也是充分的.

例3 问 λ 取何值时,齐次线性方程组

$$\begin{cases} (5-\lambda)x + 2y + 2z = 0 \\ 2x + (6-\lambda)y = 0 \\ 2x + (4-\lambda)z = 0 \end{cases}$$

有非零解?

解 由定理 5.3′可知,若所给齐次线性方程组有非零解,则其系数行列式 $D = 0$. 而

$$\begin{aligned} D &= \begin{vmatrix} 5-\lambda & 2 & 2 \\ 2 & 6-\lambda & 0 \\ 2 & 0 & 4-\lambda \end{vmatrix} \\ &= (5-\lambda)(6-\lambda)(4-\lambda) - 4(4-\lambda) - 4(6-\lambda) \\ &= (5-\lambda)(2-\lambda)(8-\lambda), \end{aligned}$$

由 $D = 0$,得 $\lambda = 2, \lambda = 5$ 或 $\lambda = 8$.

不难验证,当 $\lambda = 2, 5$ 或 8 时,所给齐次线性方程组确实有非零解.

习 题 2-5

1. 用克拉默法则解下列方程组:

(1) $\begin{cases} x_1+x_2+x_3+x_4=5 \\ x_1+2x_2-x_3+4x_4=-2 \\ 2x_1-3x_2-x_3-5x_4=-2 \\ 3x_1+x_2+2x_3+11x_4=0 \end{cases}$;

(2) $\begin{cases} 5x_1+6x_2=1 \\ x_1+5x_2+6x_3=0 \\ x_2+5x_3+6x_4=0 \\ x_3+5x_4=1 \end{cases}$.

2. 问 λ, μ 取何值时,齐次线性方程组

$$\begin{cases} \lambda x_1+x_2+x_3=0 \\ x_1+\mu x_2+x_3=0 \\ x_1+2\mu x_2+x_3=0 \end{cases}$$

有非零解?

3. 问 λ 取何值时,齐次线性方程组

$$\begin{cases} (1-\lambda)x_1-2x_2+4x_3=0 \\ 2x_1+(3-\lambda)x_2+x_3=0 \\ x_1+x_2+(1-\lambda)x_3=0 \end{cases}$$

有非零解?

4. 某公司人员有主管与职员两类,其月薪分别为 5 000 元与 2 500 元,以前公司每月工资支出为 6 万元,现在经营状况不佳,为将月工资减少至 3.8 万元,公司决定将主管月薪降至 4 000元,并裁减 2/5 员工,问公司原有主管与职员各多少人?

§6　拉普拉斯定理

这一节介绍行列式的拉普拉斯(Laplace)定理,这个定理可以看成是行列式按一行展开公式的推广.

首先我们把余子式和代数余子式的概念加以推广.

定义 6.1　在 n 阶行列式 D 中任意选定 k 行 k 列 $(k \leqslant n)$,位于这些行和列的交点上的 k^2 个元素按原来的次序组成的 k 阶行列式 M,称为行列式 D 的 k 阶子式.当 $k < n$ 时,在 D 中划去这 k 行 k 列后余下的元素按照原来的次序组成的 $n-k$ 阶行列式 M' 称为 k 阶子式 M 的余子式.

从定义立刻看出,M 也是 M' 的余子式,所以 M 和 M' 可以称为 D 的一对互余的子式.

例 1　在 4 阶行列式

$$D=\begin{vmatrix} 1 & 2 & 1 & 4 \\ 0 & -1 & 2 & 1 \\ 0 & 0 & 2 & 1 \\ 0 & 0 & 1 & 3 \end{vmatrix}$$

中选定第 1、3 行,第 2、4 列得到一个二阶子式

$$M = \begin{vmatrix} 2 & 4 \\ 0 & 1 \end{vmatrix},$$

M 的余子式为

$$M' = \begin{vmatrix} 0 & 2 \\ 0 & 1 \end{vmatrix}.$$

例 2 在 5 阶行列式

$$D = \begin{vmatrix} a_{11} & a_{12} & a_{13} & a_{14} & a_{15} \\ a_{21} & a_{22} & a_{23} & a_{24} & a_{25} \\ \vdots & \vdots & \vdots & \vdots & \vdots \\ a_{51} & a_{52} & a_{53} & a_{54} & a_{55} \end{vmatrix}$$

中,

$$M = \begin{vmatrix} a_{12} & a_{13} & a_{15} \\ a_{22} & a_{23} & a_{25} \\ a_{42} & a_{43} & a_{45} \end{vmatrix}$$

和

$$M' = \begin{vmatrix} a_{31} & a_{34} \\ a_{51} & a_{54} \end{vmatrix}$$

是一对互余的子式.

定义 6.2 设 D 的 k 阶子式 M 在 D 中所在的行、列指标分别是 $i_1, i_2, \cdots, i_k; j_1, j_2, \cdots, j_k$,则 M 的余子式 M' 前面加上符号 $(-1)^{(i_1+i_2+\cdots+i_k)+(j_1+j_2+\cdots+j_k)}$ 后称为 M 的代数余子式.

例如,上述例 1 中 M 的代数余子式是

$$(-1)^{(1+3)+(2+4)} M' = M',$$

上面例 2 中 M 的代数余子式是

$$(-1)^{(1+2+4)+(2+3+5)} M' = -M'.$$

因为 M 与 M' 位于行列式 D 中不同的行、不同的列,所以我们有:

引理 6.1 行列式 D 的任一子式 M 与它的代数余子式 A 的乘积中的每一项都是行列式 D 的展开式中的一项,而且符号也一致.

证 我们首先讨论 M 位于行列式 D 的左上方的情形:

$$D = \begin{vmatrix} a_{11} & a_{12} & \cdots & a_{1k} & a_{1,k+1} & \cdots & a_{1n} \\ \vdots & \vdots & M & \vdots & \vdots & & \vdots \\ a_{k1} & a_{k2} & \cdots & a_{kk} & a_{k,k+1} & \cdots & a_{kn} \\ \hdashline a_{k+1,1} & a_{k+1,2} & \cdots & a_{k+1,k} & a_{k+1,k+1} & \cdots & a_{k+1,n} \\ \vdots & \vdots & & \vdots & \vdots & M' & \vdots \\ a_{n1} & a_{n2} & \cdots & a_{nk} & a_{n,k+1} & \cdots & a_{nn} \end{vmatrix}.$$

此时 M 的代数余子式

$$A=(-1)^{(1+2+\cdots+k)+(1+2+\cdots+k)}M'=M'.$$

M 的每一项都可写作

$$a_{1\alpha_1}a_{2\alpha_2}\cdots a_{k\alpha_k},$$

其中 $\alpha_1\alpha_2\cdots\alpha_k$ 是 $1,2,\cdots,k$ 的一个排列,所以这一项前面所带的符号为 $(-1)^{\tau(\alpha_1\alpha_2\cdots\alpha_k)}\cdot M'$ 中每一项都可写作

$$a_{k+1,\beta_{k+1}}a_{k+2,\beta_{k+2}}\cdots a_{n,\beta_n},$$

其中 $\beta_{k+1}\beta_{k+2}\cdots\beta_n$ 是 $k+1,k+2,\cdots,n$ 的一个排列,所以这一项前面所带的符号是

$$(-1)^{\tau((\beta_{k+1}-k)(\beta_{k+2}-k)\cdots(\beta_n-k))}.$$

这两项的乘积是

$$a_{1\alpha_1}a_{2\alpha_2}\cdots a_{k\alpha_k}a_{k+1,\beta_{k+1}}\cdots a_{n\beta_n},$$

前面的符号是

$$(-1)^{\tau(\alpha_1\alpha_2\cdots\alpha_k)+\tau((\beta_{k+1}-k)(\beta_{k+2}-k)\cdots(\beta_n-k))}.$$

因为每个 β 比每个 α 都大,所以上述符号等于

$$(-1)^{\tau(\alpha_1\alpha_2\cdots\alpha_k\beta_{k+1}\cdots\beta_n)},$$

因此这个乘积是行列式 D 中的一项而且符号相同.

下面来证明一般情形.设子式 M 位于 D 的第 $i_1,i_2,\cdots,i_k$ 行,第 $j_1,j_2,\cdots,j_k$ 列,这里

$$i_1<i_2<\cdots<i_k, j_1<j_2<\cdots<j_k.$$

变换 D 中行列的次序使 M 位于 D 的左上角.为此,先把第 i_1 行依次与第 i_1-1, $i_1-2,\cdots,2,1$ 行对换,这样经过了 i_1-1 次对换而将第 i_1 行换成第 1 行,再将第 i_2 行依次与第 $i_2-1,i_2-2,\cdots,2$ 行对换而换到第 2 行,一共经过了 i_1-2 次对换.如此继续进行,一共经过了

$$(i_1-1)+(i_2-2)+\cdots+(i_k-k)=(i_1+i_2+\cdots+i_k)-(1+2+\cdots+k)$$

次行对换,从而把第 $i_1,i_2,\cdots,i_k$ 行依次换到第 $1,2,\cdots,k$ 行.

利用类似的列对换,可以将 M 的列换到第 $1,2,\cdots,k$ 列,一共作了

$$(j_1-1)+(j_2-2)+\cdots+(j_k-k)=(j_1+j_2+\cdots+j_k)-(1+2+\cdots+k)$$

次列对换.

我们用 D_1 表示这样的变换后所得到的新行列式,那么

$$D_1=(-1)^{(i_1+i_2+\cdots+i_k)-(1+2+\cdots+k)+(j_1+j_2+\cdots+j_k)-(1+2+\cdots+k)}D=(-1)^{i_1+i_2+\cdots+i_k+j_1+j_2+\cdots+j_k}D.$$

由此看出,D_1 和 D 的展开式中出现的项是一样的,只是每一项都相差符号 $(-1)^{i_1+\cdots+i_k+j_1+\cdots+j_k}$.

现在 M 位于 D_1 的左上角,它在 D_1 中的余子式与代数余子式都是 M',所以 MM' 中每一项都是 D_1 中的一项而且符号一致.但是

$$MA = (-1)^{i_1+\cdots+i_k+j_1+\cdots j_k}MM',$$

所以 MA 中每一项都与 D 中一项相等而且符号一致.

定理 6.1(拉普拉斯定理) 设在行列式 D 中任意取定 $k(1\leqslant k\leqslant n-1)$ 行.由这 k 行元素所组成的一切 k 阶子式与它们的代数余子式的乘积的和等于行列式 D.

证 设 D 中取定 k 行后得到的子式为 $M_1,M_2,\cdots,M_t$,它们的代数余子式分别为 $A_1,A_2,\cdots,A_t$.定理要求证明

$$D=M_1A_1+M_2A_2+\cdots+M_tA_t.$$

根据引理,M_iA_i 中每一项都是 D 中一项而且符号相同.而且 M_iA_i 和 $M_jA_j(i\neq j)$ 无公共项.因此,要证明定理,只要证明等式两边项数相等就可以了.显然等式左边共有 $n!$ 项.为了计算右边的项数,首先求出 t.根据子式的取法,知道

$$t=C_n^k=\frac{n!}{k!\ (n-k)!}.$$

因为 M_i 中共有 $k!$ 项,A_i 中共有 $(n-k)!$ 项.所以右边共有

$$tk!(n-k)!=n!$$

项.

例 3 在行列式

$$D=\begin{vmatrix} 1 & 2 & 1 & 4 \\ 0 & -1 & 2 & 1 \\ 1 & 0 & 1 & 3 \\ 0 & 1 & 3 & 1 \end{vmatrix}$$

中取定第一、二行,得到六个子式:

$$M_1=\begin{vmatrix} 1 & 2 \\ 0 & -1 \end{vmatrix},\ M_2=\begin{vmatrix} 1 & 1 \\ 0 & 2 \end{vmatrix},\ M_3=\begin{vmatrix} 1 & 4 \\ 0 & 1 \end{vmatrix},$$

$$M_4=\begin{vmatrix} 2 & 1 \\ -1 & 2 \end{vmatrix},\ M_5=\begin{vmatrix} 2 & 4 \\ -1 & 1 \end{vmatrix},\ M_6=\begin{vmatrix} 1 & 4 \\ 2 & 1 \end{vmatrix},$$

它们对应的代数余子式为

$$A_1=(-1)^{(1+2)+(1+2)}M_1'=M_1',\qquad A_2=(-1)^{(1+2)+(1+3)}M_2'=-M_2',$$
$$A_3=(-1)^{(1+2)+(1+4)}M_3'=M_3',\qquad A_4=(-1)^{(1+2)+(2+3)}M_4'=M_4',$$
$$A_5=(-1)^{(1+2)+(2+4)}M_5'=-M_5',\qquad A_6=(-1)^{(1+2)+(3+4)}M_6'=M_6'.$$

根据拉普拉斯定理,

$$D=M_1A_1+M_2A_2+\cdots+M_6A_6$$
$$=\begin{vmatrix} 1 & 2 \\ 0 & -1 \end{vmatrix}\begin{vmatrix} 1 & 3 \\ 3 & 1 \end{vmatrix}-\begin{vmatrix} 1 & 1 \\ 0 & 2 \end{vmatrix}\begin{vmatrix} 0 & 3 \\ 1 & 1 \end{vmatrix}+\begin{vmatrix} 1 & 4 \\ 0 & 1 \end{vmatrix}\begin{vmatrix} 0 & 1 \\ 1 & 3 \end{vmatrix}$$
$$+\begin{vmatrix} 2 & 1 \\ -1 & 2 \end{vmatrix}\begin{vmatrix} 1 & 3 \\ 0 & 1 \end{vmatrix}-\begin{vmatrix} 2 & 4 \\ -1 & 1 \end{vmatrix}\begin{vmatrix} 1 & 1 \\ 0 & 3 \end{vmatrix}+\begin{vmatrix} 1 & 4 \\ 2 & 1 \end{vmatrix}\begin{vmatrix} 1 & 0 \\ 0 & 1 \end{vmatrix}$$

$$= (-1) \times (-8) - 2 \times (-3) + 1 \times (-1) + 5 \times 1 - 6 \times 3 + (-7) \times 1$$
$$= 8 + 6 - 1 + 5 - 18 - 7 = -7.$$

从这个例子来看,利用拉普拉斯定理来计算行列式一般是不方便的.这个定理主要是在理论方面应用.

利用拉普拉斯定理,可以证明:

定理 6.2　两个 n 阶行列式

$$D_1 = \begin{vmatrix} a_{11} & a_{12} & \cdots & a_{1n} \\ a_{21} & a_{22} & \cdots & a_{2n} \\ \vdots & \vdots & & \vdots \\ a_{n1} & a_{n2} & \cdots & a_{nn} \end{vmatrix}$$

和

$$D_2 = \begin{vmatrix} b_{11} & b_{12} & \cdots & b_{1n} \\ b_{21} & b_{22} & \cdots & b_{2n} \\ \vdots & \vdots & & \vdots \\ b_{n1} & b_{n2} & \cdots & b_{nn} \end{vmatrix}$$

的乘积等于一个 n 阶行列式

$$C = \begin{vmatrix} c_{11} & c_{12} & \cdots & c_{1n} \\ c_{21} & c_{22} & \cdots & c_{2n} \\ \vdots & \vdots & & \vdots \\ c_{n1} & c_{n2} & \cdots & c_{nn} \end{vmatrix},$$

其中 c_{ij} 是 D_1 的第 i 行元素分别与 D_2 的第 j 列对应元素乘积之和,即

$$c_{ij} = a_{i1}b_{1j} + a_{i2}b_{2j} + \cdots + a_{in}b_{nj}.$$

证　做一个 $2n$ 阶行列式

$$D = \begin{vmatrix} a_{11} & a_{12} & \cdots & a_{1n} & 0 & 0 & \cdots & 0 \\ a_{21} & a_{22} & \cdots & a_{2n} & 0 & 0 & \cdots & 0 \\ \vdots & \vdots & & \vdots & \vdots & \vdots & & \vdots \\ a_{n1} & a_{n2} & \cdots & a_{nn} & 0 & 0 & \cdots & 0 \\ -1 & 0 & \cdots & 0 & b_{11} & b_{12} & \cdots & b_{1n} \\ 0 & -1 & \cdots & 0 & b_{21} & b_{22} & \cdots & b_{2n} \\ \vdots & \vdots & & \vdots & \vdots & \vdots & & \vdots \\ 0 & 0 & \cdots & -1 & b_{n1} & b_{n2} & \cdots & b_{nn} \end{vmatrix}.$$

根据拉普拉斯定理,将 D 按前 n 行展开.则因 D 中前 n 行除去左上角那个 n 阶子式外,其余的 n 阶子式都等于零,所以

$$D=\begin{vmatrix} a_{11} & a_{12} & \cdots & a_{1n} \\ a_{21} & a_{22} & \cdots & a_{2n} \\ \vdots & \vdots & & \vdots \\ a_{n1} & a_{n2} & \cdots & a_{nn} \end{vmatrix} \cdot \begin{vmatrix} b_{11} & b_{12} & \cdots & b_{1n} \\ b_{21} & b_{22} & \cdots & b_{2n} \\ \vdots & \vdots & & \vdots \\ b_{n1} & b_{n2} & \cdots & b_{nn} \end{vmatrix}=D_1 D_2.$$

现在来证 $D=C$. 对 D 作初等行变换. 将第 $n+1$ 行的 a_{11} 倍,第 $n+2$ 行的 a_{12} 倍,$\cdots$,第 $2n$ 行的 a_{1n} 倍加到第一行,得

$$D=\begin{vmatrix} 0 & 0 & \cdots & 0 & c_{11} & c_{12} & \cdots & c_{1n} \\ a_{21} & a_{22} & \cdots & a_{2n} & 0 & 0 & \cdots & 0 \\ \vdots & \vdots & & \vdots & \vdots & \vdots & & \vdots \\ a_{n1} & a_{n2} & \cdots & a_{nn} & 0 & 0 & \cdots & 0 \\ -1 & 0 & \cdots & 0 & b_{11} & b_{12} & \cdots & b_{1n} \\ 0 & -1 & \cdots & 0 & b_{21} & b_{22} & \cdots & b_{2n} \\ \vdots & \vdots & & \vdots & \vdots & \vdots & & \vdots \\ 0 & 0 & \cdots & -1 & b_{n1} & b_{n1} & \cdots & b_{nn} \end{vmatrix}.$$

再依次将第 $n+1$ 行的 $a_{k1}(k=2,3,\cdots,n)$ 倍,第 $n+2$ 行的 a_{k2} 倍,$\cdots$,第 $2n$ 行的 a_{kn} 倍加到第 k 行,就得

$$D=\begin{vmatrix} 0 & 0 & \cdots & 0 & c_{11} & c_{12} & \cdots & c_{1n} \\ 0 & 0 & \cdots & 0 & c_{21} & c_{22} & \cdots & c_{2n} \\ \vdots & \vdots & & \vdots & \vdots & \vdots & & \vdots \\ 0 & 0 & \cdots & 0 & c_{n1} & c_{n2} & \cdots & c_{nn} \\ -1 & 0 & \cdots & 0 & b_{11} & b_{12} & \cdots & b_{1n} \\ 0 & -1 & \cdots & 0 & b_{21} & b_{22} & \cdots & b_{2n} \\ \vdots & \vdots & & \vdots & \vdots & \vdots & & \vdots \\ 0 & 0 & \cdots & -1 & b_{n1} & b_{n2} & \cdots & b_{nn} \end{vmatrix}.$$

这个行列式的前 n 行也只可能有一个 n 阶子式不为零,因此由拉普拉斯定理,

$$D=\begin{vmatrix} c_{11} & c_{12} & \cdots & c_{1n} \\ c_{21} & c_{22} & \cdots & c_{2n} \\ \vdots & \vdots & & \vdots \\ c_{n1} & c_{n2} & \cdots & c_{nn} \end{vmatrix} \cdot (-1)^{(1+2+\cdots+n)+(n+1+n+2+\cdots+2n)} \begin{vmatrix} -1 & 0 & \cdots & 0 \\ 0 & -1 & \cdots & 0 \\ \vdots & \vdots & & \vdots \\ 0 & 0 & \cdots & -1 \end{vmatrix}=C.$$

定理得证.

上述定理也称为行列式的乘法定理.它的意义到第三章§2中就完全清楚了.

习 题 2-6

1. 计算行列式 $D=\begin{vmatrix} 1 & 2 & 1 & 4 \\ 0 & -1 & 2 & 1 \\ 1 & 0 & 1 & 3 \\ 0 & 1 & 3 & 1 \end{vmatrix}$.

2. 证明齐次线性方程组

$$\begin{cases} ax_1 + bx_2 + cx_3 + dx_4 = 0 \\ bx_1 - ax_2 + dx_3 - cx_4 = 0 \\ cx_1 - dx_2 - ax_3 + bx_4 = 0 \\ dx_1 + cx_2 - bx_3 - ax_4 = 0 \end{cases}$$

只有零解,其中 a,b,c,d 不全为 0.

第 三 章

矩 阵

　　矩阵是一个重要的基本概念,它是研究线性代数的基本工具.在中国古代数学著作《九章算术》中,已经出现用矩阵形式表示线性方程组的系数以解方程组的图例,这可以算是矩阵的雏形.本章主要介绍矩阵的运算、矩阵初等变换、逆矩阵及矩阵的秩等,在数学的其他分支以及相关专业的理论及实践中也都有着重要的应用.

§1　矩阵的概念

一、矩阵的概念

　　上一章克拉默法则中,n 元一次方程组的解 $x_j = \dfrac{D_j}{D}$ 由系数确定,利用数表

$$
\begin{array}{ccccc}
a_{11} & a_{12} & \cdots & a_{1n} & b_1 \\
a_{21} & a_{22} & \cdots & a_{2n} & b_2 \\
\cdots & \cdots & \cdots & \cdots & \cdots \\
a_{n1} & a_{n2} & \cdots & a_{nn} & b_n
\end{array}
$$

及行列式的概念很容易写出解. 同样在很多实际问题中,利用数表形式可用来简化问题并进行讨论.下面引进矩阵的概念.

　　定义 1.1　设 F 是一数域.F 中 $m \times n$ 个数 $a_{ij}(i=1,\cdots,m;j=1,2,\cdots n)$ 排列成 m 行 n 列的数表

$$
\begin{array}{cccc}
a_{11} & a_{12} & \cdots & a_{1n} \\
a_{21} & a_{22} & \cdots & a_{2n} \\
\cdots & \cdots & \cdots & \cdots \\
a_{m1} & a_{m2} & \cdots & a_{mn}
\end{array}
$$

称为 m 行 n 列矩阵(Matrix),简称 $m \times n$ 矩阵.为了表示它是一个整体,通常加一个括号,并用大写英文字母表示它,记作

$$A = \begin{pmatrix} a_{11} & a_{12} & \cdots & a_{1n} \\ a_{21} & a_{22} & \cdots & a_{2n} \\ \cdots & \cdots & \cdots & \cdots \\ a_{m1} & a_{m2} & \cdots & a_{mn} \end{pmatrix},$$

简记为 $A = (a_{ij})_{m \times n}$，$A = (a_{ij})$ 或 $A = A_{m \times n}$. 这 $m \times n$ 个数称为矩阵 A 的元素，简称为元，a_{ij} 称为矩阵 A 的第 i 行第 j 列元素.

以下提到矩阵时，若无特殊说明，指的都是数域 F 上的矩阵.

元素为实数的矩阵称为实矩阵，元素为复数的矩阵称为复矩阵. 所有元素全为 0 的矩阵称为零矩阵，记为 0 或 $0_{m \times n}$. 所有元素均为非负实数的矩阵称为非负矩阵，它在图像处理、生物医学、文本聚类和语音信号处理等方面有着广泛的应用.

注 行列式与矩阵的区别：

(1) 行列式是一个常数，而矩阵是一个数表；

(2) 行列式的行数和列数一定相等，但矩阵的行、列数不一定相等.

矩阵的应用非常广泛，下面举例说明.

例1 某厂向三个商店提供四种产品的数量可列成矩阵

$$A = \begin{pmatrix} a_{11} & a_{12} & a_{13} & a_{14} \\ a_{21} & a_{22} & a_{23} & a_{24} \\ a_{31} & a_{32} & a_{33} & a_{34} \end{pmatrix},$$

其中 a_{ij} 表示工厂向第 i 个商店提供的第 j 种产品的数量.

这四种产品的单价及单件重量也可列成矩阵

$$B = \begin{pmatrix} b_{11} & b_{12} \\ b_{21} & b_{22} \\ b_{31} & b_{32} \\ b_{41} & b_{42} \end{pmatrix},$$

其中，b_{i1} 表示第 i 种产品的单价，b_{i2} 表示第 i 种产品的单件重量.

例2 四个城市间的单向航线如图 3-1 所示. 若用 $a_{ij} = 1$ 表示城市 i 到城市 j 有 1 条单向航线；用 $a_{ij} = 0$ 表示城市 i 到城市 j 没有单向航线，则图 3-1 可用矩阵表示为

$$A = (a_{ij}) = \begin{pmatrix} 0 & 1 & 1 & 1 \\ 1 & 0 & 0 & 0 \\ 0 & 1 & 0 & 0 \\ 1 & 0 & 1 & 0 \end{pmatrix}.$$

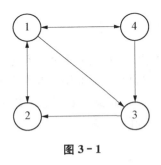

图 3-1

一般地，若干个点之间的单向通道都可用这样的矩阵表示.

二、几种特殊矩阵

1. 行矩阵（行向量）

只有一行的矩阵

$$A = (a_1 \quad a_2 \quad \cdots \quad a_n)$$

称为行矩阵，又称行向量.为避免元素间的混淆,行向量也记作

$$A = (a_1, a_2, \cdots, a_n).$$

2. 列矩阵(列向量)

只有一列的矩阵

$$B = \begin{pmatrix} b_1 \\ b_2 \\ \vdots \\ b_n \end{pmatrix}$$

称为列矩阵，又称列向量.

3. 方阵

行数与列数都等于 n 的矩阵称为 n 阶矩阵或 n 阶方阵. n 阶矩阵 A 也记作 A_n.特别地, $m = n = 1$，一阶方阵在书写时不写括号,即 $(a_{11}) = a_{11}$，它在运算中可看做一个数.

4. 上(下)三角矩阵

主对角线以下(上)元素都是 0 的矩阵,称为上(下)三角矩阵.例如

$$A = \begin{pmatrix} a_{11} & a_{12} & \cdots & a_{1n} \\ 0 & a_{22} & \cdots & a_{2n} \\ \cdots & \cdots & \cdots & \cdots \\ 0 & 0 & \cdots & a_{nn} \end{pmatrix}$$ 是上三角矩阵，$B = \begin{pmatrix} a_{11} & 0 & \cdots & 0 \\ a_{21} & a_{22} & \cdots & 0 \\ \cdots & \cdots & \cdots & \cdots \\ a_{n1} & a_{n2} & \cdots & a_{nn} \end{pmatrix}$ 是下三角矩阵.

5. 对角矩阵

n 阶方阵 Λ 不在对角线上的元素全为 0, 称方阵 Λ 为 n 阶对角矩阵,即

$$\Lambda = \begin{pmatrix} \lambda_1 & 0 & \cdots & 0 \\ 0 & \lambda_2 & \cdots & 0 \\ \cdots & \cdots & \cdots & \cdots \\ 0 & 0 & \cdots & \lambda_n \end{pmatrix},$$

其中,λ_i 不全为零, $i = 1, \cdots n$. n 阶对角矩阵也记作 $\Lambda = \text{diag}(\lambda_1, \lambda_2, \cdots, \lambda_n)$.

n 阶对角矩阵既是上三角矩阵也是下三角矩阵.

特别地，若 n 阶对角矩阵 A 对角线上的元素都相等，且等于某一常数 a，则称 $A = \text{diag}(a, a, \cdots, a)$ 为 n 阶数量矩阵,即

$$A = \begin{pmatrix} a & 0 & \cdots & 0 \\ 0 & a & \cdots & 0 \\ \cdots & \cdots & \cdots & \cdots \\ 0 & 0 & \cdots & a \end{pmatrix}.$$

特别地,若 n 阶数量矩阵中对角线上元素全为 1,则称为 n 阶单位矩阵,简称单位阵,记作 I 或 I_n,即

$$I = \begin{pmatrix} 1 & 0 & \cdots & 0 \\ 0 & 1 & \cdots & 0 \\ \cdots & \cdots & \cdots & \cdots \\ 0 & 0 & \cdots & 1 \end{pmatrix}.$$

例 3　n 个变量 x_1，x_2，$\cdots x_n$ 与 m 个变量 y_1，y_2，$\cdots y_m$ 之间的关系式

$$\begin{cases} y_1 = a_{11}x_1 + a_{12}x_2 + \cdots + a_{1n}x_n, \\ y_2 = a_{21}x_1 + a_{22}x_2 + \cdots + a_{2n}x_n, \\ \qquad\qquad \cdots\cdots\cdots \\ y_m = a_{m1}x_1 + a_{m2}x_2 + \cdots + a_{mn}x_n, \end{cases} \qquad (1)$$

表示一个从变量 x_1，x_2，$\cdots$，x_n 到变量 y_1，y_2，$\cdots$，y_m 的线性变换,其中 a_{ij} 为常数.线性变换(1)的系数 a_{ij} 构成矩阵 $A = (a_{ij})_{m \times n}$.

给定了线性变换(1),它的系数所构成的矩阵(称为系数矩阵)也就确定了.反之,如果给定一个矩阵作为线性变换的系数矩阵,则线性变换也就确定了.在这个意义上,线性变换和矩阵之间存在一一对应的关系.

例如,线性变换

$$\begin{cases} y_1 = x_1 \\ y_2 = x_2 \\ \cdots \quad \cdots \\ y_n = x_n \end{cases}$$

叫做恒等变换,它对应的矩阵就是单位阵 I_n.

三、同型矩阵与矩阵的相等

如果两个矩阵具有相同的行数与相同的列数,则称这两个矩阵为同型矩阵.

如果矩阵 A，B 是同型矩阵,且对应元素均相等,则称矩阵 A 与矩阵 B 相等,记为 $A = B$.

注　行列式与矩阵的区别:

(3) 两个行列式相等只要它们表示的数值相等即可,而两个矩阵相等则要求两个矩阵对应元素相等.

例 4　设 $A = \begin{pmatrix} 1 & 2-x & 3 \\ 2 & 6 & 5z \end{pmatrix}$，$B = \begin{pmatrix} 1 & x & 3 \\ y & 6 & z-8 \end{pmatrix}$,已知 $A = B$,求 x，y，z.

解　因为 $2-x = x$，$2 = y$，$5z = z-8$,所以 $x = 1$，$y = 2$，$z = -2$.

§2　矩阵的运算

一、加(减)法

定义 2.1　设 $A = (a_{ij})_{m \times n}$，$B = (b_{ij})_{m \times n}$,令 $c_{ij} = a_{ij} + b_{ij}$,称矩阵 $C = (c_{ij})_{m \times n}$ 为矩阵 A 与矩阵 B 的和,记为 $C = A + B$,即

$$C = A + B = (a_{ij} + b_{ij})_{m \times n} = \begin{pmatrix} a_{11} + b_{11} & a_{12} + b_{12} & \cdots & a_{1n} + b_{1n} \\ a_{21} + b_{21} & a_{22} + b_{22} & \cdots & a_{2n} + b_{2n} \\ \cdots & \cdots & \cdots & \cdots \\ a_{m1} + b_{m1} & a_{m2} + b_{m2} & \cdots & a_{mn} + b_{mn} \end{pmatrix}.$$

需要注意的是,只有当两个矩阵是同型矩阵时,这两个矩阵才能进行加法运算.

容易验证,矩阵的加法运算满足下列运算规律(设 A, B, C 都是 $m \times n$ 矩阵):

(1) $(A + B) + C = A + (B + C)$.

(2) $A + B = B + A$.

(3) $A + 0 = 0 + A$.

设矩阵 $A = (a_{ij})_{m \times n}$,记矩阵 $-A = (-a_{ij})_{m \times n}$,$-A$ 称为矩阵 A 的负矩阵,显然有:

(4) $A + (-A) = 0$.

由此,矩阵的减法定义为:$A - B = A + (-B)$.

特别地,两个同型对角矩阵的和(差)仍然是对角矩阵,即

$$\text{diag}(a_1, a_2, \cdots, a_n) \pm \text{diag}(b_1, b_2, \cdots, b_n) = \text{diag}(a_1 \pm b_1, a_2 \pm b_2, \cdots, a_n \pm b_n).$$

二、数与矩阵的乘法

定义 2.2 数 k 与矩阵 $A = (a_{ij})_{m \times n}$ 的乘积(简称为数乘),记作 kA 或 Ak,规定矩阵

$$kA = Ak = (ka_{ij})_{m \times n} = \begin{pmatrix} ka_{11} & ka_{12} & \cdots & ka_{1n} \\ ka_{21} & ka_{22} & \cdots & ka_{2n} \\ \cdots & \cdots & \cdots & \cdots \\ ka_{m1} & ka_{m2} & \cdots & ka_{mn} \end{pmatrix}.$$

容易验证,矩阵的数乘满足下列运算规律(设 A, B 都是 $m \times n$ 矩阵,k, l 为常数):

(5) $(k + l)A = kA + lA$.

(6) $k(A + B) = kA + kB$.

(7) $k(lA) = (kl)A$.

(8) $1A = A$.

(9) $kA = 0$ 当且仅当 $k = 0$ 或 $A = 0$.

显然,kI 是数量矩阵.

特别地,常数 k 乘任一对角矩阵仍然是对角矩阵,即

$$k\text{diag}(a_1, a_2, \cdots, a_n) = \text{diag}(ka_1, ka_2, \cdots, ka_n).$$

注 行列式与矩阵的区别:

(4) 一个数乘以行列式,等于这个数乘以行列式的某行(或列)的所有元素,而一个数乘以矩阵等于这个数乘以矩阵的所有元素.

矩阵的加法运算和数乘运算统称为矩阵的线性运算.

例 1 已知矩阵 $A = \begin{pmatrix} -1 & 2 & 3 & 1 \\ 0 & 3 & -2 & 1 \\ 4 & 0 & 3 & 2 \end{pmatrix}$, $B = \begin{pmatrix} 4 & 3 & 2 & -1 \\ 5 & -3 & 0 & 1 \\ 1 & 2 & -5 & 0 \end{pmatrix}$,求 $3A - 2B$.

解

$$3A - 2B = 3\begin{pmatrix} -1 & 2 & 3 & 1 \\ 0 & 3 & -2 & 1 \\ 4 & 0 & 3 & 2 \end{pmatrix} - 2\begin{pmatrix} 4 & 3 & 2 & -1 \\ 5 & -3 & 0 & 1 \\ 1 & 2 & -5 & 0 \end{pmatrix}$$

$$= \begin{pmatrix} -3-8 & 6-6 & 9-4 & 3+2 \\ 0-10 & 9+6 & -6-0 & 3-2 \\ 12-2 & 0-4 & 9+10 & 6-0 \end{pmatrix} = \begin{pmatrix} -11 & 0 & 5 & 5 \\ -10 & 15 & -6 & 1 \\ 10 & -4 & 19 & 6 \end{pmatrix}.$$

例 2 已知矩阵 $A = \begin{pmatrix} 3 & -1 & 2 & 0 \\ 1 & 5 & 7 & 9 \\ 2 & 4 & 6 & 8 \end{pmatrix}$, $B = \begin{pmatrix} 7 & 5 & -2 & 4 \\ 5 & 1 & 9 & 7 \\ 3 & 2 & -1 & 6 \end{pmatrix}$, 且 $A + 2X = B$, 求 X.

解 $X = \dfrac{1}{2}(B - A) = \dfrac{1}{2}\begin{pmatrix} 4 & 6 & -4 & 4 \\ 4 & -4 & 2 & -2 \\ 1 & -2 & -7 & -2 \end{pmatrix} = \begin{pmatrix} 2 & 3 & -2 & 2 \\ 2 & -2 & 1 & -1 \\ \dfrac{1}{2} & -1 & -\dfrac{7}{2} & -1 \end{pmatrix}.$

三、矩阵的乘法

设有两个线性变换

$$\begin{cases} y_1 = a_{11}x_1 + a_{12}x_2 + a_{13}x_3, \\ y_2 = a_{21}x_1 + a_{22}x_2 + a_{23}x_3, \end{cases} \tag{2}$$

$$\begin{cases} x_1 = b_{11}t_1 + b_{12}t_2 \\ x_2 = b_{21}t_1 + b_{22}t_2, \\ x_3 = b_{31}t_1 + b_{32}t_2 \end{cases} \tag{3}$$

若想求出从 t_1, t_2 到 y_1, y_2 的线性变换, 可将式(3)代入式(2), 便得

$$\begin{cases} y_1 = (a_{11}b_{11} + a_{12}b_{21} + a_{13}b_{31})t_1 + (a_{11}b_{12} + a_{12}b_{22} + a_{13}b_{32})t_2 \\ y_2 = (a_{21}b_{11} + a_{22}b_{21} + a_{23}b_{31})t_1 + (a_{21}b_{12} + a_{22}b_{22} + a_{23}b_{32})t_2 \end{cases}. \tag{4}$$

线性变换(4)可看成是先作线性变换(3)、再作线性变换(2)的结果. 我们把线性变换(4)叫做线性变换(2)与(3)的乘积, 相应地, 把式(4)所对应的系数矩阵定义为式(2)与式(3)所对应的系数矩阵的乘积, 即

$$\begin{pmatrix} a_{11} & a_{12} & a_{13} \\ a_{21} & a_{22} & a_{23} \end{pmatrix} \begin{pmatrix} b_{11} & b_{12} \\ b_{21} & b_{22} \\ b_{31} & b_{32} \end{pmatrix} = \begin{pmatrix} a_{11}b_{11} + a_{12}b_{21} + a_{13}b_{31} & a_{11}b_{12} + a_{12}b_{22} + a_{13}b_{32} \\ a_{21}b_{11} + a_{22}b_{21} + a_{23}b_{31} & a_{21}b_{12} + a_{22}b_{22} + a_{23}b_{32} \end{pmatrix}.$$

把这种运算关系推广到一般情形, 有下面乘法定义:

定义 2.3 设矩阵 $A = (a_{ik})_{m \times s}$, $B = (b_{kj})_{s \times n}$, 若 $m \times n$ 矩阵 $C = (c_{ij})_{m \times n}$ 的元素满足:

$$c_{ij} = a_{i1}b_{1j} + a_{i2}b_{2j} + \cdots + a_{is}b_{sj} = \sum_{k=1}^{s} a_{ik}b_{kj},$$

其中, $i = 1, 2, \cdots, m$; $j = 1, 2, \cdots, n$, 则称 $C = (c_{ij})_{m \times n}$ 为矩阵 A 与矩阵 B 的乘积(称为乘法), 记为 $C = A \cdot B$ 或 AB. 记号 AB 常读作 A 左乘 B 或 B 右乘 A.

由此表明, 乘积矩阵 $AB = C$ 的元 c_{ij} 就是 A 的第 i 行与 B 的第 j 列对应元素乘积的和.

按此定义，一个 $1 \times s$ 行矩阵左乘一个 $s \times 1$ 列矩阵得到一个 1 阶方阵，也就是一个数，即

$$(a_{i1}, \quad a_{i2}, \quad \cdots, \quad a_{is}) \begin{bmatrix} b_{1j} \\ b_{2j} \\ \vdots \\ b_{sj} \end{bmatrix} = a_{i1}b_{1j} + a_{i2}b_{2j} + \cdots + a_{is}b_{sj} = \sum_{k=1}^{s} a_{ik}b_{kj} = c_{ij},$$

而一个 $1 \times s$ 行矩阵右乘一个 $s \times 1$ 列矩阵得到一个 s 阶方阵.

注　只有当矩阵 A（左矩阵）的列数等于矩阵 B（右矩阵）的行数时，矩阵乘积 AB 才有意义；并且乘积矩阵 AB 的行数等于矩阵 A 的行数，AB 的列数等于矩阵 B 的列数.

特别地，两个同型上三角矩阵的乘积仍然是上三角矩阵，即

$$\begin{bmatrix} a_{11} & a_{12} & \cdots & a_{1n} \\ 0 & a_{22} & \cdots & a_{2n} \\ \vdots & \vdots & \ddots & \vdots \\ 0 & 0 & \cdots & a_{nn} \end{bmatrix} \begin{bmatrix} b_{11} & b_{12} & \cdots & b_{1n} \\ 0 & b_{22} & \cdots & b_{2n} \\ \vdots & \vdots & \ddots & \vdots \\ 0 & 0 & \cdots & b_{nn} \end{bmatrix} = \begin{bmatrix} a_{11}b_{11} & * & \cdots & * \\ 0 & a_{22}b_{22} & \cdots & * \\ \vdots & \vdots & \ddots & \vdots \\ 0 & 0 & \cdots & a_{nn}b_{nn} \end{bmatrix},$$

其中"$*$"表示主对角线上方的元.下三角矩阵具有类似性质.

例 3　设矩阵 $A = (1, 0, 4)$，$B = \begin{bmatrix} 1 \\ 1 \\ 0 \end{bmatrix}$，求 AB 和 BA.

解　$AB = (1, 0, 4) \begin{bmatrix} 1 \\ 1 \\ 0 \end{bmatrix} = 1 \times 1 + 0 \times 1 + 4 \times 0 = 1,$

$$BA = \begin{bmatrix} 1 \\ 1 \\ 0 \end{bmatrix} (1, 0, 4) = \begin{bmatrix} 1 \times 1 & 1 \times 0 & 1 \times 4 \\ 1 \times 1 & 1 \times 0 & 1 \times 4 \\ 0 \times 1 & 0 \times 0 & 0 \times 4 \end{bmatrix} = \begin{bmatrix} 1 & 0 & 4 \\ 1 & 0 & 4 \\ 0 & 0 & 0 \end{bmatrix}.$$

显然 $AB \neq BA$.

例 4　设矩阵 $A = \begin{bmatrix} 2 & 3 \\ 1 & -2 \\ 3 & 1 \end{bmatrix}$，$B = \begin{pmatrix} 1 & -2 & -3 \\ 2 & -1 & 0 \end{pmatrix}$，求 AB 和 BA.

解　$AB = \begin{bmatrix} 2 & 3 \\ 1 & -2 \\ 3 & 1 \end{bmatrix} \begin{pmatrix} 1 & -2 & -3 \\ 2 & -1 & 0 \end{pmatrix}$

$$= \begin{bmatrix} 2 \times 1 + 3 \times 2 & 2 \times (-2) + 3 \times (-1) & 2 \times (-3) + 3 \times 0 \\ 1 \times 1 + (-2) \times 2 & 1 \times (-2) + (-2) \times (-1) & 1 \times (-3) + (-2) \times 0 \\ 3 \times 1 + 1 \times 2 & 3 \times (-2) + 1 \times (-1) & 3 \times (-3) + 1 \times 0 \end{bmatrix}$$

$$= \begin{bmatrix} 8 & -7 & -6 \\ -3 & 0 & -3 \\ 5 & -7 & -9 \end{bmatrix},$$

$$BA = \begin{pmatrix} 1 & -2 & -3 \\ 2 & -1 & 0 \end{pmatrix} \begin{pmatrix} 2 & 3 \\ 1 & -2 \\ 3 & 1 \end{pmatrix}$$

$$= \begin{pmatrix} 1\times2+(-2)\times1+(-3)\times3 & 1\times3+(-2)\times(-2)+(-3)\times1 \\ 2\times2+(-1)\times1+0\times3 & 2\times3+(-1)\times(-2)+0\times1 \end{pmatrix}$$

$$= \begin{pmatrix} -9 & 4 \\ 3 & 8 \end{pmatrix}.$$

显然 $AB \neq BA$.

例 5　设 $A = \begin{pmatrix} -2 & 4 \\ 1 & -2 \end{pmatrix}$, $B = \begin{pmatrix} 2 & 4 \\ -3 & -6 \end{pmatrix}$, 求 AB 和 BA.

解　$AB = \begin{pmatrix} -2 & 4 \\ 1 & -2 \end{pmatrix} \begin{pmatrix} 2 & 4 \\ -3 & -6 \end{pmatrix} = \begin{pmatrix} -16 & -32 \\ 8 & 16 \end{pmatrix}$,

而　　$BA = \begin{pmatrix} 2 & 4 \\ -3 & -6 \end{pmatrix} \begin{pmatrix} -2 & 4 \\ 1 & -2 \end{pmatrix} = \begin{pmatrix} 0 & 0 \\ 0 & 0 \end{pmatrix}.$

从上述例题可以看出,矩阵乘法不满足交换律,即一般地, $AB \neq BA$. 例 5 还表明,两个非零矩阵相乘,乘积有可能是零矩阵,故不能从 $AB = 0$ 轻易得到 $A = 0$ 或 $B = 0$ 的结论.

此外,矩阵乘法一般也不满足消去律,即不能从 $AC = BC$ 且 $C \neq 0$ 推出 $A = B$ 的结论.例如,设 $A = \begin{pmatrix} 1 & 2 \\ 0 & 3 \end{pmatrix}$, $B = \begin{pmatrix} 1 & 0 \\ 0 & 4 \end{pmatrix}$, $C = \begin{pmatrix} 1 & 1 \\ 0 & 0 \end{pmatrix}$, 则有

$$AC = \begin{pmatrix} 1 & 2 \\ 0 & 3 \end{pmatrix} \begin{pmatrix} 1 & 1 \\ 0 & 0 \end{pmatrix} = \begin{pmatrix} 1 & 1 \\ 0 & 0 \end{pmatrix} = \begin{pmatrix} 1 & 0 \\ 0 & 4 \end{pmatrix} \begin{pmatrix} 1 & 1 \\ 0 & 0 \end{pmatrix} = BC, 但 A \neq B.$$

矩阵的乘法虽然不满足交换律和消去律,但仍满足下列结合律和分配律(假定运算都是可进行的):

(1) $(AB)C = A(BC)$;

(2) $A(B+C) = AB + AC$, $(A+B)C = AC + BC$;

(3) $\lambda(AB) = (\lambda A)B = A(\lambda B)$(其中 λ 是常数);

(4) $A_{m\times n}I_n = I_m A_{m\times n} = A$.

定义 2.4　若矩阵 A, B 满足 $AB = BA$, 称矩阵 A 与 B 是可交换的.

特别地,

(1) 两个同型对角矩阵的乘积仍然是对角矩阵,且乘积可交换,即

$$\mathrm{diag}(a_1, a_2, \cdots, a_n) \cdot \mathrm{diag}(b_1, b_2, \cdots, b_n)$$
$$= \mathrm{diag}(b_1, b_2, \cdots, b_n) \cdot \mathrm{diag}(a_1, a_2, \cdots, a_n)$$
$$= \mathrm{diag}(a_1 b_1, a_2 b_2, \cdots, a_n b_n).$$

(2) n 阶数量矩阵 $\mathrm{diag}(a, a, \cdots, a)$ 与任一 n 阶方阵 A 相乘均可交换.设 I 为单位矩阵,则 $\mathrm{diag}(a, a, \cdots, a) = aI$, 因此,

$$(aI)A = a(IA) = a(AI) = (aA)I = A(aI).$$

例 6　$A = \begin{pmatrix} 1 & 0 & 0 \\ 0 & 1 & 0 \\ 0 & 1 & 1 \end{pmatrix}$, 求与 A 可交换的矩阵.

解 由 $AB=BA$ 知,A,B 为同阶方阵,设 $B=\begin{bmatrix} b_{11} & b_{12} & b_{13} \\ b_{21} & b_{22} & b_{23} \\ b_{31} & b_{32} & b_{33} \end{bmatrix}$ 与 A 可交换,即

$$AB=\begin{bmatrix} b_{11} & b_{12} & b_{13} \\ b_{21} & b_{22} & b_{23} \\ b_{21}+b_{31} & b_{22}+b_{32} & b_{23}+b_{33} \end{bmatrix}=\begin{bmatrix} b_{11} & b_{12}+b_{13} & b_{13} \\ b_{21} & b_{22}+b_{23} & b_{23} \\ b_{31} & b_{32}+b_{33} & b_{33} \end{bmatrix}=BA.$$

由等式两边矩阵对应位置上的元素相等,得 $b_{13}=b_{23}=b_{21}=0$,$b_{22}=b_{33}$. 故与 A 可交换的矩阵

为 $\begin{bmatrix} b_{11} & b_{12} & 0 \\ 0 & b_{22} & 0 \\ b_{31} & b_{32} & b_{22} \end{bmatrix}$ (b_{11},b_{12},b_{22},b_{31},b_{32} 为任意数).

有了矩阵乘法,可以将线性变换简洁的表示成一个矩阵等式.

对于本章第一节例 3 中变量 x_1,x_2,$\cdots x_n$ 到变量 y_1,y_2,$\cdots y_m$ 的线性变换

$$\begin{cases} y_1=a_{11}x_1+a_{12}x_2+\cdots+a_{1n}x_n \\ y_2=a_{21}x_1+a_{22}x_2+\cdots+a_{2n}x_n \\ \cdots\cdots\cdots\cdots \\ y_m=a_{m1}x_1+a_{m2}x_2+\cdots+a_{mn}x_n \end{cases},$$

若令矩阵 $A=(a_{ij})_{m\times n}$,$X=\begin{bmatrix} x_1 \\ \vdots \\ x_n \end{bmatrix}$,$Y=\begin{bmatrix} y_1 \\ \vdots \\ y_m \end{bmatrix}$,利用矩阵乘法,则该线性变换可写成矩阵形式:

$Y=AX$. 这里线性变换的系数矩阵可简称为该线性变换的矩阵.

有了矩阵的乘法,就可以定义方阵的幂.

设 A 为 n 阶方阵,定义

$$A^0=I,\ A^1=A,\ A^2=A\cdot A,\ \cdots,\ A^{k+1}=A^k\cdot A^1,$$

其中 k 为正整数.显然,A^k 就是 k 个 A 相乘.因此只有 A 是方阵时,它的幂才有意义.

特别地,对角矩阵的幂仍然是对角矩阵,即

$$[\operatorname{diag}(a_1,a_2,\cdots,a_n)]^m=\operatorname{diag}(a_1^m,a_2^m,\cdots,a_n^m),$$ 其中 m 为正整数.

易知,$A^k\cdot A^l=A^{k+l}$,$(A^k)^l=A^{kl}$,其中 k,l 均为正整数.

由于矩阵乘法不满足交换律,所以对于同阶方阵 A 与 B,一般来说

$$(AB)^k\neq A^kB^k.$$

但是,如果方阵 A 与 B 可交换,即 $AB=BA$,则

$$(AB)^k=A^kB^k.$$

设 $f(x)=a_0x^m+a_1x^{m-1}+\cdots+a_{m-1}x+a_m(a_0\neq 0)$ 为 m 次多项式,A 为 n 阶方阵,则

$$f(A)=a_0A^m+a_1A^{m-1}+\cdots+a_{m-1}A+a_mI,\ I\ 为\ n\ 阶单位矩阵,$$

仍为一个 n 阶方阵,称 $f(A)$ 为方阵 A 的多项式.

例7 设 $f(x) = x^n + 2x^2 + 1$，$A = \begin{pmatrix} 1 & 1 \\ 0 & 1 \end{pmatrix}$，求 $f(A)$.

解 $f(A) = A^n + 2A^2 + I$.

因为 $A^2 = AA = \begin{pmatrix} 1 & 1 \\ 0 & 1 \end{pmatrix} \begin{pmatrix} 1 & 1 \\ 0 & 1 \end{pmatrix} = \begin{pmatrix} 1 & 2 \\ 0 & 1 \end{pmatrix}$，利用数学归纳法，设

$$A^{n-1} = \begin{pmatrix} 1 & n-1 \\ 0 & 1 \end{pmatrix},$$

则 $A^n = A^{n-1}A = \begin{pmatrix} 1 & n-1 \\ 0 & 1 \end{pmatrix} \begin{pmatrix} 1 & 1 \\ 0 & 1 \end{pmatrix} = \begin{pmatrix} 1 & n \\ 0 & 1 \end{pmatrix}$.

所以，$f(A) = \begin{pmatrix} 1 & n \\ 0 & 1 \end{pmatrix} + \begin{pmatrix} 2 & 4 \\ 0 & 2 \end{pmatrix} + \begin{pmatrix} 1 & 0 \\ 0 & 1 \end{pmatrix} = \begin{pmatrix} 4 & n+4 \\ 0 & 4 \end{pmatrix}$.

例8 设 $A = \begin{pmatrix} \lambda & 1 & 0 \\ 0 & \lambda & 1 \\ 0 & 0 & \lambda \end{pmatrix}$，计算 A^n，其中 n 为正整数.

解 $A = \begin{pmatrix} \lambda & 0 & 0 \\ 0 & \lambda & 0 \\ 0 & 0 & \lambda \end{pmatrix} + \begin{pmatrix} 0 & 1 & 0 \\ 0 & 0 & 1 \\ 0 & 0 & 0 \end{pmatrix} = \lambda I + B$，

其中，$B = \begin{pmatrix} 0 & 1 & 0 \\ 0 & 0 & 1 \\ 0 & 0 & 0 \end{pmatrix}$.

显然，$B^2 = \begin{pmatrix} 0 & 1 & 0 \\ 0 & 0 & 1 \\ 0 & 0 & 0 \end{pmatrix} \begin{pmatrix} 0 & 1 & 0 \\ 0 & 0 & 1 \\ 0 & 0 & 0 \end{pmatrix} = \begin{pmatrix} 0 & 0 & 1 \\ 0 & 0 & 0 \\ 0 & 0 & 0 \end{pmatrix}$，$B^3 = B^2 B = 0$.

由于数量矩阵 λI 与 B 可交换，利用二项式定理得到

$$
\begin{aligned}
A^n &= (\lambda I + B)^n \\
&= (\lambda I)^n + C_n^1 (\lambda I)^{n-1} B + C_n^2 (\lambda I)^{n-2} B^2 + C_n^3 (\lambda I)^{n-3} B^3 + \cdots + B^n \\
&= \lambda^n I + n\lambda^{n-1} B + \frac{n(n-1)}{2} \lambda^{n-2} B^2 \\
&= \begin{pmatrix} \lambda^n & 0 & 0 \\ 0 & \lambda^n & 0 \\ 0 & 0 & \lambda^n \end{pmatrix} + \begin{pmatrix} 0 & n\lambda^{n-1} & 0 \\ 0 & 0 & n\lambda^{n-1} \\ 0 & 0 & 0 \end{pmatrix} + \begin{pmatrix} 0 & 0 & \frac{n(n-1)}{2}\lambda^{n-2} \\ 0 & 0 & 0 \\ 0 & 0 & 0 \end{pmatrix} \\
&= \begin{pmatrix} \lambda^n & n\lambda^{n-1} & \frac{n(n-1)}{2}\lambda^{n-2} \\ 0 & \lambda^n & n\lambda^{n-1} \\ 0 & 0 & \lambda^n \end{pmatrix}.
\end{aligned}
$$

四、矩阵的转置

定义 2.5 把矩阵 A 的行(列)换成同序数的列(行)得到一个新矩阵，叫做矩阵 A 的转置

矩阵，记为 A^T 或 A'. 即，

$$矩阵 A = \begin{pmatrix} a_{11} & a_{12} & \cdots & a_{1n} \\ a_{21} & a_{22} & \cdots & a_{2n} \\ \cdots & \cdots & \cdots & \cdots \\ a_{m1} & a_{m2} & \cdots & a_{mn} \end{pmatrix}, 则 A^T = \begin{pmatrix} a_{11} & a_{21} & \cdots & a_{m1} \\ a_{12} & a_{22} & \cdots & a_{m2} \\ \cdots & \cdots & \cdots & \cdots \\ a_{1n} & a_{2n} & \cdots & a_{mn} \end{pmatrix}.$$

矩阵的转置具有如下的运算法则：

(1) $(A^T)^T = A$；

(2) $(A+B)^T = A^T + B^T$；

(3) $(kA)^T = kA^T$，k 为任意常数；

(4) $(AB)^T = B^T A^T$.

证 性质(1)～(3)成立是很显然的，现在来证明性质(4)成立.

设 $A = (a_{ij})_{m\times l}$，$B = (b_{ij})_{l\times s}$，那么，AB 为 $m\times s$ 矩阵，$(AB)^T$ 就为 $s\times m$ 矩阵，B^T 为 $s\times l$ 矩阵，A^T 为 $l\times m$ 矩阵，于是 $B^T A^T$ 为 $s\times m$ 矩阵. 因此，$B^T A^T$ 与 $(AB)^T$ 的行数、列数对应相等.

又矩阵 $(AB)^T$ 的第 i 行第 j 列元素为矩阵 AB 的第 j 行第 i 列元素，故为

$$a_{j1}b_{1i} + a_{j2}b_{2i} + \cdots + a_{jl}b_{li} = \sum_{k=1}^{l} a_{jk}b_{ki};$$

而 $B^T A^T$ 的第 i 行第 j 列元素为 B^T 的第 i 行与 A^T 的第 j 列元素对应乘积之和.

B^T 的第 i 行元素为 B 的第 i 列元素 b_{1i}，b_{2i}，$\cdots$，b_{li}；A^T 的第 j 列元素为 A 的第 j 行元素 a_{j1}，a_{j2}，$\cdots$，a_{jl}. 故 $B^T A^T$ 的第 i 行第 j 列元素为

$$b_{1i}a_{j1} + b_{2i}a_{j2} + \cdots + b_{li}a_{jl} = \sum_{k=1}^{l} a_{jk}b_{ki},$$

因此，$(AB)^T$ 与 $B^T A^T$ 对应位置上的元素相等，从而 $(AB)^T = B^T A^T$.

根据性质(4)，由数学归纳法可证 $(A_1 A_2 \cdots A_k)^T = A_k^T A_{k-1}^T \cdots A_1^T$.

下面，我们介绍对称矩阵和反对称矩阵.

如果 n 阶方阵 $A = (a_{ij})_{n\times n}$ 满足 $A^T = A$，则称 A 为对称矩阵；若满足 $A^T = -A$，则称 A 为反对称矩阵.

显然，对称矩阵 A 的特点是：它的元素关于主对角线对称，即有

$$a_{ij} = a_{ji}(i, j = 1, 2, \cdots, n).$$

A 为反对称矩阵时，必有 $a_{ij} = -a_{ji}(i, j = 1, 2, \cdots, n)$，此时 A 的主对角线上的元素 a_{ii} 显然应满足 $a_{ii} = -a_{ii}$，即 $a_{ii} = 0$ $(i = 1, 2, \cdots, n)$.

例9 设 A，B 为 n 阶对称矩阵，证明：AB 为对称矩阵的充分必要条件是 $AB = BA$.

证 因为 A 与 B 是 n 阶对称矩阵，所以 $A^T = A$，$B^T = B$. 又由矩阵的转置运算，有 $(AB)^T = B^T A^T = BA$.

所以，要使 $(AB)^T = AB$ 成立，当且仅当 $AB = BA$，即 A 与 B 可交换.

例10 设 A 是 n 阶反对称矩阵，B 是 n 阶对称矩阵. 证明：$AB + BA$ 是 n 阶反对称矩阵.

证 因为

$$(AB + BA)^T = (AB)^T + (BA)^T = B^T A^T + A^T B^T$$
$$= B(-A) + (-AB) = -(AB + BA),$$

所以，$AB + BA$ 是 n 阶反对称矩阵.

例 11 设列矩阵 $X = (x_1, x_2, \cdots, x_n)^T$,满足 $X^T X = I$,I 为 n 阶单位矩阵,$H = I - 2XX^T$. 证明:H 是对称矩阵,且 $HH^T = I$.

证 因为 $H^T = (I - 2XX^T)^T = I^T - 2(XX^T)^T = I - 2XX^T = H$,所以 H 是对称矩阵,且

$$HH^T = H^2 = (I - 2XX^T)^2 = I - 4XX^T + 4(XX^T)(XX^T)$$
$$= I - 4XX^T + 4X(X^TX)X^T = I - 4XX^T + 4XX^T = I.$$

五、方阵乘积的行列式

定义 2.6 由 n 阶方阵 A 的元素所构成的行列式(各元素的位置不变),称为方阵 A 的行列式,记作 $|A|$ 或 $\det A$.

注意:方阵与行列式是两个不同的概念,n 阶方阵是 n^2 个数按一定方式排成的数表,而 n 阶行列式则是这些数按一定的运算法则所确定的一个数值.

上一章行列式的性质 1 说明 $|A^T| = |A|$,由数乘的定义及行列式的性质 3 可知:$|kA| = k^n |A|$. 下面我们将着重讨论方阵乘积的行列式的运算规律.

定理 2.1 设 A,B 为 n 阶方阵,则 $|AB| = |A| |B|$.

此定理的证明较为复杂,我们将在本章第三节给出证明.

推论 1 设 A_1,A_2,$\cdots$,A_k 均为 n 阶方阵,则 $|A_1 A_2 \cdots A_k| = |A_1| \cdot |A_2| \cdots |A_k|$.

例 12 设 A 为四阶方阵,且 $|A| = 5$,求 $|2A|$.

解 $|2A| = 2^4 \cdot |A| = 16 \cdot 5 = 80$.

例 13 设 $A = \begin{pmatrix} a & -b \\ b & a \end{pmatrix}$,计算 $|3AA^T|$.

解 由于 $|A| = a^2 + b^2$,得

$$|3AA^T| = 3^2 \cdot |A| \cdot |A^T| = 9 |A|^2 = 9(a^2 + b^2)^2.$$

习 题 3-2

1. 设矩阵

$$A = \begin{pmatrix} 5 & -2 & 1 \\ 3 & 4 & -1 \end{pmatrix}, \quad B = \begin{pmatrix} -3 & 2 & 0 \\ -2 & 0 & 1 \end{pmatrix}.$$

求 $A + B$,$A - B$,$2A - 3B$.

2. 计算下列矩阵的乘积:

(1) $\begin{pmatrix} 4 & 3 & 1 \\ 1 & -2 & 3 \\ 5 & 7 & 0 \end{pmatrix} \begin{pmatrix} 7 \\ 2 \\ 1 \end{pmatrix}$;

(2) $\begin{pmatrix} 1 & -1 & 1 \\ 2 & 0 & 1 \\ 3 & 1 & -2 \end{pmatrix} \begin{pmatrix} 1 & 1 \\ 0 & 1 \\ 1 & 0 \end{pmatrix}$;

(3) $\begin{pmatrix} 2 & 1 & -2 \\ 1 & 0 & 4 \\ -3 & 1 & 0 \\ 0 & 1 & 1 \end{pmatrix} \begin{pmatrix} 3 & 1 & 0 \\ 0 & 0 & 1 \\ -1 & 2 & 0 \end{pmatrix}$;

(4) $(2 \quad 3 \quad -1) \begin{pmatrix} 1 \\ -1 \\ -1 \end{pmatrix}$;

(5) $\begin{pmatrix} 1 \\ -1 \\ -1 \end{pmatrix} (2 \quad 3 \quad -1)$;

(6) $(x_1 \quad x_2) \begin{pmatrix} a_{11} & a_{12} \\ a_{12} & a_{22} \end{pmatrix} \begin{pmatrix} x_1 \\ x_2 \end{pmatrix}$;

(7) $\begin{pmatrix} 3 & 2 \\ -4 & -2 \end{pmatrix}^3$;

(8) $\begin{pmatrix} \lambda_1 & 0 & 0 \\ 0 & \lambda_2 & 0 \\ 0 & 0 & \lambda_3 \end{pmatrix}^5$.

3. 已知线性变换

$$\begin{cases} x_1 = 2y_1 + y_3 \\ x_2 = -2y_1 + 3y_2 + 2y_3 \\ x_3 = 4y_1 + y_2 + 5y_3 \end{cases} \text{和} \begin{cases} y_1 = -3z_1 + z_2 \\ y_2 = 2z_1 + z_3 \\ y_3 = -z_2 + 3z_3 \end{cases},$$

求从 z_1, z_2, z_3 到 x_1, x_2, x_3 的线性变换.

4. 举例说明下列命题是错误的:

(1) 若 $A^2 = 0$,则 $A = 0$;

(2) 若 $A^2 = A$,则 $A = 0$ 或 $A = I$;

(3) 若 $AX = AY$,且 $A \neq 0$,则 $X = Y$.

5. 设 $A = \begin{pmatrix} 1 & 2 \\ 1 & 3 \end{pmatrix}$, $B = \begin{pmatrix} 1 & 0 \\ 1 & 2 \end{pmatrix}$,问:

(1) $AB = BA$ 吗?

(2) $(A+B)^2 = A^2 + 2AB + B^2$ 吗?

(3) $(A+B)(A-B) = A^2 - B^2$ 吗?

6. 已知 n 阶方阵 A, B 可交换,即 $AB = BA$,证明:

(1) $(A+B)^2 = A^2 + 2AB + B^2$;

(2) $(A+B)(A-B) = A^2 - B^2$;

(3) $(AB)^k = A^k B^k$ (k 为正整数).

7. 设 $f(x) = x^2 - 5x + 3$, $A = \begin{pmatrix} 2 & -1 \\ -3 & 3 \end{pmatrix}$,证明: $f(A) = \mathbf{0}$.

8. 计算 $\begin{pmatrix} 1 & 0 \\ \lambda & 1 \end{pmatrix}^n$.

9. 设 $A = \begin{pmatrix} 1 & 1 & 0 & 0 \\ 0 & 1 & 1 & 0 \\ 0 & 0 & 1 & 1 \\ 0 & 0 & 0 & 1 \end{pmatrix}$,求 A^2, A^3 和 A^n.

10. 设 $\begin{pmatrix} 2 & 0 & 0 \\ -1 & 1 & 1 \\ 3 & -1 & 3 \end{pmatrix}$,求 $A^T A$, AA^T.

11. 证明下列命题:

(1) 若 A, B 是对称矩阵,则 $A + B, \lambda A$ 仍是对称矩阵(λ 为常数);

(2) 若 A, B 是 n 阶方阵,且 A 为对称矩阵,则 $B^T A B$ 也是对称矩阵;

(3) 若 A 是 n 阶方阵,则 $A + A^T$ 是对称矩阵,$A - A^T$ 是反对称矩阵;

(4) 任一 n 阶方阵 A 都可以表示为对称矩阵和反对称矩阵之和.

12. 若 A 是 n 阶方阵,且满足 $AA^T = I$, $|A| = -1$,求 $|I + A|$.

§3 矩阵的初等变换和初等矩阵

一、矩阵的初等变换

定义 3.1 下列变换称为矩阵的初等行变换：

(1) 对调第 i 行与第 j 行(记为 $r_i \leftrightarrow r_j$)；

(2) 以非零常数 k 乘矩阵第 i 行每一元素(记为 $r_i \times k$)；

(3) 把第 j 行每一元素的 k 倍加到第 i 行对应的元素上(记为 $r_i + kr_j$).

把上述定义中的"行"变成"列"，即得到矩阵初等列变换的定义(所用记号是把"r"换成"c").矩阵的初等行变换与初等列变换，统称为矩阵的初等变换.

上述三种变换分别称为矩阵的第一类、第二类和第三类初等变换，变换前后的矩阵之间用"→"连接，所做变换写在"→"的上方或下方.由于矩阵的初等变换改变了矩阵的元素，因此初等变换前后的矩阵是不相等的，不可用"＝"连接.矩阵的初等变换可以链锁式地反复进行，以便达到简化矩阵的目的.

例如，对下列矩阵作初等行变换：将第一、二行互换，再将第二行乘以 -3 加到第三行，即

$$\begin{pmatrix} 1 & 2 & 3 \\ 2 & 3 & 1 \\ 3 & 1 & 2 \end{pmatrix} \xrightarrow{r_1 \leftrightarrow r_2} \begin{pmatrix} 2 & 3 & 1 \\ 1 & 2 & 3 \\ 3 & 1 & 2 \end{pmatrix} \xrightarrow{r_3 - 3r_2} \begin{pmatrix} 2 & 3 & 1 \\ 1 & 2 & 3 \\ 0 & -5 & -7 \end{pmatrix}.$$

定义 3.2 如果矩阵 A 经过有限次初等变换变成矩阵 B，就称矩阵 A 与矩阵 B 等价，记作 $A \sim B$.

不难验证，矩阵之间的等价具有下列性质：

(1) 自反性 $A \sim A$；

(2) 对称性 若 $A \sim B$，则 $B \sim A$；

(3) 传递性 若 $A \sim B$，$B \sim C$，则 $A \sim C$.

利用等价关系可以对矩阵分类，将具有等价关系的矩阵作为一类.我们可以利用矩阵的初等变换达到简化矩阵的目的.例如，

$$A = \begin{pmatrix} 2 & -1 & -1 & 1 & 2 \\ 1 & 1 & -2 & 1 & 4 \\ 4 & -6 & 2 & -2 & 4 \\ 3 & 6 & -9 & 7 & 9 \end{pmatrix} \xrightarrow[r_3 \times \frac{1}{2}]{r_1 \leftrightarrow r_2} \begin{pmatrix} 1 & 1 & -2 & 1 & 4 \\ 2 & -1 & -1 & 1 & 2 \\ 2 & -3 & 1 & -1 & 2 \\ 3 & 6 & 9 & 7 & 9 \end{pmatrix} = A_1$$

$$\xrightarrow[\substack{r_2 - r_3 \\ r_3 - 2r_1 \\ r_4 - 3r_1}]{} \begin{pmatrix} 1 & 1 & -2 & 1 & 4 \\ 0 & 2 & -2 & 2 & 0 \\ 0 & -5 & 5 & -3 & -6 \\ 0 & 3 & -3 & 4 & -3 \end{pmatrix} = A_2$$

$$\xrightarrow[\substack{r_2 \times \frac{1}{2} \\ r_3 + 5r_2 \\ r_4 - 3r_2}]{} \begin{pmatrix} 1 & 1 & -2 & 1 & 4 \\ 0 & 1 & -1 & 1 & 0 \\ 0 & 0 & 0 & 2 & -6 \\ 0 & 0 & 0 & 1 & -3 \end{pmatrix} = A_3$$

$$\xrightarrow[r_4-2r_3]{r_3\leftrightarrow r_4}\begin{pmatrix}1&1&-2&1&4\\0&1&-1&1&0\\0&0&0&1&-3\\0&0&0&0&0\end{pmatrix}=A_4$$

$$\xrightarrow[r_2-r_3]{r_1-r_2}\begin{pmatrix}1&0&-1&0&4\\0&1&-1&0&3\\0&0&0&1&-3\\0&0&0&0&0\end{pmatrix}=A_5$$

$$\xrightarrow{c_3\leftrightarrow c_4}\begin{pmatrix}1&0&0&-1&4\\0&1&0&-1&3\\0&0&1&0&-3\\0&0&0&0&0\end{pmatrix}\xrightarrow[c_5-4c_1-3c_2+3c_3]{c_4+c_1+c_2}\begin{pmatrix}1&0&0&0&0\\0&1&0&0&0\\0&0&1&0&0\\0&0&0&0&0\end{pmatrix}=F.$$

形如 A_4 和 A_5 的矩阵都称为行阶梯形矩阵,满足下列条件:

(1) 若有零行(元全为 0 的行),则零行位于非零行(元不全为 0 的行)的下方;

(2) 每个非零行的首非零元(即第一个不为 0 的元素)所在的列号自上而下单调递增(即首非零元下的元素全为 0).

形如 A_5 的行阶梯形矩阵还称为行最简形矩阵,其特点是:非零行的首非零元均为 1,且非零行的首非零元所在的列的其他元都为零.

形如 F 的矩阵称为矩阵 A 的标准形,其特点是:F 的左上角元 $a_{ii}=1$,其余元均为 0,$i=1,2,\cdots,r$. 用分块矩阵(见本章第五节)可将矩阵 A 的标准形 F 写成

$$F=\begin{pmatrix}I_r&0\\0&0\end{pmatrix}_{m\times n},$$

其中 r 表示行阶梯形矩阵中非零行的行数.

定理 3.1 任意非零矩阵 A 一定可以经过初等行变换化为行阶梯形矩阵,进而化为行最简形矩阵.

证 设非零矩阵 $A=(a_{ij})_{m\times n}$,分三种情形来讨论:

(1) 若 $a_{11}\neq 0$,则做初等变换 $r_2-\dfrac{a_{21}}{a_{11}}r_1,\cdots,r_m-\dfrac{a_{m1}}{a_{11}}r_1$,把第 1 列的其他元素化为 0,变成形式 $\begin{bmatrix}a_{11}&*\\0&A_1\end{bmatrix}$,$A_1$ 为 $(m-1)\times(n-1)$ 矩阵;

(2) 若 $a_{11}=0$,但在第 1 列存在某元 $a_{i1}\neq 0$,则作初等变换 $r_1\leftrightarrow r_i$,可变为(1)的情形;

(3) 若矩阵 A 的前 k 列元素全为 0,由于 A 为非零矩阵,一定存在 $a_{k+1,j}\neq 0$,作变换 $r_1\leftrightarrow r_{k+1}$,再按(1)和(2)进行变换为

$$\begin{bmatrix}0\cdots0&a_{k+1,j}&*\\0\cdots0&0&A_1\end{bmatrix},A_1\text{ 为 }(m-k-1)\times(n-1)\text{ 矩阵}.$$

对于矩阵 A_1 继续按上面方法进行处理,最后即得行阶梯形矩阵.

推论 1 任意非零矩阵 A 经过初等行变换化成的行最简形矩阵是唯一的.

推论 2 任意非零矩阵 A 一定能经过初等变换化为标准形.

例 1　用初等变换化矩阵 $\begin{bmatrix} 0 & 2 & -4 \\ -1 & -4 & 5 \\ 3 & 1 & 7 \\ 0 & 5 & -10 \\ 2 & 3 & 0 \end{bmatrix}$ 为标准形.

解 $\begin{bmatrix} 0 & 2 & -4 \\ -1 & -4 & 5 \\ 3 & 1 & 7 \\ 0 & 5 & -10 \\ 2 & 3 & 0 \end{bmatrix} \xrightarrow{r_1 \leftrightarrow r_2} \begin{bmatrix} -1 & -4 & 5 \\ 0 & 2 & -4 \\ 3 & 1 & 7 \\ 0 & 5 & -10 \\ 2 & 3 & 0 \end{bmatrix}$

$\xrightarrow[r_5 + 2r_1]{r_3 + 3r_1} \begin{bmatrix} -1 & -4 & 5 \\ 0 & 2 & -4 \\ 0 & -11 & 22 \\ 0 & 5 & -10 \\ 0 & -5 & 10 \end{bmatrix} \xrightarrow[c_3 + 5c_1]{c_2 - 4c_1} \begin{bmatrix} -1 & 0 & 0 \\ 0 & 2 & -4 \\ 0 & -11 & 22 \\ 0 & 5 & -10 \\ 0 & -5 & 10 \end{bmatrix}$

$\xrightarrow{c_3 + 2c_2} \begin{bmatrix} 1 & 0 & 0 \\ 0 & 2 & 0 \\ 0 & -11 & 0 \\ 0 & 5 & 0 \\ 0 & -5 & 0 \end{bmatrix} \xrightarrow[\substack{r_3 + \frac{11}{2}r_2 \\ r_4 - \frac{5}{2}r_2}]{r_5 + r_4} \begin{bmatrix} 1 & 0 & 0 \\ 0 & 2 & 0 \\ 0 & 0 & 0 \\ 0 & 0 & 0 \\ 0 & 0 & 0 \end{bmatrix} \xrightarrow{r_2 \times \frac{1}{2}} \begin{bmatrix} 1 & 0 & 0 \\ 0 & 1 & 0 \\ 0 & 0 & 0 \\ 0 & 0 & 0 \\ 0 & 0 & 0 \end{bmatrix}.$

二、初等矩阵

上面我们学习了矩阵初等变换的定义,并且掌握了"任何一个矩阵都可用初等行变换化为行阶梯性矩阵和行最简形矩阵"的结论和方法,以下通过引入初等矩阵的概念,建立矩阵的初等变换与矩阵乘法之间的联系.

定义 3.3　由 n 阶单位矩阵 I_n 经过一次初等变换得到的矩阵称为 n 阶初等矩阵.

三种初等变换对应三种初等矩阵.

(1) 对调单位阵 I 的第 i,j 两行(或两列),得到的初等矩阵记为 $I_n(i,j)$,也可简记为 $I(i,j)$,即

$$I_n(i,j) = \begin{bmatrix} 1 & & & & & & & & & \\ & \ddots & & & & & & & & \\ & & 1 & & & & & & & \\ & & & 0 & \cdots & \cdots & \cdots & 1 & & \\ & & & \vdots & 1 & & & \vdots & & \\ & & & \vdots & & \ddots & & \vdots & & \\ & & & \vdots & & & 1 & \vdots & & \\ & & & 1 & \cdots & \cdots & \cdots & 0 & & \\ & & & & & & & & 1 & \\ & & & & & & & & & \ddots \\ & & & & & & & & & & 1 \end{bmatrix} \begin{matrix} \\ \\ \\ \leftarrow i \\ \\ \\ \\ \leftarrow j \\ \\ \\ \end{matrix}.$$

（2）用非零数 k 乘以单位阵 I 的第 i 行（或第 i 列）的元素得到的初等矩阵记为 $I_n(i(k))$，即

$$I_n(i(k)) = \begin{pmatrix} 1 & & & & & & \\ & \ddots & & & & & \\ & & k & & & & \\ & & & 1 & & & \\ & & & & \ddots & \\ & & & & & 1 \end{pmatrix} \leftarrow i.$$

（3）用数 k 乘单位阵 I 的第 j 行加到第 i 行上（或用数 k 乘单位阵 I 的第 i 列加到第 j 列上）得到的初等矩阵，记为 $I_n(i, j(k))$，即

$$I_n(i, j(k)) = \begin{pmatrix} 1 & & & & & & \\ & \ddots & & & & & \\ & & 1 & \cdots & k & & \\ & & & \ddots & \vdots & & \\ & & & & 1 & & \\ & & & & & \ddots & \\ & & & & & & 1 \end{pmatrix} \begin{matrix} \leftarrow i \\ \\ \leftarrow j \\ \\ \end{matrix}$$

例如，下面三个矩阵

$$A_1 = \begin{pmatrix} 0 & 1 & 0 & 0 \\ 1 & 0 & 0 & 0 \\ 0 & 0 & 1 & 0 \\ 0 & 0 & 0 & 1 \end{pmatrix}, \quad A_2 = \begin{pmatrix} 1 & 0 & 0 & 0 \\ 0 & 3 & 0 & 0 \\ 0 & 0 & 1 & 0 \\ 0 & 0 & 0 & 1 \end{pmatrix}, \quad A_3 = \begin{pmatrix} 1 & 0 & 0 & 0 \\ 0 & 1 & 0 & 0 \\ 2 & 0 & 1 & 0 \\ 0 & 0 & 0 & 1 \end{pmatrix}$$

都是初等矩阵.与它们相对应的初等行变换分别是"互换第 1、第 2 行"，"以 3 乘第 2 行"，"第 1 行乘 2 加到第 3 行"；相对应的初等列变换分别是"互换第 1、第 2 列"，"以 3 乘第 2 列"，"第 3 列乘 2 加到第 1 列". 易知初等矩阵的转置矩阵仍为初等矩阵，且

$$I_n(i, j)^T = I_n(i, j), \ I_n(i(k))^T = I_n(i(k)), \ I_n(i, j(k))^T = I_n(j, i(k)).$$

定理 3.2（初等变换和初等矩阵的关系） 设 A 是 $m \times n$ 矩阵，则对 A 施行一次初等行变换，相当于用一个 m 阶的同类型初等矩阵（单位阵经相同初等变换而得到的初等矩阵）左乘矩阵 A；对 A 施行一次初等列变换，相当于用一个 n 阶的同类型初等矩阵右乘矩阵 A.即

$$A_{m \times n} \xrightarrow{r_i \leftrightarrow r_j} I_m(i, j)A_{m \times n},$$
$$A_{m \times n} \xrightarrow{c_i \leftrightarrow c_j} A_{m \times n}I_n(i, j),$$
$$A_{m \times n} \xrightarrow{r_i \times k} I_m(i(k))A_{m \times n},$$
$$A_{m \times n} \xrightarrow{c_i \times k} A_{m \times n}I_n(i(k)),$$
$$A_{m \times n} \xrightarrow{r_i + kr_j} I_m(i, j(k))A_{m \times n},$$
$$A_{m \times n} \xrightarrow{c_j + kc_i} A_{m \times n}I_n(i, j(k)).$$

证 读者可利用(分块)矩阵乘法验证,详细过程从略.

例如,令 $A = \begin{pmatrix} a_{11} & a_{12} & a_{13} \\ a_{21} & a_{22} & a_{23} \end{pmatrix}$,

$$I_2(1, 2)A = \begin{pmatrix} 0 & 1 \\ 1 & 0 \end{pmatrix} \begin{pmatrix} a_{11} & a_{12} & a_{13} \\ a_{21} & a_{22} & a_{23} \end{pmatrix} = \begin{pmatrix} a_{21} & a_{22} & a_{23} \\ a_{11} & a_{12} & a_{13} \end{pmatrix}.$$

$$AI_3(1, 2) = \begin{pmatrix} a_{11} & a_{12} & a_{13} \\ a_{21} & a_{22} & a_{23} \end{pmatrix} \begin{pmatrix} 0 & 1 & 0 \\ 1 & 0 & 0 \\ 0 & 0 & 1 \end{pmatrix} = \begin{pmatrix} a_{12} & a_{11} & a_{13} \\ a_{22} & a_{21} & a_{23} \end{pmatrix}.$$

$$I_2(2(k))A = \begin{pmatrix} 1 & 0 \\ 0 & k \end{pmatrix} \begin{pmatrix} a_{11} & a_{12} & a_{13} \\ a_{21} & a_{22} & a_{23} \end{pmatrix} = \begin{pmatrix} a_{11} & a_{12} & a_{13} \\ ka_{21} & ka_{22} & ka_{23} \end{pmatrix}.$$

$$AI_3(2(k)) = \begin{pmatrix} a_{11} & a_{12} & a_{13} \\ a_{21} & a_{22} & a_{23} \end{pmatrix} \begin{pmatrix} 1 & 0 & 0 \\ 0 & k & 0 \\ 0 & 0 & 1 \end{pmatrix} = \begin{pmatrix} a_{11} & ka_{12} & a_{13} \\ a_{21} & ka_{22} & a_{23} \end{pmatrix}.$$

$$I_2(1, 2(k))A = \begin{pmatrix} 1 & k \\ 0 & 1 \end{pmatrix} \begin{pmatrix} a_{11} & a_{12} & a_{13} \\ a_{21} & a_{22} & a_{23} \end{pmatrix} = \begin{pmatrix} a_{11}+ka_{21} & a_{12}+ka_{22} & a_{13}+ka_{23} \\ a_{21} & a_{22} & a_{23} \end{pmatrix}.$$

$$AI_3(1, 2(k)) = \begin{pmatrix} a_{11} & a_{12} & a_{13} \\ a_{21} & a_{22} & a_{23} \end{pmatrix} \begin{pmatrix} 1 & k & 0 \\ 0 & 1 & 0 \\ 0 & 0 & 1 \end{pmatrix} = \begin{pmatrix} a_{11} & a_{12}+ka_{11} & a_{13} \\ a_{21} & a_{22}+ka_{21} & a_{23} \end{pmatrix}.$$

通过本节定理 3.1 及其推论 2 知,对于任一 $m \times n$ 矩阵 A,总可以经过初等行变换把它化为行阶梯形矩阵(或行最简形矩阵),进而通过初等变换(行变换和列变换)把它化成标准形

$$F = \begin{pmatrix} I_r & 0 \\ 0 & 0 \end{pmatrix}_{m \times n},$$

其中 r 表示行阶梯形矩阵中非零行的行数.

由初等矩阵的性质,利用本节的定理 3.2 可以将本节的定理 3.1 及其推论 2 写成下述形式:

定理 3.1′ 对任一 $m \times n$ 非零矩阵 A,一定存在有限个 m 阶初等矩阵 $P_1, P_2, \cdots, P_s$,使得 $P_1 \cdots P_s A$ 为行阶梯形矩阵(或行最简形矩阵).

推论 2′ 对任一 $m \times n$ 非零矩阵 A,一定存在有限个 m 阶初等矩阵 $P_1, P_2, \cdots, P_s$ 和有限个 n 阶初等矩阵 $Q_1, Q_2, \cdots, Q_t$,使得

$$P_1 \cdots P_s A Q_1 \cdots Q_t = \begin{pmatrix} I_r & 0 \\ 0 & 0 \end{pmatrix}_{m \times n},$$

其中 r 表示行阶梯形矩阵中非零行的行数.

下面我们来证明本章定理 2.1.

例 2 设 A, B 为 n 阶方阵,则 $|AB| = |A||B|$.

证 先看一个特殊情形,即 A 是一个对角矩阵的情形.设

$$A = \begin{pmatrix} d_1 & 0 & \cdots & 0 \\ 0 & d_2 & \cdots & 0 \\ \cdots & \cdots & \cdots & \cdots \\ 0 & 0 & \cdots & d_n \end{pmatrix}.$$

令 $B=(b_{ij})$，容易算出

$$AB=\begin{pmatrix} d_1b_{11} & d_1b_{12} & \cdots & d_1b_{1n} \\ d_2b_{21} & d_2b_{22} & \cdots & d_2b_{2n} \\ \cdots & \cdots & \cdots & \cdots \\ d_nb_{n1} & d_nb_{n2} & \cdots & d_nb_{nn} \end{pmatrix}.$$

因此，由行列式的性质，得

$$|AB|=d_1d_2\cdots d_n|B|=|A|\cdot|B|.$$

现在看一般情形.由定理 3.1 与推论 2 知,可以通过第三种初等变换把 A 化成一个对角矩阵 A_1,并且 $|A|=|A_1|$.矩阵 A 也可以反过来通过对 A_1 施行第三种初等变换而得出.这就是说,存在 $I_n(i,j(k))$ 型矩阵 P_1,P_2,$\cdots$,P_s,使得

$$A=P_1\cdots P_tA_1P_{t+1}\cdots P_s.$$

于是, $AB=(P_1\cdots P_tA_1)(P_{t+1}\cdots P_sB)$. 然而由行列式的性质知道,任意一个 n 阶矩阵的行列式不因对它施行第三种行或列初等变换而有所改变.换句话说,用一些 $I_n(i,j(k))$ 型的初等矩阵乘一个 n 阶矩阵不改变这个矩阵的行列式.因此,注意到 A_1 是一个对角矩阵,我们有

$$|AB|=|P_1\cdots P_tA_1P_{t+1}\cdots P_sB|=|A_1P_{t+1}\cdots P_sB|=|A_1|\cdot|P_{t+1}\cdots P_sB|$$
$$=|A_1|\cdot|B|=|A|\cdot|B|.$$

习 题 3-3

1. 将下列矩阵化为行阶梯形矩阵.

(1) $\begin{pmatrix} 1 & 2 & -2 & 1 & 5 \\ 1 & -1 & 2 & -2 & 3 \\ 0 & 3 & -4 & 3 & 1 \\ 2 & 1 & 0 & -1 & 2 \end{pmatrix}$;

(2) $\begin{pmatrix} 1 & -2 & -1 & 0 & 2 \\ -2 & 4 & 2 & 6 & -6 \\ 2 & -1 & 0 & 2 & 3 \\ 3 & 3 & 3 & 3 & 4 \end{pmatrix}$.

2. 将下列矩阵化为行最简形矩阵.

(1) $\begin{pmatrix} 0 & 2 & -3 & 1 \\ 0 & 3 & -4 & 3 \\ 0 & 4 & -7 & -1 \end{pmatrix}$;

(2) $\begin{pmatrix} 2 & 3 & 1 & -3 & -7 \\ 1 & 2 & 0 & -2 & -4 \\ 3 & -2 & 8 & 3 & 0 \\ 2 & -3 & 7 & 4 & 3 \end{pmatrix}$.

3. 将矩阵 $\begin{pmatrix} 0 & -2 & 1 & 1 & 0 & 0 \\ 3 & 0 & -2 & 0 & 1 & 0 \\ -2 & 3 & 0 & 0 & 0 & 1 \end{pmatrix}$ 化为行最简形矩阵.

4. 计算 $\begin{pmatrix} 0 & 0 & 1 \\ 0 & 1 & 0 \\ 1 & 0 & 0 \end{pmatrix}^{20} \begin{pmatrix} a_1 & a_2 & a_3 \\ b_1 & b_2 & b_3 \\ c_1 & c_2 & c_3 \end{pmatrix} \begin{pmatrix} 0 & 0 & 1 \\ 0 & 1 & 0 \\ 1 & 0 & 0 \end{pmatrix}^{21}$.

5. 设三阶方阵 $A=\begin{pmatrix} a_{11} & a_{12} & a_{13} \\ a_{21} & a_{22} & a_{23} \\ a_{31} & a_{32} & a_{33} \end{pmatrix}$, $B=\begin{pmatrix} a_{21} & a_{22} & a_{23} \\ a_{11} & a_{12} & a_{13} \\ a_{31}+a_{11} & a_{32}+a_{12} & a_{33}+a_{13} \end{pmatrix}$,

$$P_1 = \begin{pmatrix} 0 & 1 & 0 \\ 1 & 0 & 0 \\ 0 & 0 & 1 \end{pmatrix}, \quad P_2 = \begin{pmatrix} 1 & 0 & 0 \\ 0 & 1 & 0 \\ 1 & 0 & 1 \end{pmatrix}, \text{ 则必有}(\quad).$$

A. $AP_1P_2 = B$ B. $AP_2P_1 = B$

C. $P_1P_2A = B$ D. $P_2P_1A = B$

§4 逆 矩 阵

数的乘法存在逆运算——除法,当数 $a \neq 0$ 时,逆 $\frac{1}{a} = a^{-1}$ 满足 $a^{-1}a = 1$,这使得一元线性方程 $ax = b$ 的求解可简单得到:方程两边左乘 a^{-1},即 $1 \cdot x = x = a^{-1}b$. 那么,在解矩阵方程 $AX = b$(此处 b 为列矩阵)时是否也存在类似的逆 A^{-1} 使得 $X = A^{-1}b$ 呢?这就是要研究的可逆矩阵问题.

一、逆矩阵的定义

定义 4.1 对于 n 阶方阵 A,若存在一个 n 阶方阵 B,使

$$AB = BA = I,$$

那么称矩阵 A 可逆,并称矩阵 B 为矩阵 A 的逆矩阵.

若矩阵 A 可逆,则 A 的逆矩阵是唯一的.

假设 B_1,B_2 均为可逆矩阵 A 的逆矩阵,由定义 4.1 有

$$AB_1 = B_1A = I, \quad AB_2 = B_2A = I,$$

则 $B_1 = B_1I = B_1(AB_2) = (B_1A)B_2 = IB_2 = B_2$.

所以一个矩阵如果可逆,那么它的逆矩阵是唯一的.

将 A 的逆矩阵记为 A^{-1},即若 $AB = BA = I$,则 $B = A^{-1}$.

注意:在定义 4.1 中 A,B 的地位是平等的,因此 B 也可逆,且 $B^{-1} = A$(就是 $(A^{-1})^{-1} = A$),即 A 与 B 互为逆矩阵.

例 1 设 $A = \text{diag}(\lambda_1, \lambda_2, \cdots, \lambda_n)$,且 $\lambda_1\lambda_2\cdots\lambda_n \neq 0$,求 A^{-1}.

解 因为

$$\text{diag}(\lambda_1, \lambda_2, \cdots, \lambda_n) \cdot \text{diag}\left(\frac{1}{\lambda_1}, \frac{1}{\lambda_2}, \cdots, \frac{1}{\lambda_n}\right)$$

$$= \text{diag}\left(\frac{1}{\lambda_1}, \frac{1}{\lambda_2}, \cdots, \frac{1}{\lambda_n}\right) \cdot \text{diag}(\lambda_1, \lambda_2, \cdots, \lambda_n) = I,$$

所以 $A^{-1} = [\text{diag}(\lambda_1, \lambda_2, \cdots, \lambda_n)]^{-1} = \text{diag}\left(\frac{1}{\lambda_1}, \frac{1}{\lambda_2}, \cdots, \frac{1}{\lambda_n}\right)$.

二、逆矩阵的计算

什么样的矩阵才是可逆的呢?如果一个矩阵可逆,又如何由它求到它的逆矩阵呢?下面将详细解答这一问题.

1. 利用伴随矩阵求逆矩阵

首先,我们引入伴随矩阵的定义.

定义 4.2 n 阶行列式 $|A|$ 中各元素 a_{ij} 的代数余子式 A_{ij} 所构成的矩阵

$$\begin{bmatrix} A_{11} & A_{21} & \cdots & A_{n1} \\ A_{12} & A_{22} & \cdots & A_{n2} \\ \cdots & \cdots & \cdots & \cdots \\ A_{1n} & A_{2n} & \cdots & A_{nn} \end{bmatrix}$$

称为矩阵 A 的伴随矩阵,记作 A^*.

定理 4.1 矩阵 A 的伴随矩阵 A^* 具有如下性质:

(1) $AA^* = A^*A = |A|I$;

(2) 当 $|A| \neq 0$ 时, $|A^*| = |A|^{n-1}(n > 1)$.

证 (1) 设 $AA^* = (b_{ij})$,则由行列式按一行(列)展开的公式,有

$$b_{ij} = \sum_{k=1}^{n} a_{ik}A_{jk} = \begin{cases} 0, & i \neq j, \\ |A|, & i = j, \end{cases} \quad (i, j = 1, 2, \cdots, n)$$

则

$$AA^* = \begin{bmatrix} |A| & & & \\ & |A| & & \\ & & \ddots & \\ & & & |A| \end{bmatrix} = |A|I.$$

类似地,

$$A^*A = \sum_{k=1}^{n} A_{ki}a_{kj} = \begin{bmatrix} |A| & & & \\ & |A| & & \\ & & \ddots & \\ & & & |A| \end{bmatrix} = |A|I.$$

因此, $AA^* = A^*A = |A|I$.

(2) 由性质(1)和方阵乘积的行列式性质,可知

$$|A||A^*| = |A^*||A| = |A|^n,$$

由于 $|A| \neq 0$,故 $|A^*| = |A|^{n-1}$.

注意上述定理(2)中,当 $|A| = 0$ 时, $|A^*| = 0$.

下面给出求逆矩阵的第一种方法——伴随矩阵法.

定理 4.2 n 阶方阵 A 可逆的充分必要条件为 $|A| \neq 0$,且当 A 可逆时, $A^{-1} = \dfrac{1}{|A|}A^*$.

证 必要性.因 A 可逆,故存在 A^{-1},使得 $AA^{-1} = I$,从而 $|A||A^{-1}| = |AA^{-1}| = |I| = 1$,所以 $|A| \neq 0$.

充分性.由定理 4.1(1)知, $AA^* = A^*A = |A|I$,因为 $|A| \neq 0$,有

$$A\left(\frac{1}{|A|}A^*\right) = \left(\frac{1}{|A|}A\right)A^* = I.$$

根据逆矩阵的定义,即有,

$$A^{-1} = \frac{1}{|A|}A^*.$$

推论 1 若 n 阶方阵 A，B 满足 $AB = I$（或 $BA = I$），则 A 与 B 互逆，即 $B = A^{-1}$，$A = B^{-1}$.

证 因 $|AB| = |A||B| = |I| = 1$，于是 $|A| \neq 0$ 且 $|B| \neq 0$，所以 A 与 B 均可逆，且

$$B = IB = (A^{-1}A)B = A^{-1}(AB) = A^{-1}I = A^{-1}.$$

类似可得 $A = B^{-1}$.

利用以上推论去判断一个矩阵是否可逆，比用定义判断减少一半的工作量.

定义 4.3 如果 n 阶方阵 A 的行列式 $|A| \neq 0$，则称 A 是非奇异矩阵（或非退化矩阵），否则称 A 是奇异矩阵（或退化矩阵）.

定理 4.2 指出，可逆矩阵就是非奇异矩阵.同时，它提供了一种求逆矩阵的方法——伴随矩阵求逆法.

例 2 求方阵 $A = \begin{pmatrix} 3 & 7 & -3 \\ -2 & -5 & 2 \\ -4 & -10 & 3 \end{pmatrix}$ 的逆矩阵.

解 因为 $|A| = \begin{vmatrix} 3 & 7 & -3 \\ -2 & -5 & 2 \\ -4 & -10 & 3 \end{vmatrix} = 1$，所以 A 可逆，且

$$A^{-1} = \frac{1}{|A|}A^* = A^* = \begin{pmatrix} A_{11} & A_{21} & A_{31} \\ A_{12} & A_{22} & A_{32} \\ A_{13} & A_{23} & A_{33} \end{pmatrix};$$

又可算得 $A_{11} = \begin{vmatrix} -5 & 2 \\ -10 & 3 \end{vmatrix} = 5$，类似可算得

$A_{12} = -2$，$A_{13} = 0$，$A_{21} = 9$，$A_{22} = -3$，$A_{23} = 2$，$A_{31} = -1$，$A_{32} = 0$，$A_{33} = -1$，

所以 $A^{-1} = \begin{pmatrix} 5 & 9 & -1 \\ -2 & -3 & 0 \\ 0 & 2 & -1 \end{pmatrix}$.

例 3 设 $A = \begin{pmatrix} a & b \\ c & d \end{pmatrix}$，试问：当 a，b，c，d 满足什么条件时，方阵 A 可逆？当 A 可逆时，求 A^{-1}.

解 $|A| = \begin{vmatrix} a & b \\ c & d \end{vmatrix} = ad - bc \neq 0$ 时，A 可逆，这时 $A^* = \begin{pmatrix} d & -b \\ -c & a \end{pmatrix}$，

所以 $A^{-1} = \frac{1}{|A|}A^* = \frac{1}{ad-bc}\begin{pmatrix} d & -b \\ -c & a \end{pmatrix}$.

上式可以作为求二阶方阵的逆矩阵的一般公式.

2. 逆矩阵的性质

方阵的逆矩阵满足下列性质：

(1) 若方阵 A 可逆,则 A^{-1} 也可逆,且 $(A^{-1})^{-1}=A$;

(2) 若方阵 A 可逆,数 $k\neq 0$,则 $(kA)^{-1}=\dfrac{1}{k}A^{-1}$;

(3) 两个同阶可逆矩阵 A,B 的乘积是可逆矩阵,且 $(AB)^{-1}=B^{-1}A^{-1}$;

(4) 若方阵 A 可逆,则 A^T 也可逆,且有 $(A^T)^{-1}=(A^{-1})^T$;

(5) 若方阵 A 可逆,则 A^* 也可逆,且 $(A^*)^{-1}=\dfrac{1}{|A|}A$;

(6) 若方阵 A 可逆,且 $AB=AC$,则 $B=C$.

证 性质(1)、(2)、(5)、(6)的证明请读者自行完成.

(3) $(AB)(B^{-1}A^{-1})=A(BB^{-1})A^{-1}=AIA^{-1}=AA^{-1}=I$,由推论1,即得 $(AB)^{-1}=B^{-1}A^{-1}$.

(4) $A^T(A^{-1})^T=(A^{-1}A)^T=I^T=I$,所以 $(A^T)^{-1}=(A^{-1})^T$.

此外,当 $|A|\neq 0$,k,l 为整数时,还可以定义

$$A^0=I,\quad A^{-k}=(A^{-1})^k,\quad A^kA^l=A^{k+l},\quad (A^k)^l=A^{kl}.$$

例4 设 A 为四阶方阵,$|A|=2$,求 $|(3A)^{-1}-2A^*|$ 的值.

解 因为 A 为四阶矩阵,$|A|=2$,所以

$$|(3A)^{-1}-2A^*|=\left|\frac{1}{3}A^{-1}-4\times\frac{1}{|A|}A^*\right|=\left|\frac{1}{3}A^{-1}-4A^{-1}\right|=\left|-\frac{11}{3}A^{-1}\right|$$
$$=\left(-\frac{11}{3}\right)^4|A^{-1}|=\left(\frac{11}{3}\right)^4\times\frac{1}{2}=\frac{14\,641}{162}.$$

例5 设 A,B 为 n 阶可逆矩阵,证明:

(1) $(AB)^*=B^*A^*$;　(2) $(A^*)^*=|A|^{n-2}A$.

证 (1) $(AB)^*=[\det(AB)](AB)^{-1}=[(\det A)(\det B)][B^{-1}A^{-1}]$
$$=[(\det B)B^{-1}][(\det A)A^{-1}]=B^*A^*.$$

(2) 由 $(A^*)^*A^*=|A^*|I$,可得 $(A^*)^*|A|A^{-1}=|A|^{n-1}I$.

从而 $(A^*)^*=|A|^{n-2}A$.

例6 设方阵 A 满足 $A^2-2A-4I=0$,求 $(A+I)^{-1}$.

解法1

$$A^2-2A-4I=A^2+A-3A-4I$$
$$=(A+I)A-3(A+I)-I$$
$$=(A+I)(A-3I)-I$$

即 $(A+I)(A-3I)=I$,所以 $(A+I)^{-1}=A-3I$.

解法2 设 $A^2-2A-4I=(A+I)(A+kI)+tI$
$$=A^2+(k+1)A+(k+t)I,$$

则有 $\begin{cases}k+1=-2\\k+t=-4\end{cases}$,即 $\begin{cases}k=-3\\t=-1\end{cases}$,

于是 $(A+I)(A-3I)=I$,所以 $(A+I)^{-1}=A-3I$.

3. 利用初等变换求逆矩阵

一般来说,利用定理 4.2 的伴随矩阵法求逆矩阵,针对高阶矩阵求逆时运算量比较大.下

面我们介绍利用初等变换的方法求逆矩阵.

回顾定义 4.3,因为初等矩阵都是由单位矩阵经过一次初等变换得到的,依据行列式的性质可知初等矩阵的行列式值不为零,故它们都可逆.初等矩阵的逆矩阵也是初等矩阵.容易验证,它们的逆矩阵为:

$$I(i,j)^{-1}=I(i,j);\ I(i(k))^{-1}=I\left(i\left(\frac{1}{k}\right)\right);\ I(i,j(k))^{-1}=I(i,j(-k)).$$

由本章定理 3.1′ 与推论 2′ 知,对任一 $m\times n$ 非零矩阵 A,一定存在有限个 m 阶初等矩阵 $P_1,P_2,\cdots,P_s$ 和有限个 n 阶初等矩阵 $Q_1,Q_2,\cdots,Q_t$,使得

$$P_1\cdots P_sAQ_1\cdots Q_t=\begin{pmatrix}I_r & 0\\ 0 & 0\end{pmatrix}_{m\times n}=F_{m\times n},$$

其中 r 表示行阶梯形矩阵中非零行的行数.

将上述结论应用于 n 阶可逆矩阵 A,则有:

定理 4.3 n 阶方阵 A 可逆的充分必要条件是一定存在有限个 n 阶初等矩阵 $P_1,P_2,\cdots,P_s,P_{s+1},\cdots,P_k$,使得

$$P_1\cdots P_sAP_{s+1}\cdots P_k=I.$$

证 必要性.由于 n 阶矩阵 A 可逆,所以矩阵 A 一定是非零矩阵,因此,一定存在有限个 n 阶初等矩阵 $P_1,P_2,\cdots,P_s,P_{s+1},\cdots,P_k$,使得

$$P_1\cdots P_sAP_{s+1}\cdots P_k=F_{n\times n}. \tag{5}$$

下面仅需证明,$F_{n\times n}=I$ 即可.

事实上,如果 $F\neq I$,则 $F_{n\times n}$ 的对角线上必有零元,在(5)的两端取行列式,并利用方阵乘积的行列式性质,有

$$|P_1|\cdots|P_s||A||P_{s+1}|\cdots|P_k|=|F_{n\times n}|=0.$$

于是,$|P_1|,\cdots,|P_s|,|A|,|P_{s+1}|,\cdots,|P_k|$ 中至少有一个是零,这与 $P_1,P_2,\cdots,P_s,A,P_{s+1},\cdots,P_k$ 均为可逆矩阵相矛盾. 故 $F_{n\times n}=I$.

充分性.由于单位阵 I 和初等矩阵 $P_1,P_2,\cdots,P_s,P_{s+1},\cdots,P_k$ 的行列式均不等于零,因此 $|A|\neq 0$,根据定理 4.2,n 阶方阵矩阵 A 可逆.

上述定理告诉我们,可逆矩阵 A 一定与单位矩阵等价,即 $A\sim I$.

定理 4.4 n 阶方阵 A 可逆的充分必要条件是它可以写成有限个初等矩阵的乘积,即一定存在有限个 n 阶初等矩阵 $P_1,P_2,\cdots,P_s,P_{s+1},\cdots,P_k$,使得

$$A=P_1\cdots P_sP_{s+1}\cdots P_k.$$

证 必要性.由定理 4.3 知,$A\sim I$,即 $I\sim A$,即 I 可经过有限次初等变换化为 A,即一定存在有限个 n 阶初等矩阵 $P_1,P_2,\cdots,P_s,P_{s+1},\cdots,P_k$,使得

$$P_1\cdots P_sIP_{s+1}\cdots P_k=A.$$

即

$$A=P_1\cdots P_sP_{s+1}\cdots P_k.$$

充分性.由于初等矩阵 $P_1,P_2,\cdots,P_s,P_{s+1},\cdots,P_k$ 的行列式均不等于零,所以 $|A|\neq 0$,

根据定理 4.2,n 阶方阵 A 可逆.

推论 2 $m \times n$ 阶矩阵 A 与 B 等价的充要条件是存在 m 阶可逆矩阵 P 和 n 阶可逆矩阵 Q,使 $B = PAQ$.

由定理 4.4 可以得到矩阵求逆的一种简便有效的方法——初等变换求逆法.

若 A 为 n 阶可逆矩阵,则 A^{-1} 可表示为有限个初等矩阵的乘积,即 $A^{-1} = G_1 G_2 \cdots G_k$,由 $A^{-1} A = I$,就有

$$(G_1 G_2 \cdots G_k) A = I, \quad (G_1 G_2 \cdots G_k) I = A^{-1}.$$

上面左式表示 A 经若干次初等行变换化为 I,右式表示 I 经同样的初等行变换化为 A^{-1}. 利用分块矩阵把上面的两个式子写在一起,则有

$$(G_1 G_2 \cdots G_k)(A \vdots I) = (I \vdots A^{-1}),$$

即对 $n \times 2n$ 的矩阵 $(A \vdots I)$ 进行初等行变换,当将 A 化为 I 时,则 I 化为 A^{-1}. 类似地,对 $2n \times n$ 的矩阵 $\left(\dfrac{A}{I} \right)$ 进行初等列变换,化为 $\left(\dfrac{I}{A^{-1}} \right)$ 时,即将 A 化为 I 的同时也将 I 化为 A^{-1}.

例 7 求矩阵 $A = \begin{bmatrix} 1 & 2 & 3 \\ 2 & 3 & 1 \\ 3 & 1 & 2 \end{bmatrix}$ 的逆矩阵.

解 $(A \vdots I) = \begin{bmatrix} 1 & 2 & 3 & \vdots & 1 & 0 & 0 \\ 2 & 3 & 1 & \vdots & 0 & 1 & 0 \\ 3 & 1 & 2 & \vdots & 0 & 0 & 1 \end{bmatrix}$

$\xrightarrow[r_3 - 3r_1]{r_2 - 2r_1} \begin{bmatrix} 1 & 2 & 3 & \vdots & 1 & 0 & 0 \\ 0 & -1 & -5 & \vdots & -2 & 1 & 0 \\ 0 & -5 & -7 & \vdots & -3 & 0 & 1 \end{bmatrix}$

$\xrightarrow[r_3 - 5r_2]{r_1 + 2r_2} \begin{bmatrix} 1 & 0 & -7 & \vdots & -3 & 2 & 0 \\ 0 & -1 & -5 & \vdots & -2 & 1 & 0 \\ 0 & 0 & 18 & \vdots & 7 & -5 & 1 \end{bmatrix}$

$\xrightarrow[r_2 + \frac{5}{18}r_3]{r_1 + \frac{7}{18}r_3} \begin{bmatrix} 1 & 0 & 0 & \vdots & -\dfrac{5}{18} & \dfrac{1}{18} & \dfrac{7}{18} \\ 0 & -1 & 0 & \vdots & -\dfrac{1}{18} & -\dfrac{7}{18} & \dfrac{5}{18} \\ 0 & 0 & 18 & \vdots & 7 & -5 & 1 \end{bmatrix}$

$\xrightarrow[r_3 \times \frac{1}{18}]{r_2 \times (-1)} \begin{bmatrix} 1 & 0 & 0 & \vdots & -\dfrac{5}{18} & \dfrac{1}{18} & \dfrac{7}{18} \\ 0 & 1 & 0 & \vdots & \dfrac{1}{18} & \dfrac{7}{18} & -\dfrac{5}{18} \\ 0 & 0 & 1 & \vdots & \dfrac{7}{18} & -\dfrac{5}{18} & \dfrac{1}{18} \end{bmatrix}.$

所以

$$A^{-1} = \frac{1}{18} \begin{bmatrix} -5 & 1 & 7 \\ 1 & 7 & -5 \\ 7 & -5 & 1 \end{bmatrix}.$$

注意：如果不知道矩阵 A 是否可逆，可按上述方法去作，只要 $n \times 2n$ 矩阵左边子块有一行(列)的元素为零，则 A 不可逆.

矩阵的初等行变换还可用于求解矩阵方程 $AX = B$，其中 A 为可逆矩阵.显然，

$$X = A^{-1}B,$$

而

$$A^{-1}(A \vdots B) = (I \vdots A^{-1}B),$$

且 A^{-1} 可写成有限个初等矩阵的乘积，即

$$A^{-1} = G_1 G_2 \cdots G_k,$$

从而

$$G_1 G_2 \cdots G_k (A \vdots B) = (I \vdots A^{-1}B),$$

因此，若对分块矩阵 $(A \vdots B)$ 施行初等行变换，当将 A 化为 I 时，则 B 就化为 $X = A^{-1}B$.

类似地，当 A 可逆时，矩阵方程 $XA = B$ 的解为 $X = BA^{-1}$.可对分块矩阵 $\begin{bmatrix} A \\ \cdots \\ B \end{bmatrix}$ 施行初等列变换，化为 $\begin{bmatrix} I \\ \cdots \\ BA^{-1} \end{bmatrix}$. 即当将 A 化为 I 时，则 B 就化为 $X = BA^{-1}$.

例 8 求解矩阵方程

$$\begin{pmatrix} 2 & 5 \\ 1 & 3 \end{pmatrix} X \begin{pmatrix} 1 & 0 & 0 \\ 0 & 2 & 1 \\ 3 & 0 & 1 \end{pmatrix} = \begin{pmatrix} -1 & 1 & 2 \\ 2 & 0 & 1 \end{pmatrix}.$$

解 由于 $\begin{pmatrix} 1 & 0 & 0 \\ 0 & 2 & 1 \\ 3 & 0 & 1 \\ \cdots & \cdots & \cdots \\ -1 & 1 & 2 \\ 2 & 0 & 1 \end{pmatrix} \xrightarrow[c_3 - c_2]{c_2 \times \frac{1}{2}} \begin{pmatrix} 1 & 0 & 0 \\ 0 & 1 & 0 \\ 3 & 0 & 1 \\ \cdots & \cdots & \cdots \\ -1 & \frac{1}{2} & \frac{3}{2} \\ 2 & 0 & 1 \end{pmatrix} \xrightarrow{c_1 - 3c_3} \begin{pmatrix} 1 & 0 & 0 \\ 0 & 1 & 0 \\ 0 & 0 & 1 \\ \cdots & \cdots & \cdots \\ -\frac{11}{2} & \frac{1}{2} & \frac{3}{2} \\ -1 & 0 & 1 \end{pmatrix},$

所以 $\begin{pmatrix} 2 & 5 \\ 1 & 3 \end{pmatrix} X = \begin{pmatrix} -1 & 1 & 2 \\ 2 & 0 & 1 \end{pmatrix} \begin{pmatrix} 1 & 0 & 0 \\ 0 & 2 & 1 \\ 3 & 0 & 1 \end{pmatrix}^{-1} = \begin{pmatrix} -\frac{11}{2} & \frac{1}{2} & \frac{3}{2} \\ -1 & 0 & 1 \end{pmatrix},$

又 $\begin{pmatrix} 2 & 5 \\ 1 & 3 \end{pmatrix}^{-1} = \begin{pmatrix} 3 & -5 \\ -1 & 2 \end{pmatrix}$，因此

$$X = \begin{pmatrix} 2 & 5 \\ 1 & 3 \end{pmatrix}^{-1} \begin{pmatrix} -\frac{11}{2} & \frac{1}{2} & \frac{3}{2} \\ -1 & 0 & 1 \end{pmatrix} = \begin{pmatrix} 3 & -5 \\ -1 & 2 \end{pmatrix} \begin{pmatrix} -\frac{11}{2} & \frac{1}{2} & \frac{3}{2} \\ -1 & 0 & 1 \end{pmatrix}$$

$$= \begin{pmatrix} -\frac{23}{2} & \frac{3}{2} & -\frac{1}{2} \\ \frac{7}{2} & -\frac{1}{2} & \frac{1}{2} \end{pmatrix}.$$

习 题 3-4

1. 求下列矩阵 A 的伴随矩阵 A^*：

(1) $A = \begin{pmatrix} 2 & 0 & 3 \\ 1 & -1 & 1 \\ 0 & 1 & -2 \end{pmatrix}$；

(2) $A = \begin{pmatrix} 1 & 2 & 3 \\ 2 & 4 & 6 \\ -1 & 6 & 9 \end{pmatrix}$.

2. 判断下列方阵是否可逆，可逆时选择适当的方法求其逆矩阵（伴随矩阵法或初等变换法）：

(1) $\begin{pmatrix} 3 & 1 \\ 2 & -5 \end{pmatrix}$；

(2) $\begin{pmatrix} \cos\theta & -\sin\theta \\ \sin\theta & \cos\theta \end{pmatrix}$；

(3) $\begin{pmatrix} 0 & 0 & 1 \\ 0 & 1 & 0 \\ 1 & 0 & 0 \end{pmatrix}$；

(4) $\begin{pmatrix} 1 & -1 \\ -1 & 1 \end{pmatrix} \begin{pmatrix} 2 & 1 \\ 1 & 2 \end{pmatrix}$；

(5) $\begin{pmatrix} 1 & -1 & 2 \\ 2 & 3 & -1 \\ 0 & -5 & 5 \end{pmatrix}$；

(6) $\begin{pmatrix} 1 & 1 & 1 & 1 \\ 0 & 1 & 1 & 1 \\ 0 & 0 & 1 & 1 \\ 0 & 0 & 0 & 1 \end{pmatrix}$；

(7) $\begin{pmatrix} 1 & 0 & 0 & 0 \\ a & 1 & 0 & 0 \\ a^2 & a & 1 & 0 \\ a^3 & a^2 & a & 1 \end{pmatrix}$；

(8) $\begin{pmatrix} 1 & 2 & 1 & 1 \\ 2 & 3 & 1 & 0 \\ 3 & 1 & 1 & -2 \\ 4 & 2 & -1 & -6 \end{pmatrix}$.

3. 已知三阶方阵 A 的逆矩阵为 $A^{-1} = \begin{pmatrix} 1 & 1 & 1 \\ 1 & 2 & 1 \\ 1 & 1 & 3 \end{pmatrix}$，试求伴随矩阵 A^* 的逆矩阵.

4. 求解下列矩阵方程：

(1) $X \begin{pmatrix} 5 & 3 & 1 \\ 1 & -3 & -2 \\ -5 & 2 & 1 \end{pmatrix} = \begin{pmatrix} -8 & 3 & 0 \\ -5 & 9 & 0 \\ -2 & 15 & 0 \end{pmatrix}$；

(2) $\begin{pmatrix} 1 & 2 & 3 \\ 3 & 1 & 2 \\ 2 & 3 & 1 \end{pmatrix} X = \begin{pmatrix} 2 & 4 & 0 \\ 4 & 0 & 2 \\ 0 & 2 & 4 \end{pmatrix}$；

(3) $\begin{pmatrix} 1 & 4 \\ -1 & 2 \end{pmatrix} X \begin{pmatrix} 2 & 0 \\ -1 & 1 \end{pmatrix} = \begin{pmatrix} 3 & 1 \\ 0 & -1 \end{pmatrix}$.

5. 设 A 是 4 阶可逆方阵，将 A 的第二行和第三行对换得到的矩阵记为 B.
(1) 证明 B 可逆；
(2) 求 AB^{-1}.

§5 分 块 矩 阵

一、分块矩阵的概念

在理论研究及一些实际问题中，经常遇到行数和列数较高或结构特殊的矩阵，为了简化运算，经常采用分块法，使大矩阵的运算化成若干小矩阵间的运算，同时也使原矩阵的结构显得简单而清晰.具体做法是：将大矩阵用若干条横线和竖线分成多个小矩阵.每个小矩阵称为 A

的子块,以子块为元素的形式上的矩阵称为分块矩阵.

例 1 设 $A = \begin{pmatrix} 1 & 3 & -1 & 0 \\ 2 & 5 & 0 & -2 \\ 3 & 1 & -1 & 3 \end{pmatrix}$. 则 A 就是一个分块矩阵.

若记 $A_{11} = \begin{pmatrix} 1 & 3 & -1 \\ 2 & 5 & 0 \end{pmatrix}$, $A_{12} = \begin{pmatrix} 0 \\ -2 \end{pmatrix}$, $A_{21} = (3, 1, -1)$, $A_{22} = (3)$,

则矩阵 A 可表示为 $A = \begin{pmatrix} A_{11} & A_{12} \\ A_{21} & A_{22} \end{pmatrix}$. 这是一个分成了 4 块的分块矩阵.

例 2 设 $A = \begin{pmatrix} 1 & 1 & 0 & 0 & 0 \\ -1 & 1 & 0 & 0 & 0 \\ 0 & 0 & 1 & 0 & 0 \\ 0 & 0 & 1 & 1 & 0 \\ 0 & 0 & 0 & 0 & 1 \end{pmatrix}$,则矩阵 A 是一个分成了 9 块的矩阵,且 A 的分块有一

个特点:若记 $A_1 = \begin{pmatrix} 1 & 1 \\ -1 & 1 \end{pmatrix}$, $A_2 = \begin{pmatrix} 1 & 0 \\ 1 & 1 \end{pmatrix}$, $A_3 = (1)$,

则 $$A = \begin{pmatrix} A_1 & 0 & 0 \\ 0 & A_2 & 0 \\ 0 & 0 & A_3 \end{pmatrix}.$$

即矩阵 A 作为分块矩阵来看,除了主对角线上的块外,其余各块都是零矩阵.以后我们会发现这种分块成对角形状的矩阵在运算上是比较简便的.

矩阵的分块有多种方式,可根据具体需要而定.

二、分块矩阵的运算

分块矩阵的运算与普通矩阵的运算规则相似. 分块时要注意,运算的两矩阵按块能运算,并且参与运算的子块也能运算.

1. 加法

设同型矩阵 A 与 B 采用相同的分块法,即

$$A = \begin{pmatrix} A_{11} & \cdots & A_{1t} \\ \cdots & & \cdots \\ A_{s1} & \cdots & A_{st} \end{pmatrix}, \quad B = \begin{pmatrix} B_{11} & \cdots & B_{1t} \\ \cdots & & \cdots \\ B_{s1} & \cdots & B_{st} \end{pmatrix},$$

其中 A_{ij} 与 B_{ij} 也是同型矩阵,$i = 1, 2, \cdots s$,$j = 1, 2, \cdots t$,则

$$A + B = \begin{pmatrix} A_{11} + B_{11} & \cdots & A_{1t} + B_{1t} \\ \cdots & & \cdots \\ A_{s1} + B_{s1} & \cdots & A_{st} + B_{st} \end{pmatrix}.$$

2. 数乘分块矩阵

用数 k 乘一个分块矩阵时,等于用 k 去乘矩阵的每一个块,即

$$kA = k \begin{pmatrix} A_{11} & \cdots & A_{1t} \\ \cdots & & \cdots \\ A_{s1} & \cdots & A_{st} \end{pmatrix} = \begin{pmatrix} kA_{11} & \cdots & kA_{1t} \\ \cdots & & \cdots \\ kA_{s1} & \cdots & kA_{st} \end{pmatrix}.$$

例3 设矩阵 $A=\begin{pmatrix}1&0&1&3\\0&1&2&4\\0&0&-1&0\\0&0&0&-1\end{pmatrix}$，$B=\begin{pmatrix}1&2&0&0\\2&0&0&0\\6&3&1&0\\0&-2&0&1\end{pmatrix}$，用分块矩阵计算 kA，$A+B$.

解 将矩阵 A，B 分块如下：

$$A=\begin{pmatrix}1&0&1&3\\0&1&2&4\\0&0&-1&0\\0&0&0&-1\end{pmatrix}=\begin{pmatrix}I&C\\0&-I\end{pmatrix},\quad B=\begin{pmatrix}1&2&0&0\\2&0&0&0\\6&3&1&0\\0&-2&0&1\end{pmatrix}=\begin{pmatrix}D&0\\F&I\end{pmatrix},$$

则

$$kA=k\begin{pmatrix}I&C\\0&-I\end{pmatrix}=\begin{pmatrix}kI&kC\\0&-kI\end{pmatrix}=\begin{pmatrix}k&0&k&3k\\0&k&2k&4k\\0&0&-k&0\\0&0&0&-k\end{pmatrix},$$

$$A+B=\begin{pmatrix}I&C\\0&-I\end{pmatrix}+\begin{pmatrix}D&0\\F&I\end{pmatrix}=\begin{pmatrix}I+D&C\\F&0\end{pmatrix}=\begin{pmatrix}2&2&1&3\\2&1&2&4\\6&3&0&0\\0&-2&0&0\end{pmatrix}.$$

3. 分块矩阵的乘法

设 A 为 $m\times l$ 矩阵，B 为 $l\times n$ 矩阵，分块成

$$A=\begin{pmatrix}A_{11}&\cdots&A_{1t}\\\cdots&&\cdots\\A_{s1}&\cdots&A_{st}\end{pmatrix},\quad B=\begin{pmatrix}B_{11}&\cdots&B_{1r}\\\cdots&&\cdots\\B_{t1}&\cdots&B_{tr}\end{pmatrix},$$

其中 A_{p1}，A_{p2}，$\cdots$，A_{pt} 的列数分别等于 B_{1q}，B_{2q}，$\cdots$，B_{tq} 的行数，则

$$AB=\begin{pmatrix}C_{11}&\cdots&C_{1r}\\\vdots&&\vdots\\C_{s1}&\cdots&C_{sr}\end{pmatrix},$$

其中 $C_{pq}=\sum_{k=1}^{t}A_{pk}B_{kq}(p=1,2,\cdots,s;q=1,2,\cdots,r)$.

例4 设 $A=\begin{pmatrix}1&0&0&0\\0&1&0&0\\-1&2&1&0\\1&1&0&1\end{pmatrix}$，$B=\begin{pmatrix}1&0&1&0\\-1&2&0&1\\1&0&4&1\\-1&-1&2&0\end{pmatrix}$，用分块矩阵计算 AB.

解 把 A，B 分块成 $A=\begin{pmatrix}I&0\\A_1&I\end{pmatrix}$，$B=\begin{pmatrix}B_{11}&I\\B_{21}&B_{22}\end{pmatrix}$，

则 $AB=\begin{pmatrix}I&0\\A_1&I\end{pmatrix}\begin{pmatrix}B_{11}&I\\B_{21}&B_{22}\end{pmatrix}=\begin{pmatrix}B_{11}&I\\A_1B_{11}+B_{21}&A_1+B_{22}\end{pmatrix}.$

又 $A_1B_{11}+B_{21}=\begin{pmatrix}-1&2\\1&1\end{pmatrix}\begin{pmatrix}1&0\\-1&2\end{pmatrix}+\begin{pmatrix}1&0\\-1&-1\end{pmatrix}=\begin{pmatrix}-3&4\\0&2\end{pmatrix}+\begin{pmatrix}1&0\\-1&-1\end{pmatrix}=\begin{pmatrix}-2&4\\-1&1\end{pmatrix},$

$$A_1 + B_{22} = \begin{pmatrix} -1 & 2 \\ 1 & 1 \end{pmatrix} + \begin{pmatrix} 4 & 1 \\ 2 & 0 \end{pmatrix} = \begin{pmatrix} 3 & 3 \\ 3 & 1 \end{pmatrix},$$

$$AB = \begin{pmatrix} B_{11} & I \\ A_1B_{11} + B_{21} & A_1 + B_{22} \end{pmatrix} = \begin{pmatrix} 1 & 0 & 1 & 0 \\ -1 & 2 & 0 & 1 \\ -2 & 4 & 3 & 3 \\ -1 & 1 & 3 & 1 \end{pmatrix}.$$

4. 分块矩阵的转置

设矩阵 A 可写成分块矩阵

$$A = \begin{pmatrix} A_{11} & \cdots & A_{1t} \\ \cdots & & \cdots \\ A_{s1} & \cdots & A_{st} \end{pmatrix},$$

则矩阵 A 的转置矩阵 A^T 为

$$A^T = \begin{pmatrix} A_{11}^T & \cdots & A_{s1}^T \\ \cdots & & \cdots \\ A_{1t}^T & \cdots & A_{st}^T \end{pmatrix}.$$

5. 分块对角矩阵

设 A 为 n 阶方阵,若 A 的分块矩阵只有在对角线上有非零子块,其余子块都为零矩阵,且在对角线上的子块都是方阵,即

$$A = \begin{pmatrix} A_1 & & & 0 \\ & A_2 & & \\ & & \ddots & \\ 0 & & & A_s \end{pmatrix},$$

其中 $A_i (i = 1, 2, \cdots, s)$ 都是方阵,则称 A 为分块对角矩阵.

分块对角矩阵具有以下性质:

(1) 若 $|A_i| \neq 0 \ (i = 1, 2, \cdots, s)$,则 $|A| \neq 0$,且 $|A| = |A_1||A_2| \cdots |A_s|$.

(2) 若 $A = \begin{pmatrix} A_1 & & & 0 \\ & A_2 & & \\ & & \ddots & \\ 0 & & & A_s \end{pmatrix}, B = \begin{pmatrix} B_1 & & & 0 \\ & B_2 & & \\ & & \ddots & \\ 0 & & & B_s \end{pmatrix},$

其中 A_i, B_i 是同阶的子方块 $(i = 1, 2, \cdots, s)$,则

$$A + B = \begin{pmatrix} A_1 + B_1 & & & 0 \\ & A_2 + B_2 & & \\ & & \ddots & \\ 0 & & & A_s + B_s \end{pmatrix},$$

$$AB = \begin{pmatrix} A_1B_1 & & & 0 \\ & A_2B_2 & & \\ & & \ddots & \\ 0 & & & A_sB_s \end{pmatrix},$$

$$A^k = \begin{bmatrix} A_1^k & & & 0 \\ & A_2^k & & \\ & & \ddots & \\ 0 & & & A_s^k \end{bmatrix} \quad (k \text{ 为正整数}).$$

形如 $\begin{bmatrix} A_{11} & A_{12} & \cdots & A_{1s} \\ 0 & A_{22} & \cdots & A_{2s} \\ \vdots & \vdots & & \vdots \\ 0 & 0 & \cdots & A_{ss} \end{bmatrix}$ 的分块矩阵,称为分块上三角形矩阵.

形如 $\begin{bmatrix} A_{11} & 0 & \cdots & 0 \\ A_{21} & A_{22} & \cdots & 0 \\ \vdots & \vdots & & \vdots \\ A_{s1} & A_{s2} & \cdots & A_{ss} \end{bmatrix}$ 的分块矩阵,称为分块下三角形矩阵.

如果分块上(下)三角形矩阵的主对角线上的子块 $A_{ii}(i=1,2,\cdots,s)$ 均为方阵,那么有如下结论:

$$\begin{vmatrix} A_{11} & A_{12} & \cdots & A_{1s} \\ 0 & A_{22} & \cdots & A_{2s} \\ \vdots & \vdots & & \vdots \\ 0 & 0 & \cdots & A_{ss} \end{vmatrix} = \begin{vmatrix} A_{11} & 0 & \cdots & 0 \\ A_{21} & A_{22} & \cdots & 0 \\ \vdots & \vdots & & \vdots \\ A_{s1} & A_{s2} & \cdots & A_{ss} \end{vmatrix} = |A_{11}||A_{22}|\cdots|A_{ss}|.$$

分块对角矩阵还具有如下性质:

设矩阵 $A = \begin{bmatrix} A_1 & & & 0 \\ & A_2 & & \\ & & \ddots & \\ 0 & & & A_s \end{bmatrix}$ 是分块对角矩阵,且 $|A| \neq 0$,则

$$A^{-1} = \begin{bmatrix} A_1^{-1} & & & 0 \\ & A_2^{-1} & & \\ & & \ddots & \\ 0 & & & A_s^{-1} \end{bmatrix}.$$

例5 设 $A = \begin{bmatrix} 5 & 0 & 0 \\ 0 & 3 & 1 \\ 0 & 2 & 1 \end{bmatrix}$,求 A^{-1}.

解 $A = \begin{bmatrix} 5 & 0 & 0 \\ 0 & 3 & 1 \\ 0 & 2 & 1 \end{bmatrix} = \begin{bmatrix} A_1 & 0 \\ 0 & A_2 \end{bmatrix}$,

$A_1 = (5),\ A_2 = \begin{pmatrix} 3 & 1 \\ 2 & 1 \end{pmatrix},\ A_1^{-1} = \left(\frac{1}{5}\right),\ A_2^{-1} = \begin{pmatrix} 1 & -1 \\ -2 & 3 \end{pmatrix}$,

从而 $A^{-1} = \begin{bmatrix} A_1^{-1} & 0 \\ 0 & A_2^{-1} \end{bmatrix} = \begin{bmatrix} 1/5 & 0 & 0 \\ 0 & 1 & -1 \\ 0 & -2 & 3 \end{bmatrix}.$

例 6 设分块矩阵 $D = \begin{pmatrix} A & C \\ 0 & B \end{pmatrix}$，其中 A 和 B 分别为 r 阶与 k 阶可逆方阵，C 是 $r \times k$ 矩阵，0 是 $k \times r$ 零矩阵. 证明 D 可逆，并求 D^{-1}.

解 因为 $|D| = |A||B| \neq 0$，所以 D 可逆.

设 $D^{-1} = \begin{pmatrix} X & Z \\ W & Y \end{pmatrix}$，其中 X，Y 分别为与 A，B 同阶的方阵，则应有

$$D^{-1}D = \begin{pmatrix} X & Z \\ W & Y \end{pmatrix} \begin{pmatrix} A & C \\ 0 & B \end{pmatrix} = I,$$

即

$$\begin{pmatrix} XA & XC+ZB \\ WA & WC+YB \end{pmatrix} = \begin{pmatrix} I_r & 0 \\ 0 & I_k \end{pmatrix},$$

于是得

$$\begin{cases} XA = I_r, & (1) \\ WA = 0, & (2) \\ XC + ZB = 0, & (3) \\ WC + YB = I_k, & (4) \end{cases}$$

因为 A 可逆，用 A^{-1} 右乘(1)式与(2)式，可得

$$XAA^{-1} = A^{-1}, \ WAA^{-1} = 0,$$

即
$$X = A^{-1}, \ W = 0.$$

将 $X = A^{-1}$ 代入(3)式，有

$$A^{-1}C = -ZB.$$

因为 B 可逆，用 B^{-1} 右乘上式，得

$$A^{-1}CB^{-1} = -Z, \quad 即 \ Z = -A^{-1}CB^{-1}.$$

将 $W = 0$ 代入(4)式，有 $YB = I_k$. 再用 B^{-1} 右乘上式，得

$$Y = I_k B^{-1} = B^{-1},$$

于是求得

$$D^{-1} = \begin{pmatrix} A^{-1} & -A^{-1}CB^{-1} \\ 0 & B^{-1} \end{pmatrix}.$$

三、矩阵的按行分块和按列分块

矩阵按行(列)分块是最常见的一种分块方法. 一般地，$m \times n$ 矩阵 A 有 m 行，称为矩阵 A 的 m 个行向量，若记第 i 行为

$$\alpha_i^T = (a_{i1}, a_{i2}, \cdots, a_{in}),$$

则矩阵 A 就可表示为

$$A = \begin{pmatrix} \alpha_1^T \\ \alpha_2^T \\ \vdots \\ \alpha_m^T \end{pmatrix},$$

$m \times n$ 矩阵 A 有 n 列,称为矩阵 A 的 n 个列向量,若第 j 列记作

$$\alpha_j = \begin{pmatrix} a_{1j} \\ a_{2j} \\ \vdots \\ a_{mj} \end{pmatrix},$$

则矩阵 A 就可表示为 $A = (\alpha_1, \alpha_2, \cdots, \alpha_n)$.

习 题 3-5

1. 设矩阵

$$A = \begin{pmatrix} 1 & 1 & -1 & 0 \\ -1 & 0 & 1 & 0 \\ 0 & 0 & 0 & 1 \\ 0 & 0 & 0 & 2 \end{pmatrix}, \quad B = \begin{pmatrix} 1 & 2 & 0 & 0 \\ 1 & -1 & 0 & 0 \\ 0 & 0 & 0 & 0 \\ 0 & 0 & 1 & 2 \end{pmatrix}.$$

用分块矩阵的乘法求 AB.

2. 设矩阵 $A = \begin{pmatrix} 1 & 1 & 0 & 0 \\ 3 & 2 & 0 & 0 \\ 0 & 0 & 3 & -2 \\ 0 & 0 & 0 & -1 \end{pmatrix}$,求 $|A|$, $|A^{10}|$, AA^T.

3. 设 n 阶方阵 A 与 m 阶方阵 B 都是可逆矩阵,求 $\begin{pmatrix} 0 & A \\ B & 0 \end{pmatrix}^{-1}$.

4. 分块矩阵 $D = \begin{pmatrix} A & 0 \\ C & B \end{pmatrix}$,其中 A 和 B 分别为 r 阶与 k 阶可逆方阵,C 是 $k \times r$ 矩阵,0 是 $r \times k$ 零矩阵.证明 D 可逆,并求 D^{-1}.

5. 设矩阵 $A = \begin{pmatrix} 0 & 0 & 1 & -2 \\ 0 & 0 & 0 & 3 \\ 1 & 0 & 0 & 0 \\ 0 & 1 & 0 & 0 \end{pmatrix}$,证明 A 可逆,并求 A^{-1}.

6. 证明:实矩阵 $A = 0$ 的充要条件是方阵 $A^T A = 0$.

§6 矩 阵 的 秩

矩阵的秩是高等代数中的又一个重要概念,它描述了矩阵的一个重要的数值特征.

一、矩阵的秩的定义

对于给定的 $m \times n$ 矩阵 A,它的标准形

$$F = \begin{pmatrix} I_r & 0 \\ 0 & 0 \end{pmatrix}_{m \times n}$$

由数 r 完全确定. 这个数也就是 A 化为行阶梯形矩阵中的非零行的行数,这个数便是矩阵 A 的秩.但由于这个数的唯一性尚未证明,因此下面用另一种说法给出矩阵的秩的定义.

定义 6.1 在 $m \times n$ 矩阵 A 中,任取 k 行 k 列 $(k \leqslant m, k \leqslant n)$,位于这些行列交叉处的 k^2 个元素,不改变它们在 A 中所处的位置次序而得的 k 阶行列式,称为矩阵 A 的 k 阶子式.

例如
$$A = \begin{pmatrix} 1 & 3 & 4 & 5 \\ -1 & 0 & 2 & 3 \\ 0 & 1 & -1 & 0 \end{pmatrix},$$

矩阵 A 的第一、三行,第二、四列相交处的元素所构成的二阶子式为 $\begin{vmatrix} 3 & 5 \\ 1 & 0 \end{vmatrix}$.

$m \times n$ 矩阵 A 的 k 阶子式共有 $C_m^k \cdot C_n^k$ 个,其中不为零的子式称为非零子式.

定义 6.2 如果在矩阵 $A_{m \times n}$ 中有一个 r 阶非零子式 D,且所有的 $r+1$ 阶子式(如果存在的话)全等于零,那么称 D 为矩阵 A 的最高阶非零子式.最高阶非零子式的阶数 r 称为矩阵 A 的秩,记作 $r(A) = r$. 规定零矩阵的秩等于 0.

显然,$r(A) = r(A^T); 0 \leqslant r(A) \leqslant \min\{m, n\}$.

对于 n 阶方阵 A,由于 A 的 n 阶子式只有一个 $|A|$,故当 $|A| \neq 0$ 时,$r(A) = n$;当 $|A| = 0$ 时,$r(A) < n$. 可见可逆矩阵的秩等于矩阵的阶数,不可逆矩阵的秩小于矩阵的阶数. 因此,可逆矩阵(非奇异矩阵)又称满秩矩阵,不可逆矩阵(奇异矩阵)又称降秩矩阵.

例 1 求下列矩阵的秩:

$(1) A = \begin{pmatrix} 2 & -3 & 8 & 2 \\ 2 & 12 & -12 & 12 \\ 1 & 3 & 1 & 4 \end{pmatrix}$;
$(2) B = \begin{pmatrix} 2 & -1 & 0 & 4 & -3 \\ 0 & 0 & 3 & 1 & 2 \\ 0 & 0 & 0 & 5 & 7 \\ 0 & 0 & 0 & 0 & 0 \end{pmatrix}$.

解 (1) 利用定义 6.1 来计算各阶子式的值.

A 的一个二阶子式 $D = \begin{vmatrix} 2 & -3 \\ 2 & 12 \end{vmatrix} = 30 \neq 0$,故 $r(A) \geqslant 2$,而 A 中的一个三阶子式

$$\begin{vmatrix} 2 & -3 & 8 \\ 2 & 12 & -2 \\ 1 & 3 & 1 \end{vmatrix} = 90 \neq 0,$$

所以 $r(A) = 3$.

(2) B 是一个行阶梯形矩阵,其非零行有 3 行,因此 B 的所有四阶子式均为零,而以三个

非零行的首非零元所在行列所构成的三阶子式 $\begin{vmatrix} 2 & 0 & 4 \\ 0 & 3 & 1 \\ 0 & 0 & 5 \end{vmatrix}$ 是一个上三角行列式,它显然不为

零,所以 $r(A)=3$.

二、利用初等变换求矩阵的秩

当矩阵的行数和列数较高时,按定义求秩是不可取的. 由于行阶梯形矩阵的秩就等于其非零行的行数,那么用初等变换求矩阵的秩是否可行? 下面的定理对此作出了肯定的回答.

定理 6.1　若 $A \sim B$,则 $r(A)=r(B)$. 即矩阵的初等变换不改变矩阵的秩.

证明略.

由本章第四节定理 4.4 及其推论 2,可得下面的推论:

推论 1　若存在可逆矩阵 P, Q,使 $PAQ=B$,则 $r(A)=r(B)$.

推论 2　设 A 为 n 阶可逆矩阵,则 $r(A)=n$.

根据定理 6.1,求矩阵的秩的问题就转化为用初等行变换化矩阵为行阶梯形矩阵的问题,得到的行阶梯形矩阵中非零行的行数即是该矩阵的秩.

例 2　设 $A=\begin{pmatrix} 1 & 6 & -4 & -1 & 4 \\ 3 & -2 & 3 & 6 & -1 \\ 2 & 0 & 1 & 5 & -3 \\ 3 & 2 & 0 & 5 & 0 \end{pmatrix}$,求 A 的秩,并求 A 的一个最高阶非零子式.

解　先求矩阵 A 的秩,为此对 A 作初等行变换化为行阶梯形矩阵

$$A=\begin{pmatrix} 1 & 6 & -4 & -1 & 4 \\ 3 & -2 & 3 & 6 & -1 \\ 2 & 0 & 1 & 5 & -3 \\ 3 & 2 & 0 & 5 & 0 \end{pmatrix}$$

$$\xrightarrow[\substack{r_3-2r_1 \\ r_4-3r_1}]{r_2-r_4} \begin{pmatrix} 1 & 6 & -4 & -1 & 4 \\ 0 & -4 & 3 & 1 & -1 \\ 0 & -12 & 9 & 7 & -11 \\ 0 & -16 & 12 & 8 & -12 \end{pmatrix}$$

$$\xrightarrow[r_4-4r_2]{r_3-3r_2} \begin{pmatrix} 1 & 6 & -4 & -1 & 4 \\ 0 & -4 & 3 & 1 & -1 \\ 0 & 0 & 0 & 4 & -8 \\ 0 & 0 & 0 & 4 & -8 \end{pmatrix}$$

$$\xrightarrow{r_4-r_3} \begin{pmatrix} 1 & 6 & -4 & -1 & 4 \\ 0 & -4 & 3 & 1 & -1 \\ 0 & 0 & 0 & 4 & -8 \\ 0 & 0 & 0 & 0 & 0 \end{pmatrix}.$$

因为行阶梯形矩阵有 3 个非零行,所以 $r(A)=3$.

再求 A 的一个最高阶非零子式.因 $r(A)=3$,故 A 的最高阶非零子式为三阶.而 A 的三阶子式共有 $C_4^3 \cdot C_5^3 = 40$ 个,考察 A 的行阶梯形矩阵,其中非零行的首非零元在 1、2、4 列,并注意到对 A 只进行过初等行变换,故可取 A 的子矩阵 $C=\begin{pmatrix} 1 & 6 & -1 \\ 3 & -2 & 6 \\ 2 & 0 & 5 \\ 3 & 2 & 5 \end{pmatrix}$,因为 C 的行阶梯形

矩阵为 $\begin{pmatrix} 1 & 6 & -1 \\ 0 & -4 & 1 \\ 0 & 0 & 4 \\ 0 & 0 & 0 \end{pmatrix}$，可知 $r(C)=3$，故 C 中必有三阶非零子式，而 C 中的三阶子式就只有

4 个(比 A 中的少得多). 计算 C 的前三行构成的子式

$$\begin{vmatrix} 1 & 6 & -1 \\ 3 & -2 & 6 \\ 2 & 0 & 5 \end{vmatrix} = \begin{vmatrix} 1 & 6 & -1 \\ 0 & -20 & 9 \\ 0 & -12 & 7 \end{vmatrix} = \begin{vmatrix} -20 & 9 \\ -12 & 7 \end{vmatrix} = -4 \begin{vmatrix} 5 & 9 \\ 3 & 7 \end{vmatrix} = -32 \neq 0.$$

此子式即为 A 的一个最高阶非零子式.

    例 3 设 $A = \begin{pmatrix} 1 & 2 & -1 & 1 \\ 3 & 2 & \lambda & -1 \\ 5 & 6 & 3 & \mu \end{pmatrix}$，已知 $r(A)=2$，求 λ 与 μ 的值.

    解 $A \xrightarrow[r_3-5r_1]{r_2-3r_1} \begin{pmatrix} 1 & 2 & -1 & 1 \\ 0 & -4 & \lambda+3 & -4 \\ 0 & -4 & 8 & \mu-5 \end{pmatrix} \xrightarrow{r_3-r_2} \begin{pmatrix} 1 & 2 & -1 & 1 \\ 0 & -4 & \lambda+3 & -4 \\ 0 & 0 & 5-\lambda & \mu-1 \end{pmatrix}$,

因 $r(A)=2$，故 $\begin{cases} 5-\lambda=0 \\ \mu-1=0 \end{cases}$，即 $\lambda=5$，$\mu=1$.

三、矩阵秩的性质

前面我们给出了矩阵秩的一些最基本的性质，归纳起来有：

(1) $0 \leqslant r(A_{m \times n}) \leqslant \min\{m, n\}$.

(2) $r(A^T)=r(A)$.

(3) 若 $A \sim B$，则 $r(A)=r(B)$.

(4) 若 P，Q 可逆，则 $r(PAQ)=r(A)$.

(5) n 阶方阵 A 可逆的充要条件是 $r(A)=n$.

下面再介绍几个常用的矩阵秩的性质：

(6) $\max\{r(A), r(B)\} \leqslant r(A, B) \leqslant r(A)+r(B)$，

特别地，当 $B=b$ 为非零列向量时，有

$$r(A) \leqslant r(A, b) \leqslant r(A)+1.$$

(7) $r(A+B) \leqslant r(A)+r(B)$.

(8) 若删去矩阵 A 的一行(列)得到矩阵 B，则 $r(B) \leqslant r(A)$.

    例 4 设 A 为 n 阶方阵，证明：$r(A+I)+r(A-I) \geqslant n$.

    证 因 $(A+I)+(I-A)=2I$，由性质(7)，得

$$r(A+I)+r(I-A) \geqslant r(2I)=n,$$

而 $r(I-A)=r(A-I)$，所以

$$r(A+I)+r(A-I) \geqslant n.$$

    例 5 证明：若 $A_{m \times n}B_{n \times l}=C$，且 $r(A)=n$，则 $r(B)=r(C)$.

证　因 $r(A)=n$，故 A 的行最简形矩阵为 $\begin{pmatrix} I_n \\ 0 \end{pmatrix}_{m \times n}$，并有 m 阶可逆矩阵 P，使

$PA = \begin{pmatrix} I_n \\ \mathbf{0} \end{pmatrix}$. 于是

$$PC = PAB = \begin{pmatrix} I_n \\ 0 \end{pmatrix} B = \begin{pmatrix} B \\ 0 \end{pmatrix}.$$

由矩阵秩的性质(4)知，$r(C)=r(PC)$，而 $r(PC)=r\begin{pmatrix} B \\ 0 \end{pmatrix}=r(B)$，故

$$r(B)=r(C).$$

习　题　3-6

1. 如果 $r(A)=r$，矩阵 A 中能否有等于零的 $r-1$ 阶子式？能否有等于零的 r 阶子式？能否有不为零的 $r+1$ 阶子式？

2. 求下列矩阵的秩：

(1) $\begin{bmatrix} 2 & -1 & 1 & -1 & 3 \\ 4 & -2 & -2 & 3 & 2 \\ 2 & -1 & 5 & -6 & 1 \end{bmatrix}$;

(2) $\begin{bmatrix} 1 & 2 & 3 & 4 \\ 1 & -2 & 4 & 5 \\ 1 & 10 & 1 & 2 \end{bmatrix}$;

(3) $\begin{bmatrix} 1 & -1 & 2 & 1 & 0 \\ 2 & -2 & 4 & 2 & 0 \\ 3 & 0 & 6 & -1 & 1 \\ 0 & 3 & 0 & 0 & 1 \end{bmatrix}$;

(4) $\begin{bmatrix} 3 & -1 & 3 & 2 \\ 5 & -3 & 2 & 3 \\ 1 & -3 & -5 & 0 \\ 7 & -5 & 1 & 4 \end{bmatrix}$.

3. 已知矩阵 $A = \begin{bmatrix} 1 & 1 & 2 & a & 3 \\ 2 & 2 & 3 & 1 & 4 \\ 1 & 0 & 1 & 1 & 5 \\ 2 & 3 & 5 & 5 & 4 \end{bmatrix}$ 的秩为 3，求 a 的值.

4. 确定参数 λ，使矩阵 $\begin{bmatrix} 1 & 1 & \lambda^2 & -2 \\ 1 & -2 & \lambda & 1 \\ -2 & 1 & -2 & \lambda \end{bmatrix}$ 的秩最小.

5. 设 A 是 n 阶方阵，若存在 n 阶方阵 $B \neq 0$，使 $AB=0$，证明：$r(A)<n$.

6. 设 A，B 为 $m \times n$ 矩阵，证明：A 与 B 等价的充要条件是 $r(A)=r(B)$.

7. 设 A 是 r 阶方阵，B 为 $r \times n$ 矩阵，且 $r(B)=r$，证明：

(1) 若 $AB=0$，则 $A=0$；

(2) 若 $AB=B$，则 $A=I$.

第四章

线性方程组

线性方程组是中小学阶段的一元一次方程和二元一次方程组的自然推广. 从历史上看,线性方程组及相关解法都出现在《九章算术》的"方程"一章中,领先欧洲 1 700 年之久. 在第二章中介绍了求解线性方程组的克拉默法则.虽然克拉默法则在理论上具有重要的意义,但是利用它求解线性方程组,要受到一定的限制.首先,它要求线性方程组中方程的个数与未知量的个数相等,其次还要求方程组的系数行列式不等于零.即使方程组具备上述条件,在求解时也需计算 $n+1$ 个 n 阶行列式.由此可见,应用克拉默法则只能求解一些较为特殊的线性方程组且计算量较大.

本章将讨论一般的 n 元线性方程组的求解问题.一般的线性方程组的形式为

$$\begin{cases} a_{11}x_1 + a_{12}x_2 + \cdots + a_{1n}x_n = b_1 \\ a_{21}x_1 + a_{22}x_2 + \cdots + a_{2n}x_n = b_2 \\ \cdots \quad \cdots \quad \cdots \quad \cdots \quad \cdots \\ a_{m1}x_1 + a_{m2}x_2 + \cdots + a_{mn}x_n = b_m \end{cases} \qquad (\text{I})$$

其中 $x_1, x_2, \cdots, x_n$ 代表 n 个未知量,m 为方程的个数,$a_{ij}(i=1, 2, \cdots, m; j=1, 2, \cdots, n)$ 称为方程组的系数,$b_j(j=1, 2, \cdots, m)$ 称为常数项.方程的个数 m 与未知量的个数 n 不一定相等,当 $m=n$ 时,系数行列式也有可能等于零,因此不能用克拉默法则求解.

所谓方程组(I)的一个解,是指由 n 个数 $c_1, c_2, \cdots, c_n$ 组成的有序数组 $(c_1, c_2, \cdots, c_n)$,当 $x_1, x_2, \cdots, x_n$ 分别由 $c_1, c_2, \cdots, c_n$ 代入后,(I)中每个等式均变成恒等式.(I)的所有解构成的集合称为(I)的解集合.

对于线性方程组(I),需要研究以下三个问题:

(1) 怎样判断线性方程组是否有解? 即它有解的充分必要条件是什么?

(2) 方程组有解时,它究竟有多少个解及如何去求解?

(3) 当方程组的解不唯一时,解与解之间的关系如何?

§1 消 元 法

解二元、三元线性方程组时曾用过加减消元法,实际上这个方法比用行列式求解更具有普遍性,是解一般 n 元线性方程组的最有效方法.下面通过例子介绍如何用消元法解一般的线性方程组.

例 1 求解线性方程组 $\begin{cases} 3x_1 - x_2 + 5x_3 = 2 \\ x_1 - x_2 + 2x_3 = 1. \\ x_1 - 2x_2 - x_3 = 5 \end{cases}$ (1)

解 交换第一、三两个方程的位置

$$\begin{cases} x_1 - 2x_2 - x_3 = 5 \\ x_1 - x_2 + 2x_3 = 1. \\ 3x_1 - x_2 + 5x_3 = 2 \end{cases}$$

第一个方程的 -1 倍加到第二个方程,第一个方程的 -3 倍加到第三个方程,得

$$\begin{cases} x_1 - 2x_2 - x_3 = 5 \\ x_2 + 3x_3 = -4 \, . \\ 5x_2 + 8x_3 = -13 \end{cases}$$

第二个方程的 -5 倍加到第三个方程,得

$$\begin{cases} x_1 - 2x_2 - x_3 = 5 \\ x_2 + 3x_3 = -4. \\ -7x_3 = 7 \end{cases}$$ (2)

第三个方程乘以 $-\dfrac{1}{7}$,求得 $x_3 = -1$,再代入第二个方程,求出 $x_2 = -1$,最后求出 $x_1 = 2$. $x_3 = -1$ 代入第二个方程的过程我们称为回代. 这样就得到了方程组(1)的解:

$$\begin{cases} x_1 = 2 \\ x_2 = -1, \\ x_3 = -1 \end{cases}$$

记作

$$\begin{bmatrix} x_1 \\ x_2 \\ x_3 \end{bmatrix} = \begin{bmatrix} 2 \\ -1 \\ -1 \end{bmatrix}.$$

方程组(2)称为阶梯形方程组.

如果在本例中把原方程组中的第一个方程改为 $2x_1 - 3x_2 + x_3 = 6$,得到一个新的方程组

$$\begin{cases} 2x_1 - 3x_2 + x_3 = 6 \\ x_1 - x_2 + 2x_3 = 1. \\ x_1 - 2x_2 - x_3 = 5 \end{cases}$$ (3)

用类似的方法,可以把方程组化为

$$\begin{cases} x_1 - x_2 + 2x_3 = 1, \\ x_2 + 3x_3 = -4 \end{cases},$$ (4)

即

$$\begin{cases} x_1 = -3 - 5x_3 \\ x_2 = -4 - 3x_3 \end{cases}.$$

显然,此方程组有无穷多个解.

如果在本例中把原方程组的第一个方程改为 $2x_1 - 3x_2 + x_3 = 5$,作出新的方程组

$$\begin{cases} 2x_1 - 3x_2 + x_3 = 5 \\ x_1 - x_2 + 2x_3 = 1 \\ x_1 - 2x_2 - x_3 = 5 \end{cases}. \tag{5}$$

用类似的方法,可得到

$$\begin{cases} x_1 - 2x_2 - x_3 = 5 \\ x_2 + 3x_3 = -4 \\ 0 = -1 \end{cases}. \tag{6}$$

显然方程组无解.

上面的方法具有一般性,即无论方程组只有一个解或有无穷个解还是无解,都可用消元法将其化为一个阶梯形方程组,从而判断出它是否有解.

分析一下消元法,不难看出,它实际上是反复地对方程组进行变换,而所作的变换,也只是由三种基本变换所构成.

定义 1.1 给定一个线性方程组,若对方程组作以下三种基本变换:

(1) 交换方程组中某两个方程的位置;

(2) 用一个非零常数乘某一个方程;

(3) 用一个数乘某一个方程后加到另一个方程上.

这三种变换称为线性方程组的初等变换.

事实上,用消元法解线性方程组的过程就是对线性方程组反复地实行初等变换的过程.

如果两个方程组有相同的解集合,就称它们是同解的或等价的方程组.

定理 1.1 初等变换把一个线性方程组变成一个与它同解的线性方程组.

证明 考虑线性方程组

$$\begin{cases} a_{11}x_1 + a_{12}x_2 + \cdots + a_{1n}x_n = b_1 \\ a_{21}x_1 + a_{22}x_2 + \cdots + a_{2n}x_n = b_2 \\ \cdots \quad \cdots \quad \cdots \quad \cdots \quad \cdots \\ a_{m1}x_1 + a_{m2}x_2 + \cdots + a_{mn}x_n = b_m \end{cases}. \tag{I}$$

我们只对第三种变换来证明,其他初等变换类似.为简便起见,不妨设把第二个方程乘以数 k 后加到第一个方程上,这样,得到新方程组

$$\begin{cases} (a_{11} + ka_{21})x_1 + (a_{12} + ka_{22})x_2 + \cdots + (a_{1n} + ka_{2n})x_n = b_1 + kb_2 \\ a_{21}x_1 + a_{22}x_2 + \cdots + a_{2n}x_n = b_2 \\ \cdots \quad \cdots \quad \cdots \quad \cdots \quad \cdots \\ a_{m1}x_1 + a_{m2}x_2 + \cdots + a_{mn}x_n = b_m \end{cases}. \tag{II}$$

设 $x_i=c_i(i=1,2,\cdots,n)$ 是（Ⅰ）的任意一个解.因（Ⅰ）与（Ⅱ）的后 $m-1$ 个方程是一样的,所以 $x_i=c_i(i=1,2,\cdots,n)$ 满足（Ⅱ）的后 $m-1$ 个方程.又 $x_i=c_i(i=1,2,\cdots,n)$ 满足（Ⅰ）的前两个方程,所以有

$$a_{11}c_1x_1+a_{12}c_2x_2+\cdots+a_{1n}c_nx_n=b_1,$$
$$a_{21}c_1x_1+a_{22}c_2x_2+\cdots+a_{2n}c_nx_n=b_2.$$

把第二式的两边乘以 k,再与第一式相加,即为

$$(a_{11}+ka_{21})c_1+(a_{12}+ka_{22})c_2+\cdots+(a_{1n}+ka_{2n})c_n=b_1+kb_2.$$

这说明 $x_i=c_i(i=1,2,\cdots,n)$ 又满足（Ⅱ）的第一个方程,故 $x_i=c_i(i=1,2,\cdots,n)$ 是（Ⅱ）的解.类似可证（Ⅱ）的任意一个解也是（Ⅰ）的解,这就证明了（Ⅰ）与（Ⅱ）是同解的.容易证明另外两种初等变换,也把方程组变成与它同解的方程组.证毕.

下面来说明,如何利用初等变换来解一般的线性方程组.

对于方程组（Ⅰ）,首先检查 x_1 的系数.如果 x_1 的系数 $a_{11},a_{21},\cdots,a_{m1}$ 全为零,那么方程组（Ⅰ）对 x_1 没有任何限制,x_1 就可以任意取值,而方程组（Ⅰ）可看作 $x_2,\cdots,x_n$ 的方程组来解.如果 x_1 的系数不全为零,不妨设 $a_{11}\neq0$ 不等于零,否则可利用初等变换1,交换第一个方程与另一个方程的位置,使得第一个方程中 x_1 的系数不为零.然后利用初等变换3,分别把第一个方程的 $-\dfrac{a_{i1}}{a_{11}}$ 倍加到第 i 个 $(i=2,\cdots,n)$ 方程,于是方程组（Ⅰ）变成

$$\begin{cases} a_{11}x_1+a_{12}x_2+\cdots+a_{1n}x_n=b_1 \\ \qquad a'_{22}x_2+\cdots+a'_{2n}x_n=b'_2 \\ \qquad \cdots\quad\cdots\quad\cdots \\ \qquad a'_{m2}x_2+\cdots+a'_{mn}x_n=b'_m \end{cases}, \qquad (Ⅲ)$$

其中, $a'_{ij}=a_{ij}-\dfrac{a_{i1}}{a_{11}}a_{1j}$, $b'_i=b_i-\dfrac{a_{i1}}{a_{11}}b_1$, $(i=2,\cdots,m,j=2,\cdots,n)$.
显然方程组（Ⅲ）与（Ⅰ）是同解的.

对方程组（Ⅲ）再按上面的考虑进行变换,并且这样一步一步做下去,必要时改变未知量的次序,最后得到一个阶梯形方程组.为了讨论方便,不妨设所得到的阶梯形方程组为

$$\begin{cases} c_{11}x_1+c_{12}x_2+\cdots+c_{1r}x_r+\cdots+c_{1n}x_n=d_1 \\ \qquad c_{22}x_2+\cdots+c_{2r}x_r+\cdots+c_{2n}x_n=d_2 \\ \qquad\cdots\cdots\cdots\cdots\cdots \\ \qquad\qquad c_{rr}x_r+\cdots+c_{rn}x_n=d_r \\ \qquad\qquad\qquad 0=d_{r+1} \\ \qquad\qquad\qquad 0=0 \\ \qquad\qquad\qquad\cdots\cdots \\ \qquad\qquad\qquad 0=0 \end{cases}, \qquad (Ⅳ)$$

其中 $c_{ii}\neq0$, $i=1,2,\cdots,r$.方程组（Ⅲ）中"$0=0$"是一些恒等式,可以去掉,并不影响方程组的解.

我们知道,（Ⅰ）与（Ⅳ）是同解的,根据上面的分析,方程组（Ⅳ）是否有解取决于第 $r+1$ 个

方程 $0=d_{r+1}$ 是否矛盾,于是方程组(I)有解的充分必要条件为 $d_{r+1}=0$. 在方程组有解时,分两种情形:

(1) 当 $r=n$ 时,阶梯形方程组为

$$\begin{cases} c_{11}x_1+c_{12}x_2+\cdots+c_{1n}x_n=d_1 \\ \qquad\quad c_{22}x_2+\cdots+c_{2n}x_n=d_2 \\ \qquad\quad \cdots\quad\cdots\quad\cdots\quad\cdots \\ \qquad\qquad\qquad\qquad\quad c_{nn}x_n=d_n \end{cases}, \qquad (V)$$

其中 $c_{ii}\neq 0$, $i=1,2,\cdots,n$. 由克拉默法则,(V)有唯一解,从而(I)有唯一解.

例如,前面讨论过的方程组(1)

$$\begin{cases} 3x_1-x_2+5x_3=2 \\ x_1-x_2+2x_3=1 \\ x_1-2x_2-x_3=5 \end{cases}$$

经过一系列的初等变换后,变为阶梯形方程组

$$\begin{cases} x_1-2x_2-x_3=5 \\ \quad x_2+3x_3=-4. \\ \quad\quad -7x_3=7 \end{cases}$$

这时方程的个数等于未知量的个数,方程组的唯一解是

$$\begin{cases} x_1=2 \\ x_2=-1. \\ x_3=-1 \end{cases}$$

(2) 当 $r<n$ 时,这时阶梯形方程组为

$$\begin{cases} c_{11}x_1+c_{12}x_2+\cdots+c_{1r}x_r+c_{1r+1}x_{r+1}+\cdots+c_{1n}x_n=d_1 \\ \qquad\quad c_{22}x_2+\cdots+c_{2r}x_r+c_{2r+1}x_{r+1}+\cdots+c_{2n}x_n=d_2 \\ \qquad\qquad\quad \cdots\quad\cdots\quad\cdots\quad\cdots\quad\cdots\quad\cdots\quad\cdots \\ \qquad\qquad\qquad\quad c_{rr}x_r+c_{rr+1}x_{r+1}+\cdots+c_{rn}x_n=d_2 \end{cases}, $$

其中 $c_{ij}\neq 0$, $i=1,2,\cdots,r$,写成如下形式

$$\begin{cases} c_{11}x_1+c_{12}x_2+\cdots+c_{1r}x_{rn}=d_1-c_{1r+1}x_{r+1}-\cdots-c_{1n}x \\ \qquad\quad c_{22}x_2+\cdots+c_{2r}x_r=d_2-c_{2r+1}x_{r+1}-\cdots-c_{2n}x_n \\ \qquad\qquad\quad \cdots\quad\cdots\quad\cdots\quad\cdots\quad\cdots \\ \qquad\qquad\qquad\qquad c_{rr}x_r=d_2-c_{rr+1}x_{r+1}-\cdots-c_{rn}x_n \end{cases}. \qquad (VI)$$

由克拉默法则,当 x_{r+1}, x_{r+2}, $\cdots$, x_n 任意取定一组值时,就唯一确定出 x_1, x_2, $\cdots$, x_r 的值,也就是得出方程组(VI)的一个解.一般地,由(VI)可以把 x_1, x_2, $\cdots$, x_r 的值由 x_{r+1}, x_{r+2}, $\cdots$, x_n 表示出来.这样表示出来的解称为方程组(I)的一般解或通解,因 x_{r+1}, x_{r+2}, $\cdots$, x_n 可以任意取值,故称它们为自由未知量.显然,(VI)有无穷多个解,即(I)有无穷多个解.

如上面讨论过的方程组(3)

$$\begin{cases} 2x_1 - 3x_2 + x_3 = 6 \\ x_1 - x_2 + 2x_3 = 1 \\ x_1 - 2x_2 - x_3 = 5 \end{cases}$$

经过一系列的变换后,得到阶梯形方程组

$$\begin{cases} x_1 - x_2 + 2x_3 = 1 \\ x_2 + 3x_3 = -4 \end{cases}.$$

将 x_1, x_2 用 x_3 表示出来即有

$$\begin{cases} x_1 = -3 - 5x_3 \\ x_2 = -4 - 3x_3 \end{cases}.$$

这就是方程组(3)的一般解,而 x_3 是自由未知量,记作

$$\begin{bmatrix} x_1 \\ x_2 \\ x_3 \end{bmatrix} = \begin{bmatrix} -3 - 5c \\ -4 - 3c \\ c \end{bmatrix}.$$

综合前面讨论,我们可得:

定理 1.2 对线性方程组(Ⅰ),经过方程组的初等变换必定可以化成方程组(Ⅳ)的形式,且有:

(1) 若方程组(Ⅳ)中有方程 $0 = d_{r+1}$,而 $d_{r+1} \neq 0$,则方程组无解;

(2) 若 $d_{r+1} = 0$ 或方程组中没有"$0=0$"的方程,则有:

当 $r = n$ 时,方程组有唯一解;当 $r < n$ 时,方程组有无穷多个解.

用消元法解线性方程组的过程,归纳起来就是:首先用初等变换把方程组化为阶梯形方程组,若最后出现一些等式"$0=0$",则将其去掉.如果剩下的方程当中最后一个方程是零等于一个非零的数,那么方程组无解;否则有解.方程组有解时,如果阶梯形方程组中方程的个数等于未知量的个数,那么方程组有唯一解;如果阶梯形方程组中方程个数小于未知量的个数,那么方程组有无穷多个解.

当线性方程组(1)中的常数项 $b_1 = b_2 = \cdots = b_m = 0$ 时,即

$$\begin{cases} a_{11}x_1 + a_{12}x_2 + \cdots + a_{1n}x_n = 0 \\ a_{21}x_1 + a_{22}x_2 + \cdots + a_{2n}x_n = 0 \\ \cdots\cdots\cdots\cdots \\ a_{m1}x_1 + a_{m2}x_2 + \cdots + a_{mn}x_n = 0 \end{cases} \tag{Ⅶ}$$

称为齐次线性方程组.显然,齐次线性方程组是一定有解的,因为 $x_1 = \cdots = x_n = 0$ 就是它的一个解.这个解称为齐次方程组的零解.我们所关心的是它除了零解之外,还有没有非零解?把上述对非齐次线性方程组讨论的结果应用到齐次线性方程组,就有如下定理:

定理 1.3 在齐次线性方程组(Ⅶ)中,若 $m < n$,则它必有非零解.

证明 因为(Ⅶ)一定有解,又 $r \leqslant m < n$,所以它有无穷多个解,因而有非零解.

习 题 4-1

1. 用消元法解线性方程组：

(1) $\begin{cases} x_1 + 2x_2 + x_3 = 3 \\ -2x_1 + x_2 - x_3 = -3; \\ x_1 - 4x_2 + 2x_3 = -5 \end{cases}$ (2) $\begin{cases} x_1 - 2x_2 + x_3 + x_4 = 1 \\ x_1 - 2x_2 + x_3 - x_4 = -1; \\ x_1 - 2x_2 + x_3 + x_4 = 5 \end{cases}$

(3) $\begin{cases} 2x_1 - x_2 + 3x_3 = 3 \\ 3x_1 + x_2 - 5x_3 = 0 \\ 4x_1 - x_2 + x_3 = 3 \\ x_1 + 3x_2 - 13x_3 = -6 \end{cases}$.

2. 不解方程组，判别下面两个齐次线性方程组是否有非零解：

(1) $\begin{cases} x_1 - 2x_2 + x_3 + x_4 = 0 \\ x_1 - 2x_2 + x_3 - x_4 = 0; \end{cases}$ (2) $\begin{cases} x_1 - 2x_2 + x_3 = 0 \\ 2x_1 - 4x_2 + 2x_3 = 0. \\ x_1 + 2x_2 - 2x_3 = 0 \end{cases}$

§2　线性方程组有解判别定理

从上一节中用消元法求解方程组的过程中可以看出，我们只是对各方程的系数和常数项进行运算.本节将利用矩阵及矩阵的秩讨论方程组的解.对于给定的一个非齐次线性方程组

$$\begin{cases} a_{11}x_1 + a_{12}x_2 + \cdots + a_{1n}x_n = b_1 \\ a_{21}x_1 + a_{22}x_2 + \cdots + a_{2n}x_n = b_2 \\ \cdots\cdots\cdots\cdots\cdots \\ a_{m1}x_1 + a_{m2}x_2 + \cdots + a_{mn}x_n = b_m \end{cases}. \qquad (\text{I})$$

令

$$A = \begin{bmatrix} a_{11} & a_{12} & \cdots & a_{1n} \\ a_{21} & a_{22} & \cdots & a_{2n} \\ \vdots & \vdots & \vdots & \vdots \\ a_{m1} & a_{m2} & \cdots & a_{mn} \end{bmatrix}, \quad b = \begin{bmatrix} b_1 \\ b_2 \\ \vdots \\ b_m \end{bmatrix}.$$

则非齐次线性方程组（Ⅰ）可写成 $AX = b$.

矩阵 A 称为线性方程组（Ⅰ）的系数矩阵，线性方程组的系数及常数项所组成的矩阵

$$\overline{A} = \begin{bmatrix} a_{11} & a_{12} & \cdots & a_{1n} & b_1 \\ a_{21} & a_{22} & \cdots & a_{2n} & b_2 \\ \vdots & \vdots & \vdots & \vdots & \vdots \\ a_{m1} & a_{m2} & \cdots & a_{mn} & b_m \end{bmatrix}$$

称为它的增广矩阵.

由线性方程组的初等变换和上一章矩阵初等变换的定义可知，线性方程组的初等变换，对应着其增广矩阵的初等变换.由消元法解线性方程组，实际上只是对各方程的系数和常数项进

行运算,未知量并未参与运算.因此,对方程组的初等变换完全可以转化成对其增广矩阵的行进行变换.例如,上一节的例1,其求解过程用增广矩阵的初等行变换来描述,其一一对照过程如下:

例1　求解线性方程组 $\begin{cases} 3x_1 - x_2 + 5x_3 = 2 \\ x_1 - x_2 + 2x_3 = 1. \\ x_1 - 2x_2 - x_3 = 5 \end{cases}$

解　$\overline{A} = \begin{bmatrix} 3 & -1 & 5 & 2 \\ 1 & -1 & 2 & 1 \\ 1 & -2 & -1 & 5 \end{bmatrix} \xrightarrow{r_1 \leftrightarrow r_3} \begin{bmatrix} 1 & -2 & -1 & 5 \\ 1 & -1 & 2 & 1 \\ 3 & -1 & 5 & 2 \end{bmatrix}$

$\xrightarrow{r_3 - 5r_2} \begin{bmatrix} 1 & -2 & -1 & 5 \\ 0 & 1 & 3 & -4 \\ 0 & 0 & -7 & 7 \end{bmatrix} \xrightarrow{r_3 \times \left(-\frac{1}{7}\right)} \begin{bmatrix} 1 & -2 & -1 & 5 \\ 0 & 1 & 3 & -4 \\ 0 & 0 & 1 & -1 \end{bmatrix}$

$\xrightarrow[r_2 - 3r_3]{r_1 + r_3} \begin{bmatrix} 1 & -2 & 0 & 4 \\ 0 & 1 & 0 & -1 \\ 0 & 0 & 1 & -1 \end{bmatrix} \xrightarrow{r_1 + 2r_2} \begin{bmatrix} 1 & 0 & 0 & 2 \\ 0 & 1 & 0 & -1 \\ 0 & 0 & 1 & -1 \end{bmatrix}.$

由此可得,方程组对应的解为

$$\begin{cases} x_1 = 2 \\ x_2 = -1, \\ x_3 = -1 \end{cases}$$

即

$$\begin{bmatrix} x_1 \\ x_2 \\ x_3 \end{bmatrix} = \begin{bmatrix} 2 \\ -1 \\ -1 \end{bmatrix}.$$

以上前四步变换过程对应的即是消元法,而后两步变换即为回代过程.

上述过程中,形如

$$\begin{bmatrix} 1 & -2 & -1 & 5 \\ 0 & 1 & 3 & -4 \\ 0 & 0 & -7 & 7 \end{bmatrix}$$

的矩阵都称为行阶梯形矩阵,其特点是:可以画出一条阶梯线,线的下方全为0;每个台阶只有一行,台阶数即是非零行的行数;阶梯线的竖线后面的第一个元为非零元,称为首非零元.形如

$$\begin{bmatrix} 1 & 0 & 0 & 2 \\ 0 & 1 & 0 & -1 \\ 0 & 0 & 1 & -1 \end{bmatrix}$$

的矩阵还称为行最简形矩阵,其特点是:非零行的首非零元为1,且非零行的首非零元所在的列的其他元都为零.

由上一节的讨论可知,我们在求解线性方程组的过程中,可以将方程组的增广矩阵经过有限次的初等行变换化为行最简形矩阵,然后写出这个最简形矩阵所对应的方程组,此方程组与

原方程组同解.

要特别注意的是,对增广矩阵的初等列变换,虽然有时为了方便,允许交换两个系数列,这相当于交换方程组两个未知量的位置.但是,对矩阵的其他两种初等列变换,在解线性方程组时是绝对不允许运用的,这是因为这样变换后得到的方程组与原来的方程组一般不同解.例如,若将增广矩阵的第一列的 1 倍加到第二列,则对应的方程组的第二个未知量 x_2 的系数就由 a_{i2} 变成了 $(a_{i1}+a_{i2})$,这时,这个方程组与原方程组一般不同解.

例 2 求解线性方程组

$$\begin{cases} x_1+x_2+x_3+x_4=1 \\ 3x_1+2x_2+x_3+x_4=-3 \\ x_2+3x_3+2x_4=5 \\ 5x_1+4x_2+3x_3+3x_4=-1 \end{cases}.$$

解 对它的增广矩阵作初等行变换

$$\bar{A}=\begin{pmatrix} 1 & 1 & 1 & 1 & 1 \\ 3 & 2 & 1 & 1 & -3 \\ 0 & 1 & 3 & 2 & 5 \\ 5 & 4 & 3 & 3 & -1 \end{pmatrix} \xrightarrow[r_4-5r_1]{r_2-3r_1} \begin{pmatrix} 1 & 1 & 1 & 1 & 1 \\ 0 & -1 & -2 & -2 & -6 \\ 0 & 1 & 3 & 2 & 5 \\ 0 & -1 & -2 & -2 & -6 \end{pmatrix}$$

$$\xrightarrow[r_4-r_2]{r_3+r_2} \begin{pmatrix} 1 & 1 & 1 & 1 & 1 \\ 0 & -1 & -2 & -2 & -6 \\ 0 & 0 & 1 & 0 & -1 \\ 0 & 0 & 0 & 0 & 0 \end{pmatrix} \xrightarrow[r_1-r_3]{r_2+2r_3} \begin{pmatrix} 1 & 1 & 0 & 1 & 2 \\ 0 & -1 & 0 & -2 & -8 \\ 0 & 0 & 1 & 0 & -1 \\ 0 & 0 & 0 & 0 & 0 \end{pmatrix}$$

$$\xrightarrow{r_1+r_2} \begin{pmatrix} 1 & 0 & 0 & -1 & -6 \\ 0 & -1 & 0 & -2 & -8 \\ 0 & 0 & 1 & 0 & -1 \\ 0 & 0 & 0 & 0 & 0 \end{pmatrix} \xrightarrow{r_2\times(-1)} \begin{pmatrix} 1 & 0 & 0 & -1 & -6 \\ 0 & 1 & 0 & 2 & 8 \\ 0 & 0 & 1 & 0 & -1 \\ 0 & 0 & 0 & 0 & 0 \end{pmatrix}.$$

它所表示的方程组为

$$\begin{cases} x_1-x_4=-6 \\ x_2+2x_4=8 \\ x_3=-1 \end{cases}.$$

这样,就得到方程组的一般解:

$$\begin{cases} x_1=-6+x_4 \\ x_2=8-2x_4 \\ x_3=-1 \end{cases},$$

其中 x_4 为自由未知量.取 $x_4=c$,则方程组的通解为:

$$\begin{pmatrix} x_1 \\ x_2 \\ x_3 \\ x_4 \end{pmatrix}=\begin{pmatrix} -6+c \\ 8-2c \\ -1 \\ c \end{pmatrix}.$$

注意：把 $\begin{bmatrix} a \\ b \\ c \\ d \end{bmatrix}$ 形式上看成四行一列的矩阵，那么按照矩阵的加法和数乘运算法则有：

$$\begin{bmatrix} x_1 \\ x_2 \\ x_3 \\ x_4 \end{bmatrix} = \begin{bmatrix} -6 \\ 8 \\ -1 \\ 0 \end{bmatrix} + c \begin{bmatrix} 1 \\ -2 \\ 0 \\ 1 \end{bmatrix}$$

方程组的通解可以看成由两个矩阵经过加法和数乘运算得到.在下一章我们会将这样的只有一行(或者一列)的矩阵(有序数组)称为向量,并利用向量来讨论线性方程组的解之间具有什么样的关系.

从上例可以看出,利用矩阵初等变换给我们提供了一种新的求解线性方程组的方法.在上一节中我们讨论了解的判别,即 $d_{r+1} \neq 0$,则方程组无解；$d_{r+1}=0$,则方程组有解.我们利用上一章矩阵的秩,很容易得到：

定理 2.1（线性方程组解的判别） 线性方程组（Ⅰ）有解的充分必要条件是：$r(A)=r(\overline{A})$；当 $r(A)=r(\overline{A})=n$ 时,方程组（Ⅰ）有唯一解；当 $r(A)=r(\overline{A})<n$ 时,方程组（Ⅰ）有无穷多个解.

证明 方程组（Ⅰ）的增广矩阵

$$\overline{A} = \begin{bmatrix} a_{11} & a_{12} & \cdots & a_{1n} & b_1 \\ a_{21} & a_{22} & \cdots & a_{2n} & b_2 \\ \vdots & \vdots & & \vdots & \vdots \\ a_{m1} & a_{m2} & \cdots & a_{mn} & b_m \end{bmatrix},$$

则 $\overline{A}$ 的前 n 列作成的矩阵 A 即为系数矩阵,利用矩阵的初等变换把 $\overline{A}$ 化成为

$$\overline{B} = \begin{bmatrix} c_{11} & c_{12} & \cdots & c_{1r} & \cdots & c_{1n} & d_1 \\ 0 & c_{22} & \cdots & c_{2r} & \cdots & c_{2n} & d_2 \\ \vdots & \vdots & & \vdots & & \vdots & \vdots \\ 0 & 0 & \cdots & c_{rr} & \cdots & c_{rn} & d_r \\ 0 & 0 & \cdots & 0 & \cdots & 0 & d_{r+1} \\ 0 & 0 & \cdots & 0 & \cdots & 0 & 0 \\ \vdots & \vdots & & \vdots & & \vdots & \vdots \\ 0 & 0 & \cdots & 0 & \cdots & 0 & 0 \end{bmatrix},$$

并且用 B 表示 $\overline{B}$ 的前 n 列作成的矩阵.又因为初等变换不改变矩阵的秩,由此可知：$r(A)=r(B)=r$, $r(\overline{A})=r(\overline{B})$.

现假设线性方程组有解,那么有 $d_{r+1}=0$,则 $r(\overline{B})=r$.即 $r(A)=r(\overline{A})=r$.

反过来,设 $r(A)=r(\overline{A})=r$,那么 $r(\overline{A})=r(\overline{B})=r$.由此得,$r=n$ 或者 $r<n$ 而 $d_{r+1}=0$,因而方程组有解.

特别地,对于齐次线性方程组 $A_{m \times n}X=0$ 至少有一个零解,由定理 2.1,若 $r(A)=r<n$,

则该方程组一定有无穷多个解,从而有非零解;反之亦然.

定理 2.2 n 元齐次线性方程组 $A_{m \times n} X = 0$ 有非零解的充分必要条件是系数矩阵的秩 $r(A) < n$.

由定理 2.2 可得如下推论:

推论 1 齐次线性方程组 $A_{m \times n} X = 0$ 只有唯一零解的充分必要条件是 $r(A) = n$.

推论 2 若系数矩阵 A 为一方阵,即 $m = n$,则齐次线性方程组 $A_{m \times n} X = 0$ 有非零解的充分必要条件是 $|A| = 0$.

利用矩阵的秩求解方程组的过程:对于齐次线性方程组 $A_{m \times n} X = 0$,可以先将 A 化为行阶梯形矩阵.若 $r(A) = n$,则方程组只有零解;若 $r(A) < n$,则继续将 A 化成行最简形矩阵,便可直接写出它的通解.

而对于非齐次线性方程组 $A_{m \times n} x = b$,可以先将 $\bar{A}$ 化为行阶梯形矩阵.若 $r(A) < r(\bar{A})$,则方程组无解;若 $r(A) = r(\bar{A}) = r$,方程组有解,再把 $\bar{A}$ 化为行最简形矩阵,根据 $r < n$ 或 $r = n$ 的情形分别写出它的通解或唯一解.

例 3 解线性方程组

$$\begin{cases} x_1 + 2x_2 - x_3 = 2 \\ 2x_1 - 3x_2 + x_3 = 3. \\ 4x_1 + x_2 - x_3 = 5 \end{cases}$$

解 对 $\bar{A}$ 用初等行变换化为行阶梯形来判断.

$$\bar{A} = \begin{pmatrix} 1 & 2 & -1 & 2 \\ 2 & -3 & 1 & 3 \\ 4 & 1 & -1 & 5 \end{pmatrix} \xrightarrow[r_3 + r_1 \times (-4)]{r_2 + r_1 \times (-2)} \begin{pmatrix} 1 & 2 & -1 & 2 \\ 0 & -7 & 3 & 1 \\ 0 & -7 & 3 & -3 \end{pmatrix}$$

$$\xrightarrow{r_3 + r_2 \times (-1)} \begin{pmatrix} 1 & 2 & -1 & 2 \\ 0 & -7 & 3 & 1 \\ 0 & 0 & 0 & -4 \end{pmatrix},$$

所以 $r(A) = 2$,$r(\bar{A}) = 3$,从而原方程组无解.

例 4 判断下面线性方程组是否有解?有解时,求出方程组的解.

$$\begin{cases} x_1 - 2x_2 + 3x_3 - 4x_4 = 4 \\ x_2 - x_3 + x_4 = -3 \\ x_1 + 3x_2 + x_4 = 1 \\ -7x_2 + 3x_3 + x_4 = -3 \end{cases}.$$

解 对其增广矩阵 $\bar{A}$ 作初等行变换

$$\bar{A} = \begin{pmatrix} 1 & -2 & 3 & -4 & 4 \\ 0 & 1 & -1 & 1 & 3 \\ 1 & 3 & 0 & 1 & 1 \\ 0 & -7 & 3 & 1 & -3 \end{pmatrix} \xrightarrow{r_3 + r_1 \times (-1)} \begin{pmatrix} 1 & -2 & 3 & -4 & 4 \\ 0 & 1 & -1 & 1 & -3 \\ 0 & 5 & -3 & 5 & -3 \\ 0 & -7 & 3 & 1 & -3 \end{pmatrix}$$

$$
\xrightarrow[\substack{r_3+r_2\times(-5)\\ r_1+r_2\times 2\\ r_4+r_2\times 7}]{}
\begin{bmatrix}
1 & 0 & 1 & -2 & -2 \\
0 & 1 & -1 & 1 & -3 \\
0 & 0 & 1 & 0 & 6 \\
0 & 0 & -4 & 8 & -24
\end{bmatrix}
\xrightarrow[\substack{r_4+r_3\times 4\\ r_2+r_3\times 1\\ r_1+r_3\times(-1)}]{}
\begin{bmatrix}
1 & 0 & 0 & -2 & -8 \\
0 & 1 & 0 & 1 & 3 \\
0 & 0 & 1 & 0 & 6 \\
0 & 0 & 0 & 8 & 0
\end{bmatrix}
$$

$$
\xrightarrow[\substack{r_4\times\frac{1}{8}\\ r_1+r_4\times 2}]{}
\begin{bmatrix}
1 & 0 & 0 & 0 & -8 \\
0 & 1 & 0 & 0 & 3 \\
0 & 0 & 1 & 0 & 6 \\
0 & 0 & 0 & 1 & 0
\end{bmatrix}.
$$

因为 $r(A)=r(\overline{A})=4$，所以原方程组有唯一解 $X=(-8,3,6,0)^T$.

例 5 λ 取何值时，线性方程组

$$
\begin{cases}
\lambda x_1 + x_2 + x_3 = 1 \\
x_1 + \lambda x_2 + x_3 = \lambda, \\
x_1 + x_2 + \lambda x_3 = \lambda^2
\end{cases}
$$

有唯一解，无解，有无穷多解？并在无穷多个解时求其通解.

解 方程组的增广矩阵为

$$
\overline{A}=
\begin{bmatrix}
\lambda & 1 & 1 & 1 \\
1 & \lambda & 1 & \lambda \\
1 & 1 & \lambda & \lambda^2
\end{bmatrix}
\xrightarrow{r_1\leftrightarrow r_3}
\begin{bmatrix}
1 & 1 & \lambda & \lambda^2 \\
1 & \lambda & 1 & \lambda \\
\lambda & 1 & 1 & 1
\end{bmatrix}
\xrightarrow[\substack{r_2+r_1\times(-1)\\ r_3+r_1\times(-\lambda)}]{}
\begin{bmatrix}
1 & 1 & \lambda & \lambda^2 \\
0 & \lambda-1 & 1-\lambda & \lambda-\lambda^2 \\
0 & 1-\lambda & 1-\lambda^2 & 1-\lambda^3
\end{bmatrix}
$$

$$
\xrightarrow{r_3+r_2}
\begin{bmatrix}
1 & 1 & \lambda & \lambda^2 \\
0 & \lambda-1 & 1-\lambda & \lambda-\lambda^2 \\
0 & 0 & 2-\lambda-\lambda^2 & 1+\lambda-\lambda^2-\lambda^3
\end{bmatrix}.
$$

当 $\lambda=1$ 时，增广矩阵

$$
\overline{A}=
\begin{bmatrix}
1 & 1 & 1 & 1 \\
1 & 1 & 1 & 1 \\
1 & 1 & 1 & 1
\end{bmatrix}
\rightarrow
\begin{bmatrix}
1 & 1 & 1 & 1 \\
0 & 0 & 0 & 0 \\
0 & 0 & 0 & 0
\end{bmatrix}
$$

有 $r(A)=r(\overline{A})=1<3$，方程组有无穷多个解.

取 x_2，x_3 为自由未知量，得原方程的解为 $x_1=1-x_2-x_3$，即

$$
\begin{bmatrix}
x_1 \\
x_2 \\
x_3
\end{bmatrix}
=
\begin{bmatrix}
1-c_1-c_2 \\
c_1 \\
c_2
\end{bmatrix}.
$$

当 $\lambda=-2$ 时，增广矩阵

$$
\overline{A}\rightarrow
\begin{bmatrix}
1 & 1 & -2 & 4 \\
0 & -3 & 3 & -6 \\
0 & 0 & 0 & 3
\end{bmatrix}
$$

有 $r(A)=2$，$r(\overline{A})=3$，$r(A)<r(\overline{A})$，所以方程组无解.

当 $\lambda\neq 1$ 且 $\lambda\neq -2$ 时，$r(A)=r(\overline{A})=3$，方程组有唯一解.

例 6 已知线性方程组

$$\begin{cases} x_1 + x_2 + x_3 = 0 \\ x_1 + 2x_2 + ax_3 = 0 \\ x_1 + 4x_2 + a^2 x_3 = 0 \end{cases} \tag{i}$$

与

$$x_1 + 2x_2 + x_3 = a - 1 \tag{ii}$$

有公共解,求 a 的值及所有公共解.

解 (x_1, x_2, x_3) 是上述两个方程组的公共解,当且仅当 (x_1, x_2, x_3) 是线性方程组

$$\begin{cases} x_1 + x_2 + x_3 = 0 \\ x_1 + 2x_2 + ax_3 = 0 \\ x_1 + 4x_2 + a^2 x_3 = 0 \\ x_1 + 2x_2 + x_3 = a - 1 \end{cases} \tag{iii}$$

的解.解这个线性方程组:

$$\overline{A} = \begin{pmatrix} 1 & 1 & 1 & 0 \\ 1 & 2 & a & 0 \\ 1 & 4 & a^2 & 0 \\ 1 & 2 & 1 & a-1 \end{pmatrix} \rightarrow \begin{pmatrix} 1 & 1 & 1 & 0 \\ 0 & 1 & a-1 & 0 \\ 0 & 3 & a^2-1 & 0 \\ 0 & 1 & 0 & a-1 \end{pmatrix} \rightarrow \begin{pmatrix} 1 & 1 & 1 & 0 \\ 0 & 1 & a-1 & 0 \\ 0 & 0 & 1-a & a-1 \\ 0 & 0 & 0 & (a-1)(a-2) \end{pmatrix}.$$

(1) 当 $a \neq 1$ 且 $a \neq 2$ 时,秩 $(A) = 3$,秩 $(\overline{A}) = 4$,线性方程组(iii)无解,即(i)与(ii)无公共解.

(2) 当 $a = 1$ 时,(iii)化为

$$\begin{cases} x_1 + x_2 + x_3 = 0 \\ \qquad\quad x_2 = 0 \end{cases},$$

公共解为 $k(-1, 0, 1)$.

(3) 当 $a = 2$ 时,(iii)化为

$$\begin{cases} x_1 + x_2 + x_3 = 0 \\ \qquad x_2 + x_3 = 0 \\ \qquad\qquad -x_3 = 1 \end{cases},$$

只有唯一解为 $(0, 1, -1)$.

习 题 4-2

1. 用矩阵的初等变换解下列线性方程组(请将其中(1)的过程及结果与习题 4-1 第 1 题的(1)进行比较):

(1) $\begin{cases} x_1 + 2x_2 + x_3 = 3 \\ -2x_1 + x_2 - x_3 = -3; \\ x_1 - 4x_2 + 2x_3 = -5 \end{cases}$
(2) $\begin{cases} x_1 + 2x_2 + 3x_3 = 1 \\ 2x_1 + 2x_2 + 5x_3 = 2; \\ 3x_1 + 5x_2 + x_3 = 3 \end{cases}$

(3) $\begin{cases} 4x_1 + 2x_2 - x_3 = 2 \\ 3x_1 - 1x_2 + 2x_3 = 10; \\ 11x_1 + 3x_2 = 8 \end{cases}$
(4) $\begin{cases} 2x + 3y + z = 4 \\ x - 2y + 4z = -5 \\ 3x + 8y - 2z = 13 \\ 4x - y + 9z = -6 \end{cases}.$

2. λ 取何值时,下列非齐次线性方程组有:(1) 有唯一解;(2) 无解;(3) 有无穷多个解? 并在有解时求其解.

$$(1)\begin{cases} (\lambda+3)x_1+x_2+2x_3=\lambda \\ \lambda x_1+(\lambda-1)x_2+x_3=2\lambda \\ 3(\lambda+1)x_1+\lambda x_2+(\lambda+3)x_3=3 \end{cases};(2)\begin{cases} (2-\lambda)x_1+2x_2-2x_3=1 \\ 2x_1+(5-\lambda)x_2-4x_3=2 \\ -2x_1-4x_2+(5-\lambda)x_3=-\lambda-1 \end{cases}.$$

3. a,b 取何值时,下列非齐次线性方程组有解? 有解时求其解.

$$(1)\begin{cases} ax_1+x_2+x_3=4 \\ x_1+bx_2+x_3=3 \\ x_1+2bx_2+x_3=4 \end{cases};\quad (2)\begin{cases} x_1+x_2+x_3+x_4+x_5=1 \\ 3x_1+2x_2+x_3+x_4-3x_5=a \\ x_2+2x_3+2x_4+6x_5=3 \\ 5x_1+4x_2+3x_3+3x_4-x_5=b \end{cases}.$$

4. 证明:$x_1,x_2,\cdots,x_t$ 是一线性方程组的 t 个解,那么 $a_1x_1+a_2x_2+\cdots+a_tx_t$ 也是该线性方程组的一个解(其中 $a_1+a_2+\cdots+a_t=1$).

§3 线性方程组的应用

线性方程组是线性代数的核心内容之一,它不仅可以广泛地应用于科学、工程计算和统计分析等领域,同时也应用于财经类的后继课程.很多实际问题的处理最后也往往归结为比较容易处理的线性方程组的问题,由于数学软件的优化普及,使线性方程组能够更好地解决我们现实中的问题.本节将简要介绍线性方程组在几何学、运筹学、经济学等方面的基本应用.

一、在解析几何中的应用

解析几何是数与形的有机结合,它将几何体用代数形式巧妙地表示出来,然后通过研究代数方程的相关性质,从而揭示几何图形的内在本质.

例1 已知平面上三条不同直线的方程分别为

$$L_1: ax+2by+3c=0,$$
$$L_2: bx+2cy+3a=0,$$
$$L_3: cx+2ay+3b=0.$$

试证:这三条直线交于一点的充分必要条件为 $a+b+c=0$.

证 必要性.设三直线 L_1,L_2,L_3 交于一点,则线性方程组

$$\begin{cases} ax+2by=-3c \\ bx+2cy=-3a \\ cx+2ay=-3b \end{cases} \tag{1}$$

有唯一解,故系数矩阵 $A=\begin{bmatrix} a & 2b \\ b & 2c \\ c & 2a \end{bmatrix}$ 与增广矩阵 $\overline{A}=\begin{bmatrix} a & 2b & -3c \\ b & 2c & -3a \\ c & 2a & -3b \end{bmatrix}$ 的秩均为 2,于是 $\det(\overline{A})=0$,即

$$\det(\overline{A}) = \begin{vmatrix} a & 2b & -3c \\ b & 2c & -3a \\ c & 2a & -3b \end{vmatrix} = 6(a+b+c)(a^2+b^2+c^2-ab-ac-bc) = 0,$$

所以 $a+b+c=0$.

充分性. 由 $a+b+c=0$, 从必要性的证明可知, $\det(\overline{A})=0$, 故 $r(\overline{A})<3$.
而

$$\begin{vmatrix} a & 2b \\ b & 2c \end{vmatrix} = 2(ac-b^2) = -2[a(a+b)+b^2] = -2\left[\left(a+\frac{1}{2}b\right)^2 + \frac{3}{4}b^2\right] \neq 0,$$

因此 $r(A)=r(\overline{A})=2$. 所以线性方程组(1)有唯一解, 即三直线 L_1, L_2, L_3 交于一点.

例 2 要使得平面上三点 $P_1(x_1, y_1)$, $P_2(x_2, y_2)$, $P_3(x_3, y_3)$ 在同一条直线上, 需满足什么条件?

解 三点位于平面同一条直线上, 不妨令直线为 $ax+by+c=0$, a, b, c 不全为零.
三点坐标满足齐次线性方程组

$$\begin{cases} ax_1+by_1+c=0 \\ ax_2+by_2+c=0, \\ ax_3+by_3+c=0 \end{cases}$$

从而有以 X, Y, Z 为未知量的方程组

$$\begin{cases} Xx_1+Yy_1+Z=0 \\ Xx_2+Yy_2+Z=0 \\ Xx_3+Yy_3+Z=0 \end{cases}$$

存在非零解 $X=a$, $Y=b$, $Z=c$;
由线性方程组解的判别方法可知:

齐次线性方程组有非零解等价于 $r\begin{bmatrix} x_1 & y_1 & 1 \\ x_2 & y_2 & 1 \\ x_3 & y_3 & 1 \end{bmatrix} < n = 3$ (n 为未知量的个数);

因此, 平面上三点 $P_i(x_i, y_i)(i=1, 2, 3)$ 在 $r\begin{bmatrix} x_1 & y_1 & 1 \\ x_2 & y_2 & 1 \\ x_3 & y_3 & 1 \end{bmatrix} < n = 3$ 条件下共线.

例 3 设有三个不同平面的方程 $a_{i1}x+a_{i2}y+a_{i3}z=b_i$, $i=1, 2, 3$, 它们组成的线性方程组的系数矩阵与增广矩阵的秩都为 2, 则这三张平面可能的位置关系为( ).

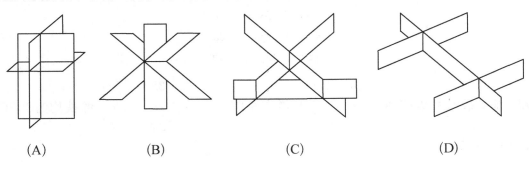

(A)   (B)   (C)   (D)

解 方程 $a_{i1}x + a_{i2}y + a_{i3}z = b_i$ 都表示空间一个平面,因此线性方程组

$$\begin{cases} a_{11}x + a_{12}y + a_{13}z = b_1 \\ a_{21}x + a_{22}y + a_{23}z = b_2 \\ a_{31}x + a_{32}y + a_{33}z = b_3 \end{cases}$$

的解就是这三个平面的公共部分.

上述线性方程组的系数矩阵与增广矩阵的秩都为 2,一方面表明这三个平面有公共部分(方程组有解),另一方面表明解有无限多.由于秩$(A) = r = 2$,未知量个数 $n = 3$,所以线性方程组含一个自由未知量,因此这三个平面的公共部分是一条直线.

情形(C),(D)表明无解,情形(A)只有唯一解,情形(B)的公共部分是一条直线,所以选(B).

二、在运筹学中的应用

在运筹学中,很多问题往往要用到线性方程组中的知识去运算求解.

例 4 有三个生产同一产品的工厂 A_1、A_2 和 A_3,其年产量分别为 40 吨、20 吨和 10 吨.该产品每年有两个用户 B_1 和 B_2,其用量分别为 45 吨和 25 吨.由产地 A_i 到用户 B_j 的距离 C_{ij}(千米),如下表所示($i = 1, 2, 3, j = 1, 2$).各厂的产品如何调配才能使运费最少?(按每吨产品每千米运费 1 元计算)

	A_1	A_2	A_3
B_1	45	58	92
B_2	58	72	36

解 为了解决这个问题,我们假设各厂 A_i 调运到各用户 B_j 的产品数量为 x_{ij} ($i = 1, 2, 3, j = 1, 2$).

容易看出,三个厂的总产量与两个用户的总用量刚好相等,所以对产地来说产品应全部调出,因此有

$$x_{11} + x_{12} = 40, \tag{2}$$

$$x_{21} + x_{22} = 20, \tag{3}$$

$$x_{31} + x_{32} = 10, \tag{4}$$

同时对用户来说调来的产品刚好是所需要的,因此又有

$$x_{11} + x_{21} + x_{31} = 45, \tag{5}$$

$$x_{12} + x_{22} + x_{32} = 25, \tag{6}$$

以上方程(2)—(6)就是 x_{ij} 应满足的一些条件.

要使运费最小，即使得

$$s = 45x_{11} + 58x_{21} + 92x_{31} + 58x_{12} + 72x_{22} + 36x_{32}$$

达到最小.

于是，题目要解决的问题是：如何选择非负数 x_{ij}，$i = 1, 2, 3$，$j = 1, 2$，使之满足 (2)—(6)，而使总运费 s 最小.

三、在经济学中的应用

例5 假设一个经济系统由五金化工、能源（如燃料、电力等）、机械三个行业组成，每个行业的产出在各个行业中的分配见下表，每一列中的元素表示占该行业总产出的比例.以第二列为例，能源行业的总产出的分配如下：80%分配到五金化工行业，10%分配到机械行业，余下的供本行业使用.因为考虑了所有的产出，所以每一列的小数加起来必须等于1.把五金化工、能源、机械行业每年总产出的价格（即货币价值）分别用 p_1，p_2，p_3 表示.试求出使得每个行业的投入与产出都相等的平衡价格.

产出分配			购买者
五金化工	能　源	机　械	
0.2	0.8	0.4	五金化工
0.3	0.1	0.4	能　源
0.5	0.1	0.2	机　械

假设一个国家的经济分为很多行业，例如制造业、通信业、娱乐业和服务行业等. 我们知道每个部门一年的总产出，并准确了解其产出如何在经济的其他部门之间分配或"交易". 把一个部门产出的总货币价值称为该产出的价格（price）.我们有如下结论：

存在赋给各部门总产出的平衡价格，使得每个部门的投入与产出都相等.

解 从上表可以看出，沿列表示每个行业的产出分配到何处，沿行表示每个行业所需的投入.例如，第1行说明五金化工行业购买了80%的能源产出、40%的机械产出以及20%的本行业产出，由于三个行业的总产出价格分别是 p_1，p_2，p_3，因此五金化工行业必须分别向三个行业支付 $0.2p_1$，$0.8p_2$，$0.4p_3$ 元.五金化工行业的总支出为 $0.2p_1 + 0.8p_2 + 0.4p_3$. 为了使五金化工行业的收入 p_1 等于它的支出，因此希望

$$p_1 = 0.2p_1 + 0.8p_2 + 0.4p_3.$$

采用类似的方法处理上表中第2、3行,同上式一起构成齐次线性方程组

$$\begin{cases} p_1 = 0.2p_1 + 0.8p_2 + 0.4p_3 \\ p_2 = 0.3p_1 + 0.1p_2 + 0.4p_3. \\ p_3 = 0.5p_1 + 0.1p_2 + 0.2p_3 \end{cases}$$

该方程组的通解为 $\begin{bmatrix} p_1 \\ p_2 \\ p_3 \end{bmatrix} = p_3 \begin{bmatrix} 1.417 \\ 0.917 \\ 1.000 \end{bmatrix}$，此即经济系统的平衡价格向量，每个 p_3 的非负取值都

确定一个平衡价格的取值. 例如, 我们取 p_3 为 1.000 亿元, 则 $p_1=1.417$ 亿元, $p_2=0.917$ 亿元. 即如果五金化工行业产出价格为 1.417 亿元, 则能源行业产出价格为 0.917 亿元, 机械行业的产出价格为 1.000 亿元, 那么每个行业的收入和支出相等.

在研究一些数量在网络中的流动时自然推导出线性方程组. 例如, 城市规划和交通工程人员监控一个网络状的市区道路的交通流量模式; 电气工程师计算流经电路的电流; 经济学家分析通过分销商和零售商的网络从制造商到顾客的产品销售, 许多网络中的方程组涉及成百甚至上千的变量和方程.

例 6 下图给出了某城市部分单行道的交通流量(每小时过车数). 假设
(1) 流入网络的流量等于全部流出网络的流量;
(2) 全部流入一个节点的流量等于全部流出此节点的流量.
请确定该交通网络未知部分的具体流量.

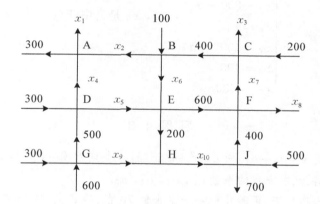

解 首先写出表示流量的线性方程组, 然后求出方程组的通解. 图中各节点的流入量和流出量见下表:

网络节点	流入量	流出量	网络节点	流入量	流出量
A	x_2+x_4	x_1+300	F	$400+600$	x_7+x_8
B	$100+400$	x_2+x_6	G	$300+600$	x_9+500
C	x_7+200	x_3+400	H	x_9+200	x_{10}
D	$300+500$	x_4+x_5	J	$x_{10}+500$	$400+700$
E	x_5+x_6	$200+600$	整个系统	$2\,000$	$x_1+x_3+x_8+1\,000$

根据假设(1)和(2), 经过简单整理, 可得到该网络流系统满足的线性方程组为

$$\begin{cases} -x_1 + x_2 + x_4 = 300 \\ x_2 + x_6 = 500 \\ -x_3 + x_7 = 200 \\ x_4 + x_5 = 800 \\ x_5 + x_6 = 800 \\ x_7 + x_8 = 1\,000 \\ x_9 = 400 \\ x_{10} = 600 \\ x_1 + x_3 + x_8 = 1\,000 \end{cases}.$$

交通流量模式(即方程组的通解)为

$$\begin{cases} x_1 = 200 \\ x_2 = 500 - x_4 \\ x_3 = 800 - x_8 \\ x_5 = 800 - x_4 \\ x_6 = x_4 \\ x_7 = 1000 - x_8 \\ x_9 = 400 \\ x_{10} = 600 \end{cases}, \quad x_4, x_8 \text{ 是自由变量.}$$

习 题 4-3

1. 已知三次曲线 $y = a_0 + a_1 x + a_2 x^2 + a_3 x^3$ 过 4 个点 $P_i(x_i, y_i)$，$i = 1, 2, 3, 4$,其中, x_1, x_2, x_3, x_4 互异.试求方程的系数 a_0, a_1, a_2, a_3.

2. 有甲、乙、丙三种化肥,甲种化肥每千克含氮 70 克、磷 8 克、钾 2 克,乙种化肥每千克含氮 64 克、磷 10 克、钾 0.6 克,丙种化肥每千克含氮 70 克、磷 5 克、钾 1.4 克.若把此三种化肥混合,要求总重量 23 千克且含磷 149 克、钾 30 克,问三种化肥各需多少千克?

3. 设有一个经济系统包括 3 个部门,在某一个生产周期内各部门间的消耗及最终产品如下表所示:

消耗系数 消耗部门 生产部门	1	2	3	最终产品
1	0.25	0.1	0.1	245
2	0.2	0.2	0.1	90
3	0.1	0.1	0.2	175

求各部门的总产品.

4. 下图中的网络给出了在下午一两点钟某市区部分单行道的交通流量(以每刻钟通过的

汽车数量来度量).试确定网络的流量模式.

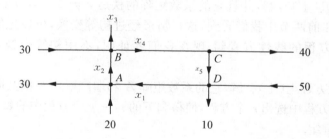

§4 线性方程组的公式解

现在我们讨论线性方程组的公式解问题.

考虑线性方程组

$$\begin{cases} a_{11}x_1 + a_{12}x_2 + \cdots + a_{1n}x_n = b_1 \\ a_{21}x_1 + a_{22}x_2 + \cdots + a_{2n}x_n = b_2 \\ \qquad \cdots\cdots\cdots\cdots \\ a_{m1}x_1 + a_{m2}x_2 + \cdots + a_{mn}x_n = b_m \end{cases} . \tag{I}$$

在用初等变换简化方程组（Ⅰ）时,（Ⅰ）的系数和常数项都起了变化,因而不能由简化后的方程组得出（Ⅰ）的公式解.现在我们要用另一种方法把（Ⅰ）简化,使得简化后的方程组是（Ⅰ）的一部分,因而不产生新的系数和常数项.

先看一个例子.

例1 考察线性方程组

$$\begin{cases} x_1 + 2x_2 - x_3 = 2 \\ 2x_1 - 3x_2 + x_3 = 3 \\ 4x_1 + x_2 - x_3 = 7 \end{cases} .$$

我们把这三个方程依次用 G_1, G_2, G_3 来表示.那么在这三个方程间有以下关系：

$$G_3 = 2G_1 + G_2.$$

这就是说,第三个方程是前两个方程的结果.由中学代数知道,第三个方程可以舍去,亦即方程组和由它的前两个方程所组成的方程组

$$\begin{cases} x_1 + 2x_2 - x_3 = 2 \\ 2x_1 - 3x_2 + x_3 = 3 \end{cases}$$

同解.

同样,把方程组（Ⅰ）的 m 个方程依次用 G_1, G_2, $\cdots$, G_m 来表示.如果在这 m 个方程中,某一个方程 G_i 是其他 t 个方程 G_{i_1}, G_{i_2}, $\cdots$, G_{i_t} 的结果,也就是说,如果存在 t 个数 k_1, k_2, $\cdots$, k_t, 使关系式

$$G_i = k_1 G_{i_1} + k_2 G_{i_2} + \cdots + k_t G_{i_t}$$

成立,那么我们可以在方程组(Ⅰ)中舍去方程 G_i 而把方程组(Ⅰ)化简.

现在设方程组(Ⅰ)有解,并且它的系数矩阵的秩是 $r\neq 0$($r=0$ 的情形是明显的,我们不必加以讨论).在前两节中我们看到,这一情形经过初等变换,可以把解方程组(Ⅰ)归结为解一个含有 r 个方程的线性方程组.现在我们要证明,不用初等变换,也可以得到同样的结果.

定理 4.1 设方程组(Ⅰ)有解,它的系数矩阵 A 和增广矩阵 $\overline{A}$ 的共同秩是 $r\neq 0$,那么可以在(Ⅰ)的 m 个方程中选出 r 个方程,使得剩下的 $m-r$ 个方程中的每一个都是这 r 个方程所组成的线性方程组.

证 由于方程组(Ⅰ)的系数矩阵 A 的秩是 r,所以 A 至少含有一个 r 阶子式 $D\neq 0$.为了叙述方便,不妨假定 D 位于 A 的左上角,因此也位于增广矩阵 $\overline{A}$ 的左上角:

$$\overline{A}=\begin{pmatrix} & & & a_{1,r+1} & \cdots & a_{1n} & b_1 \\ & D & & \vdots & & \vdots & \vdots \\ & & & a_{r,r+1} & \cdots & a_{rn} & b_r \\ a_{r+1,1} & \cdots & a_{r+1,r} & a_{r+1,r+1} & \cdots & a_{r+1,n} & b_{r+1} \\ \vdots & & \vdots & \vdots & & \vdots & \vdots \\ a_{m1} & \cdots & a_{mr} & a_{m,r+1} & \cdots & a_{mn} & b_m \end{pmatrix}.$$

现在我们证明方程组(Ⅰ)的后 $m-r$ 个方程中的每一个都是(Ⅰ)的前 r 个方程

$$\begin{cases} a_{11}x_1+\cdots+a_{1r}x_r+a_{1,r+1}x_{r+1}+\cdots+a_{1n}x_n=b_1 \\ a_{21}x_1+\cdots+a_{2r}x_r+a_{2,r+1}x_{r+1}+\cdots+a_{2n}x_n=b_2 \\ \qquad\cdots\cdots\cdots\cdots\cdots \\ a_{r1}x_1+\cdots+a_{rr}x_r+a_{r,r+1}x_{r+1}+\cdots+a_{rn}x_n=b_r \end{cases} \qquad(\text{Ⅱ})$$

的结果.

看(Ⅰ)的后 $m-r$ 个方程中的任一个,例如第 i($r<i\leqslant m$)个方程

$$a_{i1}x_1+\cdots+a_{ir}x_r+a_{i,i+1}x_{r+1}+\cdots+a_{in}x_n=b_i,$$

我们需要证明,存在 r 个数 k_1, k_2, $\cdots$, k_r, 使得

$$G_i=k_1G_1+k_2G_2+\cdots+k_rG_r,$$

亦即使

$$\begin{cases} a_{11}k_1+a_{21}k_2+\cdots+a_{r1}k_r=a_{i1} \\ \qquad\cdots\cdots\cdots\cdots \\ a_{1r}k_1+a_{2r}k_2+\cdots+a_{rr}k_r=a_{ir} \\ a_{1,r+1}k_1+a_{2,r+1}k_2+\cdots+a_{r,r+1}k_r=a_{i,r+1}. \\ \qquad\cdots\cdots\cdots\cdots \\ a_{1n}k_1+a_{2n}k_2+\cdots+a_{rn}k_r=a_{in} \\ b_1k_1+b_2k_2+\cdots+b_rk_r=b_i \end{cases} \qquad(\text{Ⅲ})$$

为此我们把 k_1, k_2, $\cdots$, k_r 看作未知量,而来证明线性方程组(Ⅲ)有解.

方程组（Ⅲ）的增广矩阵是

$$
\overline{B} = \begin{pmatrix}
a_{11} & a_{21} & \cdots & a_{r1} & a_{i1} \\
\vdots & \vdots & & \vdots & \vdots \\
a_{1r} & a_{2r} & \cdots & a_{rr} & a_{ir} \\
a_{1,\,r+1} & a_{2,\,r+1} & \cdots & a_{r,\,r+1} & a_{i,\,r+1} \\
\vdots & \vdots & & \vdots & \vdots \\
a_{1n} & a_{2n} & \cdots & a_{rn} & a_{in} \\
b_1 & b_2 & \cdots & b_r & b_i
\end{pmatrix},
$$

而 $\overline{B}$ 的前 r 列作成（Ⅲ）的系数矩阵 B. 我们要计算矩阵 B 和 $\overline{B}$ 的秩.

注意，$\overline{B}$ 的列刚好是方程组（Ⅰ）的增广矩阵 $\overline{A}$ 的某些行. 这样，矩阵 $\overline{B}$ 的左上角的 r 阶子式刚好是 $\overline{A}$ 的子式 D 的转置行列式，因而不等于零：

$$
\begin{vmatrix}
a_{11} & \cdots & a_{r1} \\
\vdots & & \vdots \\
a_{1r} & \cdots & a_{rr}
\end{vmatrix} = D' \neq 0.
$$

由于 D' 也是矩阵 B 的子式，所以矩阵 B 和 $\overline{B}$ 的秩都至少是 r. 另一方面，矩阵 $\overline{B}$ 的任一个 $r+1$ 阶子式 D_{r+1} 都是 $\overline{A}$ 的某一个 $r+1$ 子式的转置行列式. 由于 $\overline{A}$ 的秩是 r，所以 $\overline{A}$ 的所有 $r+1$ 阶子式都等于零，由此得 D_{r+1} 必然等于零. 但 $\overline{B}$ 没有阶数高于 $r+1$ 的子式，所以 $\overline{B}$ 和 B 的秩都是 r，而方程组（Ⅱ）有解.

这样我们就证明了：方程组（Ⅰ）的后 $m-r$ 个方程都是前 r 个方程的结果，而解方程组（Ⅰ）的归结为解方程组（Ⅱ）.

现在可以给出方程组（Ⅰ）的公式解.

我们还是假定方程组（Ⅱ）满足定理 4.1 的条件. 由定理 1.1，解方程组（Ⅰ），只需解方程组（Ⅱ）. 我们分别看 $r=n$ 和 $r<n$ 的情形.

如果 $r=n$，那么（Ⅱ）就是方程个数等于未知量个数的一个线性方程组，并且它的系数行列式 $D \neq 0$. 在方程组（Ⅱ）中把含未知量 x_{r+1}, x_{r+2}, $\cdots$, x_n 的项移到右边，方程组（Ⅱ）可以写成：

$$
\begin{cases}
a_{11}x_1 + \cdots + a_{1r}x_r = b_1 - a_{1,\,r+1}x_{r+1} - \cdots - a_{1n}x_n \\
a_{21}x_1 + \cdots + a_{2r}x_r = b_2 - a_{2,\,r+1}x_{r+1} - \cdots - a_{2n}x_n \\
\qquad\qquad \cdots\cdots\cdots\cdots \\
a_{r1}x_1 + \cdots + a_{rr}x_r = b_r - a_{r,\,r+1}x_{r+1} - \cdots - a_{rn}x_n
\end{cases}. \tag{Ⅱ*}
$$

暂时假定 x_{r+1}, x_{r+2}, $\cdots$, x_n 是数，那么（Ⅱ*）变成 r 个未知量 x_1, x_2, $\cdots$, x_r 的 r 个方程. 用克拉默规则解出 x_1, x_2, $\cdots$, x_r，得

$$
x_1 = \frac{D_1}{D}, \quad x_2 = \frac{D_2}{D}, \quad \cdots, \quad x_r = \frac{D_r}{D}, \tag{Ⅳ}
$$

这里

$$
D_i = \begin{vmatrix} a_{11} & \cdots & \overbrace{b_1 - a_{1,r+1}x_{r+1} - \cdots - a_{1n}x_n}^{(第j列)} & \cdots & a_{1r} \\ a_{21} & \cdots & b_2 - a_{2,r+1}x_{r+1} - \cdots - a_{2n}x_n & \cdots & a_{2r} \\ \cdots & \cdots & \cdots & \cdots & \cdots \\ a_{r1} & \cdots & b_r - a_{r,r+1}x_{r+1} - \cdots - a_{rn}x_n & \cdots & a_{rr} \end{vmatrix}.
$$

把(Ⅳ)中的行列式展开,(Ⅳ)可以写成

$$
\begin{cases} x_1 = d_1 + c_{1,r+1}x_{r+1} + \cdots + c_{1n}x_n \\ x_2 = d_2 + c_{2,r+1}x_{r+1} + \cdots + c_{2n}x_n \\ \qquad\qquad \cdots\cdots\cdots\cdots\cdots \\ x_r = d_r + c_{r,r+1}x_{r+1} + \cdots + c_{rn}x_n \end{cases}, \tag{Ⅴ}
$$

这里 d_k 和 c_{kl} 都是可以由方程组(Ⅰ)的系数和常数项表示的数. 现在仍旧把(Ⅴ)中 x_{r+1}, x_{r+2}, $\cdots$, x_n 看成未知量,那么(Ⅴ)是一个线性方程组. 从以上的讨论容易看出,方程组(Ⅴ)与方程组(Ⅱ*)同解,因而和方程组(Ⅰ)同解. 正如用消元法解线性方程组的情形一样,方程组(Ⅴ)给出方程组(Ⅰ)的一个解,只需给予自由未知量 x_{r+1}, x_{r+2}, $\cdots$, x_n 任意一组数值,然后由(Ⅴ)算出未知量 x_1, x_2, $\cdots$, x_r 的对应值,并且(Ⅰ)的所有解都可以这样得到.

由于(Ⅴ)的系数和常数项都可由方程组(Ⅰ)的系数和常数项表出,所以(Ⅴ)或它的前身(Ⅳ)都给出求方程组(Ⅰ)的解的公式.

例 2 已知线性方程组

$$
\begin{cases} a_{11}x_1 + a_{12}x_2 + a_{13}x_3 + a_{14}x_4 = b_1 \\ a_{21}x_1 + a_{22}x_2 + a_{23}x_3 + a_{24}x_4 = b_2 \\ a_{31}x_1 + a_{32}x_2 + a_{33}x_3 + a_{34}x_4 = b_3 \end{cases}
$$

的系数矩阵和增广矩阵的秩都是 2,并且行列式

$$
D = \begin{vmatrix} a_{11} & a_{13} \\ a_{21} & a_{23} \end{vmatrix} \neq 0,
$$

求这个方程组的公式解.

由定理 4.1,只需解前两个方程. 把 x_2, x_4 作为自由未知量,移到右边,得

$$
\begin{cases} a_{11}x_1 + a_{13}x_3 = b_1 - a_{12}x_2 - a_{14}x_4 \\ a_{21}x_1 + a_{23}x_3 = b_2 - a_{22}x_2 - a_{24}x_4 \end{cases},
$$

用克拉默规则解出 x_1, x_3,得

$$
x_1 = \begin{vmatrix} b_1 - a_{12}x_1 - a_{14}x_4 & a_{13} \\ b_2 - a_{22}x_1 - a_{24}x_4 & a_{23} \end{vmatrix},
$$

$$
x_3 = \begin{vmatrix} a_{11} & b_1 - a_{12}x_2 - a_{14}x_4 \\ a_{21} & b_2 - a_{22}x_2 - a_{24}x_4 \end{vmatrix}.
$$

即:

$$x_1=\frac{1}{D}(a_{23}b_1-a_{13}b_2)+\frac{1}{D}(a_{22}a_{13}-a_{12}a_{23})x_2+\frac{1}{D}(a_{13}b_{24}-a_{23}b_{14})x_4,$$

$$x_3=\frac{1}{D}(a_{11}b_2-a_{21}b_1)+\frac{1}{D}(a_{21}a_{12}-a_{11}a_{22})x_2+\frac{1}{D}(a_{21}b_{14}-a_{11}b_{24})x_4.$$

任意给定 x_2,x_4 一组值,例如令 $x_2=0$, $x_4=1$, 我们就得到方程组的一个解:

$$\begin{cases} x_1=\frac{1}{D}(a_{23}b_1-a_{13}b_2)+\frac{1}{D}(a_{13}a_{24}-a_{23}a_{14}) \\ x_2=0 \\ x_3=\frac{1}{D}(a_{11}b_2-a_{21}b_1)+\frac{1}{D}(a_{21}a_{14}-a_{11}a_{24}) \\ x_4=1 \end{cases}.$$

用公式来求数字系数线性方程组的解是比较麻烦的,因为需要计算许多行列式.因此在实际求线性方程组的解的时候,一般总是用消元法.但在数学问题中遇到线性方程组时,常常不需要真正求出它们的解,而是需要对它们进行讨论.在这种情况下,我们有时要用到(Ⅳ)式或(Ⅴ)式.

习 题 4-4

1. 考虑线性方程组

$$\begin{cases} x_1+x_2 &=a_1 \\ x_3+x_4=a_2 \\ x_1 \quad +x_3 &=b_1 \\ x_2 \quad +x_4=b_2 \end{cases},$$

这里 $a_1+a_2=b_1+b_2$. 证明:这个方程组有解,并且它的系数矩阵的秩是 3.

2. 用公式解法解线性方程组

$$\begin{cases} x_1-2x_2+x_3+x_4=1 \\ x_1-2x_2+x_3-x_4=-1 \\ x_1-2x_2+x_3+5x_4=5 \end{cases}.$$

3. 设线性方程组

$$\begin{cases} a_{11}x_1+a_{12}x_2+\cdots+a_{1n}x_n=b_1 \\ a_{21}x_1+a_{22}x_2+\cdots+a_{2n}x_n=b_2 \\ \cdots\cdots\cdots\cdots\cdots \\ a_{m1}x_1+a_{m2}x_2+\cdots+a_{mn}x_n=b_m \end{cases}$$

有解,并且添加一个方程

$$a_1x_1+a_2x_2+\cdots+a_nx_n=b$$

于原方程组所得的方程组与原方程组同解.证明:添加的方程是原方程组中 m 个方程的结果.

4. 设齐次线性方程组

$$\begin{cases} a_{11}x_1 + a_{12}x_2 + \cdots + a_{1n}x_n = 0 \\ a_{21}x_1 + a_{22}x_2 + \cdots + a_{2n}x_n = 0 \\ \cdots\cdots\cdots\cdots \\ a_{n1}x_1 + a_{n2}x_2 + \cdots + a_{nn}x_n = 0 \end{cases}$$

的系数矩阵行列式 $D=0$，而 D 中某一元素 a_{ij} 的代数余子式 $A_{ij} \neq 0$. 证明：这个方程组的解都可以写成

$$kA_{i1}, \ kA_{i2}, \ \cdots, \ kA_{in}$$

的形式，此处 k 是任意数.

5. 设行列式

$$\begin{vmatrix} a_{11} & a_{12} & \cdots & a_{1n} \\ a_{21} & a_{22} & \cdots & a_{2n} \\ \vdots & \vdots & & \vdots \\ a_{n1} & a_{n2} & \cdots & a_{n3} \end{vmatrix} = 0,$$

令 A_{ij} 是元素 a_{ij} 的代数余子式. 证明：矩阵

$$\begin{pmatrix} A_{11} & A_{21} & \cdots & A_{n1} \\ A_{12} & A_{22} & \cdots & A_{n2} \\ \vdots & \vdots & \ddots & \vdots \\ A_{1n} & A_{2n} & \cdots & A_{3n} \end{pmatrix}$$

的秩 $\leqslant 1$.

第五章

线 性 空 间

线性空间（或称向量空间）是高等代数最为重要的数学概念之一，也是我们目前遇到的第一个抽象的数学概念.从历史上看，线性空间的思想起源于 17 世纪笛卡儿创建的解析几何.作为解析几何的创始人，笛卡儿最为重要的贡献之一就是引进了坐标系，从而为向量这样的概念的产生奠定了基础.在这一章里，我们将介绍向量空间的定义、性质、子空间以及基和维数等.时至今日，线性空间已经成为数学中最为常用的数学概念，它不仅在数学同时也在物理、化学、工程学、图像处理、大数据等领域有着广泛和不可替代的作用.在向量空间的讨论中，我们将加深对于线性方程组和矩阵的理解.

§1 定 义 和 例 子

在解析几何里，我们已经见到平面或空间的向量.两个向量可以相加，也可以用一个实数去乘一个向量.这种向量的加法以及数与向量的乘法满足一定的运算规律.向量空间正是解析几何里向量概念的一般化.

定义 1.1 设 F 是一数域.F 中的元素用小写拉丁字母 a，b，c，$\cdots$ 来表示. 设 V 是一个非空集合.V 中元素用小写希腊字母 α，β，γ，$\cdots$ 来表示.我们把 V 中的元素叫做向量而把 F 中的元素叫做标量.如果 V 和 F 满足下列条件，就称 V 是 F 上的一个线性空间（或向量空间）：

（ⅰ）在 V 中定义了一个加法：对于 V 中任意两个向量 α，β，在 V 中都有唯一确定的一个向量与它们对应，这个向量叫做 α 与 β 的和，记作 $\alpha+\beta$.

（ⅱ）定义一个标量与向量的乘法（简称数乘）：对于 F 中每一个数 a 和 V 中每一个向量 α，在 V 中都有唯一确定的一个向量与它们对应，这个向量叫做 a 与 α 的积，记作 $a\alpha$.

（ⅲ）向量的加法和标量与向量的乘法满足下列运算律：

（1）加法交换律 $\quad \alpha+\beta=\beta+\alpha$；

（2）加法结合律 $\quad (\alpha+\beta)+\gamma=\alpha+(\beta+\gamma)$；

（3）零向量存在性在 V 中存在一个零向量，记作 0，它具有以下性质：对于 V 中每一个向量 α，都有 $0+\alpha=\alpha$；

（4）负向量存在性 对于 V 中每一向量 α，在 V 中存在一个向量 α'，使得 $\alpha'+\alpha=0$，这样的 α' 叫做 α 的负向量；

(5) 数乘结合律 $(ab)\alpha = a(b\alpha)$;

(6) 数乘单位律 $1\alpha = \alpha$;

(7) 分配律 I $(a+b)\alpha = a\alpha + b\alpha$;

(8) 分配律 II $a(\alpha+\beta) = a\alpha + a\beta$,

这里 α, β, γ 是 V 中的任意向量,而 a, b 是 F 中的任意数.

例1 在解析几何里,平面或空间中从定点引出的一切向量对于向量的加法和实数与向量的乘法来说都作成实数域 R 上的向量空间.前者用 V_2 或 R^2 表示,后者用 V_3 或 R^3 表示.

例2 数域 F 上一切 $m \times n$ 矩阵所构成的集合对于通常矩阵的加法和数与矩阵的乘法来说作成 F 上的一个向量空间,记为 $F^{m \times n}$ 或 $M_{m \times n}(F)$.

特别地,F 上一切 $1 \times n$ 矩阵所成的集合和一切 $n \times 1$ 矩阵所构成的集合分别作成 F 上向量空间.前者称为 F 上 n 元行空间,后者称为 F 上 n 元列空间.我们用同一个符号 F^n 来表示这两个向量空间.

例3 任意数域 F 总可以看成它自身上的向量空间.

例4 复数域 C 可以看成实数域 R 上的向量空间.

事实上,两个复数的和还是一个复数;一个实数与一个复数的乘积还是一个复数.条件(iii)中(1)—(8)显然都被满足.

例5 数域 F 上一元多项式环 $F[x]$ 对于多项式的加法和数与多项式的乘法来说作成 F 上的一个向量空间.

例6 定义在闭区间 $[a,b]$ 上一切连续实函数的全体对于通常函数的加法和实数与函数的乘法来说作成实数域 R 上的一个向量空间.事实上,两个这样的函数的和以及一个实数与这样一个函数的乘积仍是 $[a,b]$ 上的连续函数.条件(iii)中(1)—(8)显然成立.我们把这个向量空间用 $C[a,b]$ 来表示.

例7 考虑收敛于 0 的实数无穷序列.设 $\{a_n\}$,$\{b_n\}$ 是两个这样的序列,那么 $\lim\limits_{n \to \infty}(a_n + b_n) = \lim\limits_{n \to \infty}a_n + \lim\limits_{n \to \infty}b_n = 0$.设 a 是任意实数,那么 $\lim\limits_{n \to \infty}aa_n = a\lim\limits_{n \to \infty}a_n = 0$.容易验证,条件(iii)中(1)—(8)成立.因此,一切收敛于 0 的实序列对于如上定义的加法和数与数列的乘法来说作成实数域 R 上的一个向量空间.

向量空间的例子是大量的,仅从以上例子足以看出,向量空间的涵义有多么广泛.

例8 设数域为 R,集合为 R^+(正实数集),加法和数乘定义为:

$$a \oplus b = ab, \quad k \circ a = a^k, \quad \forall a, b \in R^+, k \in R.$$

证明:R^+ 关于给定的运算构成 R 上的向量空间.

证 显然,如上定义的加法与数乘的结果仍是正实数.要验证运算满足条件(iii)中(1)—(8).我们逐条来验证:任取 a, b, $c \in R^+$,k, $l \in R$,

(1) 因为 $a \oplus b = ab = ba = b \oplus a$,所以加法交换律成立.

(2) 因为 $(a \oplus b) \oplus c = (ab)c = a(bc) = a \oplus (b \oplus c)$,所以加法结合律成立.

(3) 因为 $1 \oplus a = 1a = a$,所以加法有零向量(注意:零向量是数 1).

(4) 因为 $a \oplus \dfrac{1}{a} = a\dfrac{1}{a} = 1$,所以加法有负向量$\left(\text{注意:} a \text{ 的负向量是 } \dfrac{1}{a}\right)$.

(5) 因为 $l \circ (k \circ a) = l \circ a^k = (a^k)^l = a^{lk} = (lk) \circ a$,所以数乘有结合律.

(6) 因为 $1 \circ a = a^1 = a$，所以数乘有单位律.

(7) 因为 $(l+k) \circ a = a^{l+k} = a^l a^k = (l \circ a) \oplus (k \circ a)$，所以分配律 I 成立.

(8) 因为 $l \circ (a \oplus b) = (ab)^l = a^l b^l = (l \circ a) \oplus (l \circ b)$，所以分配律 II 成立.

例 9 设数域为 R，集合为 R^2，加法和数乘定义为：

$$(a, b) \oplus (c, d) = (a+c, b+d+ac),$$

$$k \circ (a, b) = \left(ka, kb + \frac{k(k-1)}{2}a^2\right), \quad \forall (a, b), (c, d) \in R^2, k \in R.$$

证明：R^2 关于给定运算构成 R 上的向量空间.

证 留作课外练习.

从以上例子可以发现，线性空间的加法与数乘运算可以是通常的，也可以是新定义的，只要满足 8 个运算律即可. 例 9 表明在同一个非空集合 V 上可定义不同的加法与数乘运算，使之构成线性空间.

我们现在从定义出发，来推导向量空间的一些简单性质.

由于向量的加法满足结合律，可以推出，任意 n 个向量 $\alpha_1, \alpha_2, \cdots, \alpha_n$ 相加有完全确定的意义. 我们按通常的习惯把这唯一确定的和记作

$$\alpha_1 + \alpha_2 + \cdots + \alpha_n = \sum_{i=1}^{n} \alpha_i.$$

再者，由于加法满足结合律和交换律，在求任意 n 个向量的和时可以任意交换加项的次序.

根据零向量和负向量的定义，可以推出：

命题 1.1 在一个向量空间 V 里，零向量是唯一的；对于 V 中每一向量 α，α 的负向量是由 α 唯一确定的.

证 先证零向量的唯一性. 设 0 和 $0'$ 都是 V 的零向量. 那么对于 V 中任意向量 α 都有 $0 + \alpha = \alpha$，$\alpha + 0' = \alpha$. 于是

$$0 = 0 + 0' = 0'.$$

现在设 α' 和 α'' 都是 α 的负向量. 那么 $\alpha' + \alpha = 0$，$\alpha'' + \alpha = 0$. 于是

$$\alpha' = \alpha' + 0 = \alpha' + (\alpha + \alpha'') = (\alpha' + \alpha) + \alpha'' = 0 + \alpha'' = \alpha''.$$

我们把向量 α 的唯一负向量记作 $-\alpha$. 这样，对于任意向量 α，都有

$$\alpha + (-\alpha) = (-\alpha) + \alpha = 0.$$

我们定义向量 α 与 β 的差为 $\alpha + (-\beta)$，记作 $\alpha - \beta$. 这样一来，在一个向量空间里，加法的逆运算——减法可以实施，并且有

$$\alpha + \beta = \gamma \Leftrightarrow \alpha = \gamma - \beta. \tag{1}$$

这就是说，在一个向量空间里，通常的移项变号规则成立.

现在来看标量与向量的乘法. 我们有

命题 1.2 对于任意向量 α 和数域 F 中任意数 α，我们有

$$0\alpha = 0, \quad a0 = 0. \tag{2}$$

$$a(-\alpha)=(-a)\alpha=-a\alpha. \tag{3}$$

$$a\alpha=0\Rightarrow a=0 \text{ 或 } \alpha=0. \tag{4}$$

证 $0\alpha=0\alpha+0=0\alpha+(0\alpha-0\alpha)=(0\alpha+0\alpha)-0\alpha$

$=(0+0)\alpha-0\alpha=0\alpha-0\alpha=0.$

同理可证 $a0=0$. 所以(2)成立.

由(2),我们有

$$a\alpha+a(-\alpha)=a(\alpha+(-\alpha))=a0=0.$$

这就是说, $a(-\alpha)$ 是 $a\alpha$ 的负向量,所以 $a(-\alpha)=-a\alpha$. 同理可证 $(-a)\alpha=-a\alpha$. 这就证明了(3)式成立.

最后,设 $a\alpha=0$ 但 $a\neq 0$,那么

$$\alpha=1\alpha=\left(\frac{1}{a}a\right)\alpha=\frac{1}{a}(a\alpha)=\frac{1}{a}0=0.$$

所以(4)成立.

下面我们介绍一种写法,这种写法在以后的讨论中将会有它的方便之处.

设 $\alpha_1,\alpha_2,\cdots,\alpha_n$ 是 F 上向量空间 V 的 n 个向量.我们把它们排成一行,写成一个以向量为元素的 $1\times n$ 矩阵

$$(\alpha_1,\alpha_2,\cdots,\alpha_n).$$

设 $A=(a_{ij})$ 是数域 F 上一个 $n\times m$ 矩阵.我们定义

$$(\alpha_1,\alpha_2,\cdots,\alpha_n)A=(\beta_1,\beta_2,\cdots,\beta_m),$$

这里

$$\beta_j=\sum_{i=1}^{n}a_{ij}\alpha_i=a_{1j}\alpha_1+\cdots+a_{nj}\alpha_n, 1\leqslant j\leqslant m.$$

也就是说,按照数域 F 上矩阵的乘法来定义 $(\alpha_1,\cdots,\alpha_n)$ 右乘以 A(在这里我们约定,对于任意向量 α 和 F 中的任意数 a, $a\alpha=\alpha a$). 设 A 是 F 上一个 $n\times m$ 矩阵, B 是 F 上一个 $m\times p$ 矩阵.根据标量与向量的乘法所满足的运算律,容易证明

$$(\alpha_1,\alpha_2,\cdots,\alpha_n)(AB)=((\alpha_1,\alpha_2,\cdots,\alpha_n)A)B.$$

习 题 5-1

1. 检验下列集合对于所指的线性运算是否构成实数域 R 上的线性空间:

(1) 次数不大于 $n(n\geqslant 1)$ 的实系数多项式的全体连同零多项式,对于多项式的加法和数乘;

(2) 次数大于 $n(n\geqslant 1)$ 的实系数多项式的全体,对于多项式的加法和数乘;

(3) 设 A 是一个 $n\times n$ 实矩阵, A 的实系数多项式 $f(A)$ 的全体,对于矩阵的加法和数乘;

(4) 全体 n 阶实对称(反对称、上三角、下三角、对角)矩阵,对于矩阵的加法和数乘;

(5) 平面上不平行于某一向量的全部向量所成的集合,对于向量的加法和数乘;

(6) 平面上全体向量,对于通常的加法和如下定义的数乘:

$$k \circ \alpha = 0;$$

(7) 集合与加法同(6),数乘定义为

$$k \circ \alpha = \alpha;$$

(8) 设 $G = \{(a, b) \mid a, b \in R, a^2 = b\}$，对于 R^2 中的向量加法和数乘.

2. 设 F 是一个数域，在 F^3 里计算：

(1) $\frac{1}{3}(2, 0, -1) + (-1, -1, 2) + \frac{1}{2}(0, 1, -1)$;

(2) $5(0, 1, -1) - 3\left(1, \frac{1}{3}, 2\right) + (1, -3, 1)$.

3. 证明：如果

$$a(2, 1, 3) + b(0, 1, 2) + c(1, -1, 4) = (0, 0, 0),$$

那么 $a = b = c = 0$.

4. 找出不全为零的三个有理数 a, b, c（即 a, b, c 中至少有一个不是 0），使得

$$a(1, 2, 2) + b(3, 0, 4) + c(5, -2, 6) = (0, 0, 0).$$

5. 令 $\varepsilon_1 = (1, 0, 0)$, $\varepsilon_2 = (0, 1, 0)$, $\varepsilon_3 = (0, 0, 1)$. 证明：$R^3$ 中每一向量 α 可以唯一地表示为

$$\alpha = a_1\varepsilon_1 + a_2\varepsilon_2 + a_3\varepsilon_3$$

的形式，这里 $a_1, a_2, a_3 \in R$.

6. 证明：在数域 F 上向量空间 V 里，以下运算律成立：

(1) $a(\alpha - \beta) = a\alpha - a\beta$;

(2) $(a - b)\alpha = a\alpha - b\alpha$,

这里 $a, b \in F$, $\alpha, \beta \in V$.

7. 证明：数域 F 上一个向量空间如果含有一个非零向量，那么它一定含有无限多个向量.

8. 证明对于任意正整数 n 和任意向量 α，都有

$$n\alpha = \underbrace{\alpha + \cdots + \alpha}_{n个}.$$

9. 证明向量空间定义中条件(iii)中(6)不能由其余条件推出.

10. 验证本节最后的等式：

$$(\alpha_1, \cdots, \alpha_n)(AB) = ((\alpha_1, \cdots, \alpha_n)A)B.$$

§2 子空间

设 V 是数域 F 上的一个向量空间. W 是 V 的一个非空子集. 对于 W 中任意两个向量 α, β，它们的和 $\alpha + \beta$ 是 V 中一个向量. 一般来说，$\alpha + \beta$ 不一定在 W 内. 如果 W 中任意两个向量的和仍然在 W 内，那么就说 W 对于 V 的加法是封闭的. 同样，如果对于 W 中任意向量 α 和数域 F 中任意数 a，$a\alpha$ 仍然在 W 内，那么就说 W 对于标量与向量的乘积是封闭的.

定理 2.1 设 W 是数域 F 上向量空间 V 的一个非空子集.如果 W 对于 V 的加法以及标量与向量的乘法是封闭的,那么 W 本身也作成 F 上的一个向量空间.

证 W 对于 V 的加法以及标量与向量的乘法的封闭性保证了向量空间定义里的条件(i)(ii)成立.(iii)中的运算律(1)(2)和运算律(5)—(8)既然对于 V 中任意向量都成立,自然对于 W 的向量也成立.唯一需要验证的是(iii)中条件(3)和(4).由 W 对于标量与向量的乘法的封闭性和命题 1.2,对于 $\alpha \in W$,$0 = 0\alpha \in W$,所以 V 中的零向量属于 W,它自然也是 W 的零向量,并且 $-\alpha = (-1)\alpha \in W$. 因此条件(3)(4)也成立.

定义 2.1 设 W 是数域 F 上向量空间 V 的一个非空子集.如果 W 对于 V 的加法以及标量与向量的乘法来说是封闭的,那么就称 W 是 V 的一个子空间.

由定理 2.1,V 的一个子空间也是 F 上一个向量空间,并且一定含有 V 的零向量.

例 1 向量空间 V 总是它自身的一个子空间.另一方面,单独一个零向量所构成的集合 $\{0\}$ 显然对于 V 的加法和标量与向量的乘法是封闭的,因而也是 V 的一个子空间,称为零空间.

一个向量空间 V 本身和零空间叫做 V 的平凡子空间,而其他子空间叫做 V 的非平凡子空间.

例 2 在空间 V_2 里,平行于一条固定直线的一切向量作成 V_2 的一个子空间.在空间 V_3 里,平行于一条固定直线或一张固定平面的一切向量分别作成 V_3 的子空间(本章第一节例 1)

例 3 F^n 中一切形如

$$(a_1, a_2, \cdots, a_{n-1}, 0), \ a_i \in F$$

的向量作成 F^n 的一个子空间.

例 4 $F[x]$ 中次数不超过一个给定的整数 n 的多项式全体连同零多项式一起作成 $F[x]$ 的一个子空间.

例 5 闭区间 $[a, b]$ 上一切可微分函数作成 $C[a, b]$ 的一个子空间.

定理 2.2 数域 F 上向量空间 V 的一个非空子集 W 是 V 的一个子空间,当且仅当对于任意 $a, b \in F$ 和任意 $\alpha, \beta \in W$,都有 $a\alpha + b\beta \in W$.

证 如果 W 是子空间,那么由于 W 对于标量与向量的乘法是封闭的,所以对于 $a, b \in F$,$\alpha, \beta \in W$,都有 $a\alpha \in W$,$b\beta \in W$. 又因为 W 对于 V 的加法是封闭的,所以 $a\alpha + b\beta \in W$.

反过来,如果对于任意 $a, b \in F$,$\alpha, \beta \in W$,都有 $a\alpha + b\beta \in W$,则取 $a = b = 1$,就有 $\alpha + \beta \in W$;取 $b = 0$,就有 $a\alpha \in W$. 这就证明了 W 对于 V 的加法以及标量与向量的乘法的封闭性.

下面我们考虑子空间的交与并的问题.

设 W_1,W_2 是向量空间 V 的两个子空间,则它们的交 $W_1 \cap W_2$ 也是 V 的一个子空间.事实上,由于 W_1,W_2 都含有 V 的零向量,所以 $W_1 \cap W_2 \neq \varnothing$.设 $a, b \in F$,$\alpha, \beta \in W_1 \cap W_2$,那么由于 W_1,W_2 都是子空间,所以 $a\alpha + b\beta \in W_1$,$a\alpha + b\beta \in W_2$,因此 $a\alpha + b\beta \in W$. 由定理 2.2,$W_1 \cap W_2$ 是子空间.

一般地,设 $\{W_i\}$ 是向量空间 V 的一组子空间(个数可以有限,也可以无限).令 $\bigcap_i W_i$ 表示这些子空间的交.如同上面一样可证明,$\bigcap_i W_i$ 也是 V 的一个子空间.

作为子集的两个子空间 W_1 与 W_2 的并集,一般说来不是子空间,如过原点的两条不同直线的一切向量构成 V_2 的两个子空间,它们的并显然不是 V_2 的子空间.

现在考虑 V 的子集

$$W_1 + W_2 = \{\alpha_1 + \alpha_2 \mid \alpha_1 \in W_1, \alpha_2 \in W_2\}.$$

由于 $0 \in W_1$，$0 \in W_2$，所以 $0 = 0 + 0 \in W_1 + W_2$，因此 $W_1 + W_2 \neq \varnothing$.
任取 $a, b \in F$，$\alpha, \beta \in W_1 + W_2$，那么 $\alpha = \alpha_1 + \alpha_2$，$\beta = \beta_1 + \beta_2$，$\alpha_1, \beta_1 \in W_1$，$\alpha_2, \beta_2 \in W_2$.
因为 W_1，W_2 都是子空间，所以 $a\alpha_1 + b\beta_1 \in W_1$，$a\alpha_2 + b\beta_2 \in W_2$. 于是

$$\begin{aligned} a\alpha + b\beta &= a(\alpha_1 + \alpha_2) + b(\beta_1 + \beta_2) \\ &= (a\alpha_1 + b\beta_1) + (a\alpha_2 + b\beta_2) \in W_1 + W_2. \end{aligned}$$

这就证明了 $W_1 + W_2$ 是 V 的子空间.这个子空间叫做 W_1 与 W_2 的和.易知 $W_1 + W_2$ 是 V 中既包含 W_1 又包含 W_2 的最小子空间.

两个子空间的和的概念也可以推广到任意有限多个子空间的情形.设 W_1，W_2，$\cdots$，W_n 是 V 的子空间,容易证明,一切形如 $\sum\limits_{i=1}^{n} \alpha_i (\alpha_i \in W_i)$ 的向量作成 V 的子空间.这个子空间称为子空间 W_1，W_2，$\cdots$，W_n 的和,用符号 $W_1 + W_2 + \cdots + W_n$ 来表示.

例6 设 $M_n(R)$ 为实数域 R 上一切 n 阶矩阵所构成的向量空间,W_1 为全体 n 阶实上三角矩阵构成的子集,W_2 为全体 n 阶实下三角矩阵构成的子集. 容易验证 W_1 与 W_2 是 $M_n(R)$ 的两个非平凡子空间,且 $W_1 \bigcap W_2$ 为全体 n 阶实对角矩阵构成的子空间,$W_1 + W_2$ 为整个向量空间 $M_n(R)$.

习 题 5-2

1. 判断 R^n 中下列子集哪些是子空间：

(1) $\{(a_1, 0, \cdots, 0, a_n) \mid a_1, a_n \in R\}$；

(2) $\left\{(a_1, a_2, \cdots, a_n) \mid \sum\limits_{i=1}^{n} a_i = 0\right\}$；

(3) $\left\{(a_1, a_2, \cdots, a_n) \mid \sum\limits_{i=1}^{n} a_i = 1\right\}$；

(4) $\{(a_1, a_2, \cdots, a_n) \mid a_i \in Z, i = 1, \cdots, n\}$.

2. 设 $M_n(F)$ 为数域 F 上一切 n 阶矩阵所构成的向量空间(参看本章第一节例2).令

$$S = \{A \in M_n(F) \mid A^T = A\}，即 S 为 n 阶对称矩阵全体，$$

$$T = \{A \in M_n(F) \mid A^T = -A\}，即 T 为 n 阶反对称矩阵全体，$$

证明：S 和 T 都是 $M_n(F)$ 的子空间,并且

$$M_n(F) = S + T, \quad S \bigcap T = \{0\}.$$

3. 设 W_1，W_2 是向量空间 V 的子空间.证明：如果 V 的一个子空间既包含 W_1 又包含 W_2，那么它一定包含 $W_1 + W_2$. 在这个意义下,$W_1 + W_2$ 是 V 中既包含 W_1 又包含 W_2 的最小子空间.

4. 设 V 是一个向量空间,且 $V \neq \{0\}$.证明：V 不可能表成它的两个真子空间的并集.

5. 设 W，W_1，W_2 都是向量空间 V 的子空间,其中 $W_1 \subseteq W_2$ 且 $W \bigcap W_1 = W \bigcap W_2$，$W + W_1 = W + W_2$. 证明：$W_1 = W_2$.

6. 设 W_1, W_2 是数域 F 上向量空间 V 的两个子空间. α, β 是 V 的两向量, 其中 $\alpha \in W_2$, 但 $\alpha \notin W_1$, 又 $\beta \notin W_2$. 证明:

(1) 对于任意 $k \in F$, $\beta + k\alpha \notin W_2$;

(2) 至多有一个 $k \in F$, 使得 $\beta + k\alpha \in W_1$.

7. 设 W_1, W_2, $\cdots$, W_r 是向量空间 V 的子空间, 且 $W_i \neq V$, $i = 1, \cdots, r$. 证明: 存在一个向量 $\xi \in V$, 使得 $\xi \notin W_i$, $i = 1, \cdots, r$.

[提示: 对 r 作数学归纳法并且利用第 6 题结果.]

§3　向量的线性相关性

在研究向量空间时, 向量的线性关系起着极为重要的作用. 在这一节里, 我们研究这种线性关系.

若无特殊说明, 以下向量空间都指的是某一给定数域 F 上的向量空间.

定义 3.1　设 α_1, α_2, $\cdots$, α_r 是向量空间 V 中的 r 个向量, a_1, a_2, $\cdots$, a_r 是数域 F 中任意 r 个数. 我们把和

$$a_1\alpha_1 + a_2\alpha_2 + \cdots + a_r\alpha_r$$

叫做向量 α_1, α_2, $\cdots$, α_r 的一个线性组合, a_1, a_2, $\cdots$, a_r 称为此线性组合的系数.

如果 V 中某一向量 α 可以表示成向量 α_1, α_2, $\cdots$, α_r 的线性组合, 我们也称 α 可以由 α_1, α_2, $\cdots$, α_r 线性表示.

例如, 在 R^3 里, 取

$$\alpha_1 = (1, -1, 0), \quad \alpha_2 = (0, 2, 1), \quad \alpha_3 = (1, -1, 2),$$

那么

$$2\alpha_1 - \alpha_2 + 3\alpha_3 = 2(1, -1, 0) - (0, 2, 1) + 3(1, -1, 2) = (5, -7, 5).$$

所以向量 $(5, -7, 5)$ 可以由 α_1, α_2, α_3 线性表示.

零向量显然可以由任意一组向量 α_1, α_2, $\cdots$, α_r 线性表示, 因为

$$0 = 0\alpha_1 + 0\alpha_2 + \cdots + 0\alpha_r.$$

线性组合的概念和以下的线性相关的概念有密切的关系.

定义 3.2　设 α_1, α_2, $\cdots$, α_r 是向量空间 V 中的 r 个向量. 如果在 F 中存在不全为零的数 a_1, a_2, $\cdots$, a_r, 使得

$$a_1\alpha_1 + a_2\alpha_2 + \cdots + a_r\alpha_r = 0, \tag{1}$$

那么就称 α_1, α_2, $\cdots$, α_r 线性相关.

如果在 F 中不存在不全为零的数 a_1, a_2, $\cdots$, a_r 使得等式 (1) 成立, 换句话说, 等式 (1) 仅当 $a_1 = a_2 = \cdots = a_r = 0$ 时才成立, 那么就称向量 α_1, α_2, $\cdots$, α_r 线性无关.

根据这个定义, 如果向量 α_1, α_2, $\cdots$, α_r 中有一个是零向量, 那么 α_1, α_2, $\cdots$, α_r 一定线性相关. 事实上, 例如设 $\alpha_1 = 0$, 那么

$$1\alpha_1 + 0\alpha_2 + \cdots + 0\alpha_r = 0,$$

其中 α_1 的系数不等于零.

特别地,单独一个零向量线性相关.单独一个非零向量 α 线性无关,因为由 $a\alpha=0$ 而 $\alpha\neq0$,必有 $a=0$.

例 1 令 F 是任意一个数域. F^3 中向量

$$\alpha_1=(1,2,3),\ \alpha_2=(2,4,6),\ \alpha_3=(3,5,-4)$$

线性相关,因为我们有

$$2\alpha_1-\alpha_2+0\alpha_3=0.$$

另一方面,向量

$$\beta_1=(1,0,0),\ \beta_2=(1,1,0),\ \beta_3=(1,1,1)$$

线性无关.事实上,如果 $a_1,a_2,a_3\in F$,使得

$$a_1\beta_1+a_2\beta_2+a_3\beta_3=0,$$

即

$$a_1(1,0,0)+a_2(1,1,0)+a_3(1,1,1)=(0,0,0),$$

那么

$$(a_1+a_2+a_3,a_2+a_3,a_3)=(0,0,0),$$

因而就有 $a_1+a_2+a_3=0,\ a_2+a_3=0,\ a_3=0$. 由此得出 $a_1=a_2=a_3=0$.

例 2 判断 F^3 的向量

$$\alpha_1=(1,-2,3),\ \alpha_2=(2,1,0),\ \alpha_3=(1,-7,9)$$

是否线性相关.

等式 $$a_1\alpha_1+a_2\alpha_2+a_3\alpha_3=0$$

相当于

$$(a_1+2a_2+a_3,-2a_1+a_2-7a_3,3a_1+9a_3)=(0,0,0).$$

而上式相当于齐次线性方程组

$$\begin{cases} a_1+2a_2+a_3=0 \\ -2a_1+a_2-7a_3=0. \\ 3a_1\quad\quad+9a_3=0 \end{cases}$$

这个齐次线性方程组的解是 $a_1=-3a_3,\ a_2=a_3,\ a_3$ 为自由未知量.任意给定 a_3 一个不等于零的值,例如取 $a_3=1$,得 $a_1=-3,\ a_2=1$. 那么就有

$$-3\alpha_1+\alpha_2+\alpha_3=0.$$

所以 $\alpha_1,\alpha_2,\alpha_3$ 线性相关.

例 3 在向量空间 $F[x]$ 里,对于任意非负整数 n,

$$1,x,\cdots,x^n$$

线性无关. 因为由 $a_0 + a_1 x + \cdots + a_n x^n = 0$, 必然有 $a_0 = a_1 = \cdots = a_n = 0$.

我们现在直接从定义推导出以下一些简单事实.

命题 3.1 向量组 $\{\alpha_1, \alpha_2, \cdots, \alpha_r\}$ 中每一个向量 α_i 都可以由这一组向量线性表示.

证 因为 $\alpha_i = 0\alpha_1 + \cdots + 0\alpha_{i-1} + \alpha_i + 0\alpha_{i+1} + \cdots + 0\alpha_r$, 所以命题成立.

命题 3.2 如果向量 γ 可以由 $\beta_1, \beta_2, \cdots, \beta_r$ 线性表示, 而每一 β_i 又都可以由 $\alpha_1, \alpha_2, \cdots, \alpha_s$ 线性表示, 那么 γ 可以由 $\alpha_1, \alpha_2, \cdots, \alpha_s$ 线性表示.

证 由 $\gamma = \sum_{i=1}^{r} b_i \beta_i$ 和 $\beta_i = \sum_{j=1}^{s} a_{ij} \alpha_j$, $i = 1, \cdots, r$, 得

$$\gamma = \sum_{i=1}^{r} b_i \sum_{j=1}^{s} a_{ij} \alpha_j = \sum_{j=1}^{s} \left(\sum_{i=1}^{r} b_i a_{ij} \right) \alpha_j.$$

命题 3.3 如果向量组 $\{\alpha_1, \alpha_2, \cdots, \alpha_r\}$ 线性无关, 那么它的任意一部分也线性无关. 一个等价的提法是: 如果向量组 $\{\alpha_1, \alpha_2, \cdots, \alpha_r\}$ 有一部分向量线性相关, 那么整个向量组 $\{\alpha_1, \alpha_2, \cdots, \alpha_r\}$ 也线性相关.

证 设 $\alpha_1, \alpha_2, \cdots, \alpha_r$ 中有 p 个向量线性相关. 不妨假设前 p 个向量 $\alpha_1, \alpha_2, \cdots, \alpha_p$ 线性相关, 使得

$$a_1 \alpha_1 + a_2 \alpha_2 + \cdots + a_p \alpha_p = 0.$$

取 $a_{p+1} = \cdots = a_r = 0$, 那么

$$a_1 \alpha_1 + a_2 \alpha_2 + \cdots + a_p \alpha_p + 0\alpha_{p+1} + \cdots + 0\alpha_r = 0,$$

而 $a_1, a_2, \cdots, a_p$ 不全为零. 所以 $\alpha_1, \alpha_2, \cdots, \alpha_r$ 线性相关.

命题 3.4 设向量组 $\{\alpha_1, \alpha_2, \cdots, \alpha_r\}$ 线性无关, 而 $\{\alpha_1, \alpha_2, \cdots, \alpha_r, \beta\}$ 线性相关. 那么 β 一定可以由 $\alpha_1, \alpha_2, \cdots, \alpha_r$ 线性表示, 且表示法唯一.

证 因为 $\alpha_1, \alpha_2, \cdots, \alpha_r, \beta$ 线性相关, 所以存在不全为零的数 $a_1, a_2, \cdots, a_r, b$, 使得

$$a_1 \alpha_1 + a_2 \alpha_2 + \cdots + a_r \alpha_r + b\beta = 0.$$

如果 $b = 0$, 那么上面的等式变为

$$a_1 \alpha_1 + a_2 \alpha_2 + \cdots + a_r \alpha_r = 0,$$

并且 $a_1, a_2, \cdots, a_r$ 中至少有一个不等于零, 这与 $\alpha_1, \alpha_2, \cdots, \alpha_r$ 线性无关的假设矛盾. 因此 $b \neq 0$, 从而

$$\beta = -\frac{a_1}{b} \alpha_1 - \frac{a_2}{b} \alpha_2 - \cdots - \frac{a_r}{b} \alpha_r.$$

下证表示法唯一. 如果 β 可以表成

$$\beta = a_1 \alpha_1 + a_2 \alpha_2 + \cdots + a_r \alpha_r, \quad \beta = a_1' \alpha_1 + a_2' \alpha_2 + \cdots + a_r' \alpha_r,$$

那么两式相减就有

$$(a_1 - a_1')\alpha_1 + (a_2 - a_2')\alpha_2 + \cdots + (a_r - a_r')\alpha_r = 0.$$

由于 $\alpha_1, \alpha_2, \cdots, \alpha_r$ 线性无关, 所以 $a_i - a_i' = 0$, 即 $a_i = a_i'$, $i = 1, \cdots, r$.

下面的定理说明线性相关和线性组合这两个概念之间的密切关系.

定理 3.1　向量 $\alpha_1, \alpha_2, \cdots, \alpha_r (r \geqslant 2)$ 线性相关, 当且仅当其中某一向量是其余向量的线性组合.

证　设 $\alpha_1, \alpha_2, \cdots, \alpha_r$ 线性相关. 于是存在 $\alpha_1, \alpha_2, \cdots, \alpha_r \in F$, 使得

$$a_1\alpha_1 + a_2\alpha_2 + \cdots + a_r\alpha_r = 0,$$

其中至少有一个系数 $a_i \neq 0$. 不妨设 $a_r \neq 0$. 于是

$$\alpha_r = -\frac{a_1}{a_r}\alpha_1 - \frac{a_2}{a_r}\alpha_2 - \cdots - \frac{a_{r-1}}{a_r}\alpha_{r-1}.$$

即 α_r 可以由 $\alpha_1, \alpha_2, \cdots, \alpha_{r-1}$ 线性表示.

反过来, 设 $\alpha_1, \alpha_2, \cdots, \alpha_r$ 中某一向量 (例如 α_r) 是其余向量的线性组合:

$$\alpha_r = a_1\alpha_1 + a_2\alpha_2 + \cdots + a_{r-1}\alpha_{r-1}.$$

那么就有

$$a_1\alpha_1 + a_2\alpha_2 + \cdots + a_{r-1}\alpha_{r-1} + (-1)\alpha_r = 0.$$

因为 α_r 的系数不等于零, 所以 $\alpha_1, \alpha_2, \cdots, \alpha_r$ 线性相关.

定义 3.3　设 $\{\alpha_1, \alpha_2, \cdots, \alpha_r\}$ 和 $\{\beta_1, \beta_2, \cdots, \beta_s\}$ 是向量空间 V 的两个向量组. 如果每一 α_i 都可以由 $\beta_1, \beta_2, \cdots, \beta_s$ 线性表示, 而每一 β_j 也可以由 $\alpha_1, \alpha_2, \cdots, \alpha_r$ 线性表示, 那么就称这两个向量组等价.

例 4　向量组

$$\alpha_1 = (1, 2, 3), \alpha_2 = (1, 0, 2)$$

与向量组

$$\beta_1 = (3, 4, 8), \beta_2 = (2, 2, 5), \beta_3 = (0, 2, 1)$$

等价. 事实上,

$$\alpha_1 = \beta_1 - \beta_2, \alpha_2 = \beta_1 - \beta_2 - \beta_3;$$
$$\beta_1 = 2\alpha_1 + \alpha_2, \beta_2 = \alpha_1 + \alpha_2, \beta_3 = \alpha_1 - \alpha_2.$$

由命题 3.2, 等价的概念具有传递性: 如果 $\{\alpha_1, \alpha_2, \cdots, \alpha_r\}$ 与 $\{\beta_1, \beta_2, \cdots, \beta_s\}$ 等价, 而后者又与 $\{\gamma_1, \gamma_2, \cdots, \gamma_t\}$ 等价, 那么 $\{\alpha_1, \alpha_2, \cdots, \alpha_r\}$ 与 $\{\gamma_1, \gamma_2, \cdots, \gamma_t\}$ 等价.

定理 3.2(替换定理)　设向量组

$$\{\alpha_1, \alpha_2, \cdots, \alpha_r\} \tag{2}$$

线性无关, 并且每一 α_i 都可以由向量组

$$\{\beta_1, \beta_2, \cdots, \beta_s\} \tag{3}$$

线性表示, 则 $r \leqslant s$, 并且必要时可以对 (3) 中向量重新编号, 使得用 $\alpha_1, \alpha_2, \cdots, \alpha_r$ 替换 $\beta_1, \beta_2, \cdots, \beta_r$ 后, 所得的向量组

$$\{\alpha_1, \alpha_2, \cdots, \alpha_r, \beta_{r+1}, \cdots, \beta_s\} \tag{4}$$

与 (3) 等价.

证 我们对(2)中向量个数 r 作数学归纳法.

$r=1$ 时,$\{\alpha_1\}$ 线性无关,所以 $\alpha_1\neq 0$,且 $1\leqslant s.\alpha_1$ 可以由(3)线性表示:

$$\alpha_1=b_1\beta_1+\cdots+b_s\beta_s.$$

因为 $\alpha_1\neq 0$,所以至少有一 $b_i\neq 0$. 不妨设 $b_1\neq 0$. 于是

$$\beta_1=\frac{1}{b_1}\alpha_1-\frac{b_2}{b_1}\beta_2-\cdots-\frac{b_s}{b_1}\beta_s.$$

α_1 可以由 $\{\beta_1,\beta_2,\cdots,\beta_s\}$ 线性表示.β_1 可以由 $\{\alpha_1,\beta_2,\cdots,\beta_s\}$ 线性表示.而 $\beta_2,\cdots,\beta_s$ 在这两个向量组中都出现,所以向量组 $\{\alpha_1,\beta_2,\cdots,\beta_s\}$ 与(3)等价.

假设 $r>1$ 并且定理对于(2)中含有 $r-1$ 个向量的情形已经成立.我们来证(2)中含 r 有个向量的情形.由于 $\alpha_1,\alpha_2,\cdots,\alpha_r$ 线性无关,所以由命题 3.3,$\alpha_1,\alpha_2,\cdots,\alpha_{r-1}$ 也线性无关.于是根据归纳法的假设,$r-1\leqslant s$,并且可以认为,用 $\alpha_1,\alpha_2,\cdots,\alpha_{r-1}$ 替换(3)中前 $r-1$ 个向量,得到一个与(3)等价的向量组

$$\{\alpha_1,\alpha_2,\cdots,\alpha_{r-1},\beta_r,\beta_{r+1},\cdots,\beta_s\}. \tag{5}$$

由于 α_r 可以由(3)线性表示,所以由命题 3.2,它也可以由与(3)等价的向量组(5)线性表示.因此有

$$\alpha_r=\sum_{i=1}^{r-1}a_i\alpha_i+\sum_{j=r}^{s}b_j\beta_j. \tag{6}$$

如果所有的 b_j 都等于零,那么(6)式变为

$$\alpha_r=\sum_{i=1}^{r-1}a_i\alpha_i.$$

这就是说,α_r 可以由 $\alpha_1,\alpha_2,\cdots,\alpha_{r-1}$ 线性表示.由定理 3.1,这与向量组(2)线性无关的题设相矛盾.因此至少有一个 $b_j\neq 0$. 这就证明了 $r-1<s$,从而 $r\leqslant s$. 适当对 $\beta_r,\beta_{r+1},\cdots,\beta_s$ 进行编号,不妨假定 $b_r\neq 0$. 于是,

$$\beta_r=\sum_{i=1}^{r-1}\left(-\frac{a_i}{b_r}\right)\alpha_i+\frac{1}{b_r}\alpha_r+\sum_{j=r+1}^{s}\left(-\frac{b_j}{b_r}\right)\beta_j.$$

这就是说,β_r 可以由向量组(4)线性表示.向量组(5)除 β_r 外,其余每一个向量都在向量组(4)中出现.由命题 3.1,它们都可以由(4)线性表示.这样,(5)的每一向量都可以由(4)线性表示.另一方面,(4)中除 α_r 外,其余每一向量都在(5)中出现,所以它们都可以由(5)线性表示,而等式(6)表明,α_r 也可以由(5)线性表示. 因此(4)的每一个向量都可以由(5)线性表示.这就证明了(4)与(5)等价.而由归纳法的假设,(5)与(3)等价,所以(4)与(3)等价.

由替换定理可以得出两个重要的推论:

推论 3.1 两个等价的线性无关的向量组含有相同个数的向量.

证 设 $\{\alpha_1,\alpha_2,\cdots,\alpha_r\}$ 和 $\{\beta_1,\beta_2,\cdots,\beta_s\}$ 是两个等价的线性无关的向量组.于是由定理 3.2,$r\leqslant s$ 且 $s\leqslant r$,所以 $r=s$.

现在设 $\{\alpha_1,\alpha_2,\cdots,\alpha_n\}$ 是向量空间 V 的一组不全为零的向量.我们总可以从其中选出一个含有尽可能多线性无关的向量的部分向量组 $\{\alpha_{i_1},\alpha_{i_2},\cdots,\alpha_{i_r}\}$ 来,也就是说,$\alpha_{i_1},\alpha_{i_2},\cdots,\alpha_{i_r}$ 线性无关,而再添加原向量组的任何一个向量就线性相关.于是由命题 3.4

和 3.1,向量组 $\{\alpha_1, \alpha_2, \cdots, \alpha_n\}$ 中每一个向量都可以由 $\alpha_{i_1}, \alpha_{i_2}, \cdots, \alpha_{i_r}$ 线性表示.具有这样性质的部分向量组对于以后的讨论是重要的. 我们给它下一个定义.

定义 3.4 如果向量组 $\{\alpha_1, \alpha_2, \cdots, \alpha_n\}$ 的一个部分向量组 $\{\alpha_{i_1}, \alpha_{i_2}, \cdots, \alpha_{i_r}\}$ 满足

(1) $\alpha_{i_1}, \alpha_{i_2}, \cdots, \alpha_{i_r}$ 线性无关;

(2) 每一 $\alpha_j, j=1, \cdots, n$ 都可以由 $\alpha_{i_1}, \alpha_{i_2}, \cdots, \alpha_{i_r}$ 线性表示,那么 $\{\alpha_{i_1}, \alpha_{i_2}, \cdots, \alpha_{i_r}\}$ 叫做 $\{\alpha_1, \alpha_2, \cdots, \alpha_n\}$ 的一个极大线性无关部分组(简称极大无关组).

例 5 设 R^3 中的向量组

$$\alpha_1 = (1, 0, 0), \quad \alpha_2 = (0, 1, 0), \quad \alpha_3 = (1, 1, 0).$$

在这里 $\{\alpha_1, \alpha_2\}$ 线性无关,而 $\alpha_3 = \alpha_1 + \alpha_2$,所以 $\{\alpha_1, \alpha_2\}$ 是一个极大无关组.另一方面,容易看出,$\{\alpha_1, \alpha_3\}$, $\{\alpha_2, \alpha_3\}$ 也是向量组 $\{\alpha_1, \alpha_2, \alpha_3\}$ 的极大无关组.

每一个不全由零向量组成的向量组都有极大无关组,而且还可能含有不止一个极大无关组.然而我们有:

推论 3.2 等价的向量组的极大无关组含有相同个数的向量.特别地,一个向量组的任意两个极大无关组含有相同个数的向量.

证 设向量组 $\{\alpha_1, \alpha_2, \cdots, \alpha_m\}$ 与向量组 $\{\beta_1, \beta_2, \cdots, \beta_n\}$ 等价.令 $\{\alpha_{i_1}, \alpha_{i_2}, \cdots, \alpha_{i_r}\}$ 是 $\{\alpha_1, \alpha_2, \cdots, \alpha_m\}$ 的任意一个极大无关组,而 $\{\beta_{j_1}, \beta_{j_2}, \cdots, \beta_{j_s}\}$ 是 $\{\beta_1, \beta_2, \cdots, \beta_n\}$ 的任意一个极大无关组.由于 $\{\alpha_{i_1}, \alpha_{i_2}, \cdots, \alpha_{i_r}\}$ 线性无关,并且每一个 α_{i_t} 都可由 $\beta_{j_1}, \beta_{j_2}, \cdots, \beta_{j_s}$ 线性表示,$t=1, \cdots, r$. 于是由替换定理得 $r \leqslant s$. 同理,$s \leqslant r$. 因而 $r=s$.

习 题 5-3

1. 判断下列向量组是否线性相关:

(1) $(3, 1, 4), (2, 5, -1), (4, -3, 7)$;

(2) $(2, 0, 1), (0, 1, -2), (1, -1, 1)$;

(3) $(2, -1, 3, 2), (-1, 2, 2, 3), (3, -1, 2, 2), (2, -1, 3, 2)$.

2. 证明:在一个向量组 $\{\alpha_1, \alpha_2, \cdots, \alpha_r\}$ 里,如果有两个向量 α_i 与 α_j 成比例,即 $\alpha_i = k\alpha_j, k \in F$,那么 $\{\alpha_1, \alpha_2, \cdots, \alpha_r\}$ 线性相关.

3. 令 $\alpha_i = (\alpha_{i1}, \alpha_{i2}, \cdots, \alpha_{in}) \in F^n, i=1, 2, \cdots, n$. 证明:$\alpha_1, \alpha_2, \cdots, \alpha_n$ 线性相关当且仅当行列式

$$\begin{vmatrix} a_{11} & a_{12} & \cdots & a_{1n} \\ a_{21} & a_{22} & \cdots & a_{2n} \\ \vdots & \vdots & & \vdots \\ a_{n1} & a_{n2} & \cdots & a_{nn} \end{vmatrix} = 0.$$

4. 设 $\alpha_i = (\alpha_{i1}, \alpha_{i2}, \cdots, \alpha_{in}) \in F^n, i=1, \cdots, m$ 线性无关. 对每一个 α_i 任意添上 p 个数,得到 F^{n+p} 的 m 个向量

$$\beta_i = (\alpha_{i1}, \alpha_{i2}, \cdots, \alpha_{in}, b_{i1}, \cdots, b_{ip}), i=1, \cdots, m.$$

证明:$\{\beta_1, \beta_2, \cdots, \beta_m\}$ 也线性无关.

5. 设 α, β, γ 线性无关. 证明:$\alpha+\beta, \beta+\gamma, \gamma+\alpha$ 也线性无关.

6. 设向量组 $\{\alpha_1, \alpha_2, \cdots, \alpha_r\}(r \geqslant 2)$ 线性无关. 任取 $k_1, k_2, \cdots, k_{r-1} \in F$. 证明：向量组

$$\beta_1 = \alpha_1 + k_1\alpha_r, \ \beta_2 = \alpha_2 + k_2\alpha_r, \ \cdots, \ \beta_{r-1} = \alpha_{r-1} + k_{r-1}\alpha_r, \ \alpha_r$$

也线性无关.

7. 下列论断哪些是对的,哪些是错的.如果是对的,证明;如果是错的,举出反例:

(1) 如果当 $a_1 = a_2 = \cdots = a_r = 0$ 时,$a_1\alpha_1 + a_2\alpha_2 + \cdots + a_r\alpha_r = 0$,那么 $\alpha_1, \alpha_2, \cdots, \alpha_r$ 线性无关;

(2) 如果 $\alpha_1, \alpha_2, \cdots, \alpha_r$ 线性无关,而 α_{r+1} 不能由 $\alpha_1, \alpha_2, \cdots, \alpha_r$ 线性表示,那么 $\alpha_1, \alpha_2, \cdots, \alpha_r, \alpha_{r+1}$ 线性无关;

(3) 如果 $\alpha_1, \alpha_2, \cdots, \alpha_r$ 线性无关,那么其中每一个向量都不是其余向量的线性组合;

(4) 如果 $\alpha_1, \alpha_2, \cdots, \alpha_r$ 线性相关,那么其中每一个向量都是其余向量的线性组合.

8. 设向量 β 可以由 $\alpha_1, \alpha_2, \cdots, \alpha_r$ 线性表示,但不能由 $\alpha_1, \alpha_2, \cdots, \alpha_{r-1}$ 线性表示.证明:向量组 $\{\alpha_1, \alpha_2, \cdots, \alpha_{r-1}, \alpha_r\}$ 与向量组 $\{\alpha_1, \alpha_2, \cdots, \alpha_{r-1}, \beta\}$ 等价.

9. 设在向量组 $\alpha_1, \alpha_2, \cdots, \alpha_r$ 中,$\alpha_1 \neq 0$ 并且每一 α_i 都不能表成它的前 $i-1$ 个向量 $\alpha_1, \alpha_2, \cdots, \alpha_{i-1}$ 的线性组合.证明:$\alpha_1, \alpha_2, \cdots, \alpha_r$ 线性无关.

10. 设向量 $\alpha_1, \alpha_2, \cdots, \alpha_r$ 线性无关,而 $\alpha_1, \alpha_2, \cdots, \alpha_r, \beta, \gamma$ 线性相关.证明:要么 β 与 γ 中至少有一个可以由 $\alpha_1, \alpha_2, \cdots, \alpha_r$ 线性表示,要么向量组 $\{\alpha_1, \alpha_2, \cdots, \alpha_r, \beta\}$ 与 $\{\alpha_1, \alpha_2, \cdots, \alpha_r, \gamma\}$ 等价.

§4 基 和 维 数

现在应用前一节的结果来研究向量空间.

设 V 是数域 F 上的一个向量空间,$\alpha_1, \alpha_2, \cdots, \alpha_n \in V$. 考虑 $\alpha_1, \alpha_2, \cdots, \alpha_n$ 的一切线性组合所构成的集合. 这个集合显然非空,因为零向量属于这个集合.

其次,设 $\alpha = a_1\alpha_1 + a_2\alpha_2 + \cdots + a_n\alpha_n$,$\beta = b_1\alpha_1 + b_2\alpha_2 + \cdots + b_n\alpha_n$,那么对于任意 $a, b \in F$,

$$a\alpha + b\beta = (aa_1 + bb_1)\alpha_1 + (aa_2 + bb_2)\alpha_2 + \cdots + (aa_n + bb_n)\alpha_n$$

仍是 $\alpha_1, \alpha_2, \cdots, \alpha_n$ 的一个线性组合. 因此,$\alpha_1, \alpha_2, \cdots, \alpha_n$ 的一切线性组合作成 V 的一个子空间.这个子空间叫做由 $\alpha_1, \alpha_2, \cdots, \alpha_n$ 所生成的子空间,用符号 $L(\alpha_1, \alpha_2, \cdots, \alpha_n)$ 表示.向量 $\alpha_1, \alpha_2, \cdots, \alpha_n$ 叫做这个子空间的一组生成元.

例 1 在 F^n 中如下的 n 个向量:

$$\varepsilon_i = (0, \cdots, 0, 1, 0, \cdots, 0), \ i = 1, \cdots, n,$$

这里 ε_i 除第 i 位置是 1 外,其余位置的元素都是零.设

$$\alpha = (a_1, a_2, \cdots, a_n)$$

是 F^n 中任意一个向量.我们有

$$\alpha = a_1\varepsilon_1 + a_2\varepsilon_2 + \cdots + a_n\varepsilon_n.$$

因此 $F^n = L(\varepsilon_1, \varepsilon_2, \cdots, \varepsilon_n)$,而 $\varepsilon_1, \varepsilon_2, \cdots, \varepsilon_n$ 是 F^n 的一组生成元.

例 2 在 $F[x]$ 里,由多项式 $1, x, \cdots, x^n$ 所生成的子空间是

$$L(1, x, \cdots, x^n) = \{a_0 + a_1 x + \cdots + a_n x^n \mid a_i \in F\},$$

就是 F 上一切次数不超过 n 的多项式连同零多项式所构成的子空间.

设 $\alpha_{i_1}, \alpha_{i_2}, \cdots, \alpha_{i_r}$ 是向量组 $\{\alpha_1, \alpha_2, \cdots, \alpha_n\}$ 的一个极大无关组.由命题 3.2,子空间 $L(\alpha_1, \alpha_2, \cdots, \alpha_n)$ 的每一个向量都可以由 $\alpha_{i_1}, \alpha_{i_2}, \cdots, \alpha_{i_r}$ 线性表示.另一方面,$\alpha_{i_1}, \alpha_{i_2}, \cdots, \alpha_{i_r}$ 的任意一个线性组合自然是 $L(\alpha_1, \alpha_2, \cdots, \alpha_n)$ 中的向量.因此我们有:

定理 4.1 设 $\{\alpha_1, \alpha_2, \cdots, \alpha_n\}$ 是向量空间 V 的一组不全为零的向量,而 $\{\alpha_{i_1}, \alpha_{i_2}, \cdots, \alpha_{i_r}\}$ 是它的一个极大无关组,那么

$$L(\alpha_1, \alpha_2, \cdots, \alpha_n) = L(\alpha_{i_1}, \alpha_{i_2}, \cdots, \alpha_{i_r}).$$

根据这个定理,如果子空间 $L(\alpha_1, \alpha_2, \cdots, \alpha_n)$ 不等于零空间,那么它总可以由一组线性无关的生成元生成.

事实上,如果 $\{\alpha_1, \alpha_2, \cdots, \alpha_r\}$ 和 $\{\beta_1, \beta_2, \cdots, \beta_s\}$ 是两个等价的向量组,那么

$$L(\alpha_1, \alpha_2, \cdots, \alpha_r) = L(\beta_1, \beta_2, \cdots, \beta_s).$$

一个向量空间 V 本身也可能由其中某 n 个向量生成.为此引入以下定义:

定义 4.1 设 V 是数域 F 上的一个向量空间.V 中满足下列两个条件的向量组 $\{\alpha_1, \alpha_2, \cdots, \alpha_n\}$ 叫做 V 的一个基:

(1) $\alpha_1, \alpha_2, \cdots, \alpha_n$ 线性无关;

(2) V 的每一个向量都可以由 $\alpha_1, \alpha_2, \cdots, \alpha_n$ 线性表示.

根据这个定义,向量空间 V 的一个基就是 V 的一组线性无关的生成元.

例 3 由例 1 知,F^n 中向量组 $\{\varepsilon_1, \varepsilon_2, \cdots, \varepsilon_n\}$ 是 F^n 的一组生成元. 显然这组向量是线性无关的,因此 $\{\varepsilon_1, \varepsilon_2, \cdots, \varepsilon_m\}$ 是 F^n 的一个基,这个基叫做 F^n 的标准基.

例 4 在空间 V_2 里,任意两个不共线的向量 α_1, α_2 都构成一个基;在 V_3 里,任意三个不共面的向量 $\beta_1, \beta_2, \cdots, \beta_n$ 都构成一个基.

例 5 设 $F^{m \times n}$ 是数域 F 上一切 $m \times n$ 矩阵所成的向量空间.考虑如下的 mn 个矩阵

$$E_{ij} = \begin{pmatrix} & & 0 & & & \\ & & \vdots & & & \\ & & 0 & & & \\ 0 & \cdots & 0 & 1 & 0 & \cdots & 0 \\ & & 0 & & & \\ & & \vdots & & & \\ & & 0 & & & \end{pmatrix},$$

在 E_{ij} 里,除了第 i 行第 j 列位置上是 1 外,其余位置上都是 0,$i = 1, \cdots, m; j = 1, \cdots, n$. 根据矩阵的加法和数与矩阵的乘法,每一个 $m \times n$ 矩阵都可以表成

$$A = (a_{ij}) = \sum_{i=1}^{m} \sum_{j=1}^{n} a_{ij} E_{ij}.$$

若 $\sum_{i=1}^{m} \sum_{j=1}^{n} a_{ij} E_{ij} = 0$,则 (a_{ij}) 是零矩阵,即一切 $a_{ij=0}$.故 $\{E_{ij} \mid i = 1, \cdots, m; j = 1, \cdots, n\}$ 是 M

的一组线性无关的生成元,因而可以作为 $F^{m\times n}$ 的一个基.

如果一个向量空间有基的话,当然一般有不止一个基.然而根据基的定义,一个向量空间的任意两个基是彼此等价的.于是由推论 3.1,一个向量空间的任意两个基所含向量的个数是相等的.我们给这个唯一确定的数目下一个定义.

定义 4.2   一个向量空间 V 的基所含向量的个数叫做 V 的维数.

零空间的维数定义为 0.

空间 V 的维数记为 $\dim V$.

这样,空间 V_2 的维数是 2;V_3 的维数是 3;F^n 的维数是 n;$F^{m\times n}$ 的维数是 mn.

如果一个向量空间不能由有限个向量生成,那么它自然也不能由有限个线性无关的向量生成. 在这一情形,就说这个向量空间是无限维的.

例 6 $F[x]$ 作为 F 上向量空间,不是有限生成的,因而是无限维的.

事实上,假设 $F[x]$ 由有限个多项式 $f_1(x)$,$f_2(x)$,$\cdots$,$f_t(x)$ 生成,自然可以设这些多项式都不是零.令 N 是这 t 个多项式的次数中最大的,那么 $F[x]$ 中次数大于 N 的多项式不可能由这 t 个多项式线性表示.这就导致矛盾.

读者可自己验证,本章第一节中例 6 的那个向量空间 $C[a,b]$ 也是无限维的.

基的重要意义主要在于以下定理:

定理 4.2   设 $\{\alpha_1,\alpha_2,\cdots,\alpha_n\}$ 是向量空间 V 的一个基,则 V 的每一个向量可以唯一地被表成基向量 $\alpha_1,\alpha_2,\cdots,\alpha_n$ 的线性组合.

证   因为 $\alpha_1,\alpha_2,\cdots,\alpha_n$ 是 V 的生成元,所以 V 的每一个向量 α 都可以表成 $\alpha_1,\alpha_2,\cdots,\alpha_n$ 的线性组合:

$$\alpha = a_1\alpha_1 + a_2\alpha_2 + \cdots + a_n\alpha_n.$$

我们只需证明,这种表示法是唯一的.如果 α 还可以表成

$$\alpha = a_1'\alpha_1 + a_2'\alpha_2 + \cdots + a_n'\alpha_n,$$

那么就有

$$(a_1 - a_1')\alpha_1 + (a_2 - a_2')\alpha_2 + \cdots + (a_n - a_n')\alpha_n = 0.$$

由于 $\alpha_1,\alpha_2,\cdots,\alpha_n$ 线性无关,所以 $a_i - a_i' = 0$,即 $a_i = a_i'$,$i = 1,\cdots,n$.

由替换定理,我们可以得出以下结论:

定理 4.3 n 维向量空间中任意多于 n 个向量一定线性相关.

证 $n = 0$ 时,论断显然正确.设 $n > 0$,令 $\{\alpha_1,\alpha_2,\cdots,\alpha_n\}$ 是 n 维向量空间 V 的一个基.设 $s > n$,而 $\beta_1,\beta_2,\cdots,\beta_s$ 是 V 中任意 s 个向量,那么每一个 β_i 都可以由 $\alpha_1,\alpha_2,\cdots,\alpha_n$ 线性表示.如果 $\beta_1,\beta_2,\cdots,\beta_s$ 线性无关,那么由替换定理推出,$s \leqslant n$.这就导致矛盾.

定理 4.4   设 $\alpha_1,\alpha_2,\cdots,\alpha_r$ 是 n 维向量空间 V 中一组线性无关的向量,那么总可以添加 $n-r$ 个向量 $\alpha_{r+1},\cdots,\alpha_n$,使得 $\{\alpha_1,\cdots,\alpha_r,\alpha_{r+1},\cdots,\alpha_n\}$ 作成 V 的一个基.特别地,n 维向量空间中任意 n 个线性无关的向量都可以取作 V 的一个基.

证   设 $\{\beta_1,\beta_2,\cdots,\beta_n\}$ 是 n 维向量空间 V 的一个基,那么每一 α_i 都可以由 $\beta_1,\beta_2,\cdots,\beta_n$ 线性表示.又因为 $\alpha_1,\alpha_2,\cdots,\alpha_r$ 线性无关,所以由替换定理,适当对 $\beta_1,\beta_2,\cdots,\beta_n$ 编号,可以用 $\alpha_1,\alpha_2,\cdots,\alpha_r$ 替换前 r 个基向量 $\beta_1,\beta_2,\cdots,\beta_r$,得到一个与 $\{\beta_1,\beta_2,\cdots,\beta_n\}$ 等价的向量组 $\{\alpha_1,\cdots,\alpha_r,\beta_{r+1},\cdots,\beta_n\}$.根据推论 3.2,后者的一个极大无关组也含有 n 个向量.所

以 $\{\alpha_1,\cdots,\alpha_r,\beta_{r+1},\cdots,\beta_n\}$ 就是它本身唯一的极大无关组,因而就是 V 的一个基.取 $\alpha_j=\beta_j$, $j=r+1,\cdots,n$. 定理得证.

将定理 4.4 应用到向量空间的有限维子空间上,我们得到:

定理 4.5 设 W_1 和 W_2 都是数域 F 上向量空间 V 的有限维子空间,则 W_1+W_2 也是有限维的,并且

$$\dim(W_1+W_2)=\dim W_1+\dim W_2-\dim(W_1\bigcap W_2).$$

证 先设 $\dim(W_1\bigcap W_2)=r>0$. 令 $\alpha_1,\cdots,\alpha_r$ 是 $W_1\bigcap W_2$ 的一个基,那么 $\alpha_1,\cdots,\alpha_r$ 同时是子空间 W_1 和 W_2 里线性无关的向量.由定理 4.4,可以分别扩充为 W_1 和 W_2 的基

$$\{\alpha_1,\cdots,\alpha_r,\beta_1,\cdots,\beta_s\}\subset W_1,$$
$$\{\alpha_1,\cdots,\alpha_r,\gamma_1,\cdots,\gamma_t\}\subset W_2,$$

这里 $r+s=\dim W_1$, $r+t=\dim W_2$.子空间 W_1+W_2 由向量

$$\alpha_1,\cdots,\alpha_r,\beta_1,\cdots,\beta_s,\gamma_1,\cdots,\gamma_t$$

生成.我们证明这一组向量线性无关.事实上,假设

$$\sum_{i=1}^r a_i\alpha_i+\sum_{j=1}^s b_j\beta_j+\sum_{k=1}^t c_k\gamma_k=0,$$

那么

$$-\sum_{k=1}^t c_k\gamma_k=\sum_{i=1}^r a_i\alpha_i+\sum_{j=1}^s b_j\beta_j.$$

这就表明 $\sum_{k=1}^t c_k\gamma_k\in W_1$,因而 $\sum_{k=1}^t c_k\gamma_k\in W_1\bigcap W_2$. 所以

$$\sum_{k=1}^t c_k\gamma_k=\sum_{i=1}^r d_i\alpha_i,$$

$d_1,\cdots,d_r\in F$.因为 $\alpha_1,\cdots,\alpha_r,\gamma_1,\cdots,\gamma_t$ 线性无关,所以 $c_1,\cdots,c_t$ 都等于零.于是

$$\sum_{i=1}^r a_i\alpha_i+\sum_{j=1}^s b_j\beta_j=0.$$

又因为 $\alpha_1,\cdots,\alpha_r,\beta_1,\cdots,\beta_s$ 线性无关,所以 $a_1,\cdots,a_r,b_1,\cdots,b_s$ 都等于零.这样

$$\{\alpha_1,\cdots,\alpha_r,\beta_1,\cdots,\beta_s,\gamma_1,\cdots,\gamma_t\}$$

是 W_1+W_2 的一个基.所以

$$\dim W_1+\dim W_2=(r+s)+(r+t)=r+(r+s+t)$$
$$=\dim(W_1\bigcap W_2)+\dim(W_1+W_2).$$

当 $r=0$ 时,可类似地证明.

例 7 设 $M_n(R)$ 为实数域 R 上一切 n 阶矩阵所构成的向量空间,W_1 为全体 n 阶实上三角矩阵构成的子空间,W_2 为全体 n 阶实下三角矩阵构成的子空间.$W_1\bigcap W_2$ 为全体 n 阶实对角矩阵构成的子空间,W_1+W_2 为整个向量空间 $M_n(R)$. 由例 5 知,$M_n(R)$,W_1,W_2,$W_1\bigcap W_2$

的维数分别是 n^2, $\dfrac{n(n+1)}{2}$, $\dfrac{n(n+1)}{2}$, n, 满足维数公式.

最后我们介绍余子空间的概念.

定义 4.3 设 W 是向量空间 V 的一个子空间. 如果 V 的子空间 W' 满足

(1) $V = W + W'$;

(2) $W \cap W' = \{0\}$,

那么称 W' 为 W 的一个余子空间, 并且称 V 是子空间 W 与 W' 的直和, 记作 $V = W \oplus W'$.

很明显, 如果 W' 是 W 的一个余子空间, 那么 W 也是 W' 的一个余子空间.

例如, 在 F^3 里, 取

$$W = \{(a_1, a_2, 0) \mid a_1, a_2 \in F\},$$

$$W' = \{(0, 0, a_3) \mid a_3 \in F\}.$$

易知 W 和 W' 都是 V 的子空间, 并且互为余子空间.

例 8 设 $M_n(F)$ 为数域 F 上一切 n 阶矩阵所构成的向量空间. 令

$$S = \{A \in M_n(F) \mid A^T = A\}, \text{即 } S \text{ 为 } n \text{ 阶对称矩阵全体},$$

$$T = \{A \in M_n(F) \mid A^T = -A\}, \text{即 } T \text{ 为 } n \text{ 阶反对称矩阵全体},$$

则 S 和 T 都是 $M_n(F)$ 的子空间, 并且

$$M_n(F) = S + T, \ S \cap T = \{0\}.$$

即

$$M_n(F) = S \oplus T,$$

且 S 和 T 的维数分别是 $\dfrac{n(n+1)}{2}$, $\dfrac{n(n-1)}{2}$, 满足维数公式.

定理 4.6 设向量空间 V 是子空间 W 与 W' 的直和, 则 V 中每一向量 α 可以唯一地表成

$$\alpha = \beta + \beta', \ \beta \in W, \ \beta' \in W'.$$

证 显然 $\alpha = \beta + \beta'$, $\beta \in W$, $\beta' \in W'$. 如果 α 还可以表成

$$\alpha = \beta_1 + \beta_1', \ \beta_1 \in W, \ \beta_1' \in W',$$

那么 $\beta + \beta' = \beta_1 + \beta_1'$, 或 $\beta - \beta_1 = \beta_1' - \beta'$. 最后等式左端的向量属于 W, 而右端的向量属于 W'. 因 $W \cap W' = \{0\}$, 故 $\beta - \beta_1 = 0$, $\beta_1' - \beta' = 0$, 即 $\beta = \beta_1$, $\beta' = \beta_1'$.

现在设 V 是一个 n 维向量空间, W 是 V 的一个子空间. 由定理 4.3, W 中任意一个线性无关的向量组不能含有多于 n 个向量, 因为 $\dim W \leqslant \dim V$. 我们有:

定理 4.7 n 维向量空间 V 的任意一个子空间 W 都有余子空间. 如果 W' 是 W 的一个余子空间, 那么

$$\dim V = \dim W + \dim W'.$$

证 当 $\dim W = 0$ 或 n 时, 定理显然成立. 设 $\dim W = r$, $0 < r < n$. 令 $\{\alpha_1, \cdots, \alpha_r\}$ 是子空间 W 的一个基. 由定理 4.4, 存在 $n-r$ 个向量 $\alpha_{r+1}, \cdots, \alpha_n \in V$, 使得 $\{\alpha_1, \alpha_2, \cdots, \alpha_n\}$ 构成 V 的一个基. 取 $W' = L(\alpha_{r+1}, \cdots, \alpha_n)$. 显然 $V = W + W'$. 如同定理 4.5 的证明一样, 易证

$W \cap W' = \{0\}$，所以 W' 是 V 的一个余子空间.

第二个论断是定理 4.5 的直接结果.

关于直和的概念可以推广到多于两个子空间的情形.设 $W_1, W_2, \cdots, W_t$ 是向量空间 V 的子空间.如果它们满足

$$V = W_1 + W_2 + \cdots + W_t; \tag{1}$$

$$W_i \cap (W_1 + \cdots + W_{i-1} + W_{i+1} + \cdots + W_t) = \{0\}, \quad i = 1, \cdots, t, \tag{2}$$

那么就说 V 是子空间 $W_1, W_2, \cdots, W_t$ 的直和,并且记作

$$V = W_1 \oplus W_2 \oplus \cdots \oplus W_t.$$

不难证明,如果 V 是子空间 $W_1, W_2, \cdots, W_t$ 的直和,那么 V 中的每一向量 α 可以唯一地表成

$$\alpha = \alpha_1 + \alpha_2 + \cdots + \alpha_t$$

的形式,这里 $\alpha_i \in W_i, i = 1, \cdots, t$.并且,当 V 是有限维向量空间时,

$$\dim V = \dim W_1 + \cdots + \dim W_t.$$

习 题 5-4

1. 设 $F_n[x]$ 为数域 F 上一切次数 $\leqslant n$ 的多项式连同零多项式所组成的向量空间.这个向量空间的维数是多少? 下列向量组是不是 $F_3[x]$ 的基:

(1) $\{x^3 + 1, x + 1, x^2 + x, x^3 + x^2 + 2x + 2\}$;

(2) $\{x - 1, 1 - x^2, x^2 + 2x - 2, x^3\}$.

2. 求下列子空间的维数:

(1) $L((2, -3, 1), (1, 4, 2), (5, -2, 4)) \subseteq R^3$;

(2) $L(x - 1, 1 - x^2, x^2 - x) \subseteq F[x]$;

(3) $L(e^x, e^{2x}, e^{3x}) \subseteq C[a, b]$.

3. 把向量组 $\{(2, 1, -1, 3), (-1, 0, 1, 2)\}$ 扩充为 R^4 的一个基.

4. 设 S 是数域 F 上一切满足条件 $A^T = A$ 的 n 阶矩阵 A 所构成的向量空间.求 S 的维数.

5. 证明:复数域 C 作为实数 R 上向量空间,维数是 2. 如果 C 看成它自身上的向量空间的话,维数是多少?

6. 证明定理 4.2 的逆定理:如果向量空间 V 的每一个向量都可以唯一地表成 V 中向量 $\alpha_1, \cdots, \alpha_n$ 的线性组合,那么 $\dim V = n$.

7. 设 W 是 R^n 的一个非零子空间,而对于 W 的每一个向量 $(a_1, a_2, \cdots, a_n)$ 来说,要么 $a_1 = a_2 = \cdots = a_n = 0$,要么每一个 a_i 都不等于零,证明:$\dim W = 1$.

8. 设 W 是 n 维向量空间 V 的一个子空间,且 $0 < \dim W < n$.证明:W 在 V 中有不止一个余子空间.

9. 证明本节最后的论断.

§5 坐 标

令 V 是数域 F 上的一个 n 维向量空间,$\{\alpha_1, \alpha_2, \cdots, \alpha_n\}$ 是 V 的一个基.于是 V 的每一向

量 ξ 可以唯一地表成

$$\xi = x_1\alpha_1 + x_2\alpha_2 + \cdots + x_n\alpha_n.$$

这样一来,取定 V 的一个基 $\{\alpha_1, \alpha_2, \cdots, \alpha_n\}$ 并且规定基向量的顺序(简称有序基)之后,对于 V 的每一个向量 ξ,有唯一的 n 元数列 $(x_1, x_2, \cdots, x_n)$ 与它对应.数 x_i 叫做向量 ξ 关于基 $\{\alpha_1, \alpha_2, \cdots, \alpha_n\}$ 的第 i 个坐标.一般地,我们总是同时考虑向量 ξ 的 n 个坐标 $x_1, x_2, \cdots, x_n$,所以我们也把 n 元数列 $(x_1, x_2, \cdots, x_n)$ 叫做向量 ξ 关于基 $\{\alpha_1, \alpha_2, \cdots, \alpha_n\}$ 的坐标.

在本节及以后各节,如果不特别声明,所说的基指的都是有序基.

例1 取定 V_3 中三个不共面的向量 $\alpha_1, \alpha_2, \alpha_3$,那么 V_3 的每一向量 ξ 可以唯一地表成

$$\xi = x_1\alpha_1 + x_2\alpha_2 + x_3\alpha_3$$

的形式.向量 ξ 关于基 $\{\alpha_1, \alpha_2, \alpha_3\}$ 的坐标就是 (x_1, x_2, x_3).

例2 F^n 的向量 $\alpha = (a_1, a_2, \cdots, a_n)$ 关于标准基 $\{\varepsilon_1, \varepsilon_2, \cdots, \varepsilon_n\}$ 的坐标就是 $(a_1, a_2, \cdots, a_n)$.

设 n 维向量空间 V 的向量 ξ, η 关于基 $\{\alpha_1, \alpha_2, \cdots, \alpha_n\}$ 的坐标分别是 $(x_1, x_2, \cdots, x_n)$ 和 $(y_1, y_2, \cdots, y_n)$:

$$\xi = x_1\alpha_1 + x_2\alpha_2 + \cdots + x_n\alpha_n, \quad \eta = y_1\alpha_1 + y_2\alpha_2 + \cdots + y_n\alpha_n.$$

那么

$$\xi + \eta = (x_1 + y_1)\alpha_1 + (x_2 + y_2)\alpha_2 + \cdots + (x_n + y_n)\alpha_n.$$

如果 a 是数域 F 中一个数,那么

$$a\xi = (ax_1)\alpha_1 + (ax_2)\alpha_2 + \cdots + (ax_n)\alpha_n.$$

于是就得到以下定理:

定理 5.1 设 V 是数域 F 上的 $n(n > 0)$ 维向量空间, $\{\alpha_1, \alpha_2, \cdots, \alpha_n\}$ 是 V 的一个基.任取 $\xi, \eta \in V$,它们关于基 $\{\alpha_1, \alpha_2, \cdots, \alpha_n\}$ 的坐标分别是 $(x_1, x_2, \cdots, x_n)$ 和 $(y_1, y_2, \cdots, y_n)$,那么 $\xi + \eta$ 关于这个基的坐标就是 $(x_2 + y_2, x_2 + y_2, \cdots, x_n + y_n)$.又任取 $a \in F$,那么 $a\xi$ 关于这个基的坐标就是 $(ax_1, ax_2, \cdots, ax_n)$.

一个向量的坐标自然依赖于基的选取.对于向量空间 V 的两个基来说,同一个向量的坐标一般是不相同的.我们现在讨论一个向量关于不同基的坐标间的关系.

设 $\{\alpha_1, \alpha_2, \cdots, \alpha_n\}$ 和 $\{\beta_1, \beta_2, \cdots, \beta_n\}$ 是 n 维向量空间 V 的两个基,那么向量 β_j, $j = 1, \cdots, n$ 可以由 $\alpha_1, \alpha_2, \cdots, \alpha_n$ 线性表示.设

$$\begin{aligned}
\beta_1 &= a_{11}\alpha_1 + a_{21}\alpha_2 + \cdots + a_{n1}\alpha_n, \\
\beta_2 &= a_{12}\alpha_1 + a_{22}\alpha_2 + \cdots + a_{n2}\alpha_n, \\
&\cdots\cdots\cdots\cdots \\
\beta_n &= a_{1n}\alpha_1 + a_{2n}\alpha_2 + \cdots + a_{nn}\alpha_n.
\end{aligned} \tag{1}$$

这里 $(a_{1j}, a_{2j}, \cdots, a_{nj})$ 就是 β_j 关于基 $\{\alpha_1, \alpha_2, \cdots, \alpha_n\}$ 的坐标.以这 n 个坐标为列,作一个 n 阶矩阵

$$T = \begin{bmatrix} a_{11} & a_{12} & \cdots & a_{1n} \\ a_{21} & a_{22} & \cdots & a_{2n} \\ \vdots & \vdots & & \vdots \\ a_{n1} & a_{n2} & \cdots & a_{nn} \end{bmatrix}.$$

矩阵 T 叫做由基 $\{\alpha_1, \alpha_2, \cdots, \alpha_n\}$ 到基 $\{\beta_1, \beta_2, \cdots, \beta_n\}$ 的过渡矩阵.

利用本章第一节最后所引入的记法,(1)式可以写成矩阵的等式:

$$(\beta_1, \beta_2, \cdots, \beta_n) = (\alpha_1, \alpha_2, \cdots, \alpha_n)T. \tag{2}$$

设 $\xi \in V$ 关于基 $\{\alpha_1, \alpha_2, \cdots, \alpha_n\}$ 的坐标是 $(x_1, x_2, \cdots, x_n)$;关于基 $\{\beta_1, \beta_2, \cdots, \beta_n\}$ 的坐标是 $(y_1, y_2, \cdots, y_n)$.于是一方面,

$$\xi = \sum_{i=1}^{n} x_i \alpha_i = (\alpha_1, \alpha_2, \cdots, \alpha_n) \begin{bmatrix} x_1 \\ x_2 \\ \vdots \\ x_n \end{bmatrix}, \tag{3}$$

另一方面,

$$\xi = \sum_{i=1}^{n} y_i \beta_i = (\beta_1, \beta_2, \cdots, \beta_n) \begin{bmatrix} y_1 \\ y_2 \\ \vdots \\ y_n \end{bmatrix}. \tag{4}$$

把(2)式代入(4),得

$$\xi = ((\alpha_1, \alpha_2, \cdots, \alpha_n)T) \begin{bmatrix} y_1 \\ y_2 \\ \vdots \\ y_n \end{bmatrix} = (\alpha_1, \alpha_2, \cdots, \alpha_n) \begin{bmatrix} T \begin{bmatrix} y_1 \\ y_2 \\ \vdots \\ y_n \end{bmatrix} \end{bmatrix}. \tag{5}$$

等式(5)表明,向量 ξ 关于基 $\{\alpha_1, \alpha_2, \cdots, \alpha_n\}$ 的坐标是

$$T \begin{bmatrix} y_1 \\ y_2 \\ \vdots \\ y_n \end{bmatrix}.$$

然而向量 ξ 关于基 $\{\alpha_1, \alpha_2, \cdots, \alpha_n\}$ 的坐标是唯一确定的,比较(3)和(5)得:

$$\begin{bmatrix} x_1 \\ x_2 \\ \vdots \\ x_n \end{bmatrix} = T \begin{bmatrix} y_1 \\ y_2 \\ \vdots \\ y_n \end{bmatrix}. \tag{6}$$

于是得到:

定理 5.2 设 V 是数域 F 上的 n 维向量空间,T 是由基 $\{\alpha_1, \alpha_2, \cdots, \alpha_n\}$ 到基 $\{\beta_1, \beta_2, \cdots, \beta_n\}$

的过渡矩阵,那么 V 中向量 ξ 关于基 $\{\alpha_1,\ \alpha_2,\ \cdots,\ \alpha_n\}$ 的坐标 $(x_1,\ x_2,\ \cdots,\ x_n)$ 与关于 $\{\beta_1,\ \beta_2,\ \cdots,\ \beta_n\}$ 的坐标 $(y_1,\ y_2,\ \cdots,\ y_n)$ 的关系由等式(6)给出.

例 3 取 V_2 的两个彼此正交的单位向量 ε_1, ε_2,它们作成 V_2 的一个基.令 ε_1', ε_2' 分别是由 ε_1 和 ε_2 逆时针旋转角 θ 所得的向量(见图 6-1),那么 ε_1', ε_2' 也是 V 的一个基. 我们有

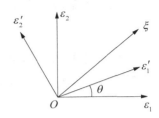

$$\varepsilon_1'=\varepsilon_1\cos\theta+\varepsilon_2\sin\theta,$$
$$\varepsilon_2'=-\varepsilon_1\sin\theta+\varepsilon_2\cos\theta,$$

所以 $\{\varepsilon_1,\ \varepsilon_2\}$ 到 $\{\varepsilon_1',\ \varepsilon_2'\}$ 的过渡矩阵是

$$\begin{pmatrix}\cos\theta & -\sin\theta \\ \sin\theta & \cos\theta\end{pmatrix}.$$

设 V_2 的一个向量 ξ 关于 $\{\varepsilon_1,\ \varepsilon_2\}$ 的坐标是 $(x_1,\ x_2)$,关于 $\{\varepsilon_1',\ \varepsilon_2'\}$ 的坐标是 $(x_1',\ x_2')$.于是,由定理 5.2 得

图 6-1

$$\begin{bmatrix}x_1 \\ x_2\end{bmatrix}=\begin{pmatrix}\cos\theta & -\sin\theta \\ \sin\theta & \cos\theta\end{pmatrix}\begin{bmatrix}x_1' \\ x_2'\end{bmatrix}.$$

即

$$x_1=x_1'\cos\theta-x_2'\sin\theta,$$
$$x_2=x_1'\sin\theta+x_2'\cos\theta.$$

这正是平面解析几何里旋转坐标轴的坐标变换公式.

现在设 $\{\alpha_1,\ \alpha_2,\ \cdots,\ \alpha_n\}$, $\{\beta_1,\ \beta_2,\ \cdots,\ \beta_n\}$ 和 $\{\gamma_1,\ \gamma_2,\ \cdots,\ \gamma_n\}$ 都是 n 维向量空间 V 的基,并且设由 $\{\alpha_1,\ \alpha_2,\ \cdots,\ \alpha_n\}$ 到 $\{\beta_1,\ \beta_2,\ \cdots,\ \beta_n\}$ 的过渡矩阵是 $A=(a_{ij})$,由 $\{\beta_1,\ \beta_2,\ \cdots,\ \beta_n\}$ 到 $\{\gamma_1,\ \gamma_2,\ \cdots,\ \gamma_n\}$ 的过渡矩阵是 $B=(b_{ij})$. 于是

$$(\beta_1,\ \beta_2,\ \cdots,\ \beta_n)=(\alpha_1,\ \alpha_2,\ \cdots,\ \alpha_n)A,$$
$$(\gamma_1,\ \gamma_2,\ \cdots,\ \gamma_n)=(\beta_1,\ \beta_2,\ \cdots,\ \beta_n)B.$$

把第一个等式代入第二个等式就得到

$$(\gamma_1,\ \gamma_2,\ \cdots,\ \gamma_n)=((\alpha_1,\ \alpha_2,\ \cdots,\ \alpha_n)A)B=(\alpha_1,\ \alpha_2,\ \cdots,\ \alpha_n)AB.$$

即 $\{\alpha_1,\ \alpha_2,\ \cdots,\ \alpha_n\}$ 到 $\{\gamma_1,\ \gamma_2,\ \cdots,\ \gamma_n\}$ 的过渡矩阵是 AB.

现在看一下过渡矩阵应该具有什么性质.设由基 $\{\alpha_1,\ \alpha_2,\ \cdots,\ \alpha_n\}$ 到基 $\{\beta_1,\ \beta_2,\ \cdots,\ \beta_n\}$ 的过渡矩阵是 A,我们有

$$(\beta_1,\ \beta_2,\ \cdots,\ \beta_n)=(\alpha_1,\ \alpha_2,\ \cdots,\ \alpha_n)A.$$

然而由基 $\{\beta_1,\ \beta_2,\ \cdots,\ \beta_n\}$ 到 $\{\alpha_1,\ \alpha_2,\ \cdots,\ \alpha_n\}$ 也有一个过渡矩阵 B:

$$(\alpha_1,\ \alpha_2,\ \cdots,\ \alpha_n)=(\beta_1,\ \beta_2,\ \cdots,\ \beta_n)B.$$

比较这两个等式,我们有

$$(\beta_1,\ \beta_2,\ \cdots,\ \beta_n)=(\beta_1,\ \beta_2,\ \cdots,\ \beta_n)BA,$$

$$(\alpha_1, \alpha_2, \cdots, \alpha_n) = (\alpha_1, \alpha_2, \cdots, \alpha_n)AB.$$

因为 $\{\alpha_1, \alpha_2, \cdots, \alpha_n\}$ 和 $\{\beta_1, \beta_2, \cdots, \beta_n\}$ 都是基,所以必有

$$AB = BA = I,$$

这里 I 是 n 阶单位矩阵.这就是说,A 是可逆矩阵而 $B = A^{-1}$.

反过来,设 $A = (a_{ij})$ 是任意一个 n 阶可逆矩阵.我们任意取定 n 维向量空间 V 的一个基 $\{\alpha_1, \alpha_2, \cdots, \alpha_n\}$.取

$$\beta_j = \sum_{i=1}^{n} a_{ij}\alpha_i, \ j = 1, \cdots, n,$$

于是有

$$(\beta_1, \beta_2, \cdots, \beta_n) = (\alpha_1, \alpha_2, \cdots, \alpha_n)A.$$

因为 A 可逆,用 A^{-1} 右乘等式两端得

$$(\alpha_1, \alpha_2, \cdots, \alpha_n) = (\beta_1, \beta_2, \cdots, \beta_n)A^{-1}.$$

最后等式表明,向量 $\alpha_1, \alpha_2, \cdots, \alpha_n$ 都可以由 $\{\beta_1, \beta_2, \cdots, \beta_n\}$ 线性表示.然而 $\{\alpha_1, \alpha_2, \cdots, \alpha_n\}$ 线性无关,所以 $\{\beta_1, \beta_2, \cdots, \beta_n\}$ 也线性无关,因而也是 V 的一个基,并且 A 就是 $\{\alpha_1, \alpha_2, \cdots, \alpha_n\}$ 到 $\{\beta_1, \beta_2, \cdots, \beta_n\}$ 的过渡矩阵.

总结以上的论述,我们得到:

定理 5.3 设 n 维向量空间 V 中由基 $\{\alpha_1, \alpha_2, \cdots, \alpha_n\}$ 到基 $\{\beta_1, \beta_2, \cdots, \beta_n\}$ 的过渡矩阵是 A,则 A 是一个可逆矩阵.反过来,任意一个 n 阶可逆矩阵 A 都可以作为 n 维向量空间中由一个基到另一个基的过渡矩阵.如果由基 $\{\alpha_1, \alpha_2, \cdots, \alpha_n\}$ 到基 $\{\beta_1, \beta_2, \cdots, \beta_n\}$ 的过渡矩阵是 A,那么由 $\{\beta_1, \beta_2, \cdots, \beta_n\}$ 到 $\{\alpha_1, \alpha_2, \cdots, \alpha_n\}$ 的过渡矩阵就是 A^{-1}.

例 4 考虑 R^3 的向量

$$\alpha_1 = (-2, 1, 3), \ \alpha_2 = (-1, 0, 1), \ \alpha_3 = (-2, -5, -1).$$

我们证明 $\{\alpha_1, \alpha_2, \alpha_3\}$ 构成 R^3 的一个基,并且求出向量 $\xi = (4, 12, 6)$ 关于这个基的坐标.

取 R^3 的标准基

$$\varepsilon_1 = (1, 0, 0), \ \varepsilon_2 = (0, 1, 0), \ \varepsilon_3 = (0, 0, 1).$$

令

$$A = \begin{pmatrix} -2 & -1 & -2 \\ 1 & 0 & -5 \\ 3 & 1 & -1 \end{pmatrix}.$$

那么

$$(\alpha_1, \alpha_2, \alpha_3) = (\varepsilon_1, \varepsilon_2, \varepsilon_3)A.$$

因为 A 的行列式等于 2,所以 A 可逆,从而 $\{\alpha_1, \alpha_2, \alpha_3\}$ 是 R^3 的一个基,并且 A 就是由标准基到这个基的过渡矩阵.向量 ξ 关于标准基 $\{\varepsilon_1, \varepsilon_2, \varepsilon_3\}$ 的坐标是 $(4, 12, 6)$.设 ξ 关于基 $\{\alpha_1, \alpha_2, \alpha_3\}$ 的坐标是 (x_1, x_2, x_3),那么由定理 5.3 得

$$\begin{bmatrix} x_1 \\ x_2 \\ x_3 \end{bmatrix} = A^{-1} \begin{bmatrix} 4 \\ 12 \\ 6 \end{bmatrix} = \begin{bmatrix} \dfrac{5}{2} & -\dfrac{3}{2} & \dfrac{5}{2} \\ -7 & 4 & -6 \\ \dfrac{1}{2} & -\dfrac{1}{2} & \dfrac{1}{2} \end{bmatrix} \begin{bmatrix} 4 \\ 12 \\ 6 \end{bmatrix} = \begin{bmatrix} 7 \\ -16 \\ -1 \end{bmatrix}.$$

所以 ξ 关于 $\{\alpha_1, \alpha_2, \alpha_3\}$ 的坐标是 $(7, -16, -1)$.

例 5 考虑 R^3 中以下两组向量

$$\{\alpha_1 = (-3, 1, -2),\ \alpha_2 = (1, -1, 1),\ \alpha_3 = (2, 3, -1)\};$$

$$\{\beta_1 = (1, 1, 1),\ \beta_2 = (1, 2, 3),\ \beta_3 = (2, 0, 1)\}.$$

容易证明 $\{\alpha_1, \alpha_2, \alpha_3\}$ 和 $\{\beta_1, \beta_2, \beta_3\}$ 都是 R^3 的基,我们求出由基 $\{\alpha_1, \alpha_2, \alpha_3\}$ 到 $\{\beta_1, \beta_2, \beta_3\}$ 的过渡矩阵.

为此,需要求出 $\beta_1, \beta_2, \beta_3$ 关于 $\{\alpha_1, \alpha_2, \alpha_3\}$ 的坐标.我们可以这样去作:先分别写出由 R^3 的标准基到这两个基的过渡矩阵,它们分别是

$$A = \begin{bmatrix} -3 & 1 & 2 \\ 1 & -1 & 3 \\ -2 & 1 & -1 \end{bmatrix} \text{和} B = \begin{bmatrix} 1 & 1 & 2 \\ 1 & 2 & 0 \\ 1 & 3 & 1 \end{bmatrix}.$$

我们有

$$(\alpha_1, \alpha_2, \alpha_3) = (\varepsilon_1, \varepsilon_2, \varepsilon_3)A,\ (\beta_1, \beta_2, \beta_3) = (\varepsilon_1, \varepsilon_2, \varepsilon_3)B.$$

于是

$$(\beta_1, \beta_2, \beta_3) = (\alpha_1, \alpha_2, \alpha_3)A^{-1}B.$$

因此,由基 $\{\alpha_1, \alpha_2, \alpha_3\}$ 到 $\{\beta_1, \beta_2, \beta_3\}$ 的过渡矩阵是

$$A^{-1}B = \begin{bmatrix} 2 & -3 & -5 \\ 5 & -7 & -11 \\ 1 & -1 & -2 \end{bmatrix} \begin{bmatrix} 1 & 1 & 2 \\ 1 & 2 & 0 \\ 1 & 3 & 1 \end{bmatrix} = \begin{bmatrix} -6 & -19 & -1 \\ -13 & -42 & -1 \\ -2 & -7 & 0 \end{bmatrix}.$$

习 题 5-5

1. 设 $\{\alpha_1, \alpha_2, \cdots, \alpha_n\}$ 是 V 的一个基,求由这个基到 $\{\alpha_2, \cdots, \alpha_n, \alpha_1\}$ 的过渡矩阵.

2. 证明:$\{x^3, x^3+x, x^2+1, x+1\}$ 是 $F_3[x]$(数域 F 上一切次数 $\leqslant 3$ 的多项式连同零多项式)的一个基.并求下列多项式关于这个基的坐标:

(1) $x^2 + 2x + 3$; (2) x^3; (3) 4; (4) $x^2 - x$.

3. 设 $\alpha_1 = (2, 1, -1, 1),\ \alpha_2 = (0, 3, 1, 0),\ \alpha_3 = (5, 3, 2, 1),\ \alpha_4 = (6, 6, 1, 3)$.证明:$\{\alpha_1, \alpha_2, \alpha_3, \alpha_4\}$ 作成 R^4 的一个基,在 R^4 中求一个非零向量,使它关于这个基的坐标与关于标准基的坐标相同.

4. 设

$$\alpha_1 = (1, 2, -1),\ \alpha_2 = (0, -1, 3),\ \alpha_3 = (1, -1, 0);$$

$$\beta_1 = (2, 1, 5),\ \beta_2 = (-2, 3, 1),\ \beta_3 = (1, 3, 2).$$

证明：$\{\alpha_1, \alpha_2, \alpha_3\}$ 和 $\{\beta_1, \beta_2, \beta_3\}$ 都是 R^3 的基.求前者到后者的过渡矩阵.

5. 设 $\{\alpha_1, \alpha_2, \cdots, \alpha_n\}$ 是 F 上 n 维向量空间 V 的一个基, A 是 F 上一个 $n \times s$ 矩阵.令

$$(\beta_1, \beta_2, \cdots, \beta_s) = (\alpha_1, \alpha_2, \cdots, \alpha_n)A.$$

证明：$\dim L(\beta_1, \beta_2, \cdots, \beta_s) = $ 秩 A.

§6　向量空间的同构

我们看到,在数域 F 上 n 维向量空间 V 内取定一个基后, V 的每一个向量 ξ 有唯一确定的坐标 $(x_1, x_2, \cdots, x_n)$, 向量的坐标是 F 上 n 元数列,因此属于 F^n.这样一来,取定了 V 的一个基 $\{\alpha_1, \alpha_2, \cdots, \alpha_n\}$, 对于 V 的每一个向量 ξ, 令它关于这个基的坐标 $(x_1, x_2, \cdots, x_n)$ 与之对应,就得到 V 到 F^n 的一个映射:

$$f: \xi \longmapsto (x_1, x_2, \cdots, x_n).$$

反过来,对于 F^n 中任意元素 $(x_1, x_2, \cdots, x_n)$, $\xi = \sum_{i=1}^{n} x_i \alpha_i$ 是 V 中唯一确定的向量,并且

$$f(\xi) = (x_1, x_2, \cdots, x_n).$$

因此 f 是 V 到 F^n 的双射.由定理 5.1,如果 $\xi, \eta \in V$, 并且 $f(\xi) = (x_1, x_2, \cdots, x_n)$, $f(\eta) = (y_1, y_2, \cdots, y_n)$, 那么

$$f(\xi + \eta) = (x_1 + y_1, x_2 + y_2, \cdots, x_n + y_n) = f(\xi) + f(\eta),$$

并且对于 $a \in F$,

$$f(a\xi) = (ax_1, ax_2, \cdots, ax_n) = af(\xi).$$

这就是说,映射 f "保持向量的加法和标量与向量的乘法".如果两个向量空间之间存在这样一个映射,就说它们是同构的.我们给出以下定义:

定义 6.1 设 V 和 W 是数域 F 上的两个向量空间. V 到 W 的一个映射 f 叫做一个同构映射,如果它满足

(1) f 是 V 到 W 的双射;

(2) 对于任意 $\xi, \eta \in V$, $f(\xi + \eta) = f(\xi) + f(\eta)$;

(3) 对于任意 $a \in F$, $\xi \in V$, $f(a\xi) = af(\xi)$.

如果数域 F 上两个向量空间 V 与 W 之间可以建立一个同构映射,那么就说 V 与 W 同构,并且记作

$$V \cong W.$$

一个向量空间就是一个带有加法和标量与向量的乘法的集合,我们的着眼点主要在于运算,至于这个集合的元素是什么对我们来说是无关紧要的.从这个意义上来讲,同构的向量空间本质上可以看成是一样的.

由上面所作的讨论,我们有:

定理 6.1 数域 F 上的任意一个 n 维向量空间都与 F^n 同构.

现在我们来推导同构映射的若干基本性质.

定理 6.2 设 V 和 W 是数域 F 上的两个向量空间，f 是 V 到 W 的一个同构映射，那么

(1) $f(0) = 0$；

(2) 对于任意 $\alpha \in V$，$f(-\alpha) = -f(\alpha)$；

(3) $f(a_1\alpha_1 + a_2\alpha_2 + \cdots + a_n\alpha_n) = a_1 f(\alpha_1) + a_2 f(\alpha_2) + \cdots + a_n f(\alpha_n)$，这里 $a_i \in F$，$\alpha_i \in V$，$i = 1, \cdots, n$；

(4) $\alpha_1, \alpha_2, \cdots, \alpha_n \in V$ 线性相关 $\Leftrightarrow f(\alpha_1), f(\alpha_2), \cdots, f(\alpha_n) \in W$ 线性相关；

(5) f 的逆映射 f^{-1} 是 W 到 V 的同构映射.

证 (1) 在定义 6.1 的条件(3)中取 $a = 0$，那么

$$f(0) = f(0\alpha) = 0f(\alpha) = 0.$$

(2) 由定义 1 的条件(2)，$f(\alpha) + f(-\alpha) = f(\alpha + (-\alpha)) = f(0) = 0$，所以 $f(-\alpha) = -f(\alpha)$.

(3) 直接由定义 6.1，利用数学归纳法即得(3).

(4) 由(1)及(3)，如果

$$a_1\alpha_1 + a_2\alpha_2 + \cdots + a_n\alpha_n = 0,$$

那么

$$a_1 f(\alpha_1) + a_2 f(\alpha_2) + \cdots + a_n f(\alpha_n) = f(a_1\alpha_1 + a_2\alpha_2 + \cdots + a_n\alpha_n) = f(0) = 0.$$

反过来，如果

$$a_1 f(\alpha_1) + a_2 f(\alpha_2) + \cdots + a_n f(\alpha_n) = 0,$$

那么由(3)，$f(a_1\alpha_1 + a_2\alpha_2 + \cdots + a_n\alpha_n) = 0$. 因为 f 是单射，所以由(1)，必须

$$a_1\alpha_1 + a_2\alpha_2 + \cdots + a_n\alpha_n = 0.$$

(5) f^{-1} 是 W 到 V 的双射，并且 $f \circ f^{-1}$ 是 W 到自身的恒等映射，$f^{-1} \circ f$ 是 V 到自身的恒等映射. 设 $\alpha', \beta' \in W$. 由于 f 是 V 到 W 的同构映射，所以

$$\begin{aligned} f(f^{-1}(\alpha' + \beta')) &= \alpha' + \beta' = f(f^{-1}(\alpha')) + f(f^{-1}(\beta')) \\ &= f(f^{-1}(\alpha') + f^{-1}(\beta')). \end{aligned}$$

因为 f 是单射，所以

$$f^{-1}(\alpha' + \beta') = f^{-1}(\alpha') + f^{-1}(\beta').$$

同理，对于 $a \in F$，$\alpha' \in W$，我们有

$$f^{-1}(a\alpha') = af^{-1}(\alpha').$$

下面的定理给出数域 F 上两个有限维向量空间同构的充要条件.

定理 6.3 数域 F 上的两个有限维向量空间同构的充要条件是它们有相同的维数.

证 设 V 和 W 是数域 F 上两个有限维向量空间. 如果 $\dim V = \dim W = n > 0$，令 $\{\alpha_1, \alpha_2, \cdots, \alpha_n\}$ 和 $\{\alpha'_1, \alpha'_2, \cdots, \alpha'_n\}$ 分别是 V 和 W 的基. 对于 $\alpha = \sum_{i=1}^{n} a_i\alpha_i \in V$，定义

$$f(\alpha) = \sum_{i=1}^{n} a_i\alpha'_i \in W.$$

容易证明 f 是 V 到 W 的一个同构映射.

反过来,如果 W 和 V 同构,令 f 是 V 到 W 的一个同构映射.

设 $\dim V = n > 0$,$\{\alpha_1, \alpha_2, \cdots, \alpha_n\}$ 是 V 的任意一个基,那么由定理 6.2(3)和(4)容易证明:$\{f(\alpha_1), f(\alpha_2), \cdots, f(\alpha_n)\}$ 是 W 的一个基,因而 $\dim W = n$. 对于零空间,定理是显然的.

根据这个定理,数域 F 上具有同一维数的向量空间本质上是一样的.因为 F 上每一个 n 维向量空间都与 F^n 同构,所以 F^n 可以作为 F 上 n 维向量空间的代表.

<h3 style="text-align:center">习 题 5-6</h3>

1. 证明复数域 C 作为实数域 R 上向量空间,与 V_2 同构.

2. 设 $f: V \rightarrow W$ 是向量空间 V 到 W 的一个同构映射,V_1 是 V 的一个子空间.证明 $f(V_1)$ 是 W 的一个子空间.

3. 证明:向量空间 $F[x]$ 可以与它的一个真子空间同构.

§7　线性方程组解的结构

在这一节里,我们应用向量空间的理论来研究线性方程组的解的结构.

首先看一下矩阵的秩的几何意义.

设有数域 F 上的一个 $m \times n$ 矩阵

$$A = \begin{pmatrix} a_{11} & a_{12} & \cdots & a_{1n} \\ a_{21} & a_{22} & \cdots & a_{2n} \\ \vdots & \vdots & & \vdots \\ a_{m1} & a_{m2} & \cdots & a_{mn} \end{pmatrix}.$$

矩阵 A 的每一行可以看成 F^n 的一个向量,叫做 A 的行向量,A 的每一列可以看成 F^m 的一个向量,叫做 A 的列向量.令 $\alpha_1, \alpha_2, \cdots, \alpha_m$ 是 A 的行向量,这里

$$\alpha_i = (a_{i1}, a_{i2}, \cdots, a_{in}), \ i = 1, \cdots, m.$$

由 $\alpha_1, \alpha_2, \cdots, \alpha_m$ 所生成的 F^n 的子空间 $L(\alpha_1, \alpha_2, \cdots, \alpha_m)$ 叫做矩阵 A 的行空间.类似地,由 A 的 n 个列向量所生成的 F^m 的子空间叫做 A 的列空间.

当 $m \neq n$ 时,矩阵 A 的行空间和列空间是不同的向量空间的子空间.然而我们发现,这两个子空间具有相同的维数.为此,先证明:

引理 7.1 设 A 是一个 $m \times n$ 矩阵

(1) 如果 $B = PA$,P 是一个 m 阶可逆矩阵,那么 B 与 A 有相同的行空间;

(2) 如果 $C = AQ$,Q 是一个 n 阶可逆矩阵,那么 C 与 A 有相同的列空间.

证 我们只证明(1),因为(2)的证明完全类似.

$$A = (a_{ij})_{m \times n}, \ P = (p_{ij})_{m \times m}, \ B = (b_{ij})_{m \times n}.$$

令 $\{\alpha_1, \alpha_2, \cdots, \alpha_m\}$ 是 A 的行向量,$\langle \beta_1, \beta_2, \cdots, \beta_m \rangle$ 是 B 的行向量.B 的第 i 行等于 P 的第 i 行右乘以矩阵 A:

$$\beta_i = (b_{i1}, b_{i2}, \cdots, b_{in}) = (p_{i1}, p_{i2}, \cdots, p_{in})A$$
$$= p_{i1}\alpha_1 + p_{i2}\alpha_2 + \cdots + p_{im}\alpha_m,$$

故 B 的每一个行向量都是 A 的行向量的线性组合.但 P 可逆,所以 $A=P^{-1}B$.因此 A 的每一个行向量都是 B 的行向量的线性组合.这样,向量组 $\{\alpha_1,\alpha_2,\cdots,\alpha_m\}$ 与 $\{\beta_1,\beta_2,\cdots,\beta_m\}$ 等价,所以它们生成 F^n 的同一子空间.

我们知道,对于任意一个 $m\times n$ 矩阵 A,总存在 m 阶可逆矩阵 P 和 n 阶可逆矩阵 Q,使

$$PAQ=\begin{pmatrix} I_r & 0 \\ 0 & 0 \end{pmatrix},\tag{1}$$

这里 r 等于 A 的秩.两边右乘以 Q^{-1} 得

$$PA=\begin{pmatrix} I_r & 0 \\ 0 & 0 \end{pmatrix}Q^{-1}.$$

右端乘积中后 $m-r$ 行的元素都是零,而前 r 行就是 Q^{-1} 的前 r 行.由于 Q^{-1} 可逆,所以它的行向量线性无关,因而它的前 r 行也线性无关,于是 PA 的行空间的维数等于 r.由引理7.1,A 的行空间的维数等于 r.另一方面,将等式(1)左乘以 P^{-1},得

$$AQ=P^{-1}\begin{pmatrix} I_r & 0 \\ 0 & 0 \end{pmatrix}.$$

由此看出,AQ 的列空间的维数等于 r,从而 A 的列空间的维数也等于 r.这样就证明了:

定理 7.1 一个矩阵的行空间的维数等于列空间的维数,等于这个矩阵的秩.

由于这一事实,我们也把一个矩阵的秩定义为它的行向量组的极大无关组所含向量的个数,也定义为它的列向量组的极大无关组所含向量的个数.

现在我们利用上面的结论,再返回来考察线性方程组

$$\begin{cases} a_{11}x_1+a_{12}x_2+\cdots+a_{1n}x_n=b_1 \\ a_{21}x_1+a_{22}x_2+\cdots+a_{2n}x_n=b_2, \\ \qquad\cdots\cdots\cdots\cdots \\ a_{m1}x_1+a_{m2}x_2+\cdots+a_{mn}x_n=b_m \end{cases}\tag{2}$$

令 $\alpha_1,\alpha_2,\cdots,\alpha_n$ 表示(2)的系数矩阵的列向量,$\beta=(b_1,b_2,\cdots,b_m)^T$.那么(2)可以写成

$$x_1\alpha_1+x_2\alpha_2+\cdots+x_n\alpha_n=\beta.$$

如果(2)有解,那么 β 可以由 $\alpha_1,\alpha_2,\cdots,\alpha_n$ 线性表示,从而

$$L(\alpha_1,\alpha_2,\cdots,\alpha_n)=L(\alpha_1,\alpha_2,\cdots,\alpha_n,\beta),$$

这就是说,(2)的系数矩阵 A 的列空间等于增广矩阵 $\bar{A}$ 的列空间,因而秩 $A=$ 秩 $\bar{A}$.反过来,如果秩 $A=$ 秩 $\bar{A}$,那么 $\bar{A}$ 的列空间与 A 的列空间重合,即 $\beta\in L(\alpha_1,\alpha_2,\cdots,\alpha_n)$,因而 β 可以由 $\alpha_1,\alpha_2,\cdots,\alpha_n$ 线性表示,所以方程组(2)有解.这样,我们重新得到线性方程组有解的判别法:数域 F 上线性方程组有解的充要条件是它的系数矩阵与增广矩阵有相同的秩.

最后,我们看一下线性方程组的解的结构.设

$$\begin{cases} a_{11}x_1+a_{12}x_2+\cdots+a_{1n}x_n=0 \\ a_{21}x_1+a_{22}x_2+\cdots+a_{2n}x_n=0, \\ \qquad\cdots\cdots\cdots\cdots \\ a_{m1}x_1+a_{m2}x_2+\cdots+a_{mn}x_n=0 \end{cases}\tag{3}$$

是数域 F 上一个齐次线性方程组,且 A 是这个方程组的系数矩阵.那么(3)可以写成

$$A \begin{pmatrix} x_1 \\ x_2 \\ \vdots \\ x_n \end{pmatrix} = \begin{pmatrix} 0 \\ 0 \\ \vdots \\ 0 \end{pmatrix}. \tag{3'}$$

(3)的每一个解都可以看作 F^n 的一个向量,叫做方程组(3)的一个解向量.设

$$\xi = \begin{pmatrix} x_1 \\ x_2 \\ \vdots \\ x_n \end{pmatrix}, \quad \eta = \begin{pmatrix} y_1 \\ y_2 \\ \vdots \\ y_n \end{pmatrix}$$

是(3)的两个解向量,而 a, b 是 F 中任意数.那么由(3'),

$$A(a\xi + b\eta) = aA \begin{pmatrix} x_1 \\ x_2 \\ \vdots \\ x_n \end{pmatrix} + bA \begin{pmatrix} y_1 \\ y_2 \\ \vdots \\ y_n \end{pmatrix} = \begin{pmatrix} 0 \\ 0 \\ \vdots \\ 0 \end{pmatrix},$$

所以 $a\xi + b\eta$ 也是(3)的一个解向量.另一方面,齐次线性方程组永远有解.因此,数域 F 上一个 n 元齐次线性方程组的所有解向量作成 F^n 的一个子空间.这个子空间叫做所给的齐次线性方程组的解空间.

现在设(3)的系数矩阵的秩等于 r.那么通过行初等变换,必要时交换列,可以将系数矩阵 A 化为以下形式的一个矩阵:

$$\begin{pmatrix} I_r & C_{r, n-r} \\ 0 & 0 \end{pmatrix}.$$

与这个矩阵对应的齐次线性方程组是

$$\begin{cases} y_1 & + c_{1, r+1} y_{r+1} + \cdots + c_{1n} y_n = 0 \\ \quad y_2 & + c_{2, r+1} y_{r+1} + \cdots + c_{2n} y_n = 0, \\ \quad \cdots\cdots\cdots\cdots \\ \quad y_r + c_{r, r+1} y_{r+1} + \cdots + c_{r, n} y_n = 0 \end{cases} \tag{4}$$

这里 $y_k = x_{i_k}$, $k = 1, \cdots, n$, 就是未知量 $x_1, x_2, \cdots, x_n$ 的重新编号.方程组(4)有 $n-r$ 个自由未知量 $y_{r+1}, \cdots, y_n$.依次让它们取值 $(1, 0, \cdots, 0)$, $(0, 1, 0, \cdots, 0)$, $\cdots$, $(0, \cdots, 0, 1)$, 我们得到(4)的 $n-r$ 个解向量

$$\eta_{r+1} = \begin{pmatrix} -c_{1, r+1} \\ \vdots \\ -c_{r, r+1} \\ 1 \\ 0 \\ \vdots \\ 0 \end{pmatrix}, \quad \eta_{r+2} = \begin{pmatrix} -c_{1, r+2} \\ \vdots \\ -c_{r, r+2} \\ 0 \\ 1 \\ \vdots \\ 0 \end{pmatrix}, \quad \cdots, \quad \eta_n = \begin{pmatrix} -c_{1, n} \\ \vdots \\ -c_{r, n} \\ 0 \\ \vdots \\ 0 \\ 1 \end{pmatrix}.$$

这 $n-r$ 个解向量显然线性无关.另一方面,设$(k_1, k_2, \cdots, k_n)$是(4)的任意一个解. 代入(4)得

$$\begin{cases} k_1 = -c_{1,r+1}k_{r+1} - \cdots - c_{1,n}k_n \\ k_2 = -c_{2,r+1}k_{r+1} - \cdots - c_{2,n}k_n \\ \cdots\cdots\cdots\cdots \\ k_r = -c_{r,r+1}k_{r+1} - \cdots - c_{r,n}k_n \ . \\ k_{r+1} = 1 \qquad k_{r+1}, \\ \cdots\cdots\cdots\cdots \\ k_n = \qquad\qquad\qquad\qquad 1k_n \end{cases}$$

于是

$$\begin{pmatrix} k_1 \\ k_2 \\ \vdots \\ k_n \end{pmatrix} = k_{r+1}\eta_{r+1} + k_{r+2}\eta_{r+2} + \cdots + k_n\eta_n.$$

因此,(4)的每一个解向量都可以由这 $n-r$ 个解向量 $\eta_{r+1}, \eta_{r+2}, \cdots, \eta_n$ 线性表示.这样一来,$\{\eta_{r+1}, \eta_{r+2}, \cdots, \eta_n\}$ 构成(4)的解空间的一个基.重新排列每一解向量 η_i 中坐标的次序,就得到齐次线性方程组(3)的解空间的一个基.于是我们有:

定理 7.2 数域 F 上一个 n 个未知量的齐次线性方程组的一切解作成 F^n 的一个子空间,称为这个齐次线性方程组的解空间.如果所给的方程组的系数矩阵的秩是 r,那么解空间的维数等于 $n-r$.

一个齐次线性方程组的解空间的一个基叫做这个方程组的一个基础解系.设 $\xi_1, \xi_2, \cdots, \xi_{n-r}$ 是齐次线性方程组(3)的一个基础解系,此时,

$$\xi = k_1\xi_1 + k_2\xi_2 + \cdots + k_{n-r}\xi_{n-r}$$

称为齐次线性方程组(1)的全部解,或称为通解.

例 1 求齐次线性方程组

$$\begin{cases} x_1 - x_2 + 5x_3 - x_4 = 0 \\ x_1 + x_2 - 2x_3 + 3x_4 = 0 \\ 3x_1 - x_2 + 8x_3 + x_4 = 0 \\ x_1 + 3x_2 - 9x_3 + 7x_4 = 0 \end{cases}$$

的一个基础解系.

对行施行初等变换化简系数矩阵,得

$$\begin{pmatrix} 1 & 0 & \dfrac{3}{2} & 1 \\ 0 & 1 & -\dfrac{7}{2} & 2 \\ 0 & 0 & 0 & 0 \\ 0 & 0 & 0 & 0 \end{pmatrix}.$$

与这个矩阵对应的齐次方程组是

$$\begin{cases} x_1 + \dfrac{3}{2}x_3 + x_4 = 0 \\ x_2 - \dfrac{7}{2}x_3 + 2x_4 = 0 \end{cases}.$$

取 x_3, x_4 作为自由未知量,依次令 $x_3=1$, $x_4=0$ 和 $x_3=0$, $x_4=1$,得出方程组的两个解向量

$$\eta_1 = \left(-\frac{3}{2}, \frac{7}{2}, 1, 0\right)^T, \quad \eta_2 = (-1, -2, 0, 1)^T.$$

它们作成所给的方程组的一个基础解系.方程组的任意一个解都有形式(即该方程组的通解)

$$k_1\eta_1 + k_2\eta_2 = \left(-\frac{3}{2}k_1 - k_2, \frac{7}{2}k_1 - 2k_2, k_1, k_2\right)^T,$$

这里 k_1, k_2 是所给的数域中任意数,方程组的解空间由一切形如 $k_1\eta_1 + k_2\eta_2$ 的解向量组成.

现在设

$$A\begin{pmatrix} x_1 \\ x_2 \\ \vdots \\ x_n \end{pmatrix} = \begin{pmatrix} b_1 \\ b_2 \\ \vdots \\ b_m \end{pmatrix} \tag{5}$$

是数域 F 上任意一个线性方程组,A 是一个 $m \times n$ 矩阵.把(5)的常数项都换成零,就得到一个齐次线性方程组

$$A\begin{pmatrix} x_1 \\ x_2 \\ \vdots \\ x_n \end{pmatrix} = \begin{pmatrix} 0 \\ 0 \\ \vdots \\ 0 \end{pmatrix}. \tag{6}$$

齐次方程组(6)叫做方程组(5)的导出齐次方程组.

定理 7.3　如果线性方程组(5)有解,那么(5)的一个解与导出齐次方程组的一个解的和是(5)的一个解.(5)的任意解都可以写成(5)的一个特解与(6)的一个解的和.

证　设 $\gamma = (c_1, c_2, \cdots, c_n)^T$ 是方程组(5)的一个解,$\delta = (d_1, d_2, \cdots, d_n)^T$ 是导出齐次方程组(6)的一个解,那么

$$A\left[\begin{pmatrix} c_1 \\ c_2 \\ \vdots \\ c_n \end{pmatrix} + \begin{pmatrix} d_1 \\ d_2 \\ \vdots \\ d_n \end{pmatrix}\right] = A\begin{pmatrix} c_1 \\ c_2 \\ \vdots \\ c_n \end{pmatrix} + A\begin{pmatrix} d_1 \\ d_2 \\ \vdots \\ d_n \end{pmatrix} = \begin{pmatrix} b_1 \\ b_2 \\ \vdots \\ b_m \end{pmatrix},$$

所以 $\gamma + \delta$ 是(5)的一个解.设 $\lambda = (l_1, l_2, \cdots, l_n)^T$ 是(5)的任意一个解,那么

$$A\left[\begin{pmatrix} l_1 \\ l_2 \\ \vdots \\ l_n \end{pmatrix} - \begin{pmatrix} c_1 \\ c_2 \\ \vdots \\ c_n \end{pmatrix}\right] = A\begin{pmatrix} l_1 \\ l_2 \\ \vdots \\ l_n \end{pmatrix} - A\begin{pmatrix} c_1 \\ c_2 \\ \vdots \\ c_n \end{pmatrix} = \begin{pmatrix} b_1 \\ b_2 \\ \vdots \\ b_m \end{pmatrix} - \begin{pmatrix} b_1 \\ b_2 \\ \vdots \\ b_m \end{pmatrix} = \begin{pmatrix} 0 \\ 0 \\ \vdots \\ 0 \end{pmatrix},$$

因此 $\mu = \lambda - \gamma$ 是导出齐次方程组(6)的一个解,而 $\lambda = \gamma + \mu$.

由此可知:如果非齐次线性方程组有无穷多解,则其导出齐次方程组一定有非零解,且非齐次线性方程组的全部解(通解)可表示为

$$X = \eta_0 + k_1 \xi_1 + k_2 \xi_2 + \cdots + k_{n-r} \xi_{n-r},$$

其中,η_0 是非齐次线性方程组的一个特解,$\xi_1, \xi_2, \cdots, \xi_{n-r}$ 是导出齐次方程组的一个基础解系.

例 2 求非齐次线性方程组

$$\begin{cases} x_1 + 3x_2 + 3x_3 - 2x_4 + x_5 = 3 \\ 2x_1 + 6x_2 + x_3 - 3x_4 = 2 \\ x_1 + 3x_2 - 2x_3 - x_4 - x_5 = -1 \\ 3x_1 + 9x_2 + 4x_3 - 5x_4 + x_5 = 5 \end{cases}$$

的解,用其导出齐次方程组的基础解系表示其通解.

解 $\bar{A} = \begin{pmatrix} 1 & 3 & 3 & -2 & 1 & 3 \\ 2 & 6 & 1 & -3 & 0 & 2 \\ 1 & 3 & -2 & -1 & -1 & -1 \\ 3 & 9 & 4 & -5 & 1 & 5 \end{pmatrix} \rightarrow \begin{pmatrix} 1 & 3 & 3 & -2 & 1 & 3 \\ 0 & 0 & -5 & 1 & -2 & -4 \\ 0 & 0 & -5 & 1 & -2 & -4 \\ 0 & 0 & -5 & 1 & -2 & -4 \end{pmatrix}$

$\rightarrow \begin{pmatrix} 1 & 3 & -7 & 0 & -3 & -5 \\ 0 & 0 & -5 & 1 & -2 & -4 \\ 0 & 0 & 0 & 0 & 0 & 0 \\ 0 & 0 & 0 & 0 & 0 & 0 \end{pmatrix}.$

因为 $r(A) = r(\bar{A}) = 2 < 5$,所以非齐次线性方程组有无穷多组解,取自由未知量为 x_2, x_3, x_5,原方程组与方程组

$$\begin{cases} x_1 = -3x_2 + 7x_3 + 3x_5 - 5 \\ x_4 = 5x_3 + 2x_5 - 4 \end{cases}$$

同解.

取自由未知量 x_2, x_3, x_5 为 $\begin{pmatrix} 0 \\ 0 \\ 0 \end{pmatrix}$,得原方程组的一个特解:

$$\eta_0 = (-5, 0, 0, -4, 0)^T,$$

再求其导出齐次方程组的基础解系,其导出齐次方程组与方程组

$$\begin{cases} x_1 = -3x_2 + 7x_3 + 3x_5 \\ x_4 = 5x_3 + 2x_5 \end{cases}$$

同解.

对自由未知量 x_2, x_3, x_5 分别取 $\begin{pmatrix} 1 \\ 0 \\ 0 \end{pmatrix}$, $\begin{pmatrix} 0 \\ 1 \\ 0 \end{pmatrix}$, $\begin{pmatrix} 0 \\ 0 \\ 1 \end{pmatrix}$,代入上式得到其导出齐次方程组

的一个基础解系为：

$$\xi_1 = \begin{pmatrix} -3 \\ 1 \\ 0 \\ 0 \\ 0 \end{pmatrix}, \xi_2 = \begin{pmatrix} 7 \\ 0 \\ 1 \\ 5 \\ 0 \end{pmatrix}, \xi_3 = \begin{pmatrix} 3 \\ 0 \\ 0 \\ 2 \\ 1 \end{pmatrix}.$$

故原方程组的通解为：$X = \eta_0 + k_1 \xi_1 + k_2 \xi_2 + k_3 \xi_3$.

例 3 已知 η_1，η_2，η_3 是齐次线性方程组 $AX = 0$ 的一个基础解系，证明：η_1，$\eta_1 + \eta_2$，$\eta_1 + \eta_2 + \eta_3$ 也是齐次线性方程组 $AX = 0$ 的一个基础解系.

证 由题知，齐次线性方程组 $AX = 0$ 的基础解系含有 3 个解向量，并且由齐次线性方程组解的性质可知 η_1，$\eta_1 + \eta_2$，$\eta_1 + \eta_2 + \eta_3$ 都是 $AX = 0$ 的解，因此只需证明 η_1，$\eta_1 + \eta_2$，$\eta_1 + \eta_2 + \eta_3$ 线性无关即可.

设存在数 k_1，k_2，k_3 使

$$k_1 \eta_1 + k_2 (\eta_1 + \eta_2) + k_3 (\eta_1 + \eta_2 + \eta_3) = 0$$

成立.整理得

$$(k_1 + k_2 + k_3) \eta_1 + (k_2 + k_3) \eta_2 + k_3 \eta_3 = 0.$$

已知 η_1，η_2，η_3 是齐次线性方程组 $AX = 0$ 的一个基础解系，即得 η_1，η_2，η_3 线性无关,得

$$\begin{cases} k_1 + k_2 + k_3 = 0 \\ k_2 + k_3 = 0, \\ k_3 = 0 \end{cases}$$

解得：$k_1 = k_2 = k_3 = 0$.

因此 η_1，$\eta_1 + \eta_2$，$\eta_1 + \eta_2 + \eta_3$ 线性无关，即 η_1，$\eta_1 + \eta_2$，$\eta_1 + \eta_2 + \eta_3$ 也是齐次线性方程组 $AX = 0$ 的一个基础解系.

例 4 设 $A = (a_{ij})$ 为 4 阶方阵，$r(A) = 3$，η_1，η_2，η_3 是非齐次线性方程组 $AX = b$ 的三个解，且 $\eta_1 = (1, 2, 3, 4)^T$，$\eta_2 + \eta_3 = (1, 2, 2, 1)^T$，求 $AX = b$ 的通解.

解 因为 $r(A) = 3$，A 为 4 阶方阵，则 $AX = 0$ 的基础解系含有 $4 - 3 = 1$ 个解向量.

由线性方程组解的性质得：$\eta_2 + \eta_3 - 2\eta_1 = (\eta_2 - \eta_1) + (\eta_3 - \eta_1)$ 是 $AX = 0$ 的解，则可得 $AX = 0$ 的一个非零解为：$\eta_2 + \eta_3 - 2\eta_1 = (-1, -2, -4, -7)^T$.

由此可得 $AX = b$ 的通解为：$(1, 2, 3, 4)^T + c(1, 2, 4, 7)^T$.

习 题 5-7

1. 证明：行列式等于零的充要条件是它的行(或列)向量线性相关.

2. 证明：秩 $(A + B) \leqslant$ 秩 $A +$ 秩 B.

3. 设 A 是一个 m 行的矩阵，秩 $A = r$，从 A 中任取出 s 行，作一个 s 行的矩阵 B.证明：秩 $B \geqslant r + s - m$.

4. 设 A 是一个 $m \times n$ 矩阵，秩 $A = r$. 从 A 中任意划去 $m - s$ 行与 $n - t$ 列，其余元素按原来

位置排成一个 $s \times t$ 矩阵 C.证明：秩 $C \geqslant r+s+t-m-n$.

5. 求齐次线性方程组

$$\begin{cases} x_1+x_2+x_3+x_4+x_5=0 \\ 3x_1+2x_2+x_3+x_4-3x_5=0 \\ 5x_1+4x_2+3x_3+3x_4-x_5=0 \\ x_2+2x_3+2x_4+x_5=0 \end{cases}$$

的一个基础解系.

6. 求非齐次线性方程组

$$\begin{cases} x_1+x_2=5 \\ 2x_1+x_2+x_3+2x_4=1 \\ 5x_1+3x_2+2x_3+2x_4=3 \end{cases}$$

的通解.

7. 求一个齐次线性方程组,使它的一个基础解系为

$$\eta_1=(0,1,2,3)^T, \ \eta_2=(3,2,1,0)^T.$$

8. 设 $\eta_1,\eta_2,\cdots,\eta_s$ 是非齐次线性方程组 $Ax=b$ 的 s 个解向量,令

$$\eta=k_1\eta_1+k_2\eta_2+\cdots+k_s\eta_s, \ k_1,k_2,\cdots,k_s \in R.$$

证明:(1) η 是非齐次线性方程组 $Ax=b$ 的解的充要条件是 $k_1+k_2+\cdots+k_s=1$;

(2) η 是齐次线性方程组 $Ax=0$ 的解的充要条件是 $k_1+k_2+\cdots+k_s=0$.

9. 证明定理 7.2 的逆命题:F^n 的任意一个子空间都是某一含 n 个未知量的齐次线性方程组的解空间.

10. 证明:F^n 的任意一个不等于 F^n 的子空间都是若干 $n-1$ 维子空间的交.

第六章

线 性 变 换

在数学里,变换的概念是非常基本的.例如,在解析几何里,常要用到坐标的变换;在数学分析里,常要用到变量的代换.所谓变换,实质上就是一个映射.在线性代数里,我们主要考虑的是一个向量空间到自身的一种特定的映射,称为线性变换.

我们看到,当所考虑的向量空间是有限维的时候,线性变换和矩阵之间有很自然的联系.因此在讨论线性变换时,要经常用到矩阵这个工具.

本章还将讨论方阵的特征根与特征向量、方阵的相似对角化问题,它们是矩阵理论的重要组成部分,在数学各分支、科学技术以及数量经济分析等多个领域有着广泛的应用.

§1 线 性 映 射

设 F 是一个数域,V 和 W 是 F 上的向量空间.

定义 1.1 设 σ 是 V 到 W 的一个映射,如果 σ 满足下列条件,就称 σ 是 V 到 W 的一个线性映射:

(1) 对于任意 $\xi,\eta \in V$,$\sigma(\xi+\eta)=\sigma(\xi)+\sigma(\eta)$;

(2) 对于任意 $a \in F$,$\xi \in V$,$\sigma(a\xi)=a\sigma(\xi)$.

例 1 对于 R^2 的每一向量 $\xi=(x_1,x_2)$,定义

$$\sigma(\xi)=(x_1,x_1-x_2,x_1+x_2) \in R^3,$$

则 σ 是 R^2 到 R^3 的一个映射. 我们证明 σ 是一个线性映射.

(1) 设 $\xi=(x_1,x_2)$,$\eta=(y_1,y_2)$ 是 R^2 的任意两个向量.我们有

$$\begin{aligned}
\sigma(\xi+\eta) &=\sigma((x_1+y_1,x_2+y_2))\\
&=(x_1+y_1,(x_1+y_1)-(x_2+y_2),(x_1+y_1)+(x_2+y_2))\\
&=(x_1+y_1,(x_1-x_2)+(y_1-y_2),(x_1+x_2)+(y_1+y_2))\\
&=(x_1,x_1-x_2,x_1+x_2)+(y_1,y_1-y_2,y_1+y_2)\\
&=\sigma(\xi)+\sigma(\eta).
\end{aligned}$$

(2) 设 $a \in R$,$\xi=(x_1,x_2) \in R^2$.我们有

$$\begin{aligned}
\sigma(a\xi) &= \sigma((ax_1, ax_2)) \\
&= (ax_1, ax_1 - ax_2, ax_1 + ax_2) \\
&= a(x_1, x_1 - x_2, x_1 + x_2) \\
&= a\sigma(\xi).
\end{aligned}$$

因此 σ 是 R^2 到 R^3 的一个线性映射.

例 2 设 H 是 V_3 中经过原点的一个平面.对于 V_3 的每一向量 ξ,令 $\sigma(\xi)$ 表示向量 ξ 在平面 H 上的正射影.根据射影的性质,$\sigma: \xi \mapsto \sigma(\xi)$ 是 V_3 到 V_3 的一个线性映射.

例 3 设 A 是数域 F 上一个 $m \times n$ 矩阵.对于 n 元列空间 F^n 的每一向量

$$\xi = \begin{bmatrix} x_1 \\ x_2 \\ \vdots \\ x_n \end{bmatrix},$$

规定

$$\sigma(\xi) = A\xi.$$

$\sigma(\xi)$ 是一个 $m \times 1$ 矩阵,即是向量空间 F^m 的一个向量.根据矩阵运算性质,易证 σ 是一个映射,并且对于 $a \in F$, $\xi, \eta \in F^n$,我们有

$$\begin{aligned}
\sigma(\xi + \eta) &= A(\xi + \eta) = A\xi + A\eta \\
&= \sigma(\xi) + \sigma(\eta); \\
\sigma(a\xi) &= A(a\xi) = a(A\xi) = a\sigma(\xi).
\end{aligned}$$

所以 σ 是 F^n 到 F^m 的一个线性映射.

例 4 设 V 和 W 是数域 F 上的向量空间.对于 V 的每一向量 ξ,令 W 的零向量 0 与它对应.容易验证这是 V 到 W 的一个线性映射,叫做零映射.

例 5 设 V 是数域 F 上的一个向量空间.取定 F 的一个数 k.对于任意 $\xi \in V$,定义

$$\sigma(\xi) = k\xi.$$

容易验证 σ 是 V 到自身的一个线性映射.这样一个线性映射叫做 V 的一个位似.

特别地,取 $k=1$,那么对于每一 $\xi \in V$,都有 $\sigma(\xi) = \xi$,这时 σ 就是 V 到 V 的恒等映射,或者叫做 V 的单位映射.如果取 $k=0$,那么 σ 就是 V 到 V 的零映射.

例 6 取定 F 的一个 n 元数列 $(a_1, a_2, \cdots, a_n)$.对于 F^n 的每一向量 $\xi = (x_1, x_2, \cdots, x_n)$,规定

$$\sigma(\xi) = a_1 x_1 + a_2 x_2 + \cdots + a_n x_n \in F.$$

容易验证 σ 是 F^n 到 F 的一个线性映射.这个线性映射也叫做 F 上一个 n 元线性函数或 F^n 上一个线性型.

例 7 对于 $F[x]$ 的每一多项式 $f(x)$,令它的导数 $f'(x)$ 与它对应.根据导数的基本性质.这样定义的映射是 $F[x]$ 到自身的一个线性映射.

例 8 设 $C[a, b]$ 是定义在 $[a, b]$ 上一切连续实函数所构成的 R 上向量空间.对于每一 $f(x) \in C[a, b]$,规定

$$\sigma(f(x)) = \int_a^x f(t)\,\mathrm{d}t.$$

$\sigma(f(x))$ 仍是 $[a,b]$ 上一个连续实函数. 根据积分的基本性质, σ 是 $C[a,b]$ 到自身的一个线性映射.

我们现在推导线性映射的一些基本性质.

首先, 定义 1 里的条件 (1)(2) 与以下的条件等价:

(3) 对于任意 $a,b \in F$ 和任意 $\xi, \eta \in V$,

$$\sigma(a\xi + b\eta) = a\sigma(\xi) + b\sigma(\eta).$$

事实上, 如果映射 $\sigma: V \to W$ 满足条件 (1) 和 (2), 那么对于任意 $a,b \in F$ 和任意 $\xi, \eta \in V$,

$$\sigma(a\xi + b\eta) = \sigma(a\xi) + \sigma(b\eta) = a\sigma(\xi) + b\sigma(\eta).$$

反过来, 假设 (3) 成立, 取 $a=b=1$, 就得到条件 (1); 取 $b=0$, 就得到条件 (2).

在条件 (2) 里, 取 $a=0$, 就得到

$$\sigma(0) = 0. \tag{1}$$

换句话说, 线性映射将零向量映成零向量.

由 (3), 对 n 作数学归纳法, 容易推出,

$$\sigma(a_1\xi_1 + \cdots + a_n\xi_n) = a_1\sigma(\xi_1) + \cdots + a_n\sigma(\xi_n) \tag{2}$$

对于任意 $a_1, \cdots, a_n \in F$ 和任意 $\xi_1, \cdots, \xi_n \in V$ 成立.

设 σ 是向量空间 V 到 W 的一个线性映射. 如果 $V' \subseteq V$, 那么

$$\{\sigma(\xi) \mid \xi \in V'\}$$

是 W 的一个子集, 叫做 V' 在 σ 之下的像, 记作 $\sigma(V')$. 另一方面, 设 $W' \subseteq W$, 那么

$$\{\xi \in V \mid \sigma(\xi) \in W'\}$$

是 V 的一个子集, 叫做 W' 在 σ 之下的原像. 我们有:

定理 1.1　设 V 和 W 是数域 F 上的向量空间, 而 $\sigma: V \to W$ 是一个线性映射. 那么 V 的任意子空间在 σ 之下的像是 W 的一个子空间. 而 W 的任意子空间在 σ 之下的原像是 V 的一个子空间.

证　设 V' 是 V 的一个子空间. 如果 $\bar\xi, \bar\eta$ 是 $\sigma(V')$ 的任意向量, 那么总有 $\xi, \eta \in V'$, 使

$$\bar\xi = \sigma(\xi), \quad \bar\eta = \sigma(\eta).$$

因为 σ 是线性映射, 所以对于任意 $a,b \in F$,

$$a\bar\xi + b\bar\eta = a\sigma(\xi) + b\sigma(\eta) = \sigma(a\xi + b\eta).$$

但 V' 是 V 的一个子空间, 所以 $a\xi + b\eta \in V'$, 因而

$$a\bar\xi + b\bar\eta \in \sigma(V'),$$

这就证明了 $\sigma(V')$ 是 W 的一个子空间.

现在设 W' 是 W 的一个子空间. 令 V' 是 W' 在 σ 之下的原像. 显然 $0 \in V'$. 如果 $\xi, \eta \in V'$, 那么 $\sigma(\xi), \sigma(\eta) \in W'$. 因为 σ 是线性映射而 W' 是子空间, 所以对于任意 $a,b \in F$,

$$\sigma(a\xi+b\eta)=a\sigma(\xi)+b\sigma(\eta)\in W',$$

即 $a\xi+b\eta\in V'$. 这就证明了 V' 是 V 的一个子空间.

特别地,整个向量空间 V 在 σ 之下的像是 W 的一个子空间,叫做 σ 的像,记作 $\mathrm{Im}(\sigma)$,即

$$\mathrm{Im}(\sigma)=\sigma(V).$$

另一方面,W 的零子空间 $\{0\}$ 在 σ 之下的原像是 V 的一个子空间,叫做 σ 的核,记作 $\mathrm{Ker}(\sigma)$,即

$$\mathrm{Ker}(\sigma)=\{\xi\in V\mid\sigma(\xi)=0\}.$$

定理 1.2 设 V 和 W 是数域 F 上的向量空间,而 $\sigma\colon V\to W$ 是一个线性映射.那么:

(1) σ 是满射 $\Leftrightarrow\mathrm{Im}(\sigma)=W$;

(2) σ 是单射 $\Leftrightarrow\mathrm{Ker}(\sigma)=\{0\}$.

证 论断(1)是显然的. 我们只证(2).

如果 σ 是单射,那么 $\mathrm{Ker}(\sigma)$ 只能含有唯一的零向量.反过来,设 $\mathrm{Ker}(\sigma)=\{0\}$. 如果 $\xi,\eta\in V$ 而 $\sigma(\xi)=\sigma(\eta)$,那么 $\sigma(\xi-\eta)=\sigma(\xi)-\sigma(\eta)=0$,从而 $\xi-\eta\in\mathrm{Ker}(\sigma)=\{0\}$,所以 $\xi=\eta$,即 σ 是单射.

现在设 U,V 和 W 都是数域 F 上的向量空间,

$$\tau\colon U\to V,\ \sigma\colon V\to W$$

是线性映射,考虑合成映射

$$\sigma\circ\tau\colon U\to W.$$

我们证明:$\sigma\circ\tau$ 是 U 到 W 的一个线性映射.

令 $\varphi=\sigma\circ\tau$.那么对于任意 $a,b\in F$ 和 $\xi,\eta\in U$,

$$\begin{aligned}\varphi(a\xi+b\eta)&=\sigma(\tau(a\xi+b\eta))=\sigma(a\tau(\xi)+b\tau(\eta))\\&=a\sigma(\tau(\xi))+b\sigma(\tau(\eta))\\&=a\varphi(\xi)+b\varphi(\eta).\end{aligned}$$

这就证明了 $\varphi=\sigma\circ\tau$ 是一个线性映射.

如果 U,V,W,X 都是 F 上的向量空间,而

$$\tau\colon U\to V,\ \sigma\colon V\to W,\ \rho\colon W\to X$$

是线性映射,那么由上面的证明可知,$(\rho\circ\sigma)\circ\tau$ 和 $\rho\circ(\sigma\circ\tau)$ 都是 U 到 X 的线性映射,并且

$$(\rho\circ\sigma)\circ\tau=\rho\circ(\sigma\circ\tau). \tag{3}$$

最后,如果线性映射 $\sigma\colon V\to W$ 有逆映射 σ^{-1},那么 σ^{-1} 是 W 到 V 的一个线性映射.

事实上,如果 σ 有逆映射 σ^{-1},那么对于任意 $a,b\in F$ 和 $\xi,\eta\in W$,$a\sigma^{-1}(\xi)+b\sigma^{-1}(\eta)\in V$. 由于 σ 是 V 到 W 的线性映射,所以

$$\sigma(a\sigma^{-1}(\xi)+b\sigma^{-1}(\eta))=a\sigma(\sigma^{-1}(\xi))+b(\sigma^{-1}(\eta))=a\xi+b\eta.$$

两端同时施行 σ^{-1},就得到

$$\sigma^{-1}(a\xi+b\eta)=a\sigma^{-1}(\xi)+b\sigma^{-1}(\eta).$$

即 $\sigma^{-1}: W \rightarrow V$ 也是线性映射.

习 题 6-1

1. 令 $\xi = (x_1, x_2, x_3)$ 是 R^3 的任意向量. 下列映射 σ 哪些是 R^3 到自身的线性映射:

(1) $\sigma(\xi) = \xi + \alpha$, α 是 R^3 的一个固定向量;

(2) $\sigma(\xi) = (2x_1 - x_2 + x_3, x_2 + x_3, -x_3)$;

(3) $\sigma(\xi) = (x_1^2, x_2^2, x_3^2)$;

(4) $\sigma(\xi) = (\cos x_1, \sin x_2, 0)$.

2. 设 V 是数域 F 上的一个一维向量空间. 证明 V 到自身的一个映射 σ 是线性映射的充要条件是: 对于任意 $\xi \in V$, 都有

$$\sigma(\xi) = a\xi,$$

这里 a 是 F 中一个固定数.

3. 设 $M_n(F)$ 为数域 F 上一切 n 阶矩阵所构成的向量空间, 取定 $A \in M_n(F)$, 定义

$$\sigma(X) = AX - XA.$$

(1) 证明: σ 是 $M_n(F)$ 到自身的线性映射;

(2) 证明: 对于任意 $X, Y \in M_n(F)$,

$$\sigma(XY) = \sigma(X)Y + X\sigma(Y).$$

4. 设 F^4 为数域 F 上四元列向量空间. 取

$$A = \begin{pmatrix} 1 & -1 & 5 & -1 \\ 1 & 1 & -2 & 3 \\ 3 & -1 & 8 & 1 \\ 1 & 3 & -9 & 7 \end{pmatrix}.$$

对于 $\xi \in F^4$, 令

$$\sigma(\xi) = A\xi.$$

求线性映射 σ 的核和像的维数.

5. 设 V 和 W 都是数域 F 上的向量空间, 且 $\dim V = n$. 令 σ 是 V 到 W 的一个线性映射. 我们如此选取 V 的一个基:

$$\alpha_1, \cdots, \alpha_s, \alpha_{s+1}, \cdots, \alpha_n,$$

使得 $\alpha_1, \cdots, \alpha_s$ 是 $\mathrm{Ker}(\sigma)$ 的一个基. 证明:

(1) $\sigma(\alpha_{s+1}), \cdots, \sigma(\alpha_n)$ 组成 $\mathrm{Im}(\sigma)$ 的一个基;

(2) $\dim \mathrm{Ker}(\sigma) + \dim \mathrm{Im}(\sigma) = n$.

6. 设 σ 是数域 F 上 n 维向量空间 V 到自身的一个线性映射. W_1, W_2 是 V 的子空间, 并且

$$V = W_1 \oplus W_2.$$

证明: σ 有逆映射的充要条件是

$$V = \sigma(W_1) \oplus \sigma(W_2).$$

§2 线性变换的运算

设 V 是数域 F 上的一个向量空间.V 到自身的一个线性映射叫做 V 的一个线性变换.

我们只限于考虑一个向量空间 V 的线性变换.不难看出,以下的讨论不必作太多的改变就可以推广到一般线性映射的情形.

我们用 $L(V)$ 表示向量空间 V 的一切线性变换所构成的集合.

设 $\sigma, \tau \in L(V)$.对于 V 中每一向量 ξ,令 $\sigma(\xi) + \tau(\xi)$ 与它对应,这样得到 V 到自身的一个映射,叫做 σ 与 τ 的和,记作 $\sigma + \tau$.

$$\sigma + \tau : \xi \longmapsto \sigma(\xi) + \tau(\xi).$$

V 的线性变换 σ 与 τ 的和 $\sigma + \tau$ 也是 V 的一个线性变换.事实上,令 $\varphi = \sigma + \tau$,那么对于任意 $a, b \in F$ 和任意 $\xi, \eta \in V$,

$$\begin{aligned}
\varphi(a\xi + b\eta) &= \sigma(a\xi + b\eta) + \tau(a\xi + b\eta) \\
&= a\sigma(\xi) + b\sigma(\eta) + a\tau(\xi) + b\tau(\eta) \\
&= a(\sigma(\xi) + \tau(\xi)) + b(\sigma(\eta) + \tau(\eta)) \\
&= a\varphi(\xi) + b\varphi(\eta).
\end{aligned}$$

所以 $\sigma + \tau$ 是 V 的一个线性变换.

线性变换的加法满足交换律和结合律.容易证明,对于任意 $\rho, \sigma, \tau \in L(V)$,以下等式成立:

$$\sigma + \tau = \tau + \sigma; \tag{1}$$

$$(\rho + \sigma) + \tau = \rho + (\sigma + \tau). \tag{2}$$

令 θ 表示 V 到自身的零映射,称为 V 的零变换,它显然具有以下性质:对于任意 $\sigma \in L(V)$ 都有

$$\theta + \sigma = \sigma. \tag{3}$$

设 $\sigma \in L(V)$,σ 的负变换 $-\sigma$ 指的是 V 到 V 的映射

$$-\sigma : \xi \longmapsto -\sigma(\xi).$$

容易证明,$-\sigma$ 也是 V 的线性变换,并且

$$\sigma + (-\sigma) = \theta. \tag{4}$$

我们定义 V 的线性变换 σ 与 τ 的差

$$\sigma - \tau = \sigma + (-\tau).$$

这样,在 $L(V)$ 里,加法的逆运算——减法可以施行.

现在定义 F 中的标量与 V 的线性变换的乘法.设 $k \in F$, $\sigma \in L(V)$.对于每一 $\xi \in V$,令 $k\sigma(\xi)$ 与它对应.这样得到 V 到 V 的一个映射,记作 $k\sigma$.

$$k\sigma : \xi \longmapsto k\sigma(\xi).$$

$k\sigma$ 也是 V 的一个线性变换.事实上,令 $\psi = k\sigma$,那么对于 $a , b \in F$ 和 $\xi , \eta \in V$,

$$\begin{aligned}\psi(a\xi + b\eta) &= k(\sigma(a\xi + b\eta))\\ &= k(a\sigma(\xi) + b\sigma(\eta))\\ &= ak\sigma(\xi) + bk\sigma(\eta)\\ &= a\psi(\xi) + b\psi(\eta).\end{aligned}$$

容易证明,下列运算律成立:

$$k(\sigma + \tau) = k\sigma + k\tau, \tag{5}$$

$$(k + l)\sigma = k\sigma + l\sigma, \tag{6}$$

$$(kl)\sigma = k(l\sigma), \tag{7}$$

$$1\sigma = \sigma, \tag{8}$$

这里 k , l 是 F 中任意数,σ , τ 是 V 的任意线性变换.

这样,我们得到:

定理 2.1 $L(V)$ 对于加法和标量与线性变换的乘法来说作成数域 F 上的一个向量空间.

现在设 $\sigma , \tau \in L(V)$. 我们看到,合成映射 $\sigma \circ \tau \in L(V)$,我们也把合成映射 $\sigma \circ \tau$ 叫做 σ 与 τ 的积,记作 $\sigma\tau$.运算律

$$\rho(\sigma + \tau) = \rho\sigma + \rho\tau, \tag{9}$$

$$(\sigma + \tau)\rho = \sigma\rho + \tau\rho, \tag{10}$$

$$(k\sigma)\tau = \sigma(k\tau) = k(\sigma\tau), \tag{11}$$

对于任意 $k \in F , \rho , \sigma , \tau \in L(V)$ 成立.

我们只验证等式(9),其余两个等式可以类似地验证.

设 $\xi \in V$,我们有

$$\begin{aligned}\rho(\sigma + \tau)(\xi) &= \rho((\sigma + \tau)(\xi))\\ &= \rho(\sigma(\xi) + \tau(\xi))\\ &= \rho(\sigma(\xi)) + \rho(\tau(\xi))\\ &= \rho\sigma(\xi) + \rho\tau(\xi)\\ &= (\rho\sigma + \rho\tau)(\xi),\end{aligned}$$

因而(9)成立.

本章第一节中等式(3)表明,线性变换的乘法满足结合律:对于任意 $\rho , \sigma , \tau \in L(V)$,都有

$$(\rho\sigma)\tau = \rho(\sigma\tau).$$

因此,我们可以合理地定义一个线性变换 σ 的 n 次幂

$$\sigma^n = \overbrace{\sigma\sigma\cdots\sigma}^{n\uparrow},$$

这里 n 是正整数.

令 ι 表示 V 到 V 的单位映射,称为 V 的单位变换.我们再定义

$$\sigma^0 = \iota.$$

这样一来,一个线性变换的任意非负整数幂有意义.

设

$$f(x) = a_0 + a_1 x + \cdots + a_n x^n$$

是 F 上一个多项式,而 $\sigma \in L(V)$,以 σ 代替 x,以 $a_0\iota$ 代替 a_0,得到 V 的一个线性变换

$$a_0\iota + a_1\sigma + \cdots + a_n\sigma^n,$$

这个线性变换叫做当 $x = \sigma$ 时 $f(x)$ 的值,记作 $f(\sigma)$.因为对于任意 $\xi \in V$,$a_0\iota(\xi) = a_0\xi$,我们也可将 $a_0\iota$ 简记作 a_0,这时可以写成

$$f(\sigma) = a_0 + a_1\sigma + \cdots + a_n\sigma^n.$$

如果 $f(x), g(x) \in F[x]$,并且

$$u(x) = f(x) + g(x),$$
$$v(x) = f(x)g(x),$$

那么根据 $L(V)$ 中运算所满足的性质,我们有

$$u(\sigma) = f(\sigma) + g(\sigma),$$
$$v(\sigma) = f(\sigma)g(\sigma).$$

最后,由本章第一节,如果线性变换 σ 有逆映射 σ^{-1},则 σ^{-1} 也是线性变换,叫做 σ 的逆变换,这时 σ 就叫做可逆的或非奇异的.

我们有

$$\sigma\sigma^{-1} = \sigma^{-1}\sigma = \iota.$$

习 题 6-2

1. 举例说明线性变换的乘法不满足交换律.

2. 在 $F[x]$ 中,定义

$$\sigma: f(x) \mapsto f'(x),$$
$$\tau: f(x) \mapsto xf(x),$$

这里 $f'(x)$ 表示 $f(x)$ 的导数.证明:σ,τ 都是 $F[x]$ 的线性变换,并且对于任意正整数 n 都有

$$\sigma^n\tau - \tau\sigma^n = n\sigma^{n-1}.$$

3. 设 V 是数域 F 上的一个有限维向量空间.证明:对于 V 的线性变换 σ 来说,下列三个条件是等价的:

(1) σ 是满射; (2) $\mathrm{Ker}\,\sigma = \{0\}$; (3) σ 非奇异.

当 V 不是有限维时,(1)(2)是否等价?

4. 设 $\sigma \in L(V)$,$\xi \in V$,并且 ξ,$\sigma(\xi)$,$\cdots$,$\sigma^{k-1}(\xi)$ 都不等于零,但 $\sigma^k(\xi) = 0$.证明:

$$\xi,\ \sigma(\xi),\ \cdots,\ \sigma^{k-1}(\xi)$$

线性无关.

5. 设 $\sigma \in L(V)$. 证明：

(1) $\mathrm{Im}(\sigma) \subseteq \mathrm{Ker}(\sigma)$ 当且仅当 $\sigma^2 = \theta$；

(2) $\mathrm{Ker}(\sigma) \subseteq \mathrm{Ker}(\sigma^2) \subseteq \mathrm{Ker}(\sigma^3) \subseteq \cdots$；

(3) $\mathrm{Im}(\sigma) \supseteq \mathrm{Im}(\sigma^2) \supseteq \mathrm{Im}(\sigma^3) \supseteq \cdots$.

6. 设 $F^n = \{(x_1, x_2, \cdots, x_n) \mid x_i \in F\}$ 是数域 F 上的 n 维行空间. 定义

$$\sigma(x_1, x_2, \cdots, x_n) = (0, x_1, \cdots, x_{n-1}).$$

(1) 证明：σ 是 F^n 的一个线性变换, 且 $\sigma^n = \theta$；

(2) 求 $\mathrm{Ker}(\sigma)$ 和 $\mathrm{Im}(\sigma)$ 的维数.

§3 线性变换和矩阵

现在设 V 是数域 F 上的一个 n 维向量空间. 令 σ 是 V 的一个线性变换. 取定 V 的一个基

$$\alpha_1,\ \alpha_2,\ \cdots,\ \alpha_n,$$

考虑 V 中任意一个向量

$$\xi = x_1\alpha_1 + x_2\alpha_2 + \cdots + x_n\alpha_n.$$

$\sigma(\xi)$ 仍是 V 的一个向量. 设

$$\sigma(\xi) = y_1\alpha_1 + y_2\alpha_2 + \cdots + y_n\alpha_n. \tag{1}$$

自然要问, 如何计算 $\sigma(\xi)$ 的坐标 $(y_1, y_2, \cdots, y_n)$.

令

$$\sigma(\alpha_1) = a_{11}\alpha_1 + a_{21}\alpha_2 + \cdots + a_{n1}\alpha_n,$$
$$\sigma(\alpha_2) = a_{12}\alpha_1 + a_{22}\alpha_2 + \cdots + a_{n2}\alpha_n,$$
$$\cdots\cdots\cdots\cdots$$
$$\sigma(\alpha_n) = a_{1n}\alpha_1 + a_{2n}\alpha_2 + \cdots + a_{nn}\alpha_n. \tag{2}$$

这里 $(a_{1j}, a_{2j}, \cdots, a_{nj})$, $j=1, \cdots, n$ 就是 $\sigma(\alpha_j)$ 关于基 $\{\alpha_1, \cdots, \alpha_n\}$ 的坐标.

令

$$A = \begin{pmatrix} a_{11} & a_{12} & \cdots & a_{1n} \\ a_{21} & a_{22} & \cdots & a_{2n} \\ \vdots & \vdots & & \vdots \\ a_{n1} & a_{n2} & \cdots & a_{nn} \end{pmatrix}.$$

n 阶矩阵 A 叫做线性变换 σ 关于基 $\{\alpha_1, \alpha_2, \cdots, \alpha_n\}$ 的矩阵. 矩阵 A 的第 j 列的元素就是 $\sigma(\alpha_j)$ 关于基 $\{\alpha_1, \alpha_2, \cdots, \alpha_n\}$ 的坐标.

这样, 取定 F 上 n 维向量空间 V 的一个基后, 对于 V 的每一线性变换, 有唯一确定的 F 上 n 阶矩阵与它对应.

为了更方便地计算 $\sigma(\xi)$ 关于基$\{\alpha_1，\alpha_2，\cdots，\alpha_n\}$的坐标，我们把等式(2)写成矩阵形式的等式

$$(\sigma(\alpha_1)，\sigma(\alpha_2)，\cdots，\sigma(\alpha_n))=(\alpha_1，\alpha_2，\cdots，\alpha_n)A. \tag{3}$$

设

$$\xi=x_1\alpha_1+x_2\alpha_2+\cdots+x_n\alpha_n=(\alpha_1，\alpha_2，\cdots，\alpha_n)\begin{bmatrix}x_1\\x_2\\\vdots\\x_n\end{bmatrix}.$$

因为 σ 是线性变换，所以

$$\sigma(\xi)=x_1\sigma(\alpha_1)+x_2\sigma(\alpha_2)+\cdots+x_n\sigma(\alpha_n)$$

$$=(\sigma(\alpha_1)，\sigma(\alpha_2)，\cdots，\sigma(\alpha_n))\begin{bmatrix}x_1\\x_2\\\vdots\\x_n\end{bmatrix}. \tag{4}$$

将(3)代入(4)得

$$\sigma(\xi)=(\alpha_1，\alpha_2，\cdots，\alpha_n)A\begin{bmatrix}x_1\\x_2\\\vdots\\x_n\end{bmatrix}.$$

最后等式表明，$\sigma(\xi)$关于$(\alpha_1，\alpha_2，\cdots，\alpha_n)$的坐标所组成的列是

$$A\begin{bmatrix}x_1\\x_2\\\vdots\\x_n\end{bmatrix}.$$

比较等式(1)，我们得到：

定理 3.1 设 V 是数域 F 上的一个 n 维向量空间.σ 是 V 的一个线性变换.而 σ 关于 V 的一个基$\{\alpha_1，\alpha_2，\cdots，\alpha_n\}$的矩阵是

$$A=\begin{bmatrix}a_{11}&a_{12}&\cdots&a_{1n}\\a_{21}&a_{22}&\cdots&a_{2n}\\\vdots&\vdots& &\vdots\\a_{n1}&a_{n2}&\cdots&a_{nn}\end{bmatrix}.$$

若 V 中向量 ξ 关于这个基的坐标是$(x_1，x_2，\cdots，x_n)$，而 $\sigma(\xi)$ 的坐标是$(y_1，y_2，\cdots，y_n)$，那么

$$\begin{bmatrix}y_1\\y_2\\\vdots\\y_n\end{bmatrix}=A\begin{bmatrix}x_1\\x_2\\\vdots\\x_n\end{bmatrix}. \tag{5}$$

例 1 在空间 V_2 内取从原点引出的两个彼此正交的单位向量 ε_1，ε_2 作为 V_2 的基.令 σ 是将 V_2 的每一向量旋转角 θ 的一个旋转,则 σ 是 V_2 的一个线性变换.我们有

$$\sigma(\varepsilon_1) = \cos\theta\varepsilon_1 + \sin\theta\varepsilon_2,$$

$$\sigma(\varepsilon_2) = -\sin\theta\varepsilon_1 + \cos\theta\varepsilon_2.$$

所以 σ 关于基 $\{\varepsilon_1, \varepsilon_2\}$ 的矩阵是

$$\begin{pmatrix} \cos\theta & -\sin\theta \\ \sin\theta & \cos\theta \end{pmatrix}.$$

设 $\xi \in V_2$，它关于基 $\{\varepsilon_1, \varepsilon_2\}$ 的坐标是 (x_1, x_2)，而 $\sigma(\xi)$ 的坐标是 (y_1, y_2). 那么

$$\begin{bmatrix} y_1 \\ y_2 \end{bmatrix} = \begin{pmatrix} \cos\theta & -\sin\theta \\ \sin\theta & \cos\theta \end{pmatrix} \begin{bmatrix} x_1 \\ x_2 \end{bmatrix}.$$

例 2 令 V 是数域 F 上的一个 n 维向量空间. $\sigma: \xi \mapsto k\xi$ 是 V 的一个位似. 那么 σ 关于 V 的任意基的矩阵是

$$\begin{bmatrix} k & & & 0 \\ & k & & \\ & & \ddots & \\ 0 & & & k \end{bmatrix}.$$

特别地,V 的单位变换关于任意基的矩阵是单位矩阵,零变换关于任意基的矩阵是零矩阵.

现在假设给定数域 F 上一个 n 阶矩阵 A.我们反过来提出这样的问题:是否存在 F 上 n 维向量空间 V 的一个线性变换,它关于 V 的一个给定的基的矩阵恰好是 A.答案是肯定的.为此我们先证明:

引理 3.1 设 V 是数域 F 上的一个 n 维向量空间. $\{\alpha_1, \alpha_2, \cdots, \alpha_n\}$ 是 V 的一个基,那么对于 V 中任意 n 个向量 $\beta_1, \beta_2, \cdots, \beta_n$,恰有 V 的一个线性变换 σ,使得

$$\sigma(\alpha_i) = \beta_i, \; i = 1, 2, \cdots, n.$$

证 设

$$\xi = x_1\alpha_1 + x_2\alpha_2 + \cdots + x_n\alpha_n$$

是 V 中任意向量.我们如下定义 V 到自身的一个映射 σ:

$$\sigma(\xi) = x_1\beta_1 + x_2\beta_2 + \cdots + x_n\beta_n.$$

我们证明 σ 是 V 的一个线性变换.设

$$\eta = y_1\alpha_1 + y_2\alpha_2 + \cdots + y_n\alpha_n \in V,$$

那么

$$\xi + \eta = (x_1 + y_1)\alpha_1 + (x_2 + y_2)\alpha_2 + \cdots + (x_n + y_n)\alpha_n.$$

于是

$$\sigma(\xi + \eta) = (x_1 + y_1)\beta_1 + (x_2 + y_2)\beta_2 + \cdots + (x_n + y_n)\beta_n$$

$$= (x_1\beta + x_2\beta_2 + \cdots + x_n\beta_n) + (y_1\beta_1 + y_2\beta_2 + \cdots + y_n\beta_n)$$
$$= \sigma(\xi) + \sigma(\eta).$$

设 $a \in F$，那么

$$\sigma(a\xi) = \sigma(ax_1\alpha_1 + ax_2\alpha_2 + \cdots + ax_n\alpha_n)$$
$$= ax_1\beta_1 + ax_2\beta_2 + \cdots + ax_n\beta_n$$
$$= a(x_1\beta_1 + x_2\beta_2 + \cdots + x_n\beta_n)$$
$$= a\sigma(\xi).$$

这就证明了 σ 是 V 的一个线性变换.线性变换 σ 显然满足定理所要求的条件

$$\sigma(\alpha_i) = \beta_i, \quad i = 1, 2, \cdots, n.$$

如果 τ 是 V 的一个线性变换，且

$$\tau(\alpha_i) = \beta_i, \quad i = 1, 2, \cdots, n,$$

那么对于任意 $\xi = x_1\alpha_1 + x_2\alpha_2 + \cdots + x_n\alpha_n \in V$，

$$\tau(\xi) = \tau(x_1\alpha_1 + x_2\alpha_2 + \cdots + x_n\alpha_n)$$
$$= x_1\tau(\alpha_1) + x_2\tau(\alpha_2) + \cdots + x_n\tau(\alpha_n)$$
$$= x_1\beta_1 + x_2\beta_2 + \cdots + x_n\beta_n$$
$$= \sigma(\xi),$$

从而 $\tau = \sigma$.

利用此引理,容易证明:

定理 3.2 设 V 是数域 F 上的一个 n 维向量空间，$\{\alpha_1, \alpha_2, \cdots, \alpha_n\}$ 是 V 的一个基. 对于 V 的每一线性变换 σ，令 σ 关于基 $\{\alpha_1, \alpha_2, \cdots, \alpha_n\}$ 的矩阵 A 与它对应,这样就得到 V 的全体线性变换所成的集合 $L(V)$ 到 F 上全体 n 阶矩阵所构成的集合 $M_n(F)$ 的一个双射.并且,如果 $\sigma, \tau \in L(V)$，而

$$\sigma \mapsto A, \tau \mapsto B,$$

那么

$$\sigma + \tau \mapsto A + B, \quad a\sigma \mapsto aA, \quad a \in F. \tag{6}$$
$$\sigma\tau \mapsto AB. \tag{7}$$

证 设线性变换 σ 关于基 $\{\alpha_1, \alpha_2, \cdots, \alpha_n\}$ 的矩阵是 A,那么

$$\sigma \mapsto A$$

是 $L(V)$ 到 $M_n(F)$ 的一个映射. 反过来,设

$$A = \begin{pmatrix} a_{11} & a_{12} & \cdots & a_{1n} \\ a_{21} & a_{22} & \cdots & a_{2n} \\ \vdots & \vdots & & \vdots \\ a_{n1} & a_{n2} & \cdots & a_{nn} \end{pmatrix}$$

是 F 上任意一个 n 阶矩阵.令

$$\beta_j = a_{1j}\alpha_1 + a_{2j}\alpha_2 + \cdots + a_{nj}\alpha_n, \; j = 1, 2 \cdots, n.$$

由引理 3.1,存在唯一的 $\sigma \in L(V)$,使

$$\sigma(\alpha_j) = \beta_j, \; j = 1, 2, \cdots, n.$$

显然 σ 是关于基 $\{\alpha_1, \alpha_2, \cdots, \alpha_n\}$ 的矩阵 A.这就证明了如上建立的映射是 $L(V)$ 到 $M_n(F)$ 的一个双射.

设 $\sigma \longmapsto A = (a_{ij}), \tau \longmapsto B = (b_{ij})$. 我们有

$$(\sigma(\alpha_1), \sigma(\alpha_2), \cdots, \sigma(\alpha_n)) = (\alpha_1, \alpha_2, \cdots, \alpha_n)A,$$
$$(\tau(\alpha_1), \tau(\alpha_2), \cdots, \tau(\alpha_n)) = (\alpha_1, \alpha_2, \cdots, \alpha_n)B.$$

由于 σ 是线性变换,所以

$$\sigma\left(\sum_{i=1}^{n} b_{ij}\alpha_i\right) = \sum_{i=1}^{n} b_{ij}\sigma(\alpha_i), \; j = 1, 2, \cdots, n.$$

因此

$$(\sigma\tau(\alpha_1), \sigma\tau(\alpha_2), \cdots, \sigma\tau(\alpha_n)) = (\sigma(\alpha_1), \sigma(\alpha_2), \cdots, \sigma(\alpha_n))B$$
$$= (\alpha_1, \alpha_2, \cdots, \alpha_n)AB.$$

所以 $\sigma\tau$ 是关于基 $\{\alpha_1, \alpha_2, \cdots, \alpha_n\}$ 的矩阵是 AB,即(7)式成立.(6)式成立是显然的.

这个定理说明,作为 F 上的向量空间,$L(V)$ 与 $M_n(F)$ 同构.由(7),我们说,这个同构映射保持乘法.由此进一步得到:

推论 1 设数域 F 上 n 维向量空间 V 的一个线性变换 σ 关于 V 的一个取定的基的矩阵是 A,那么 σ 可逆当且仅当 A 可逆,并且 σ^{-1} 关于这个基的矩阵就是 A^{-1}.

证 设 σ 可逆.令 σ^{-1} 关于所取定的基的矩阵是 B.由(7),

$$\iota = \sigma\sigma^{-1} \longmapsto AB.$$

然而单位变换关于任意基的矩阵都是单位矩阵 I,所以 $AB = I$.同理 $BA = I$,所以 $B = A^{-1}$.

反过来,设 $\sigma \longmapsto A$,而 A 可逆. 由定理 3.2,有 $\tau \in L(V)$ 使 $\tau \longmapsto A^{-1}$,于是

$$\sigma\tau \longmapsto AA^{-1} = I.$$

注意到(5),可看出 $\sigma\tau = \iota$. 同理 $\tau\sigma = \iota$,所以 σ 有逆,且 $\tau = \sigma^{-1}$.

与一个线性变换对应的矩阵是依赖于基的选择的.同一个线性变换关于不同的基的矩阵自然不一定相同.下面我们研究一个线性变换关于两个不同基的矩阵有什么关系.

设 V 是数域 F 上一个 n 维向量空间.σ 是 V 的一个线性变换.假设 σ 关于 V 的两个基 $\{\alpha_1, \alpha_2, \cdots, \alpha_n\}$ 和 $\{\beta_1, \beta_2, \cdots, \beta_n\}$ 的矩阵分别是 A 和 B,即

$$(\sigma(\alpha_1), \sigma(\alpha_2), \cdots, \sigma(\alpha_n)) = (\alpha_1, \alpha_2, \cdots, \alpha_n)A,$$
$$(\sigma(\beta_1), \sigma(\beta_2), \cdots, \sigma(\beta_n)) = (\beta_1, \beta_2, \cdots, \beta_n)B.$$

令 T 是由基 $\{\alpha_1, \alpha_2, \cdots, \alpha_n\}$ 到基 $\{\beta_1, \beta_2, \cdots, \beta_n\}$ 的过渡矩阵:

$$(\beta_1, \beta_2, \cdots, \beta_n) = (\alpha_1, \alpha_2, \cdots, \alpha_n)T.$$

于是

$$(\beta_1, \beta_2, \cdots, \beta_n)B = (\sigma(\beta_1), \sigma(\beta_2), \cdots, \sigma(\beta_n))$$
$$= (\sigma(\alpha_1), \sigma(\alpha_2), \cdots, \sigma(\alpha_n))T$$
$$= (\alpha_1, \alpha_2, \cdots, \alpha_n)AT$$
$$= (\beta_1, \beta_2, \cdots, \beta_n)T^{-1}AT.$$

因此

$$B = T^{-1}AT. \tag{8}$$

等式(8)说明了一个线性变换关于两个基的矩阵的关系.

设 A，B 是数域 F 上两个 n 阶矩阵.如果存在 F 上一个 n 阶可逆矩阵 T 使等式(8)成立，那么就称 B 与 A 相似，并且记作 $A \sim B$.

n 阶矩阵的相似关系具有下列性质：

(1) 自反性：每一个 n 阶矩阵 A 都与它自己相似，因为 $A = I^{-1}AI$.

(2) 对称性：如果 $A \sim B$，那么 $B \sim A$.

因为由 $B = T^{-1}AT$，得 $A = TBT^{-1} = (T^{-1})^{-1}BT^{-1}$.

(3) 传递性：如果 $A \sim B$，且 $B \sim C$，那么 $A \sim C$.

事实上，由 $B = T^{-1}AT$ 和 $C = U^{-1}BU$，得

$$C = U^{-1}T^{-1}ATU = (TU)^{-1}A(TU).$$

等式(8)表明，n 维向量空间的一个线性变换关于两个基的矩阵是相似的.

反过来，设 A 和 B 是数域 F 上两个相似的 n 阶矩阵.那么由定理 3.2，存在 F 上 n 维向量空间 V 的一个线性变换 σ，它关于 V 的一个基 $\{\alpha_1, \alpha_2, \cdots, \alpha_n\}$ 的矩阵就是 A.于是

$$(\sigma(\alpha_1), \sigma(\alpha_2), \cdots, \sigma(\alpha_n)) = (\alpha_1, \alpha_2, \cdots, \alpha_n)A,$$

因为 A 与 B 相似，所以存在一个可逆矩阵 T，使得

$$B = T^{-1}AT.$$

令 $(\beta_1, \beta_2, \cdots, \beta_n) = (\alpha_1, \alpha_2, \cdots, \alpha_n)T,$

那么由第五章定理 5.3 知，$\{\beta_1, \beta_2, \cdots, \beta_n\}$ 也是 V 的一个基.容易看出，σ 关于这个基的矩阵就是 B.

因此，相似的矩阵可以看成一个线性变换关于两个基的矩阵.

最后，容易证明以下等式成立：

$$T^{-1}(A_1 + A_2 + \cdots + A_r)T = T^{-1}A_1T + T^{-1}A_2T + \cdots + T^{-1}A_rT,$$
$$T^{-1}A^rT = (T^{-1}AT)^r.$$

习 题 6-3

1. 设 $F_n[x]$ 为一切次数不大于 n 的多项式连同零多项式所构成的向量空间，$\sigma: f(x) \mapsto f'(x)$. 求 σ 关于以下两个基的矩阵：

(1) $1, x, x^2, \cdots, x^n$；

(2) $1, x-c, \dfrac{(x-c)^2}{2!}, \cdots, \dfrac{(x-c)^n}{n!}, c \in F.$

2. 设 F 上三维向量空间的线性变换 σ 关于基 $\{\alpha_1, \alpha_2, \alpha_3\}$ 的矩阵是

$$\begin{pmatrix} 15 & -11 & 5 \\ 20 & -15 & 8 \\ 8 & -7 & 6 \end{pmatrix},$$

求 σ 关于基

$$\beta_1 = 2\alpha_1 + 3\alpha_2 + \alpha_3,$$
$$\beta_2 = 3\alpha_1 + 4\alpha_2 + \alpha_3,$$
$$\beta_3 = \alpha_1 + 2\alpha_2 + 2\alpha_3$$

的矩阵.

设 $\xi = 2\alpha_1 + \alpha_2 - \alpha_3$. 求 $\sigma(\xi)$ 关于基 $\{\beta_1, \beta_2, \beta_3\}$ 的坐标.

3. 设 $\{\gamma_1, \gamma_2, \cdots, \gamma_n\}$ 是 n 维向量空间 V 的一个基.

$$\alpha_j = \sum_{i=1}^n a_{ij}\gamma_i, \quad \beta_j = \sum_{i=1}^n b_{ij}\gamma_i, \quad j=1, 2, \cdots, n,$$

并且 $\alpha_1, \alpha_2, \cdots, \alpha_n$ 线性无关. 又设 σ 是 V 的一个线性变换, 使得 $\sigma(\alpha_j)=\beta_j, j=1, 2, \cdots, n$. 求 σ 关于基 $\{\gamma_1, \gamma_2, \cdots, \gamma_n\}$ 的矩阵.

4. 设 A, B 是 n 阶矩阵, 且 A 可逆. 证明: AB 与 BA 相似.

5. 设 A 是数域 F 上一个 n 阶矩阵. 证明: 存在 F 上一个非零多项式 $f(x)$, 使得 $f(A)=0$.

6. 证明: 数域 F 上 n 维向量空间 V 的一个线性变换 σ 是一个位似(即单位变换的一个标量倍)当且仅当 σ 关于 V 的任意基的矩阵都相等.

7. 设 $M_n(F)$ 是数域 F 上全体 n 阶矩阵所构成的向量空间, 取定一个矩阵 $A \in M_n(F)$, 对于任意 $X \in M_n(F)$, 定义

$$\sigma(X)=AX-XA.$$

由本章第一节习题 3 知 σ 是 $M_n(F)$ 的一个线性变换. 设

$$A = \begin{pmatrix} a_1 & & & 0 \\ & a_2 & & \\ & & \ddots & \\ 0 & & & a_n \end{pmatrix}$$

是一个对角矩阵. 证明: σ 关于 $M_n(F)$ 的标准基 $\{E_{ij} \mid 1 \leqslant i, j \leqslant n\}$ (见第五章第四节例 5)的矩阵也是对角矩阵, 它的主对角线上的元素是一切 $a_i - a_j (1 \leqslant i, j \leqslant n)$.

[建议先具体计算一下 $n=3$ 的情形.]

8. 设 σ 是数域 F 上 n 维向量空间 V 的一个线性变换. 证明: 总可以如此选取 V 的两个基 $\{\alpha_1, \alpha_2, \cdots, \alpha_n\}$ 和 $\{\beta_1, \beta_2, \cdots, \beta_n\}$, 使得对于 V 的任意向量 ξ, 如果 $\xi = \sum_{i=1}^n x_i\alpha_i$, 则 $\sigma(\xi) = \sum_{i=1}^r x_i\beta_i$, 这里 $0 \leqslant r \leqslant n$ 是一个固定数.

[提示: 利用本章第一节习题 5 选取基 $\alpha_1, \alpha_2, \cdots, \alpha_n$.]

§4 不变子空间

设 σ 是数域 F 上 n 维向量空间 V 的一个线性变换.很自然地希望选取 V 的一个基,使得 σ 关于这个基的矩阵具有尽可能简单的形状.由于一个线性变换关于不同的基的矩阵是相似的,因此我们也可以这样提出问题:在一切彼此相似的 n 阶矩阵中,选出一个形式尽可能简单的矩阵.这一问题的讨论和所谓不变子空间的概念有着密切的关系.在这一节我们介绍不变子空间的概念,同时将看到不变子空间与简化一个线性变换的矩阵的关系.

令 V 是数域 F 上的一个向量空间,σ 是 V 的一个线性变换.

定义 4.1 V 的一个子空间 W 称为在线性变换 σ 之下不变(或稳定),如果 $\sigma(W) \subseteq W$.

如果子空间 W 在 σ 之下不变,那么 W 就叫做 σ 的一个不变子空间.

例 1 V 本身和零空间 $\{0\}$ 显然在任意线性变换之下不变.

例 2 令 σ 是 V 的一个线性变换,那么 σ 的核 $\mathrm{Ker}(\sigma)$ 和像 $\mathrm{Im}(\sigma)$ 都在 σ 之下不变.

事实上,对于任意 $\xi \in \mathrm{Ker}(\sigma)$,都有 $\sigma(\xi) = 0 \in \mathrm{Ker}(\sigma)$,所以 $\mathrm{Ker}(\sigma)$ 在 σ 之下不变.至于 $\mathrm{Im}(\sigma)$ 在 σ 之下不变,是显然的.

例 3 V 的任意子空间在任意位似变换之下不变.

例 4 令 σ 是 V_3 中以某一过原点的直线 L 为轴,旋转一个角 θ 的旋转.那么旋转轴 L 是 σ 的一个一维不变子空间,而过原点与 L 垂直的平面 H 是 σ 的一个二维不变子空间.

例 5 设 $F[x]$ 是数域 F 上一元多项式所构成的向量空间,$\sigma: f(x) \mapsto f'(x)$ 是求导数运算.对于每一正整数 n,设 $F_n[x]$ 为一切次数不超过 n 的多项式连同零多项式所构成的子空间,那么 $F_n[x]$ 在 σ 之下不变.

设 W 是线性变换 σ 的一个不变子空间.只考虑 σ 在 W 上的作用,就得到子空间 W 本身的一个线性变换,称为 σ 在 W 上的限制,记作 $\sigma|_W$.对于任意 $\xi \in W$,

$$\sigma|_W(\xi) = \sigma(\xi).$$

然而如果 $\xi \notin W$,那么 $\sigma|_W(\xi)$ 没有意义.

现在来看不变子空间和简化线性变换的矩阵有什么关系.

设 V 是数域 F 上的一个 n 维向量空间,σ 是 V 的一个线性变换.假设 σ 有一个非平凡不变子空间 W,那么取 W 的一个基 α_1, α_2, $\cdots$, α_r,再补充成为 V 的一个基 α_1, α_2, $\cdots$, α_r, α_{r+1}, $\cdots$, α_n.由于 W 在 σ 之下不变,所以 $\sigma(\alpha_1)$, $\sigma(\alpha_2)$, $\cdots$, $\sigma(\alpha_r)$ 仍在 W 内,因而可以由 W 的基 α_1, α_2, $\cdots$, α_r 线性表示.于是我们有:

$$\sigma(\alpha_1) = a_{11}\alpha_1 + a_{21}\alpha_2 + \cdots + a_{r1}\alpha_r,$$

$$\cdots\cdots\cdots\cdots$$

$$\sigma(\alpha_r) = a_{1r}\alpha_1 + a_{2r}\alpha_2 + \cdots + a_{rr}\alpha_r,$$

$$\sigma(\alpha_{r+1}) = a_{1,r+1}\alpha_1 + \cdots + a_{r,r+1}\alpha_r + a_{r+1,r+1}\alpha_{r+1} + \cdots + a_{n,r+1}\alpha_n,$$

$$\cdots\cdots\cdots\cdots$$

$$\sigma(\alpha_n) = a_{1n}\alpha_1 + \cdots + a_{rn}\alpha_r + a_{r+1,n}\alpha_{r+1} + \cdots + a_{nn}\alpha_n.$$

因此 σ 关于这个基的矩阵有形状

$$A = \begin{pmatrix} A_1 & A_3 \\ 0 & A_2 \end{pmatrix},$$

这里

$$A_1 = \begin{pmatrix} a_{11} & \cdots & a_{1r} \\ \vdots & & \vdots \\ a_{r1} & \cdots & a_{rr} \end{pmatrix}$$

是 $\sigma|_W$ 关于 W 的基 $\{\alpha_1, \alpha_2, \cdots, \alpha_r\}$ 的矩阵,而 A 中左下方的 0 表示一个 $(n-r) \times r$ 零矩阵.

由此可见,如果线性变换 σ 有一个非平凡不变子空间,那么适当选取 V 的基,可以使与 σ 对应的矩阵中有些元素是零.特别地,如果 V 可以写成两个非平凡子空间 W_1 与 W_2 的直和:

$$V = W_1 \oplus W_2,$$

那么选取 W_1 的一个基 $\alpha_1, \alpha_2, \cdots, \alpha_r$ 和 W_2 的一个基 $\alpha_{r+1}, \cdots, \alpha_n$,凑成 V 的一个基 $\alpha_1, \alpha_2, \cdots, \alpha_n$.当 W_1 和 W_2 都在 σ 之下不变时,容易看出 σ 关于这样选取的基的矩阵是

$$A = \begin{pmatrix} A_1 & 0 \\ 0 & A_2 \end{pmatrix},$$

这里 A_1 是一个 r 阶矩阵,它是 $\sigma|_{W_1}$ 关于基 $\{\alpha_1, \cdots, \alpha_r\}$ 的矩阵,而 A_2 是一个 $n-r$ 阶矩阵,它是 $\sigma|_{W_2}$ 关于基 $\{\alpha_{r+1}, \cdots, \alpha_n\}$ 的矩阵.

例6 设 σ 是关于一条过原点的直线的反射变换.我们可以取这条直线上一个非零向量 α_1 和垂直于这条直线的一个非零向量 α_2 作为 V_2 的一个基,而 σ 关于基 $\{\alpha_1, \alpha_2\}$ 的矩阵有形状

$$\begin{pmatrix} 1 & 0 \\ 0 & -1 \end{pmatrix}.$$

一般地,如果向量空间 V 可以写成 s 个子空间 $W_1, W_2, \cdots, W_s$ 的直和,并且每一子空间都在线性变换 σ 之下不变,那么在每一子空间中取一个基,σ 凑成 V 的一个基,σ 关于这个基的矩阵就有形状

$$\begin{pmatrix} A_1 & & & 0 \\ & A_2 & & \\ & & \ddots & \\ 0 & & & A_s \end{pmatrix},$$

这里 A_i 是 $\sigma|_{W_i}$ 关于所取的 W_i 的基的矩阵.

例7 设 σ 是例 4 所给出的 V_3 的线性变换,显然 V_3 是一维子空间 L 与二维子空间 H 的直和,而 L 和 H 都在 σ 之下不变.取 L 的一个非零向量 α_1,取 H 的两个彼此正交的单位向量 α_2, α_3,那么 $\alpha_1, \alpha_2, \alpha_3$ 是 V_3 的一个基,而 σ 关于这个基的矩阵是

$$\begin{pmatrix} 1 & 0 & 0 \\ 0 & \cos\theta & -\sin\theta \\ 0 & \sin\theta & \cos\theta \end{pmatrix}.$$

因此,给了 n 维向量空间 V 的一个线性变换,只要能将 V 分解成一些在 σ 之下不变的子空间的直和,那么就可以适当地选取 V 的基,使得 σ 关于这个基的矩阵具有比较简单的形状.显然,这些不变子空间的维数越小,相应的矩阵的形状就越简单.特别地,如果能将 V 分解成 n 个在 σ 之下不变的一维子容间的直和,那么与 σ 相对应的矩阵就是对角矩阵.在以下两节,我们将对这个问题进行讨论.

习 题 6-4

1. 设 σ 是有限维向量空间 V 的一个线性变换,而 W 是 σ 的一个不变子空间,证明:如果 σ 有逆变换,那么 W 也在 σ^{-1} 之下不变.

2. 设 σ,τ 是向量空间 V 的线性变换,且 $\sigma\tau = \tau\sigma$. 证明:$\mathrm{Im}(\sigma)$ 和 $\mathrm{Ker}(\sigma)$ 都在 τ 之下不变.

3. 令 σ 是数域 F 上向量空间 V 的一个线性变换,并且满足条件 $\sigma^2 = \sigma$. 证明:

(1) $\mathrm{Ker}(\sigma) = \{\xi - \sigma(\xi) \mid \xi \in V\}$;

(2) $V = \mathrm{Ker}(\sigma) \bigoplus \mathrm{Im}(\sigma)$;

(3) 如果 τ 是 V 的一个线性变换,那么 $\mathrm{Ker}(\sigma)$ 和 $\mathrm{Im}(\sigma)$ 都在 τ 之下不变的充要条件是 $\sigma\tau = \tau\sigma$.

4. 设 σ 是向量空间 V 的一个位似. 证明 V 的每一个子空间都在 σ 之下不变.

§5 特征值和特征向量

一维不变子空间和所谓本征值的概念有着密切的联系,后者无论在理论上还是在应用上都是非常重要的.

设 V 是数域 F 上的一个向量空间. σ 是 V 的一个线性变换.

定义 5.1 设 λ 是 F 中一个数.如果存在 V 中非零向量 ξ,使得

$$\sigma(\xi) = \lambda\xi, \tag{1}$$

那么 λ 就叫做 σ 的一个本征值,而 ξ 叫做 σ 的属于本征值 λ 的一个本征向量.

显然,如果 ξ 是 σ 的属于本征值 λ 的一个本征向量,那么对于任意 $a \in F$,都有

$$\sigma(a\xi) = a\sigma(\xi) = a\lambda\xi = \lambda(a\xi).$$

这样,如果 ξ 是 σ 的一个本征向量,那么由 ξ 所生成的一维子空间 $U = \{a\xi \mid a \in F\}$ 在 σ 之下不变;反过来,如果 V 的一个一维子空间 U 在 σ 之下不变,那么 U 中每一个非零向量都是 σ 的属于同一本征值的本征向量.

例 1 令 H 是 V_3 的一个过原点的平面,而 σ 是把 V_3 的每一向量变成这个向量在 H 上的正射影的线性变换(参看本章第一节例 2).那么 H 中每一个非零向量都是 σ 的属于本征值 1 的本征向量,而过原点与平面 H 垂直的直线上每一个非零向量都是 σ 的属于本征值 0 的本征向量.

例 2 设 D 为定义在 R 上的可微分任意次的一切实函数所构成的向量空间. $\delta: f(x) \mapsto f'(x)$ 是求导数运算,则 δ 是 D 的一个线性变换.对于每一个实数 λ,我们有

$$\delta(e^{\lambda x}) = \lambda e^{\lambda x},$$

所以任何实数 λ 都是 δ 的本征值,而 $e^{\lambda x}$ 是属于 λ 的一个本征向量.

例 3　设 $F[x]$ 是数域 F 上一切一元多项式所成的向量空间.容易验证,

$$\sigma: f(x) \longmapsto x f(x)$$

是 $F[x]$ 的一个线性变换.比较次数可知,对于任何 $\lambda \in F$,都不存在非零多项式 $f(x)$,使 $x f(x) = \lambda f(x)$,因此 σ 没有本征值.

现在设 V 是数域 F 上的一个 n 维向量空间.取定 V 的一个基 $\{\alpha_1, \alpha_2, \cdots, \alpha_n\}$,令线性变换 σ 关于这个基的矩阵是

$$A = (a_{ij})_{n \times n}.$$

如果 $\xi = x_1 \alpha_1 + x_2 \alpha_2 + \cdots + x_n \alpha_n$ 是线性变换 σ 的属于本征值 λ 的一个本征向量,那么由 (1) 和定理 3.1,我们有

$$A \begin{bmatrix} x_1 \\ x_2 \\ \vdots \\ x_n \end{bmatrix} = \lambda \begin{bmatrix} x_1 \\ x_2 \\ \vdots \\ x_n \end{bmatrix},$$

$$(\lambda I - A) \begin{bmatrix} x_1 \\ x_2 \\ \vdots \\ x_n \end{bmatrix} = \begin{bmatrix} 0 \\ 0 \\ \vdots \\ 0 \end{bmatrix}. \tag{2}$$

因为 $\xi \neq 0$,所以齐次线性方程组 (2) 有非零解.因而系数行列式

$$\det(\lambda I - A) = \begin{vmatrix} \lambda - a_{11} & -a_{12} & \cdots & -a_{1n} \\ -a_{21} & \lambda - a_{22} & \cdots & -a_{2n} \\ \vdots & \vdots & & \vdots \\ -a_{n1} & -a_{n2} & \cdots & \lambda - a_{nn} \end{vmatrix} = 0. \tag{3}$$

反过来,如果 $\lambda \in F$ 满足等式 (3),那么齐次线性方程组 (2) 有非零解 $(x_1, x_2, \cdots, x_n)$,因而 $\xi = x_1 \alpha_1 + x_2 \alpha_2 + \cdots + x_n \alpha_n$ 满足等式 (1),即 λ 是 σ 的一个本征值.

等式 (3) 中出现的行列式很重要.为此我们引入以下定义:

定义 5.2　设 $A = (a_{ij})$ 是数域 F 上一个 n 阶矩阵.行列式

$$f_A(x) = \det(xI - A) = \begin{vmatrix} x - a_{11} & -a_{12} & \cdots & -a_{1n} \\ -a_{21} & x - a_{22} & \cdots & -a_{2n} \\ \vdots & \vdots & & \vdots \\ -a_{n1} & -a_{n2} & \cdots & x - a_{nn} \end{vmatrix}$$

叫做矩阵 A 的特征多项式.

显然,$f_A(x) \in F[x]$.

等式 (3) 表明,如果 A 是线性变换 σ 关于 V 的一个基的矩阵,而 λ 是 σ 的一个本征值,那么 λ 是 A 的特征多项式 $f_A(x)$ 的根:

$$f_A(\lambda)=0.$$

现在设线性变换 σ 关于 V 的另一个基的矩阵是 B.我们证明 A 与 B 有相同的特征多项式.也就是说,相似的矩阵有相同的特征多项式.事实上,设存在可逆矩阵 T 使 $B=T^{-1}AT$.

因为 $T^{-1}IT=I$,所以

$$xI-B=xT^{-1}IT-T^{-1}AT=T^{-1}(xI-A)T.$$

于是

$$f_B(x)=\det(xI-B)=\det(T^{-1}(xI-A)T)$$
$$=(\det T)^{-1}\det(xI-A)\det T$$
$$=\det(xI-A)=f_A(x).$$

这样,我们可以定义 V 的线性变换 σ 的特征多项式是 σ 关于 V 的任意一个基的矩阵的特征多项式,并且把 σ 的特征多项式记作 $f_\sigma(x)$.

于是我们有:

定理 5.1 设 σ 是数域 F 上 n 维向量空间 V 的一个线性变换.$\lambda\in F$ 是 σ 的一个本征值当且仅当 λ 是 σ 的特征多项式 $f_\sigma(x)$ 的一个根.

现在来研究矩阵 A 的特征多项式

$$f_A(x)=\begin{vmatrix} x-a_{11} & -a_{12} & \cdots & -a_{1n} \\ -a_{21} & x-a_{22} & \cdots & -a_{2n} \\ \vdots & \vdots & & \vdots \\ -a_{n1} & -a_{n2} & \cdots & x-a_{nn} \end{vmatrix}. \tag{4}$$

将这个行列式展开,得到 $F[x]$ 中一个多项式,它的最高次项是 x^n,出现在主对角线上元素的乘积

$$(x-a_{11})(x-a_{22})\cdots(x-a_{nn}) \tag{5}$$

里.而行列式的展开式其余的项至多含有 $n-2$ 个主对角线上的元素.因此 $f_A(x)$ 是乘积(5)和一个至多是 x 的一个 $n-2$ 次多项式的和.因此,$f_A(x)$ 中次数大于 $n-2$ 的项只出现在乘积(5)里,所以

$$f_A(x)=x^n-(a_{11}+a_{22}+\cdots+a_{nn})x^{n-1}+\cdots,$$

这里没有写出的项的次数至多是 $n-2$ 次.

在 $f_A(x)$ 中,x^{n-1} 的系数乘以 -1 就是矩阵 A 的主对角线上元素的和,叫做矩阵 A 的迹,记作 $\mathrm{tr}\,A$:

$$\mathrm{tr}\,A=a_{11}+a_{22}+\cdots+a_{nn}.$$

其次,在(4)式里,令 $x=0$,得

$$f_A(0)=(-1)^n\det A.$$

也就是说,特征多项式 $f_A(x)$ 的常数项等于 A 的行列式乘以 $(-1)^n$.

例 4 设

$$A = \begin{pmatrix} a & b \\ c & d \end{pmatrix},$$

那么

$$f_A(x) = \begin{vmatrix} x-a & -b \\ -c & x-d \end{vmatrix}$$
$$= x^2 - (a+d)x + (ad-bc)$$
$$= x^2 - \operatorname{tr} A + \det A.$$

我们把 n 阶矩阵 A 的特征多项式 $f_A(x)$ 在复数域 C 内的根叫做矩阵 A 的特征根(或特征值). 设 λ 是矩阵 A 的一个特征根,那么齐次线性方程组(2)的一个非零解叫做矩阵 A 的属于特征根 λ 的一个特征向量. 由于 F 上每一个 n 阶矩阵都可以看成 F 上一个 n 维向量空间 V 的某一线性变换 σ 关于取定的一个基的矩阵,所以矩阵 A 的属于 F 的特征根就是 σ 的本征值,而 A 的属于 λ 的特征向量就是 σ 的属于 λ 的本征向量关于所给定基的坐标.

设 $\lambda_1, \lambda_2, \cdots, \lambda_n$ 是矩阵 A 的全部特征根,那么

$$f_A(x) = (x-\lambda_1)(x-\lambda_2)\cdots(x-\lambda_n)$$
$$= x^n - (\lambda_1+\lambda_2+\cdots+\lambda_n)x^{n-1} + \cdots + (-1)^n\lambda_1\lambda_2\cdots\lambda_n.$$

由此,我们有

$$\operatorname{tr} A = \lambda_1 + \lambda_2 + \cdots + \lambda_n,$$
$$\det A = \lambda_1\lambda_2\cdots\lambda_n.$$

即矩阵 A 的迹等于 A 的全部特征根的和,A 的行列式等于 A 的全部特征根的乘积.

设 σ 是数域 F 上 n 维向量空间 V 的一个线性变换,它关于 V 的一个基 $\{\alpha_1, \alpha_2, \cdots, \alpha_n\}$ 的矩阵是 A. 要求出 σ 的本征值,只要求出 A 的属于 F 的特征根. 设 $\lambda \in F$ 是矩阵 A 的一个特征根,这时齐次线性方程组(2)有非零解,每一个非零解都是 σ 的属于 λ 的一个本征向量关于基 $\{\alpha_1, \alpha_2, \cdots, \alpha_n\}$ 的坐标.

例 5 设 R 上三维向量空间的线性变换 σ 关于一个基 $\{\alpha_1, \alpha_2, \alpha_3\}$ 的矩阵是

$$A = \begin{bmatrix} 3 & 3 & 2 \\ 1 & 1 & -2 \\ -3 & -1 & 0 \end{bmatrix}.$$

求 σ 的本征值和相应的本征向量.

先写出矩阵 A 的特征多项式

$$f_A(x) = \begin{vmatrix} x-3 & -3 & -2 \\ -1 & x-1 & 2 \\ 3 & 1 & x \end{vmatrix} = x^3 - 4x^2 + 4x - 16 = (x-4)(x^2+4),$$

它只有一个实根 $x = 4$.

为了求出属于特征根 $\lambda = 4$ 的特征向量,我们需要解齐次线性方程组

$$(4I - A)\begin{bmatrix} x_1 \\ x_2 \\ x_3 \end{bmatrix} = \begin{bmatrix} 0 \\ 0 \\ 0 \end{bmatrix},$$

即

$$\begin{cases} x_1 - 3x_2 - 2x_3 = 0 \\ -x_1 + 3x_2 + 2x_3 = 0. \\ 3x_1 + x_2 + 4x_3 = 0 \end{cases}$$

这个方程组的解是 $(a, a, -a)$, $a \in R$. 因此 σ 的属于本征值 4 的本征向量是

$$a\alpha_1 + a\alpha_2 - a\alpha_3, a \in R, a \neq 0.$$

例 6 求矩阵

$$A = \begin{pmatrix} 5 & 0 & 0 \\ 0 & 3 & -2 \\ 0 & -2 & 3 \end{pmatrix}$$

的特征根和相应的特征向量.

矩阵 A 的特征多项式

$$f_A(x) = \begin{vmatrix} x-5 & 0 & 0 \\ 0 & x-3 & 2 \\ 0 & 2 & x-3 \end{vmatrix} = (x-5)^2(x-1),$$

所以 A 的特征根是 1 和 5.

矩阵 A 的属于特征根 1 的特征向量是齐次线性方程组

$$\begin{cases} -4x_1 = 0 \\ -2x_2 + 2x_3 = 0 \\ 2x_2 - 2x_3 = 0 \end{cases}$$

的非零解,即 $(0, a, a)$, $a \in C$, $a \neq 0$.

矩阵 A 的属于特征根 5 的特征向量是齐次线性方程组

$$\begin{cases} 0x_1 = 0 \\ 2x_2 + 2x_3 = 0 \\ 2x_2 + 2x_3 = 0 \end{cases}$$

的非零解,即 $(a, b, -b)$, $a, b \in C$ 且不全为零.

最后,我们给出特征多项式的一个重要性质.

哈密尔顿-凯莱(Hamilton-Cayley)定理 设 A 是数域 F 上的一个 n 阶矩阵,$f_A(x) = |xI - A|$ 是 A 的特征多项式,则

$$f(A) = A^n - (a_{11} + a_{22} + \cdots + a_{nn})A^{n-1} + \cdots + (-1)^n |A| I = 0.$$

此定理用线性变换的说法是:

推论 1 设 σ 是数域 F 上 n 维向量空间 V 的一个线性变换,$f_\sigma(x)$ 是 σ 的特征多项式,那么 $f(\sigma) = 0$.

习 题 6-5

1. 求下列矩阵在实数域内的特征根和相应的特征向量:

(1) $\begin{bmatrix} 3 & -2 & 0 \\ -1 & 3 & -1 \\ -5 & 7 & -1 \end{bmatrix}$;

(2) $\begin{bmatrix} 4 & -5 & 7 \\ 1 & -4 & 9 \\ -4 & 0 & 5 \end{bmatrix}$;

(3) $\begin{bmatrix} 3 & 6 & 6 \\ 0 & 2 & 0 \\ -3 & -12 & -6 \end{bmatrix}$.

2. 已知 $\alpha = \begin{bmatrix} 1 \\ k \\ 1 \end{bmatrix}$ 是 $A = \begin{bmatrix} 2 & 1 & 1 \\ 1 & 2 & 1 \\ 1 & 1 & 2 \end{bmatrix}$ 的逆矩阵 A^{-1} 的特征向量,求 k.

3. 证明:对角矩阵

$$\begin{bmatrix} a_1 & & & 0 \\ & a_2 & & \\ & & \ddots & \\ 0 & & & a_n \end{bmatrix} \quad \text{与} \quad \begin{bmatrix} b_1 & & & 0 \\ & b_2 & & \\ & & \ddots & \\ 0 & & & b_n \end{bmatrix}$$

相似当且仅当 $b_1, b_2, \cdots, b_n$ 是 $a_1, a_2, \cdots, a_n$ 的一个排列.

4. 设 $A = \begin{pmatrix} a & b \\ c & d \end{pmatrix}$ 是一个实矩阵且 $ad - bc = 1$,证明:

(1) 如果 $|\operatorname{tr} A| > 2$,那么存在可逆实矩阵 T,使得

$$T^{-1}AT = \begin{pmatrix} \lambda & 0 \\ 0 & \lambda^{-1} \end{pmatrix},$$

这里 $\lambda \in R$ 且 $\lambda \neq 0, 1, -1$;

(2) 如果 $|\operatorname{tr} A| = 2$ 且 $A \neq \pm I$,那么存在可逆实矩阵 T,使得

$$T^{-1}AT = \begin{pmatrix} 1 & 1 \\ 0 & 1 \end{pmatrix} \text{ 或 } \begin{pmatrix} -1 & 1 \\ 0 & -1 \end{pmatrix};$$

(3) 如果 $|\operatorname{tr} A| < 2$,则存在可逆实矩阵 T 及 $\theta \in R$,使得

$$T^{-1}AT = \begin{pmatrix} \cos\theta & \sin\theta \\ -\sin\theta & \cos\theta \end{pmatrix};$$

[提示:在(3),A 有非实共轭复特征根 λ, $\bar{\lambda}$, $\lambda\bar{\lambda} = 1$. 将 λ 写成三角形式.令 $\xi \in C^2$ 是 A 的属于 λ 的一个特征向量,计算 $A(\xi + \bar{\xi})$ 和 $A(\mathrm{i}(\xi - \bar{\xi}))$.]

5. 设 $a, b, c \in C$. 设

$$A = \begin{bmatrix} b & c & a \\ c & a & b \\ a & b & c \end{bmatrix}, B = \begin{bmatrix} c & a & b \\ a & b & c \\ b & c & a \end{bmatrix}, C = \begin{bmatrix} a & b & c \\ b & c & a \\ c & a & b \end{bmatrix},$$

(1) 证明 A，B，C 彼此相似；

(2) 如果 $BC=CB$，那么 A，B，C 的特征根至少有两个等于零.

6. 设 A 是复数域 C 上一个 n 阶矩阵.

(1) 证明：存在 C 上 n 阶可逆矩阵 T，使得

$$T^{-1}AT=\begin{pmatrix} \lambda_1 & b_{12} & \cdots & b_{1n} \\ 0 & b_{22} & \cdots & b_{2n} \\ \vdots & \vdots & & \vdots \\ 0 & b_{n2} & \cdots & b_{nn} \end{pmatrix};$$

(2) 对 n 作数学归纳法证明，复数域 C 上任意一个 n 阶矩阵都与一个上三角形矩阵

$$\begin{pmatrix} \lambda_1 & * & \cdots & * \\ 0 & \lambda_2 & \cdots & * \\ \vdots & \vdots & & \vdots \\ 0 & 0 & \cdots & \lambda_n \end{pmatrix}$$

相似，这里主对角线以下的元素都是零.

7. 设 A 是复数域 C 上一个 n 阶矩阵，λ_1，λ_2，$\cdots$，λ_n 是 A 的全部特征根（重根按重数计算）.

(1) 如果 $f(x)$ 是 C 上任意一个次数大于零的多项式，那么 $f(\lambda_1)$，$f(\lambda_2)$，$\cdots$，$f(\lambda_n)$ 是 $f(A)$ 的全部特征根；

(2) 如果 A 可逆，那么 $\lambda_i \neq 0$，$i=1,2,\cdots,n$，并且 λ_1^{-1}，λ_2^{-1}，$\cdots$，λ_n^{-1} 是 A^{-1} 的全部特征根；

(3) A 和 A^T 有相同的特征根.

8. 设

$$A=\begin{pmatrix} 0 & 1 & 0 & 0 & \cdots & 0 \\ 0 & 0 & 1 & 0 & \cdots & 0 \\ \vdots & \vdots & \vdots & \vdots & & \vdots \\ 0 & 0 & 0 & 0 & \cdots & 1 \\ 1 & 0 & 0 & 0 & \cdots & 0 \end{pmatrix}$$

是一个 n 阶矩阵.

(1) 计算 A^2，A^3，$\cdots$，A^{n-1}；

(2) 求 A 的全部特征根.

9. 设 a_1，a_2，$\cdots$，a_n 是任意复数，行列式

$$D=\begin{vmatrix} a_1 & a_2 & a_3 & \cdots & a_n \\ a_n & a_1 & a_2 & \cdots & a_{n-1} \\ a_{n-1} & a_n & a_1 & \cdots & a_{n-2} \\ \vdots & \vdots & \vdots & & \vdots \\ a_2 & a_3 & a_4 & \cdots & a_1 \end{vmatrix}$$

叫做一个循环行列式.证明：

$$D = f(w_1)f(w_2)\cdots f(w_n),$$

这里 $f(x)=a_1+a_2x+\cdots+a_nx^{n-1}$，而 $w_1, w_2, \cdots, w_n$ 是全部 n 次单位根.

［提示：利用 7、8 两题的结果.］

10. 设 A，B 是复数域上 n 阶矩阵.证明：AB 与 BA 有相同的特征根,并且对应的特征根的重数也相同.

§6 矩阵的对角化

形式最简单的矩阵是对角矩阵.在这一节里,我们研究一个 n 阶矩阵什么时候与一个对角矩阵相似的问题.

设 σ 是数域 F 上 $n(n\geqslant 1)$ 维向量空间 V 的一个线性变换.如果存在 V 的一个基,使得 σ 关于这个基的矩阵是对角矩阵

$$\begin{pmatrix} \lambda_1 & 0 & 0 & 0 \\ 0 & \lambda_2 & 0 & 0 \\ \vdots & \vdots & \vdots & \vdots \\ 0 & 0 & 0 & \lambda_n \end{pmatrix}, \tag{1}$$

那么就说,σ 可以对角化.类似地,设 A 是数域 F 上的一个 n 阶矩阵.如果存在 F 上一个 n 阶可逆矩阵 T,使得 $T^{-1}AT$ 为对角矩阵(1),那么就说矩阵 A 可以对角化.

由本章第四节可知,n 维向量空间 V 的一个线性变换 σ 可以对角化的充要条件是,V 可以分解为 n 个在 σ 之下不变的一维子空间 W_1, W_2, $\cdots$, W_n 的直和. 然而一维不变子空间的每一非零向量都是 σ 的属于某一本征值的本征向量,所以上述条件相当于说,在 V 中存在由 σ 的本征向量所组成的基.

这样,n 维向量空间 V 的一个线性变换 σ 能否对角化的问题就归结为在 V 中是否有一个由 σ 的本征向量所组成的基的问题.为了解决这个问题,我们先证明：

定理 6.1 设 σ 是数域 F 上向量空间 V 的一个线性变换,如果 ξ_1, ξ_2, $\cdots$, ξ_n 分别是 σ 的属于互不相同的本征值 λ_1, λ_2, $\cdots$, λ_n 的本征向量,那么 ξ_1, ξ_2, $\cdots$, ξ_n 线性无关.

证 我们对 n 用数学归纳法来证明这个定理.

当 $n=1$ 时,定理成立.因为本征向量不等于零.设 $n>1$,并且假设对于 $n-1$ 来说定理成立. 现在设 λ_1, λ_2, $\cdots$, λ_n 是 σ 的两两不同的本征值,ξ_i 是属于本征值 λ_i 的本征向量：

$$\sigma(\xi_i)=\lambda_i\xi_i, \quad i=1, 2, \cdots, n. \tag{2}$$

如果等式

$$a_1\xi_1+a_2\xi_2+\cdots+a_n\xi_n=0, \quad a_i \in F \tag{3}$$

成立,那么以 λ_n 乘(3)的两端,得

$$a_1\lambda_n\xi_1+a_2\lambda_n\xi_2+\cdots+a_n\lambda_n\xi_n=0. \tag{4}$$

另一方面对(3)式两端施行线性变换 σ,注意到等式(2),我们有

$$a_1\lambda_1\xi_1+a_2\lambda_2\xi_2+\cdots+a_n\lambda_n\xi_n=0. \tag{5}$$

(5)式减(4)式得

$$a_1(\lambda_1 - \lambda_n)\xi_1 + \cdots + a_{n-1}(\lambda_{n-1} - \lambda_n)\xi_{n-1} = 0.$$

根据归纳法假设,$\xi_1, \xi_2, \cdots, \xi_{n-1}$ 线性无关,所以

$$a_i(\lambda_i - \lambda_n) = 0, \quad i = 1, 2, \cdots, n-1.$$

但 $\lambda_1, \lambda_2, \cdots, \lambda_n$ 两两不同,所以 $a_1 = a_2 = \cdots = a_{n-1} = 0$. 代入(3),因为 $\xi_n \neq 0$,所以 $a_n = 0$. 这就证明了 $\xi_1, \xi_2, \cdots, \xi_n$ 线性无关.

由定理 6.1 可以得到以下推论:

推论 1 设 σ 是数域 F 上向量空间 V 的一个线性变换,$\lambda_1, \cdots, \lambda_t$ 是 σ 互不相同的本征值. 又设 $\xi_{i1}, \cdots, \xi_{is_i}$ 是属于本征值 λ_i 的线性无关的本征向量,$i = 1, \cdots, t$,那么 $\xi_{11}, \cdots, \xi_{1s_1}, \cdots, \xi_{t1}, \cdots, \xi_{is_t}$ 线性无关.

证 先注意这样一个事实:σ 的属于同一本征值 λ 的本征向量的非零线性组合仍是 σ 的属于 λ 的一个本征向量.

现在设存在 F 中的数 $a_{11}, \cdots, a_{1s_1}, \cdots, a_{t1}, \cdots, a_{ts_t}$,使得

$$a_{11}\xi_{11} + \cdots + a_{1s_1}\xi_{1s_1} + \cdots + a_{t1}\xi_{t1} + \cdots + a_{ts_t}\xi_{is_t} = 0.$$

令

$$\eta_i = a_{i1}\xi_{i1} + \cdots + a_{is_i}\xi_{is_i}, \quad i = 1, \cdots, t.$$

则

$$\eta_1 + \cdots + \eta_t = 0.$$

由上面所说的事实,如果某一 $\eta_i \neq 0$,则 η_i 是 σ 的属于本征值 λ_i 的本征向量.因为 $\lambda_1, \cdots, \lambda_t$ 互不相同,所以由定理 6.1,必须有 $\eta_i = 0$,$i = 1, \cdots, t$,即

$$a_{i1}\xi_{i1} + \cdots + a_{is_i}\xi_{is_i} = 0, \quad i = 1, \cdots, t.$$

然而 $\xi_{i1}, \cdots, \xi_{is_i}$ 线性无关,所以

$$a_{i1} = \cdots = a_{is_i} = 0, \quad i = 1, \cdots, t.$$

即 $\xi_{11}, \cdots, \xi_{1s_1}, \cdots, \xi_{t1}, \cdots, \xi_{ts_t}$ 线性无关.

推论 2 设 σ 是数域 F 上 n 维向量空间 V 的一个线性变换.如果 σ 的特征多项式 $f_\sigma(x)$ 在 F 内有 n 个单根,那么存在 V 的一个基,使 σ 关于这个基的矩阵是对角矩阵.

证 这时 σ 的特征多项式 $f_\sigma(x)$ 在 $F[x]$ 内可以分解成为一次因式的乘积:

$$f_\sigma(x) = (x - \lambda_1)(x - \lambda_2)\cdots(x - \lambda_n).$$

$\lambda_i \in F$ 且两两不同. 对于每一个 λ_i,选取一个本征向量 ξ_i,$i = 1, \cdots, n$. 由定理 6.1,$\xi_1, \xi_2, \cdots, \xi_n$ 线性无关,因而构成 V 的一个基.σ 关于这个基的矩阵是

$$\begin{pmatrix} \lambda_1 & 0 & 0 & \cdots & 0 \\ 0 & \lambda_2 & 0 & \cdots & 0 \\ \vdots & \vdots & \vdots & & \vdots \\ 0 & 0 & 0 & \cdots & \lambda_n \end{pmatrix}.$$

和推论 2 平行,用矩阵的说法是:

推论 3 设 A 是数域 F 上的一个 n 阶矩阵.如果 A 的特征多项式 $f_A(x)$ 在 F 内有 n 个单根,那么存在一个 n 阶可逆矩阵 T,使

$$T^{-1}AT = \begin{bmatrix} \lambda_1 & 0 & 0 & \cdots & 0 \\ 0 & \lambda_2 & 0 & \cdots & 0 \\ \vdots & \vdots & \vdots & & \vdots \\ 0 & 0 & 0 & \cdots & \lambda_n \end{bmatrix}.$$

注意:推论 3 的条件只是一个 n 阶矩阵可以对角化的充分条件,但不是必要条件.例如,n 阶单位矩阵 I_n 本身就是对角矩阵,但它的特征根只是 n 重根 1.

下面我们将给出一个 n 阶矩阵可以对角化的充要条件.

首先引入一个概念.

设 σ 是数域 F 上向量空间 V 的一个线性变换,λ 是 σ 的一个本征值.令

$$V_\lambda = \{\xi \in V \mid \sigma(\xi) = \lambda\xi\}.$$

我们有 $V_\lambda = \mathrm{Ker}(\lambda\iota - \sigma)$,因而是 V 的一个子空间.这个子空间叫做 σ 的属于本征值 λ 的本征子空间.V_λ 中每一非零向量都是 σ 的属于本征值 λ 的本征向量.设 $\xi \in V_\lambda$,那么 $\sigma(\sigma(\xi)) = \sigma(\lambda\xi) = \lambda\sigma(\xi)$,从而 V_λ 在 σ 之下不变.

现在设 V 是数域 F 上的一个 n 维向量空间,而 σ 是 V 的一个线性变换.设 λ 是 σ 的一个本征值,V_λ 是 σ 的属于本征值 λ 的本征子空间.取 V_λ 的一个基 $\alpha_1, \cdots, \alpha_s$ 并且将它扩充为 V 的基,由本章第四节,σ 关于这个基的矩阵有形状

$$A = \begin{bmatrix} \lambda I_s & A_1 \\ 0 & A_2 \end{bmatrix},$$

这里 I_s 是一个 s 阶单位矩阵.因此,A 的特征多项式是

$$f_A(x) = \begin{vmatrix} (x-\lambda)I_s & -A_1 \\ 0 & xI_{n-s} - A_2 \end{vmatrix} = (x-\lambda)^s \det(xI_{n-s} - A_2) = (x-\lambda)^s g(x).$$

由此可见,λ 至少是 $f_A(x)$ 的一个 s 重根.

如果线性变换 σ 的本征值 λ 是 σ 的特征多项式 $f_\sigma(x)$ 的一个 r 重根,那么就说 λ 的重数是 r.设 λ 是 σ 的一个 r 重本征值,而 σ 的属于本征值 λ 的本征子空间的维数是 s.由以上讨论可知,$s \leqslant r$,即 σ 的属于本征值 λ 的本征子空间的维数不能大于 λ 的重数.

现在很容易证明以下定理:

定理 6.2 设 σ 是数域 F 上 n 维向量空间 V 的一个线性变换,σ 可以对角化的充要条件是:

(1) σ 的特征多项式的根都在 F 内;

(2) 对于 σ 的特征多项式的每一根 λ,本征子空间 V_λ 的维数等于 λ 的重数.

证 设条件(1)与(2)成立,令 $\lambda_1, \lambda_2, \cdots, \lambda_t$ 是 σ 的一切不同的本征值.它们的重数分别是 $s_1, s_2, \cdots, s_t$,我们有

$$s_1 + s_2 + \cdots + s_t = n,$$

$$\dim V_{\lambda_i} = s_i,\ i = 1, 2, \cdots, t.$$

在每一本征子空间 V_{λ_i} 里选取一个基 $\alpha_{i1}, \cdots, \alpha_{is_i}$. 由推论 1，$\alpha_{11}, \cdots, \alpha_{1s_1}, \cdots, \alpha_{t1}, \cdots, \alpha_{ts_t}$ 线性无关，因而构成 V 的一个基. σ 关于这个基的矩阵是对角矩阵：

$$\begin{pmatrix} \lambda_1 & & & & & & & 0 \\ & \ddots & & & & & & \\ & & \lambda_1 & & & & & \\ & & & \ddots & & & & \\ & & & & \lambda_t & & & \\ & & & & & \ddots & & \\ 0 & & & & & & \lambda_t \end{pmatrix}. \qquad (※)$$

反过来，设 σ 可以对角化，那么 V 有一个 σ 的本征向量所组成的基. 适当排列这一组基向量的次序，可以假定这个基是

$$\alpha_{11}, \cdots, \alpha_{1s_1}, \cdots, \alpha_{t1}, \cdots, \alpha_{ts_t},$$

而 σ 关于这个基的矩阵是对角矩阵 (※). 于是 σ 的特征多项式

$$f_\sigma(x) = (x - \lambda_1)^{s_1} \cdots (x - \lambda_t)^{s_t}.$$

因此 σ 的特征多项式的根 $\lambda_1, \cdots, \lambda_t$ 都在 F 内，并且 λ_i 的重数等于 s_i，$i = 1, 2, \cdots, t$. 然而基向量 $\alpha_{i1}, \cdots, \alpha_{is_i}$ 显然是本征子空间 V_{λ_i} 的线性无关的向量，所以 $s_i \leqslant \dim V_{\lambda_i}$，但 $\dim V_{\lambda_i} \leqslant s_i$. 因此

$$\dim V_{\lambda_i} = s_i,\ i = 1, 2, \cdots, t.$$

设 F 上 n 维向量空间 V 的一个线性变换 σ 关于某一个基的矩阵是 A，而 $\lambda \in F$ 是 σ 的一个本征值. 那么齐次线性方程组

$$(\lambda I - A)\begin{pmatrix} x_1 \\ x_2 \\ \vdots \\ x_n \end{pmatrix} = \begin{pmatrix} 0 \\ 0 \\ \vdots \\ 0 \end{pmatrix}$$

的一个基础解系给出了本征子空间 V_λ 的一个基，即基础解系的每一个解向量给出 V_λ 的一个基向量的坐标. 因此，$\dim V_\lambda = n - r$，这里

$$r = 秩(\lambda I - A).$$

于是我们得到：

推论 4 设 A 是数域 F 上的一个 n 阶矩阵. A 可以对角化的充要条件是：

(1) A 的特征根都在 F 内；

(2) 对于 A 的每一特征根 λ，

$$秩(\lambda I - A) = n - s,$$

这里 s 是 λ 的重数.

例 1 矩阵

$$A = \begin{pmatrix} 1 & 1 \\ 0 & 1 \end{pmatrix}$$

不能对角化,因为 A 的特征根 1 是二重根,而

$$秩(I - A) = 1.$$

如果 n 阶矩阵 A 可以对角化,那么存在可逆矩阵 T,使

$$T^{-1}AT = \begin{pmatrix} \lambda_1 & & & 0 \\ & \lambda_2 & & \\ & & \ddots & \\ 0 & & & \lambda_n \end{pmatrix},$$

或

$$AT = T \begin{pmatrix} \lambda_1 & & & 0 \\ & \lambda_2 & & \\ & & \ddots & \\ 0 & & & \lambda_n \end{pmatrix}.$$

把矩阵 T 按列分块,记 $T = (\alpha_1, \alpha_2, \cdots, \alpha_n)$,其中 α_i 是 T 的第 i 列,则有

$$(A\alpha_1, A\alpha_2, \cdots, A\alpha_n) = (\alpha_1, \alpha_2, \cdots, \alpha_n) \begin{pmatrix} \lambda_1 & & & 0 \\ & \lambda_2 & & \\ & & \ddots & \\ 0 & & & \lambda_n \end{pmatrix}$$

$$= (\lambda_1\alpha_1, \lambda_2\alpha_2, \cdots, \lambda_n\alpha_n).$$

由此可得 $A\alpha_i = \lambda_i\alpha_i (i = 1, 2, \cdots, n)$.

最后等式表明,矩阵 T 的第 i 列就是 A 的属于特征根 λ_i 的一个特征向量.因此,我们不仅可以写出与 A 相似的对角矩阵,而且还可以具体地求出矩阵 T,我们把这种化法归结为以下步骤:

(1) 先求出矩阵 A 的全部特征根.

(2) 如果 A 的特征根都在 F 内,那么对于每一特征根 λ,求出齐次线性方程组

$$(\lambda I - A) \begin{bmatrix} x_1 \\ x_2 \\ \vdots \\ x_n \end{bmatrix} = \begin{bmatrix} 0 \\ 0 \\ \vdots \\ 0 \end{bmatrix}$$

的一个基础解系.

(3) 如果对于每一特征根 λ 来说,相应的齐次线性方程组的基础解系所含解向量的个数等于 λ 的重数,那么 A 可以对角化,以这些解向量为列,作一个 n 阶矩阵 T,由推论 1 可知,T 的列向量线性无关,因而是一个可逆矩阵,并且 $T^{-1}AT$ 是对角矩阵.

注 如果 A 的某一特征根 λ 不在 F 内,或者 λ 在 F 内而 秩 $(\lambda I - A)$ 不等于 $n-s$,这里 s 是 λ 的重数,那么 A 在 F 上不能对角化.

例 2 矩阵

$$A = \begin{pmatrix} 3 & 2 & -1 \\ -2 & -2 & 2 \\ 3 & 6 & -1 \end{pmatrix}$$

的特征多项式是

$$\begin{vmatrix} x-3 & -2 & 1 \\ 2 & x+2 & -2 \\ -3 & -6 & x+1 \end{vmatrix} = x^3 - 12x + 16 = (x-2)^2(x+4).$$

它的特征根是 $2, 2, -4$.

对于特征根 -4,求出其次线性方程组

$$\begin{pmatrix} -7 & -2 & 1 \\ 2 & -2 & -2 \\ -3 & -6 & -3 \end{pmatrix} \begin{pmatrix} x_1 \\ x_2 \\ x_3 \end{pmatrix} = \begin{pmatrix} 0 \\ 0 \\ 0 \end{pmatrix}$$

的一个基础解系 $\left(\dfrac{1}{3}, -\dfrac{2}{3}, 1 \right)^T$.

对于特征根 2,求出齐次线性方程组

$$\begin{pmatrix} -1 & -2 & 1 \\ 2 & 4 & -2 \\ -3 & -6 & 3 \end{pmatrix} \begin{pmatrix} x_1 \\ x_2 \\ x_3 \end{pmatrix} = \begin{pmatrix} 0 \\ 0 \\ 0 \end{pmatrix}$$

的一个基础解系 $(-2, 1, 0)^T$, $(1, 0, 1)^T$.

由于基础解系所含解向量的个数都等于对应的特征根的重数,所以 A 可以对角化.取

$$T = \begin{pmatrix} \dfrac{1}{3} & -2 & 1 \\ -\dfrac{2}{3} & 1 & 0 \\ 1 & 0 & 1 \end{pmatrix},$$

那么

$$T^{-1}AT = \begin{pmatrix} -4 & 0 & 0 \\ 0 & 2 & 0 \\ 0 & 0 & 2 \end{pmatrix}.$$

例 3 已知矩阵 $A = \begin{pmatrix} -2 & 0 & 0 \\ 2 & x & 2 \\ 3 & 1 & 1 \end{pmatrix}$ 与 $B = \begin{pmatrix} -1 & 0 & 0 \\ 0 & 2 & 0 \\ 0 & 0 & y \end{pmatrix}$ 相似.

(1) 求 x 与 y;

(2) 求一个可逆矩阵 P 使 $P^{-1}AP = B$;

(3) 求 A^{100}.

解 (1) 因 A 与 B 相似,故 $|\lambda I - A| = |\lambda I - B|$,即

$$\begin{vmatrix} \lambda+2 & 0 & 0 \\ -2 & \lambda-x & -2 \\ -3 & -1 & \lambda-1 \end{vmatrix} = \begin{vmatrix} \lambda+1 & 0 & 0 \\ 0 & \lambda-2 & 0 \\ 0 & 0 & \lambda-y \end{vmatrix},$$

$$(\lambda+2)[\lambda^2 - (x+1)\lambda + x - 2] = (\lambda+1)(\lambda-2)(\lambda-y),$$

将 $\lambda = -1$ 代入得 $x = 0$;将 $\lambda = -2$ 代入得 $y = -2$.

(2) A 的特征根为 -1,2,-2,解齐次线性方程组 $(\lambda I - A)x = 0$ 可分别求得 A 的对应特征向量

$$p_1 = \begin{pmatrix} 0 \\ -2 \\ 1 \end{pmatrix}, \quad p_2 = \begin{pmatrix} 0 \\ 1 \\ 1 \end{pmatrix}, \quad p_3 = \begin{pmatrix} -1 \\ 0 \\ 1 \end{pmatrix}.$$

于是,所求逆矩阵

$$P = (p_1, p_2, p_3) = \begin{pmatrix} 0 & 0 & -1 \\ -2 & 1 & 0 \\ 1 & 1 & 1 \end{pmatrix},$$

使 $P^{-1}AP = B$.

(3) 由于 $A = PBP^{-1}$,于是

$$A^{100} = PB^{100}P^{-1}, \text{其中 } P^{-1} = \frac{1}{3}\begin{pmatrix} 1 & -1 & 1 \\ 2 & 1 & 2 \\ -3 & 0 & 0 \end{pmatrix}.$$

所以

$$A^{100} = \begin{pmatrix} 0 & 0 & -1 \\ -2 & 1 & 0 \\ 1 & 1 & 1 \end{pmatrix} \begin{pmatrix} (-1)^{100} & 0 & 0 \\ 0 & 2^{100} & 0 \\ 0 & 0 & (-2)^{100} \end{pmatrix} \cdot \frac{1}{3}\begin{pmatrix} 1 & -1 & 1 \\ 2 & 1 & 2 \\ -3 & 0 & 0 \end{pmatrix}$$

$$= \frac{1}{3}\begin{pmatrix} 3 \cdot 2^{100} & 0 & 0 \\ 2^{101}-2 & 2^{100}+2 & 2^{101}-2 \\ 1-2^{100} & 2^{100}-1 & 2^{101}+1 \end{pmatrix}.$$

例 4 已知矩阵 $A = \begin{pmatrix} 3 & 2 & -2 \\ -k & -1 & k \\ 4 & 2 & -3 \end{pmatrix}$ 可对角化,求 k.

解 矩阵 A 的特征多项式

$$|\lambda I - A| = \begin{vmatrix} \lambda-3 & -2 & 2 \\ k & \lambda+1 & -k \\ -4 & -2 & \lambda+3 \end{vmatrix} = \begin{vmatrix} \lambda-1 & -2 & 2 \\ 0 & \lambda+1 & -k \\ \lambda-1 & -2 & \lambda+3 \end{vmatrix}$$

$$= \begin{vmatrix} \lambda-1 & -2 & 2 \\ 0 & \lambda+1 & -k \\ 0 & 0 & \lambda+1 \end{vmatrix} = (\lambda-1)(\lambda+1)^2,$$

A 的特征值为 $\lambda_1=\lambda_2=-1$, $\lambda_3=1$. 由推论 4 可知,对应二重特征值 $\lambda_1=\lambda_2=-1$, A 应有两个线性无关的特征向量,故秩 $(-I-A)=$ 秩 $(I+A)=1$. 而

$$I+A = \begin{pmatrix} 4 & 2 & -2 \\ -k & 0 & k \\ 4 & 2 & -2 \end{pmatrix} \to \begin{pmatrix} 4 & 2 & -2 \\ -k & 0 & k \\ 0 & 0 & 0 \end{pmatrix} \to \begin{pmatrix} 2 & 2 & -2 \\ 0 & 0 & k \\ 0 & 0 & 0 \end{pmatrix},$$

故当 $k=0$ 时,A 可对角化.

例 5 斐波那契数列 $(h_0, h_1, h_2, \cdots)=(h_n)$,其中 $h_0=h_1=1$, 而

$$h_n=h_{n-1}+h_{n-2}, \quad n \geqslant 2. \tag{6}$$

我们将用矩阵的对角化方法求出 h_n 的一个统一的表达式.将关系式(6)添上

$$h_{n-1}=h_{n-1},$$

可合起来写成

$$\begin{pmatrix} h_n \\ h_{n-1} \end{pmatrix} = \begin{pmatrix} 1 & 1 \\ 1 & 0 \end{pmatrix} \begin{pmatrix} h_{n-1} \\ h_{n-2} \end{pmatrix}, \quad n \geqslant 2. \tag{7}$$

令

$$Z_n = \begin{pmatrix} h_n \\ h_{n-1} \end{pmatrix}, \quad A = \begin{pmatrix} 1 & 1 \\ 1 & 0 \end{pmatrix},$$

则(7)成为

$$Z_n=AZ_{n-1}, \quad n \geqslant 2, \tag{8}$$

其中

$$Z_1 = \begin{pmatrix} 1 \\ 1 \end{pmatrix}.$$

由此有

$$Z_2=AZ_1, \quad Z_3=AZ_2=A^2Z_1, \quad \cdots, \quad Z_n=A^{n-1}Z_1, \quad \cdots.$$

于是要求出 Z_n,只要求出 A^{n-1}. 我们知道若 A 可以对角化,则 A^{n-1} 就易于计算.易求出 A 的特征根为

$$\lambda_1=\frac{1+\sqrt{5}}{2}, \quad \lambda_2=\frac{1-\sqrt{5}}{2}. \tag{9}$$

可分别求出它们各自的一个特征向量为

$$\xi_1 = \begin{pmatrix} \dfrac{1+\sqrt{5}}{2} \\ 1 \end{pmatrix}, \quad \xi_2 = \begin{pmatrix} \dfrac{1-\sqrt{5}}{2} \\ 1 \end{pmatrix}.$$

令

$$T=(\xi_1, \xi_2)=\begin{bmatrix} \dfrac{1+\sqrt{5}}{2} & \dfrac{1-\sqrt{5}}{2} \\ 1 & 1 \end{bmatrix}=\begin{pmatrix} \lambda_1 & \lambda_2 \\ 1 & 1 \end{pmatrix},$$

可计算出

$$T^{-1}=\dfrac{1}{\lambda_1-\lambda_2}\begin{bmatrix} 1 & -\lambda_2 \\ -1 & \lambda_1 \end{bmatrix}=\dfrac{1}{\sqrt{5}}\begin{bmatrix} 1 & -\dfrac{1-\sqrt{5}}{2} \\ -1 & \dfrac{1+\sqrt{5}}{2} \end{bmatrix},$$

且

$$T^{-1}AT=\begin{bmatrix} \lambda_1 & 0 \\ 0 & \lambda_2 \end{bmatrix} \quad \text{或} \quad A=T\begin{bmatrix} \lambda_1 & 0 \\ 0 & \lambda_2 \end{bmatrix}T^{-1}.$$

于是

$$A^{n-1}=T\begin{bmatrix} \lambda_1 & 0 \\ 0 & \lambda_2 \end{bmatrix}^{n-1}T^{-1}=T\begin{bmatrix} \lambda_1^{n-1} & 0 \\ 0 & \lambda_2^{n-1} \end{bmatrix}T^{-1}.$$

注意到 $\lambda_1+\lambda_2=1$，可计算得

$$Z_n=\begin{bmatrix} h_n \\ h_{n-1} \end{bmatrix}=A^{n-1}Z_1=\begin{pmatrix} \lambda_1 & \lambda_2 \\ 1 & 1 \end{pmatrix}\begin{pmatrix} \lambda_1^{n-1} & 0 \\ 0 & \lambda_2^{n-1} \end{pmatrix}\cdot\dfrac{1}{\sqrt{5}}\begin{pmatrix} 1 & -\lambda_2 \\ -1 & \lambda_1 \end{pmatrix}\begin{pmatrix} 1 \\ 1 \end{pmatrix}$$

$$=\dfrac{1}{\sqrt{5}}\begin{bmatrix} \lambda_1^n & \lambda_2^n \\ \lambda_1^{n-1} & \lambda_2^{n-1} \end{bmatrix}\begin{pmatrix} \lambda_1 \\ -\lambda_2 \end{pmatrix}=\dfrac{1}{\sqrt{5}}\begin{bmatrix} \lambda_1^{n+1}-\lambda_2^{n+1} \\ \lambda_1^n-\lambda_2^n \end{bmatrix}, \quad n\geq 2. \tag{10}$$

将(9)中 λ_1, λ_2 的值代入(10)中，就有

$$h_n=\dfrac{1}{\sqrt{5}}(\lambda_1^{n+1}-\lambda_2^{n+1})=\dfrac{1}{\sqrt{5}}\left[\left(\dfrac{1+\sqrt{5}}{2}\right)^{n+1}-\left(\dfrac{1-\sqrt{5}}{2}\right)^{n+1}\right]. \tag{11}$$

(10)中令 $n=0$, 1，易验证 $\dfrac{1}{\sqrt{5}}\left[\left(\dfrac{1+\sqrt{5}}{2}\right)^{n+1}-\left(\dfrac{1-\sqrt{5}}{2}\right)^{n+1}\right]$ 皆为1，故 h_0, h_1 也符合公式

(11)，即(11)是斐波那契序列 $(h_0, h_1, h_2, \cdots)$ 中 h_n 的统一表达式.

我们看到，即使在复数域上也不是所有的 n 阶矩阵都可以对角化，因此就有一般地求相似矩阵的标准形式的问题. 关于这个问题，我们不作介绍，读者可参考其他同类书.

习 题 6-6

1. 检验本章第五节习题1中的矩阵哪些可以对角化.如果可以对角化，求出过渡矩阵 T.

2. 设

$$A=\begin{bmatrix} 4 & 6 & 0 \\ -3 & -5 & 0 \\ -3 & -6 & 1 \end{bmatrix},$$

求 A^{10}.

3. 设三阶方阵 A 的特征根为 $1, 0, -1$,对应的特征向量依次为

$$p_1 = \begin{pmatrix} 1 \\ 2 \\ 2 \end{pmatrix}, \quad p_2 = \begin{pmatrix} 2 \\ -2 \\ 1 \end{pmatrix}, \quad p_3 = \begin{pmatrix} -2 \\ -1 \\ 2 \end{pmatrix},$$

求 A 及 A^{50}.

4. 设矩阵 $A = \begin{pmatrix} 0 & 0 & 1 \\ x & 1 & y \\ 1 & 0 & 0 \end{pmatrix}$ 可对角化,求 x 和 y 应满足的条件.

5. 已知矩阵 $A = \begin{pmatrix} 2 & a & 2 \\ 5 & b & 3 \\ -1 & 1 & -1 \end{pmatrix}$ 有特征根 ± 1,求 a, b 的值,并说明 A 能否对角化.

6. 设 σ 是数域 F 上 n 维向量空间 V 的一个线性变换.令 $\lambda_1, \lambda_2, \cdots, \lambda_t \in F$ 是 σ 的两两不同的本征值,V_{λ_i} 是属于本征值 λ_i 的本征子空间.证明:子空间的和

$$W = V_{\lambda_1} + V_{\lambda_2} + \cdots + V_{\lambda_t}$$

是直和,并在 σ 之下不变.

7. 数域 F 上 n 维向量空间 V 的一个线性变换 σ 叫做一个对合变换,如果 $\sigma^2 = \iota$, ι 是单位变换.设 σ 是 V 的一个对合变换.证明:

(1) σ 的本征值只能是 ± 1;

(2) $V = V_1 \oplus V_{-1}$,这里 V_1 是 σ 的属于本征值 1 的本征子空间,V_{-1} 是 σ 的属于本征值 -1 的本征子空间.

$$\left[\text{提示:设 } \alpha \in V, \text{则 } \alpha = \frac{\alpha + \sigma(\alpha)}{2} + \frac{\alpha - \sigma(\alpha)}{2}. \right]$$

8. 数域 F 上一个 n 阶矩阵 A 叫做一个幂等矩阵,如果 $A^2 = A$. 设 A 是一个幂等矩阵. 证明:

(1) $I + A$ 可逆,并且求 $(I + A)^{-1}$;

(2) 秩 $A +$ 秩 $(I - A) = n$;

(3) A 的特征值只可能是 0 或 1.

9. 数域 F 上 n 维向量空间 V 的一个线性变换 σ 叫做幂零的,如果存在一个正整数 m 使 $\sigma^m = 0$. 证明:

(1) σ 是幂零变换当且仅当它的特征多项式的根都是零;

(2) 如果一个幂零变换 σ 可以对角化,那么 σ 一定是零变换.

10. 设 σ 是数域 F 上 n 维向量空间 V 的一个可以对角化的线性变换.令 $\lambda_1, \lambda_2, \cdots, \lambda_t$ 是 σ 的全部本征值.证明:存在 V 的线性变换 $\sigma_1, \sigma_2, \cdots, \sigma_t$,使得

(1) $\sigma = \lambda_1 \sigma_1 + \lambda_2 \sigma_2 + \cdots + \lambda_t \sigma_t$;

(2) $\sigma_1 + \sigma_2 + \cdots + \sigma_t = \iota$, ι 是单位变换;

(3) $\sigma_i \sigma_j = \theta$,若 $i \neq j$, θ 是零变换;

(4) $\sigma_i^2 = \sigma_i$, $i = 1, 2, \cdots, t$;

(5) $\sigma_i(V) = V_{\lambda_i}$，$V_{\lambda_i}$ 是 σ 的属于本征值 λ_i 的本征子空间，$i = 1, 2, \cdots, t$.

11. 设 V 是复数域 C 上的一个 n 维向量空间，σ, τ 是 V 的线性变换，且 $\sigma\tau = \tau\sigma$.

(1) 证明：σ 的每一本征子空间都在 τ 之下不变；

(2) σ 与 τ 在 V 中有一公共本征向量.

第七章

欧几里得空间

我们看到,向量空间的概念就是通常解析几何里空间概念的推广.然而在一般的向量空间里,缺少通常度量的概念.在这一章里,我们将在实数域上向量空间里定义"内积",从而引入度量的概念,介绍欧氏空间.这样的向量空间在数学、物理等许多领域都有着重要的应用.

我们重点讨论欧氏空间及其某些线性变换.本章最后介绍了最小二乘法问题,作为选学内容。

§1 向量的内积

先回顾一下空间解析几何曾经学过的内积的概念.设空间 V_3 的两个非零向量 ξ, η 的内积是实数

$$\xi \cdot \eta = |\xi| \, |\eta| \cos \theta,$$

这里 $|\xi|$, $|\eta|$ 分别表示向量 ξ, η 的长度,θ 表示 ξ 与 η 的夹角;当 ξ 和 η 中有一个是零向量时,就定义 $\xi \cdot \eta = 0$. 我们知道,有了内积的概念后,V_3 的任意一个向量 ξ 的长度 $|\xi|$ 和两个非零向量 ξ 与 η 的夹角 θ 都可以反过来由内积表示:

$$|\xi| = \sqrt{\xi \cdot \xi}, \quad \cos \theta = \frac{\xi \cdot \eta}{|\xi| \, |\eta|}.$$

这使我们想到,如果能够把内积概念推广到实数域上一般向量空间上,那么就有可能在这样一个向量空间里定义向量的长度和夹角的概念.

我们看到,在之前学习的空间解析几何中,内积是利用向量的长度和夹角来定义的.而且向量的内积有明显的代数性质,所以,我们将像定义向量空间一样,利用公理来引入内积的概念,即利用内积最本质的性质来刻画内积这个概念.

定义 1.1 设 V 是实数域 R 上一个向量空间,如果对于 V 中任意一对向量 ξ, η,有一个确定的记作 $\langle \xi, \eta \rangle$ 的实数与它们对应,叫做向量 ξ 与 η 的内积(或数量积),并且满足下列条件:

(i) $\langle \xi, \eta \rangle = \langle \eta, \xi \rangle$;

(ii) $\langle \xi + \eta, \zeta \rangle = \langle \xi, \zeta \rangle + \langle \eta, \zeta \rangle$;

(iii) $\langle a\xi,\ \eta\rangle=a\langle\xi,\ \eta\rangle$；

(iv) 当 $\xi\neq 0$ 时，$\langle\xi,\ \xi\rangle>0$；

这里 $\xi,\ \eta,\ \zeta$ 是 V 的任意向量，a 是任意实数，那么 V 叫作对这个内积来说的一个欧几里得(Euclid)空间(简称欧氏空间).

在这个定义里，我们把表示内积的符号改换了一下，不用 $\xi\cdot\eta$ 而用 $\langle\xi,\ \eta\rangle$ 表示 ξ 与 η 的内积.

下面我们再看几个例子.

例 1　在 R^n 里，对于任意两个向量
$$\xi=(x_1,\ x_2,\ \cdots,\ x_n),$$
$$\eta=(y_1,\ y_2,\ \cdots,\ y_n),$$
规定
$$\langle\xi,\ \eta\rangle=x_1y_1+x_2y_2+\cdots+x_ny_n.$$

容易验证，关于内积的公理被满足，因而 R^n 对于这样定义的内积来说构成一个欧式空间.

在 $n=3$ 时，上式就是几何空间中向量的内积在直角坐标系中的坐标表达式。

例 2　在 R^n 里，对于任意向量
$$\xi=(x_1,\ x_2,\ \cdots,\ x_n),$$
$$\eta=(y_1,\ y_2,\ \cdots,\ y_n),$$
规定
$$\langle\xi,\ \eta\rangle=x_1y_1+2x_2y_2+\cdots+nx_ny_n.$$

不难验证，这样 R^n 也构成一个欧式空间.

由以上两个例子可以看出，对同一个向量空间可以引入不同的内积，使它作成欧氏空间.我们以后说到欧氏空间 R^n 时，永远指的是对于例 1 的内积所作成的欧氏空间.

例 3　令 $C[a,\ b]$ 是定义在 $[a,\ b]$ 上一切连续实函数所成的向量空间.设 $f(x),\ g(x)\in C[a,\ b]$，我们规定
$$\langle f,\ g\rangle=\int_a^b f(x)g(x)dx.$$

根据定积分的基本性质可知，内积的公理(i)—(iv)都被满足，因而 $C[a,\ b]$ 构成一个欧式空间.

例 4　令 H 是一切平方和收敛的实数列
$$\xi=(x_1,\ x_2,\ \cdots),\ \sum_{n=1}^{\infty}x_n^2<+\infty$$

所成的集合.在 H 中用自然的方式定义加法和标量与向量的乘法：设
$$\xi=(x_1,\ x_2,\ \cdots),\ \eta=(y_1,\ y_2,\ \cdots),\ a\in R,$$
规定
$$\xi+\eta=(x_1+y_1,\ x_2+y_2,\ \cdots),$$

$$a\xi=(ax_1,\ ax_2,\ \cdots),$$

向量 $\xi=(x_1,\ x_2,\ \cdots)$，$\eta=(y_1,\ y_2,\ \cdots)$ 的内积由公式

$$\langle \xi,\ \eta \rangle=\sum_{n=1}^{\infty}x_ny_n$$

给出,那么 H 是一个欧氏空间.

要验证 H 是一个欧氏空间,首先需要验证以上定义的加法和标量与向量的乘法以及内积的合理性,再验证 H 满足内积的公理(i)—(iv).这里我们不再一一赘述,读者可自行验证.

空间 H 通常叫做希尔伯特(Hilbert)空间.

现在我们在一般的欧式空间里推导内积的一些简单性质.

设 V 是一个欧氏空间.由(i)及(iii)得出,对于任意 $\xi \in V$ 都有:

性质 1　对任意的向量 ξ,都有 $\langle 0,\ \xi \rangle=\langle \xi,\ 0 \rangle=0$；反过来,如果对任意 $\eta \in V$,都有 $\langle \xi,\ \eta \rangle=0$,那么特别将有 $\langle \xi,\ \xi \rangle=0$. 于是由(iv),必须 $\xi=0$.

性质 2　对于任意向量 $\xi_1,\ \xi_2,\ \cdots,\ \xi_r,\ \eta_1,\ \eta_2,\ \cdots,\ \eta_s \in V$,$a_1,\ a_2,\ \cdots,\ a_r,\ b_1,\ b_2,\ \cdots,$ $b_s \in R$,有

$$\left\langle \sum_{i=1}^{r}a_i\xi_i,\ \sum_{j=1}^{s}b_j\eta_j \right\rangle=\sum_{i=1}^{r}\sum_{j=1}^{s}a_ib_j\langle \xi_i,\ \eta_j \rangle.$$

由于对欧氏空间的任意向量 ξ 来说,$\langle \xi,\ \xi \rangle$ 总是一个非负实数,我们可以合理地引入向量长度的概念.

定义 1.2　设 ξ 是欧氏空间的一个向量.非负实数 $\langle \xi,\ \xi \rangle$ 的算术平方根 $\sqrt{\langle \xi,\ \xi \rangle}$ 叫做 ξ 的长度.向量 ξ 的长度用符号 $|\xi|$ 表示:

$$|\xi|=\sqrt{\langle \xi,\ \xi \rangle}.$$

这样,欧氏空间的每一向量都有一个确定的长度.零向量的长度是零,任意非零向量的长度是一个正数.

例 5　令 R^n 是例 1 中的欧氏空间.R^n 的向量

$$\xi=(x_1,\ x_2,\ \cdots,\ x_n)$$

的长度是

$$|\xi|=\sqrt{\langle \xi,\ \xi \rangle}=\sqrt{x_1^2+x_2^2+\cdots+x_n^2}.$$

由长度的定义,对于欧氏空间中任意向量 ξ 和任意实数 a,有

$$|a\xi|=\sqrt{\langle a\xi,\ a\xi \rangle}=\sqrt{a^2\langle \xi,\ \xi \rangle}=|a||\xi|. \tag{1}$$

这就是说,一个实数 a 与一个向量 ξ 的乘积的长度等于 a 的绝对值与 ξ 的长度的乘积.

我们把长度是 1 的向量叫做单位向量.由(1),如果 ξ 是一个非零向量,那么 $\dfrac{\xi}{|\xi|}$ 是一个单位向量.

现在我们来证明欧氏空间里一个重要的不等式,正是由于有了这个不等式,使得我们可以合理地定义两个向量的夹角.

定理 1.1 在一个欧氏空间里,对于任意向量 ξ, η,有不等式

$$|\langle\xi,\eta\rangle|\leqslant|\xi||\eta|;\tag{2}$$

当且仅当 ξ 与 η 线性相关时,等号成立.

证 如果 ξ 与 η 线性相关,那么或者 $\xi=0$,或者 $\eta=a\xi$,不论哪一种情况都有

$$\langle\xi,\eta\rangle^2=\langle\xi,\xi\rangle\langle\eta,\eta\rangle.$$

现在设 ξ 与 η 线性无关.那么对于任意实数 t 来说,$t\xi+\eta\neq0$,于是

$$\langle t\xi+\eta,t\xi+\eta\rangle>0,$$

$$t^2\langle\xi,\xi\rangle+2t\langle\xi,\eta\rangle+\langle\eta,\eta\rangle>0.$$

最后不等式左端是 t 的一个二次三项式.由于它对于 t 的任意实数值来说都是正数,所以它的判别式一定小于零,即

$$\langle\xi,\eta\rangle^2-\langle\xi,\xi\rangle\langle\eta,\eta\rangle<0$$

或

$$\langle\xi,\eta\rangle^2<\langle\xi,\xi\rangle\langle\eta,\eta\rangle.$$

等式两边同时开方,即得

$$|\langle\xi,\eta\rangle|\leqslant|\xi||\eta|.$$

例 6 考虑例 1 的欧氏空间 R^n.由不等式(2)推出,对于任意实数 a_1, a_2, $\cdots$, a_n,b_1, b_2, $\cdots$, b_n,有不等式

$$(a_1b_1+\cdots+a_nb_n)^2\leqslant(a_1^2+\cdots+a_n^2)(b_1^2+\cdots+b_n^2).\tag{3}$$

不等式(3)叫做柯西(Cauchy)不等式.

例 7 考虑例 3 的欧氏空间 $C[a,b]$.对于定义在 $[a,b]$ 上的任意连续函数 $f(x)$, $g(x)$,有不等式

$$\left|\int_a^b f(x)g(x)dx\right|\leqslant\sqrt{\int_a^b f^2(x)dx\int_a^b g^2(x)dx}.\tag{4}$$

不等式(4)叫做施瓦茨(Schwarz)不等式.

柯西不等式和施瓦茨不等式看起来似乎没有什么共同之处,然而这两个不等式在欧氏空间的不等式(2)里被统一起来,因此通常把不等式(2)叫做柯西—施瓦茨不等式.

现在来定义欧氏空间中两个向量的夹角.

定义 1.3 设 ξ 和 η 是欧氏空间的两个非零向量.ξ 和 η 的夹角 θ 由以下公式定义:

$$\cos\theta=\frac{\langle\xi,\eta\rangle}{|\xi||\eta|}.$$

由不等式(1),我们有

$$-1\leqslant\frac{\langle\xi,\eta\rangle}{|\xi||\eta|}\leqslant1,$$

所以这样定义夹角是合理的.

这样,欧氏空间任意两个非零向量有唯一的夹角 $\theta(0 \leqslant \theta \leqslant \pi)$.

在欧氏空间里这样定义向量的长度和夹角正是解析几何里向量长度和夹角概念的自然推广.

有了角度概念后,当欧氏空间两个非零向量的夹角是 $\dfrac{\pi}{2}$ 时,很自然地称它们是正交的.为了方便起见,我们补充规定:零向量与任意向量都正交.这样,注意到定义 1.3 关于两个向量夹角的公式,我们有

定义 1.4 欧氏空间 V 的两个向量 ξ 与 η,若 $\langle \xi, \eta \rangle = 0$,则称 ξ 与 η 向量正交的.

例如,在欧氏空间 R^n,向量

$$\varepsilon_i = (0, \cdots, 0, \overset{(i)}{1}, 0, \cdots, 0), \quad i = 1, 2, \cdots, n$$

两两正交.

定理 1.2 在一个欧氏空间里,如果向量 ξ 与向量 $\eta_1, \eta_2, \cdots, \eta_r$ 中每一个正交,那么 ξ 与 $\eta_1, \eta_2, \cdots, \eta_r$ 的任意一个线性组合也正交.

证 令 $\displaystyle\sum_{i=1}^{r} a_i \eta_i$ 是 $\eta_1, \eta_2, \cdots, \eta_r$ 的一个线性组合.因为 $\langle \xi, \eta_i \rangle = 0$, $i = 1, 2, \cdots, r$,所以

$$\left\langle \xi, \sum_{i=1}^{r} a_i \eta_i \right\rangle = \sum_{i=1}^{r} a_i \langle \xi, \eta_i \rangle = 0.$$

设 ξ, η 是欧氏空间的任意向量.由定理 1.1,我们有

$$
\begin{aligned}
| \xi + \eta |^2 &= \langle \xi + \eta, \xi + \eta \rangle \\
&= \langle \xi, \xi \rangle + 2 \langle \xi, \eta \rangle + \langle \eta, \eta \rangle \\
&\leqslant \langle \xi, \xi \rangle + 2 | \xi | | \eta | + \langle \eta, \eta \rangle \\
&= | \xi |^2 + 2 | \xi | | \eta | + | \eta |^2 \\
&= (| \xi | + | \eta |)^2.
\end{aligned}
$$

由于 $| \xi + \eta |$ 和 $| \xi | + | \eta |$ 都是非负实数,所以我们有

$$| \xi + \eta | \leqslant | \xi | + | \eta |. \tag{5}$$

在一个欧氏空间,两个向量 ξ 与 η 的距离指的是 $\xi - \eta$ 的长度 $| \xi - \eta |$.我们用符号 $d(\xi, \eta)$ 表示 ξ 与 η 的距离.根据内积的定义和公式(5),容易看出,距离具有下列性质:

(i) 当 $\xi \neq \eta$ 时,$d(\xi, \eta) > 0$;

(ii) $d(\xi, \eta) = d(\eta, \xi)$;

(iii) $d(\xi, \zeta) \leqslant d(\xi, \eta) + d(\eta, \zeta)$,

这里 ξ, η, ζ 是欧氏空间的任意向量.性质(iii)称为三角形不等式.在解析几何里,这个不等式的意义就是一个三角形两边的和大于第三边.

最后,如果 W 是欧氏空间 V 的一个子空间,那么对于 V 的内积来说,W 显然也构成一个欧式空间.

习 题 7-1

1. 证明:在一个欧氏空间里,对于任意向量 ξ, η,以下等式成立;

(1) $| \xi + \eta |^2 + | \xi - \eta |^2 = 2 | \xi |^2 + 2 | \eta |^2$;

(2) $\langle \xi, \eta \rangle = \dfrac{1}{4} \mid \xi + \eta \mid^2 - \dfrac{1}{4} \mid \xi - \eta \mid^2$.

在解析几何里,等式(1)的几何意义是什么?

2. 在 R^4 中,求 α、β 的夹角(内积按通常定义),设

(1) $\alpha = (2, 1, 3, 2)$,$\beta = (1, 2, -2, 1)$;　　(2) $\alpha = (1, 2, 2, 3)$,$\beta = (3, 1, 5, 1)$;

(3) $\alpha = (1, 1, 1, 2)$,$\beta = (3, 1, -1, 0)$.

3. 在欧氏空间 R^n 里,求向量 $\alpha = (1, 1, \cdots, 1)$ 与每一向量

$$\varepsilon_i = (0, \cdots, 0, \overset{(i)}{1}, 0, \cdots, 0),\ i = 1, 2, \cdots, n$$

的夹角.

4. 在欧氏空间 R^4 里找出两个单位向量,使它们同时与向量

$$\alpha = (2, 1, -4, 0),$$
$$\beta = (-1, -1, 2, 2),$$
$$\gamma = (3, 2, 5, 4)$$

中的每一个正交.

5. 利用内积的性质证明:一个三角形如果有一边是它的外接圆的直径,那么这个三角形一定是直角三角形.

6. 设 ξ, η 是一个欧氏空间里彼此正交的向量,证明:

$$\mid \xi + \eta \mid^2 = \mid \xi \mid^2 + \mid \eta \mid^2 (勾股定理).$$

7. 设 $\alpha_1, \alpha_2, \cdots, \alpha_n, \beta$ 都是一个欧氏空间的向量,且 β 是 $\alpha_1, \alpha_2, \cdots, \alpha_n$ 的线性组合.证明:如果 β 与每一个 α_i 正交,$i = 1, 2, \cdots, n$,那么 $\beta = 0$.

8. 设 α, β 是欧氏空间两个线性无关的向量,满足以下条件:

$$\frac{2\langle \alpha, \beta \rangle}{\langle \alpha, \alpha \rangle} \text{ 和 } \frac{2\langle \alpha, \beta \rangle}{\langle \beta, \beta \rangle} \text{ 都是 } \leqslant 0 \text{ 的整数.}$$

证明:α 与 β 的夹角只可能是 $\dfrac{\pi}{2}$,$\dfrac{2\pi}{3}$,$\dfrac{3\pi}{4}$ 或 $\dfrac{5\pi}{6}$.

§2　标准正交基

在空间解析几何里,我们通常选取三个彼此正交的单位向量作成 V_3 的一个基.这个基对应于一个直角坐标系.我们知道,直角坐标系用起来特别方便.在一个 n 维欧氏空间 V 里,由于有了向量的长度和夹角的概念,我们自然想到,是否能找到一组两两正交的单位向量,使它们构成 V 的一个基.这样一个基用起来似乎更方便一些.下面的讨论说明,这个想法是可以实现的.首先引入一个概念.

定义 2.1　欧氏空间 V 的一组两两正交的非零向量叫作 V 的一个正交向量组,简称正交组.

如果一个正交组的每一个向量都是单位向量,这个正交组就叫作一个标准正交组(或称规范正交组).

例 1 向量 $\alpha_1 = (0, 1, 0)$，$\alpha_2 = \left(\dfrac{1}{\sqrt{2}}, 0, \dfrac{1}{\sqrt{2}}\right)$，$\alpha_3 = \left(\dfrac{1}{\sqrt{2}}, 0, -\dfrac{1}{\sqrt{2}}\right)$ 构成 V_3 的一个标准正交组，因为 $|\alpha_1| = |\alpha_2| = |\alpha_3| = 1$，$\langle\alpha_1, \alpha_2\rangle = \langle\alpha_2, \alpha_3\rangle = \langle\alpha_3, \alpha_1\rangle = 0$.

定理 2.1 设 $\{\alpha_1, \alpha_2, \cdots, \alpha_n\}$ 是欧式空间的一个正交组，那么 $\alpha_1, \alpha_2, \cdots, \alpha_n$ 线性无关.

证 设有 $a_1, a_2, \cdots, a_n \in R$，使得 $a_1\alpha_1 + a_2\alpha_2 + \cdots + a_n\alpha_n = 0$.

因为当 $i \neq j$ 时，$\langle\alpha_i, \alpha_j\rangle = 0$，所以

$$0 = \langle\alpha_i, 0\rangle = \left\langle \alpha_i, \sum_{j=1}^{n} a_j\alpha_j \right\rangle = \sum_{j=1}^{n} a_j\langle\alpha_i, \alpha_j\rangle = a_i\langle\alpha_i, \alpha_i\rangle.$$

但 $\langle\alpha_i, \alpha_i\rangle \neq 0$，所以 $a_i = 0, i = 1, 2, \cdots, n$，即线性无关.

现在设 V 是一个 n 维欧式空间.如果 V 中 n 个向量 $\alpha_1, \alpha_2, \cdots, \alpha_n$ 构成一个正交组，那么由定理 2.1，这个向量构成 V 的一个基，这样的一个基叫作 V 的一个正交基，如果 V 的一个正交基还是一个标准正交组，那么就称这个基是一个标准正交基（或称规范正交基）.

显然，$\alpha_1, \alpha_2, \cdots, \alpha_n$ 构成标准正交基当且仅当

$$\langle\alpha_i, \alpha_j\rangle = \begin{cases} 1, & \text{当 } i = j \\ 0, & \text{当 } i \neq j \end{cases}, \quad i, j = 1, 2, \cdots, n.$$

如果 $\{\alpha_1, \alpha_2, \cdots, \alpha_n\}$ 是 n 维欧式空间 V 的一个标准正交基.令 ξ 是 V 的任意一个向量，那么 ξ 可以唯一地写成

$$\xi = x_1\alpha_1 + x_2\alpha_2 + \cdots + x_n\alpha_n,$$

$x_1, x_2, \cdots, x_n$ 是 ξ 关于基 $\{\alpha_1, \alpha_2, \cdots, \alpha_n\}$ 的坐标.由于 $\{\alpha_1, \alpha_2, \cdots, \alpha_n\}$ 是标准正交基，我们有

$$\langle\xi, \alpha_i\rangle = \left\langle \sum_{j=1}^{n} x_j\alpha_j, \alpha_i \right\rangle = x_i.$$

这就是说，向量 ξ 关于一个规范正交基的第 i 个坐标等于 ξ 与第 i 个基向量的内积.

其次，令

$$\eta = y_1\alpha_1 + y_2\alpha_2 + \cdots + y_n\alpha_n,$$

那么

$$\langle\xi, \eta\rangle = x_1y_1 + x_2y_2 + \cdots + x_ny_n.$$

由此得

$$|\xi| = \sqrt{\langle\xi, \xi\rangle} = \sqrt{x_1^2 + x_2^2 + \cdots + x_n^2}.$$

$$d(\xi, \eta) = |\xi - \eta| = \sqrt{(x_1 - y_1)^2 + \cdots + (x_n - y_n)^2}.$$

这些公式都是解析几何里熟知公式的推广.由此可以看到在欧式空间里引入规范正交基的好处.

我们思考在 n 维欧式空间 V 中，是否存在标准正交基？如何将一个任意基构造成标准正交基？由此，我们有如下定理：

定理 2.2 设 $\{\alpha_1, \alpha_2, \cdots, \alpha_m\}$ 是欧式空间 V 的一组线性无关的向量组,那么可以求出正交组 $\{\beta_1, \beta_2, \cdots, \beta_m\}$,使得 β_k 可以由 $\alpha_1, \alpha_2, \cdots, \alpha_k$ 线性表示,$k=1, 2, \cdots, m$.

证 先取 $\beta_1 = \alpha_1$,那么 β_1 是 α_1 的线性组合,且 $\beta_1 \neq 0$. 其次,取

$$\beta_2 = \alpha_2 - \frac{\langle \alpha_2, \beta_1 \rangle}{\langle \beta_1, \beta_1 \rangle} \beta_1.$$

那么 β_2 是 α_1, α_2 的线性组合,并且因为 α_1, α_2 线性无关,所以 $\beta_2 \neq 0$. 又由

$$\langle \beta_2, \beta_1 \rangle = \langle \alpha_2, \beta_1 \rangle - \frac{\langle \alpha_2, \beta_1 \rangle}{\langle \beta_1, \beta_1 \rangle} \langle \beta_1, \beta_1 \rangle = 0,$$

所以 β_2 与 β_1 正交.

假设 $1 < k \leqslant m$,而满足定理要求的 $\beta_1, \beta_2, \cdots, \beta_{k-1}$ 都已作出,取

$$\beta_k = \alpha_k - \frac{\langle \alpha_k, \beta_1 \rangle}{\langle \beta_1, \beta_1 \rangle} \beta_1 - \cdots - \frac{\langle \alpha_k, \beta_{k-1} \rangle}{\langle \beta_{k-1}, \beta_{k-1} \rangle} \beta_{k-1}.$$

由于假定 β_i 是 $\alpha_1, \alpha_2, \cdots, \alpha_i$ 的线性组合,$i=1, 2, \cdots, k-1$,所以把这些线性组合代入上式,得到

$$\beta_k = a_1 \alpha_1 + a_2 \alpha_2 + \cdots + a_{k-1} \alpha_{k-1} + \alpha_k.$$

所以 β_k 是 $\alpha_1, \alpha_2, \cdots, \alpha_k$ 的线性组合,由 $\alpha_1, \alpha_2, \cdots, \alpha_k$ 线性无关得出 $\beta_k \neq 0$,又因为假定 $\beta_1, \beta_2, \cdots, \beta_{k-1}$ 两两正交,所以

$$\langle \beta_k, \beta_i \rangle = \langle \alpha_k, \beta_i \rangle - \frac{\langle \alpha_k, \beta_i \rangle}{\langle \beta_i, \beta_i \rangle} \langle \beta_i, \beta_i \rangle = 0, \ i=1, 2, \cdots, k-1.$$

这样,$\beta_1, \beta_2, \cdots, \beta_k$ 也满足定理的要求,定理被证明.

这个定理实际上给出了一个方法,使得我们可以从欧氏空间的任意一组线性无关的向量出发,得出一个正交组来.这个方法称为施密特(Schmidt)正交化方法,简称正交化方法.

现在设 V 是一个 $n(n > 0)$ 维欧氏空间,令 $\{\alpha_1, \alpha_2, \cdots, \alpha_n\}$ 是 V 的任意一个基.利用正交化方法,可以得出 V 的一个正交基 $\{\beta_1, \beta_2, \cdots, \beta_n\}$. 再对 $\{\beta_1, \beta_2, \cdots, \beta_n\}$ 单位化,即令

$$\gamma_i = \frac{\beta_i}{|\beta_i|}, \ i=1, 2, \cdots, n.$$

那么 $\{\gamma_1, \gamma_2, \cdots, \gamma_n\}$ 就是 V 的一个标准正交基.

例 2 在欧氏空间 R^3 中,对于基

$$\alpha_1 = (1, 1, 1), \alpha_2 = (0, 1, 2), \alpha_3 = (2, 0, 3)$$

施行正交化方法,得出 R^3 的一个标准正交基.

首先注意,为了得出标准正交基,我们可以在正交化过程的每一步,将所得的向量 β_i 除以它的长度 $|\beta_i|$,使成为单位向量.这样做显然并不影响定理 2.2 的证明.

第一步,取

$$\gamma_1 = \frac{\alpha_1}{|\alpha_1|} = \left(\frac{1}{\sqrt{3}}, \frac{1}{\sqrt{3}}, \frac{1}{\sqrt{3}}\right).$$

第二步,先取

$$\beta_2 = \alpha_2 - \frac{\langle \alpha_2, \gamma_1 \rangle}{\langle \gamma_1, \gamma_1 \rangle}\gamma_1 = \alpha_2 - \langle \alpha_2, \gamma_1 \rangle \gamma_1 = (0, 1, 2) - \sqrt{3}\left(\frac{1}{\sqrt{3}}, \frac{1}{\sqrt{3}}, \frac{1}{\sqrt{3}}\right) = (-1, 0, 1).$$

然后令

$$\gamma_2 = \frac{\beta_2}{|\beta_2|} = \left(-\frac{1}{\sqrt{2}}, 0, \frac{1}{\sqrt{2}}\right).$$

第三步,取

$$
\begin{aligned}
\beta_3 &= \alpha_3 - \frac{\langle \alpha_3, \gamma_1 \rangle}{\langle \gamma_1, \gamma_1 \rangle}\gamma_1 - \frac{\langle \alpha_3, \gamma_2 \rangle}{\langle \gamma_2, \gamma_2 \rangle}\gamma_2 \\
&= \alpha_3 - \langle \alpha_3, \gamma_1 \rangle\gamma_1 - \langle \alpha_3, \gamma_2 \rangle\gamma_2 \\
&= (2, 0, 3) - \frac{5}{\sqrt{3}}\left(\frac{1}{\sqrt{3}}, \frac{1}{\sqrt{3}}, \frac{1}{\sqrt{3}}\right) - \frac{1}{\sqrt{2}}\left(-\frac{1}{\sqrt{2}}, 0, \frac{1}{\sqrt{2}}\right) \\
&= \left(\frac{5}{6}, -\frac{5}{3}, \frac{5}{6}\right).
\end{aligned}
$$

再令

$$\gamma_3 = \frac{\beta_3}{|\beta_3|} = \left(\frac{1}{\sqrt{6}}, -\frac{2}{\sqrt{6}}, \frac{1}{\sqrt{6}}\right).$$

于是 $\{\gamma_1, \gamma_2, \gamma_3\}$ 就是 R^3 的一个标准正交基.

现在设 $\{\alpha_1, \alpha_2, \cdots, \alpha_n\}$ 和 $\{\beta_1, \beta_2, \cdots, \beta_n\}$ 是 n 维欧氏空间 V 的两个标准正交基.我们看一下由 $\{\alpha_1, \alpha_2, \cdots, \alpha_n\}$ 到 $\{\beta_1, \beta_2, \cdots, \beta_n\}$ 的过渡矩阵有什么性质.令 $U=(u_{ij})$ 是这个过渡矩阵.那么

$$\beta_i = \sum_{k=1}^{n} u_{ki}\alpha_k, \ 1 \leqslant i \leqslant n.$$

我们有

$$\langle \beta_i, \beta_j \rangle = \begin{cases} 1, & \text{若 } i=j \\ 0, & \text{若 } i \neq j \end{cases}.$$

另一方面,因为 $\{\alpha_1, \alpha_2, \cdots, \alpha_n\}$ 也是标准正交基,所以

$$
\begin{aligned}
\langle \beta_i, \beta_j \rangle &= \left\langle \sum_{k=1}^{n} u_{ki}\alpha_k, \ \sum_{l=1}^{n} u_{lj}\alpha_l \right\rangle \\
&= \sum_{k=1}^{n}\sum_{l=1}^{n} u_{ki}u_{lj}\langle \alpha_k, \alpha_l \rangle = \sum_{k=1}^{n} u_{ki}u_{kj},
\end{aligned}
$$

于是

$$\sum_{k=1}^{n} u_{ki}u_{kj} = \begin{cases} 1, & \text{若 } i=j \\ 0, & \text{若 } i \neq j \end{cases}.$$

上式表明,矩阵 U 的第 i 列与第 j 列对应位置元素乘积的和当 $i=j$ 时等于1;当 $i \neq j$ 时等于0.因此

$$U^T U = I.$$

因为 U 作为过渡矩阵是可逆的,于是我们有

$$U^{-1} = U^T,$$

从而

$$U^T U = U U^T = I.$$

定义 2.2 若 n 阶实矩阵满足 $U^T U = U U^T = I$,则称 U 为正交矩阵.

由以上的讨论我们得到:

定理 2.3 n 维欧氏空间一个标准正交基到另一标准正交基的过渡矩阵是一个正交矩阵.

最后,利用标准正交基,很容易解决两个有限维欧氏空间的同构问题.

定义 2.3 设 V 与 V' 是两欧氏空间,如果存在 V 到 V' 的一个同构映射 $f: V \to V'$,使得对任意 $\xi, \eta \in V$,都有

$$\langle \xi, \eta \rangle = \langle f(\xi), f(\eta) \rangle,$$

称则 V 与 V' 同构.

定理 2.4 两个有限维欧氏空间同构的充要条件是它们的维数相等.

证 设 V 和 V' 是两个有限维欧氏空间.如果 V 与 V' 同构,那么由第五章定理 6.3,$\dim V = \dim V'$.

反过来,设 $\dim V = \dim V' = n$. 如果 $n = 0$,那么 V 与 V' 显然同构,因为零空间中任意两个向量的内积只能是 $\langle 0, 0 \rangle = 0$.

设 $n > 0$. 在 V 中取一个标准正交基 $\{\gamma_1, \gamma_2, \cdots, \gamma_n\}$;在 V' 中取一个标准正交基 $\{\gamma_1', \gamma_2', \cdots, \gamma_n'\}$. 对于 V 的每一向量

$$\xi = x_1 \gamma_1 + x_2 \gamma_2 + \cdots + x_n \gamma_n,$$

规定

$$f(\xi) = x_1 \gamma_1' + x_2 \gamma_2' + \cdots + x_n \gamma_n'.$$

由第五章定理 6.3,映射 f 是实数域上向量空间 V 到 V' 的同构映射.设

$$\xi = \sum_{i=1}^{n} x_i \gamma_i, \quad \eta = \sum_{i=1}^{n} y_i \gamma_i$$

是 V 中任意两个向量,那么

$$f(\xi) = \sum_{i=1}^{n} x_i \gamma_i', \quad f(\eta) = \sum_{i=1}^{n} y_i \gamma_i'.$$

可得

$$\langle \xi, \eta \rangle = x_1 y_1 + \cdots + x_n y_n = \langle f(\xi), f(\eta) \rangle,$$

所以欧氏空间 V 与 V' 同构.

推论 1 任意 n 维欧氏空间都与 R^n 同构.

接下来我们介绍子空间正交的概念.

在空间 V_3 里,如果 W 是一条过原点的直线或一个过原点的平面,而 ξ 是 V_3 的任意一个向量,那么 ξ 可以分解为 ξ 在 W 上的正射影与一个垂直于 W 的向量的和(见图 7-1).在一般的欧式空间里也有类似的事实.

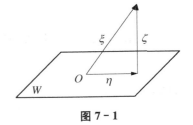

图 7-1

设 W 是欧氏空间 V 的一个非空子集.如果 V 的一个向量 ξ 与 W 的每一向量正交,那么就说 ξ 与 W 正交,记作 $\langle \xi, W \rangle = 0$. 令

$$W^\perp = \{\xi \in V \mid \langle \xi, W \rangle = 0\},$$

那么 $0 \in W^\perp$,因而 $W^\perp \neq \varnothing$. 其次,设 $a, b \in R$,$\xi, \eta \in W^\perp$. 那么对于任意 $\alpha \in W$,我们有

$$\langle a\xi + b\eta, \alpha \rangle = a\langle \xi, \alpha \rangle + b\langle \eta, \alpha \rangle = 0,$$

因而 $a\xi + b\eta \in W^\perp$ 这样,$W^\perp$ 是 V 的一个子空间.

定理 2.5 令 W 是欧氏空间 V 的一个有限维子空间,那么

$$V = W \oplus W^\perp,$$

因而 V 的每一向量 ξ 可以唯一地写成

$$\xi = \eta + \zeta, \tag{1}$$

这里 $\eta \in W$,$\langle \zeta, W \rangle = 0$.

证 当 $W = \{0\}$ 时,定理显然成立,这时 $W^\perp = V$.

设 $W \neq \{0\}$. 由于 W 的维数有限,因而可以取到 W 的一个标准正交基 $\{\gamma_1, \gamma_2, \cdots, \gamma_s\}$,$s = \dim W$.设 $\xi \in V$. 令

$$\eta = \langle \xi, \gamma_1 \rangle \gamma_1 + \langle \xi, \gamma_2 \rangle \gamma_2 + \cdots + \langle \xi, \gamma_s \rangle \gamma_s,$$

$$\zeta = \xi - \eta.$$

那么 $\eta \in W$,而

$$\langle \zeta, \gamma_i \rangle = \langle \xi - \eta, \gamma_i \rangle = \langle \xi, \gamma_i \rangle - \langle \eta, \gamma_i \rangle$$
$$= \langle \xi, \gamma_i \rangle - \langle \xi, \gamma_i \rangle = 0, \ i = 1, 2, \cdots, s.$$

由于 $\gamma_1, \cdots, \gamma_s$ 是 W 的基,所以 ζ 与 W 正交,即 $\zeta \in W^\perp$. 这就证明了

$$V = W + W^\perp.$$

剩下来只要证明这个和是直和.这是显然的,因为如果 $\alpha \in W \cap W^\perp$,那么 $\langle \alpha, \alpha \rangle = 0$,从而 $\alpha = 0$. 定理被证明.

设 W 是欧氏空间 V 的一个子空间.我们把子空间 $W^\perp$ 叫做 W 的正交补.

分解式(1)右端第一个被加项 η 叫作向量 ξ 在子空间 W 上的正射影.这样,欧氏空间 V 的每一向量 ξ 都可以分解为 ξ 在任意一个有限维子空间 W 上的正射影和一个与 W 正交的向量的和,并且这种分解是唯一的.

在通常的空间 V_3 里,设 W 是过原点 O 的一个平面或一条直线.令 $\xi = \overrightarrow{OP}$ 是 V_3 的任意一个向量,那么 P 点到 W 的最短距离就是 P 到 W 的垂线的长度 $|\xi - \eta|$. 我们也可以从另一角度考虑问题.设 ξ 是空间 V_3 的一个向量.我们希望用 W 的一个向量 η 来逼近它.那么除非

$\xi \in W$,"误差向量"$\xi - \eta$ 不会等于零.然而我们知道,仅当 η 是 ξ 在 W 上的正射影时,误差向量的长度 $|\xi - \eta|$ 最小.一般说来,我们有以下事实:

定理 2.6 设 W 是欧氏空间 V 的一个有限维子空间,ξ 是 V 的任意向量,η 是 ξ 在 W 上的正射影.那么对于 W 中任意向量 $\eta' \neq \eta$,都有

$$|\xi - \eta| < |\xi - \eta'|.$$

证 对于任意 $\eta' \in W$,我们有

$$\xi - \eta' = \xi - \eta + \eta - \eta'.$$

$\eta - \eta' \in W$ 而 $\xi - \eta \in W^{\perp}$,所以 $\langle \xi - \eta, \eta - \eta' \rangle = 0$. 于是

$$
\begin{aligned}
|\xi - \eta'|^2 &= \langle \xi - \eta', \xi - \eta' \rangle \\
&= \langle \xi - \eta + \eta - \eta', \xi - \eta + \eta - \eta' \rangle \\
&= \langle \xi - \eta, \xi - \eta \rangle + \langle \eta - \eta', \eta - \eta' \rangle \\
&= |\xi - \eta|^2 + |\eta - \eta'|^2.
\end{aligned}
$$

如果 $\eta \neq \eta'$,那么 $|\eta - \eta'| > 0$. 所以

$$|\xi - \eta'|^2 > |\xi - \eta|^2,$$

即

$$|\xi - \eta| < |\xi - \eta'|.$$

由于这个事实,我们也把向量 ξ 在子空间 W 上的正射影 η 叫做 W 到 ξ 的最佳逼近.

习 题 7-2

1. 设 $\alpha_1 = (0, 1, 1)$,$\alpha_2 = (1, 0, 1)$,$\alpha_3 = (1, 1, 0)$ 是 R^3 的一个基,用正交化方法求 R^3 的一组标准正交基.

2. 已知 $\alpha_1 = (0, 2, 1, 0)$,$\alpha_2 = (1, -1, 0, 0)$,$\alpha_3 = (1, 2, 0, -1)$,$\alpha_4 = (1, 0, 0, 1)$ 是 R^4 的一个基.对这个基施行正交化方法,求出 R^4 的一个标准正交基.

3. 把向量组 $\alpha_1 = (2, -1, 0)$,$\alpha_2 = (2, 0, 1)$ 扩充成 R^3 中的一组标准正交基.

4. 设 α_1,α_2,$\cdots$,α_n 是欧氏空间 V 的一个基,α 是 V 中的向量,证明:若 $(\alpha, \alpha_j) = 0$,$j = 1, 2, \cdots, n$,则 $\alpha = 0$.

5. 设 A,B 为同阶正交矩阵,且 $|A| = -|B|$,证明:$|A + B| = 0$.

6. α_1,α_2,α_3 是三维欧氏空间 V 的一个标准正交基,试证:

$$\beta_1 = \frac{1}{3}(2\alpha_1 + 2\alpha_2 - \alpha_3),$$

$$\beta_2 = \frac{1}{3}(2\alpha_1 - \alpha_2 + 2\alpha_3),$$

$$\beta_3 = \frac{1}{3}(\alpha_1 - 2\alpha_2 - 2\alpha_3)$$

也是 V 的一个标准正交基.

7. 设 U 是一个正交矩阵.证明:

(1) U 的行列式等于 1 或 -1;

(2) U 的特征根的长度等于 1;

(3) 如果 λ 是 U 的一个特征根,那么 $\dfrac{1}{\lambda}$ 也是 U 的一个特征根;

(4) U 的伴随矩阵 U^* 也是正交矩阵.

8. 设 $\cos\dfrac{\theta}{2} \neq 0$,且

$$U = \begin{pmatrix} 1 & 0 & 0 \\ 0 & \cos\theta & -\sin\theta \\ 0 & \sin\theta & \cos\theta \end{pmatrix}.$$

证明: $I+U$ 可逆,并且

$$(I-U)(I+U)^{-1} = \tan\dfrac{\theta}{2}\begin{pmatrix} 0 & 0 & 0 \\ 0 & 0 & 1 \\ 0 & -1 & 0 \end{pmatrix}.$$

9. 证明: 如果一个上三角形矩阵

$$A = \begin{pmatrix} a_{11} & a_{12} & a_{13} & \cdots & a_{1n} \\ 0 & a_{22} & a_{23} & \cdots & a_{2n} \\ 0 & 0 & a_{33} & \cdots & a_{3n} \\ \vdots & \vdots & \vdots & & \vdots \\ 0 & 0 & 0 & \cdots & a_{nn} \end{pmatrix}$$

是正交矩阵,那么 A 一定是对角矩阵,且主对角线上元素 a_{ii} 是 1 或 -1.

§3 正 交 变 换

在解析几何里,允许使用的变换都是保持向量长度不变的.在欧氏空间里,保持长度不变的线性变换无疑是重要的.在这一节里,我们将研究这样的线性变换.

定义 3.1 欧氏空间 V 的一个线性变换 σ 叫作一个正交变换,如果对于任意 $\xi \in V$ 都有

$$|\sigma(\xi)| = |\xi|.$$

例 1 在 V_2 里,把每一向量旋转一个角 φ 的线性变换是 V_2 的一个正交变换.

例 2 令 H 是空间 V_3 里过原点的一个平面.对于每一个向量 $\xi \in V_3$,令 ξ 对于 H 的镜面反射 ξ' 与对应(见图 7 - 2). $\sigma:\xi \mapsto \xi'$ 是 V_3 的一个正交变换.

正交变换可以从几个不同方面的方面加以刻画:

定理 3.1 设 σ 是欧氏空间 V 的一个线性变换,下列四个

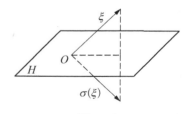

图 7 - 2

命题是相互等价的：

(1) σ 是正交变换.

(2) 对于 V 中任意向量 ξ, η, 有 $\langle\sigma(\xi), \sigma(\eta)\rangle=\langle\xi, \eta\rangle$.

(3) $\{\gamma_1, \gamma_2, \cdots, \gamma_n\}$ 是 V 的任意一个标准正交基，$\{\sigma(\gamma_1), \sigma(\gamma_2), \cdots, \sigma(\gamma_n)\}$ 是 V 的一个标准正交基.

(4) σ 在任意一组标准正交基 γ_1, γ_2, $\cdots$, γ_n 的矩阵 $U=(u_{ij})$ 是正交矩阵.

证　首先证明(1)与(2)等价.

条件的必要性是显然的.因为在(2)中取 $\xi=\eta$, 就得到 $|\sigma(\xi)|^2=|\xi|^2$, 从而 $|\sigma(\xi)|=|\xi|$.

反过来,设 σ 是一个正交变换,那么对于 $\xi,\eta\in V$, 我们有

$$|\sigma(\xi+\eta)|^2=|\xi+\eta|^2.$$

然而

$$
\begin{aligned}
|\sigma(\xi+\eta)|^2 &=\langle\sigma(\xi+\eta), \sigma(\xi+\eta)\rangle\\
&=\langle\sigma(\xi)+\sigma(\eta), \sigma(\xi)+\sigma(\eta)\rangle\\
&=\langle\sigma(\xi), \sigma(\xi)\rangle+\langle\sigma(\eta), \sigma(\eta)\rangle+2\langle\sigma(\xi), \sigma(\eta)\rangle,\\
|\xi+\eta|^2 &=\langle\xi+\eta, \xi+\eta\rangle\\
&=\langle\xi, \xi\rangle+\langle\eta, \eta\rangle+2\langle\xi, \eta\rangle.
\end{aligned}
$$

由于 $\langle\sigma(\xi), \sigma(\xi)\rangle=\langle\xi, \xi\rangle$, $\langle\sigma(\eta), \sigma(\eta)\rangle=\langle\eta, \eta\rangle$, 比较上面两个等式就得到

$$\langle\sigma(\xi), \sigma(\eta)\rangle=\langle\xi, \eta\rangle.$$

这就说明条件(1)与(2)是等价的.

现证(2)与(3)是等价的.

设 σ 是 V 的一个正交变换,令 $\{\gamma_1, \gamma_2, \cdots, \gamma_n\}$ 是 V 的任意一个标准正交基,由条件(2),

$$\langle\sigma(\gamma_i), \sigma(\gamma_j)\rangle=\langle\gamma_i, \gamma_j\rangle=\begin{cases}1, & \text{若 } i=j\\0, & \text{若 } i\neq j\end{cases}.$$

因此,$\{\sigma(\gamma_1), \sigma(\gamma_2), \cdots \sigma(\gamma_n)\}$ 是 V 的一个标准正交基.

反过来,假设 V 的一个线性变换 σ 的某一标准正交基 $\{\gamma_1, \gamma_2, \cdots, \gamma_n\}$ 变成标准正交基 $\{\sigma(\gamma_1), \sigma(\gamma_2), \cdots \sigma(\gamma_n)\}$. 令

$$\xi=\sum_{i=1}^n x_i\gamma_i\in V.$$

我们有

$$
\begin{aligned}
|\sigma(\xi)|^2 &=\langle\sigma(\xi), \sigma(\xi)\rangle=\left\langle\sum_{i=1}^n x_i\sigma(\gamma_i), \sum_{j=1}^n x_j\sigma(\gamma_j)\right\rangle\\
&=\sum_{i=1}^n\sum_{j=1}^n x_ix_j\langle\sigma(\gamma_i), \sigma(\gamma_j)\rangle=\sum_{i=1}^n x_i^2=|\xi|^2,
\end{aligned}
$$

所以 σ 是正交变换.

最后来证(3)与(4)等价.

设 σ 是 n 维欧氏空间 V 的一个正交变换.取定 V 的一个标准正交基 $\{\gamma_1, \gamma_2, \cdots, \gamma_n\}$, 令

σ 关于这个基的矩阵是 $U=(u_{ij})$，那么

$$\sigma(\gamma_i)=\sum_{i=1}^{n}u_{ij}\gamma_i,\ j=1,\ 2,\ \cdots,\ n.$$

由于 $\gamma_1,\ \gamma_2,\ \cdots,\ \gamma_n$ 是标准正交基，所以 $\sigma(\gamma_1),\ \sigma(\gamma_2),\ \cdots,\ \sigma(\gamma_n)$ 也是标准正交基，U 是一个正交矩阵.

反过来，如果 n 维欧氏空间 V 的一个线性变换 σ 关于某一标准正交基 $\gamma_1,\ \gamma_2,\ \cdots,\ \gamma_n$ 的矩阵 $U=(u_{ij})$ 是一个正交矩阵，那么

$$\sigma(\gamma_j)=\sum_{i=1}^{n}u_{ij}\gamma_i,\ j=1,\ 2,\ \cdots,\ n.$$

并且

$$\sum_{k=1}^{n}u_{ki}u_{kj}=\begin{cases}1,\ & 若\ i=j\\0,\ & 若\ i\neq j\end{cases},$$

于是

$$\begin{aligned}\langle\sigma(\gamma_i),\ \sigma(\gamma_j)\rangle&=\left\langle\sum_{k=1}^{n}u_{ki}\gamma_k,\ \sum_{l=1}^{n}u_{lj}\gamma_l\right\rangle\\&=\sum_{k=1}^{n}\sum_{l=1}^{n}u_{ki}u_{lj}\langle\gamma_k,\ \gamma_l\rangle\\&=\sum_{k=1}^{n}u_{ki}u_{kj}=\begin{cases}1,\ & 若\ i=j\\0,\ & 若\ i\neq j\end{cases}.\end{aligned}$$

因此 $\{\sigma(\gamma_1),\ \sigma(\gamma_2),\ \cdots,\ \sigma(\gamma_n)\}$ 是 V 的一个标准正交基.σ 是 V 的一个正交变换.

因为两个非零向量的夹角由内积完全决定，于是由定理 3.1，正交变换也保持夹角不变.确切地说，如果 σ 是一个正交变换，θ 是向量 ξ 与 η 的夹角，θ' 是向量 $\sigma(\xi)$ 与 $\sigma(\eta)$ 的夹角，$0\leqslant\theta\leqslant\pi,\ 0\leqslant\theta'\leqslant\pi$，则

$$\theta=\arccos\frac{\langle\xi,\ \eta\rangle}{|\xi||\eta|}=\arccos\frac{\langle\sigma(\xi),\ \sigma(\eta)\rangle}{|\sigma(\xi)||\sigma(\eta)|}=\theta'.$$

例 3 将 V_2 的每一向量旋转一个角 φ 的正交变换（参看例1）关于 V_2 的任意标准正交基的矩阵是

$$\begin{pmatrix}\cos\varphi & -\sin\varphi\\\sin\varphi & \cos\varphi\end{pmatrix}.$$

又令 σ 是例2中的正交变换.在平面 H 内取两个正交的单位向量 $\gamma_1,\ \gamma_2$，再取一个垂直于 H 的单位向量 γ_3，那么 $\{\gamma_1,\ \gamma_2,\ \gamma_3\}$ 是 V_3 的一个标准正交基.σ 关于这个基的矩阵是

$$\begin{pmatrix}1 & 0 & 0\\0 & 1 & 0\\0 & 0 & -1\end{pmatrix}.$$

以上两个矩阵都是正交矩阵.

现在让我们看一看 V_2 和 V_3 的正交变换都有哪些类型.

设 σ 是 V_2 的一个正交变换. σ 关于 V_2 的一个标准正交基 $\{\gamma_1, \gamma_2\}$ 的矩阵

$$U = \begin{pmatrix} a & b \\ c & d \end{pmatrix},$$

那么 U 是一个正交矩阵. 于是

$$a^2 + c^2 = 1,\ b^2 + d^2 = 1,\ ab + cd = 0.$$

由第一个等式, 存在一个角 α 使

$$a = \cos\alpha,\ c = \pm\sin\alpha.$$

由于 $\cos\alpha = \cos(\pm\alpha)$, $\pm\sin\alpha = \sin(\pm\alpha)$, 因此可以令

$$a = \cos\varphi,\ c = \sin\varphi,$$

这里 $\varphi = \alpha$ 或 $-\alpha$. 同理, 由第二个等式, 存在一个角 ψ 使

$$b = \cos\psi,\ d = \sin\psi.$$

将 a, b, c, d 代入第三个等式, 得

$$\cos\varphi\cos\psi + \sin\varphi\sin\psi = 0,$$

即

$$\cos(\varphi - \psi) = 0.$$

最后等式表明, $\varphi - \psi$ 是 $\dfrac{\pi}{2}$ 的一个奇数倍. 由此得

$$\cos\psi = \mp\sin\varphi,\ \sin\psi = \pm\cos\varphi.$$

所以

$$U = \begin{pmatrix} \cos\varphi & -\sin\varphi \\ \sin\varphi & \cos\varphi \end{pmatrix},$$

或

$$U = \begin{pmatrix} \cos\varphi & \sin\varphi \\ \sin\varphi & -\cos\varphi \end{pmatrix}.$$

在前一情形, σ 是将 V_2 的每一个向量旋转角 φ 的旋转; 在后一情形, σ 将 V_2 中以 (x, y) 为坐标的向量变成以 $(x\cos\varphi + y\sin\varphi,\ x\sin\varphi - y\cos\varphi)$ 为坐标的向量. 这时 σ 是关于直线 $y = \left(\tan\dfrac{\varphi}{2}\right)x$ 的反射.

这样, V_2 的正交变换或者是一个旋转, 或者是关于一条过原点的直线的反射.

如果是后一情形, 我们可以取这条直线上一个单位向量 γ_1' 和垂直于这条直线的一个单位向量 γ_2' 作为 V_2 的一个标准正交基, 而 σ 关于基 $\{\gamma_1', \gamma_2'\}$ 的矩阵有形状

$$\begin{pmatrix} 1 & 0 \\ 0 & -1 \end{pmatrix}.$$

现在设 σ 是 V_3 的一个正交变换. σ 特征多项式是一个实系数三次多项式,因而至少有一个实根 r.令 γ_1 是 σ 的属于本征值 r 的一个本征向量,并且取 γ_1 是一个单位向量.再添加单位向量 γ_2,γ_3 使 $\{\gamma_1,\gamma_2,\gamma_3\}$ 是 V_3 的一个标准正交基,那么 σ 关于这个基的矩阵有形状

$$U=\begin{bmatrix} r & s & t \\ 0 & a & b \\ 0 & c & d \end{bmatrix}.$$

由于 U 是正交矩阵,我们有 $r^2=1$,$rs=rt=0$,从而 $r=\pm1$,$s=t=0$. 于是

$$U=\begin{bmatrix} \pm1 & 0 & 0 \\ 0 & a & b \\ 0 & c & d \end{bmatrix}.$$

由 U 的正交性推出,矩阵

$$\begin{pmatrix} a & b \\ c & d \end{pmatrix}$$

是一个二阶正交矩阵.由上面的讨论,存在一个角 φ 使

$$\begin{pmatrix} a & b \\ c & d \end{pmatrix}=\begin{pmatrix} \cos\varphi & -\sin\varphi \\ \sin\varphi & \cos\varphi \end{pmatrix} \text{ 或 } \begin{pmatrix} \cos\varphi & \sin\varphi \\ \sin\varphi & -\cos\varphi \end{pmatrix}.$$

在前一情形,

$$U=\begin{bmatrix} \pm1 & 0 & 0 \\ 0 & \cos\varphi & -\sin\varphi \\ 0 & \sin\varphi & \cos\varphi \end{bmatrix}.$$

在后一情形,根据对 V_2 的正交变换的讨论,我们可以取 V_3 的一个标准正交基 $\{\gamma_1,\gamma_2',\gamma_3'\}$ 使 σ 关于这个基的矩阵是

$$T=\begin{bmatrix} \pm1 & 0 & 0 \\ 0 & 1 & 0 \\ 0 & 0 & -1 \end{bmatrix}.$$

如果在 T 中左上角的元素是 1,那么重新安排列基向量,σ 关于基 $\{\gamma_3',\gamma_2',\gamma_1\}$ 的矩阵是

$$\begin{bmatrix} -1 & 0 & 0 \\ 0 & 1 & 0 \\ 0 & 0 & 1 \end{bmatrix}.$$

如果左上角的元素是 -1,那么 σ 关于基 $\{\gamma_2',\gamma_3',\gamma_1\}$ 的矩阵是

$$\begin{bmatrix} 1 & 0 & 0 \\ 0 & -1 & 0 \\ 0 & 0 & -1 \end{bmatrix}=\begin{bmatrix} 1 & 0 & 0 \\ 0 & \cos\pi & -\sin\pi \\ 0 & \sin\pi & \cos\pi \end{bmatrix}.$$

这样,V_3 的任意正交变换 σ 关于某一标准正交基 $\{\alpha_1,\alpha_2,\alpha_3\}$ 的矩阵是下列三种类型

之一：

$$\begin{bmatrix} 1 & 0 & 0 \\ 0 & \cos\varphi & -\sin\varphi \\ 0 & \sin\varphi & \cos\varphi \end{bmatrix}, \quad \begin{bmatrix} -1 & 0 & 0 \\ 0 & 1 & 0 \\ 0 & 0 & 1 \end{bmatrix},$$

或

$$\begin{bmatrix} -1 & 0 & 0 \\ 0 & \cos\varphi & -\sin\varphi \\ 0 & \sin\varphi & \cos\varphi \end{bmatrix} = \begin{bmatrix} 1 & 0 & 0 \\ 0 & \cos\varphi & -\sin\varphi \\ 0 & \sin\varphi & \cos\varphi \end{bmatrix} \begin{bmatrix} -1 & 0 & 0 \\ 0 & 1 & 0 \\ 0 & 0 & 1 \end{bmatrix}.$$

在第一种情形，σ 是绕通过 α_1 的直线 $L(\alpha_1)$ 的一个旋转；在第二种情形，σ 是对于平面 $L(\alpha_2, \alpha_3)$ 的反射；第三种情形，σ 是前两种变换的合成.

习 题 7-3

1. 证明：n 维欧氏空间的两个正交变换的乘积是一个正交变换；一个正交变换的逆变换还是一个正交变换.

2. 设 σ 是 n 维欧氏空间 V 的一个正交变换.证明：如果 V 的一个子空间 W 在 σ 之下不变，那么 W 的正交补 $W^{\perp}$ 也在 σ 之下不变.

3. 设 η 是 n 维欧式空间 V 的一个单位向量，定义：

$$\sigma(\alpha) = \alpha - \langle \eta, \alpha \rangle \eta,$$

试证：

(1) σ 为线性变换；

(2) σ 为正交变换；

(3) 存在 V 的一个标准正交基,使得 σ 关于这个基的矩阵具有形状 $\begin{bmatrix} -1 & 0 & \cdots & 0 \\ 0 & 1 & \cdots & 0 \\ \cdots & \cdots & \cdots & \cdots \\ 0 & 0 & \cdots & 1 \end{bmatrix}$.

4. 设 σ 是欧氏空间 V 到自身的一个映射,对 ξ, η 有 $\langle \sigma(\xi), \sigma(\eta) \rangle = \langle \xi, \eta \rangle$. 证明：$\sigma$ 是 V 的一个线性变换,因而是一个正交变换.

5. 设 A, B 为 n 阶正交矩阵,则

(1) $|A| = 1$ 或 -1；

(2) A^*, A^T, A^{-1}, AB 也是正交矩阵.

6. 设 $\{\alpha_1, \alpha_2, \cdots, \alpha_n\}$ 和 $\{\beta_1, \beta_2, \cdots, \beta_n\}$ 是 n 维欧氏空间 V 的两个标准正交基.

(1) 证明：存在 V 的一个正交变换 σ,使 $\sigma(\alpha_i) = \beta_i$, $i = 1, 2, \cdots, n$；

(2) 如果 V 的一个正交变换 τ 使得 $\tau(\alpha_1) = \beta_1$,那么 $\tau(\alpha_2), \cdots, \tau(\alpha_n)$ 所生成的子空间与由 $\beta_2, \cdots, \beta_n$ 所生成的子空间重合.

§4　对称变换和对称矩阵

欧式空间的另一类的线性变换就是对称变换.在这里,我们只限于介绍有限维欧式空间的

对称变换的一些基本性质.这些性质在下一章对于实二次型的讨论将要用到.

设 V 是一个 n 维欧式空间,σ 是 V 的一个线性变换.我们提出这样的问题:要使 V 有一个正交基,而 σ 在这个基之下的矩阵是对角形式,问 σ 应满足什么条件? 这相当于说,σ 满足什么条件才能使得 V 有一个由 σ 的本征向量所组成的正交基?

如果 V 的一个线性变换 σ 具有以上的性质,首先,σ 的特征多项式的根必须都是实数,设 $c_1,c_2,\cdots,c_n \in R$ 是 σ 的全部本征值(重根按重数计算),α_i 是属于 c_i 的本征向量,且 $\alpha_1,\alpha_2,\cdots,\alpha_n$ 两两正交.为不失一般性,可设 $|\alpha_i|=1$,$i=1,2,\cdots,n$. 设

$$\xi = \sum_{i=1}^{n} x_i\alpha_i, \ \eta = \sum_{i=1}^{n} y_i\alpha_i$$

是 V 的任意向量.因为 $\sigma(\alpha_i)=c_i\alpha_i$,$1 \leqslant i \leqslant n$,所以

$$\begin{aligned}
\langle \sigma(\xi),\eta \rangle &= \left\langle \sum_{i=1}^{n} x_i\sigma(\alpha_i),\ \sum_{j=1}^{n} y_j\alpha_j \right\rangle \\
&= \left\langle \sum_{i=1}^{n} c_i x_i\alpha_i,\ \sum_{j=1}^{n} y_j\alpha_j \right\rangle \\
&= \sum_{i=1}^{n}\sum_{j=1}^{n} c_i x_i y_j \langle \alpha_i,\alpha_j \rangle \\
&= \sum_{i=1}^{n} c_i x_i y_j.
\end{aligned}$$

同理,我们有

$$\langle \xi,\sigma(\eta) \rangle = \sum_{i=1}^{n} c_i x_i y_i.$$

因此,对于任意 $\xi,\eta \in V$,等式

$$\langle \sigma(\xi),\eta \rangle = \langle \xi,\sigma(\eta) \rangle \tag{1}$$

成立.

我们要证明,满足条件(1)的线性变换一定有一组本征向量,这一组本征向量构成 V 的一个正交基.

定义 4.1 设 σ 是欧式空间 V 的一个线性变换.如果对于 V 中任意向量 ξ,η,等式

$$\langle \sigma(\xi),\eta \rangle = \langle \xi,\sigma(\eta) \rangle$$

成立,那么就称 σ 是一个对称变换.

定理 4.1 设 σ 是 n 维欧式空间 V 的一个对称变换,$\alpha_1,\alpha_2,\cdots,\alpha_n$ 是 V 的任意一标准正交基,$A=(a_{ij})$ 是 σ 关于这个基的矩阵,那么 $A^T=A$.

证 我们有

$$\sigma(\alpha_j) = \sum_{i=1}^{n} a_{kj}\alpha_k,\ 1 \leqslant j \leqslant n.$$

因为 σ 是对称变换,而 $\alpha_1,\alpha_2,\cdots,\alpha_n$ 是一个标准正交基,所以

$$a_{ji} = \left\langle \sum_{k=1}^{n} \alpha_{ki}\alpha_k,\ \alpha_j \right\rangle = \langle \sigma(\alpha_i),\alpha_j \rangle = \langle \alpha_i,\sigma(\alpha_j) \rangle$$

$$= \left\langle \alpha_i, \sum_{k=1}^{n} a_{kj}\alpha_k \right\rangle = a_{ij}.$$

即 $A^T = A$.

设 A 是某一数域 F 上的 n 阶矩阵.如果 A 与它的转置 A^T 相等,那么就称 A 是一对称矩阵.定理 4.1 是说, n 维欧式空间的对称变换关于任意标准正交基的矩阵是一个实对称矩阵.反过来,我们有:

定理 4.2 设 σ 是 n 维欧式空间 V 的一个线性变换.如果 σ 关于一个标准正交基的矩阵是对称矩阵,那么 σ 是一个对称变换.

证 设 σ 关于 V 的一个标准正交基 α_1, α_2, $\cdots$, α_n 的矩阵 $A = (a_{ij})$ 是对称的.令 $\xi = \sum_{i=1}^{n} x_i\alpha_i$, $\eta = \sum_{i=1}^{n} y_i\alpha_i$ 是任意 V 的任意向量,那么

$$\begin{aligned}
\langle \sigma(\xi), \eta \rangle &= \left\langle \sum_{i=1}^{n} x_i\sigma(\alpha_i), \sum_{j=1}^{n} y_j\alpha_j \right\rangle \\
&= \left\langle \sum_{i=1}^{n} x_i \left(\sum_{k=1}^{n} a_{ki}\alpha_k \right), \sum_{j=1}^{n} y_j\alpha_j \right\rangle \\
&= \left\langle \sum_{k=1}^{n} \left(\sum_{i=1}^{n} a_{ki}x_i \right)\alpha_k, \sum_{j=1}^{n} y_j\alpha_j \right\rangle \\
&= \sum_{j=1}^{n} \sum_{i=1}^{n} a_{ji}x_iy_j.
\end{aligned}$$

同样计算可得

$$\langle \xi, \sigma(\eta) \rangle = \sum_{i=1}^{n} \sum_{j=1}^{n} a_{ij}x_iy_j.$$

因为 $a_{ji} = a_{ij}$,所以 $\langle \sigma(\xi), \eta \rangle = \langle \xi, \sigma(\eta) \rangle$ 即 σ 是一个对称变换.

我们将证明,对称变换有一组本征向量,它们构成 V 的一个标准正交基.首先证明对称变换的几个基本性质.

定理 4.3 实对称矩阵的特征根都是实数.

证 设 $A = (a_{ij})$ 是一个 n 阶实对称矩阵.令 λ 是 A 在复数域内的一个特征根.于是存在不全为零的复数 c_1, c_2, $\cdots$, c_n,使得

$$A \begin{pmatrix} c_1 \\ c_2 \\ \vdots \\ c_n \end{pmatrix} = \lambda \begin{pmatrix} c_1 \\ c_2 \\ \vdots \\ c_n \end{pmatrix}. \tag{2}$$

令 $\overline{c_i}$ 表示 c_i 的共轭复数.

(2) 式的两边同时左乘矩阵 $(\overline{c_1}, \overline{c_2}, \cdots, \overline{c_n})$,得

$$(\overline{c_1}, \overline{c_2}, \cdots, \overline{c_n})A \begin{pmatrix} c_1 \\ c_2 \\ \vdots \\ c_n \end{pmatrix} = (\overline{c_1}, \overline{c_2}, \cdots, \overline{c_n})\lambda \begin{pmatrix} c_1 \\ c_2 \\ \vdots \\ c_n \end{pmatrix},$$

即

$$\sum_{i=1}^{n}\sum_{j=1}^{n}a_{ij}\,\overline{c_i}c_j = \lambda \sum_{i=1}^{n}\overline{c_i}c_i. \tag{3}$$

等式(3)两端取共轭复数,注意到 a_{ij} 都是实数,我们得到

$$\sum_{i=1}^{n}\sum_{j=1}^{n}a_{ij}c_i\,\overline{c_j} = \bar{\lambda}\sum_{i=1}^{n}c_i\,\overline{c_i}. \tag{4}$$

又因为 $a_{ji}=a_{ij}$,等式(3)与(4)的左端相等,因此

$$\lambda \sum_{i=1}^{n}c_i\,\overline{c_i} = \bar{\lambda}\sum_{i=1}^{n}c_i\,\overline{c_i}.$$

c_i 不全为零,所以 $\displaystyle\sum_{i=1}^{n}c_i\,\overline{c_i}$ 是一个正实数.所以 $\lambda=\bar{\lambda}$, λ 是实数.

定理 4.4 n 维欧式空间是一个对称变换的属于不同的本征值的本征向量彼此正交.

证 设 σ 是 n 维欧式空间 V 的一个对称变换,λ,μ 是 σ 的本征值,且 $\lambda \neq \mu$.令 α 和 β 分别是属于 λ 和 μ 本征向量:

$$\sigma(\alpha)=\lambda\alpha,\ \sigma(\beta)=\mu\beta.$$

我们有

$$\begin{aligned}
\lambda\langle \alpha,\beta\rangle &= \langle\lambda\alpha,\beta\rangle = \langle\sigma(\alpha),\beta\rangle\\
&= \langle\alpha,\sigma(\beta)\rangle = \langle\alpha,\mu\beta\rangle = \mu\langle\alpha,\beta\rangle.
\end{aligned}$$

因为 $\lambda \neq \mu$,所以必须 $\langle\alpha,\beta\rangle=0$.

定理 4.5 设 σ 是 n 维欧式空间 V 的一个对称变换,那么存在 V 的一个标准正交基,使得 σ 关于这个基的矩阵是实对角形式.

定理证明略,读者可自行证明.

由定理 4.5,我们得到实对称矩阵性质:

定理 4.6 设 A 是一个 n 阶实对称矩阵,那么存在一个 n 阶正交矩阵 U,使得 U^TAU 是实对角矩阵.

为求出 U,我们可以用以下方法.首先注意,由于 U 是正交矩阵,所以 $U^T=U^{-1}$,因此 U^TAU 与 A 相似.于是可以利用第六章第六节所给出的步骤求出一个可逆矩阵 T,使得 $T^{-1}AT$ 是对角形式.这样求出的矩阵 T 一般说来还不是正交矩阵.然而注意到 T 的向量都是 A 的特征向量,A 的属于不同特征根的特征向量彼此正交,因此只要再对 T 中属于 A 的同一特征根的列向量施行正交化手续,就得到 R^n 的一个标准正交组.以这样得到的标准正交组作列,就得到一个满足要求的 n 阶正交矩阵 U.

例 1 设 $A=\begin{bmatrix}1&0&0\\0&2&1\\0&1&2\end{bmatrix}$,求一个正交矩阵 P,使 $P^{-1}AP=B$ 为对角矩阵.

解 A 的特征方程为

$$|A-\lambda I| = \begin{vmatrix}1-\lambda & 0 & 0\\ 0 & 2-\lambda & 1\\ 0 & 1 & 2-\lambda\end{vmatrix} = (3-\lambda)(1-\lambda)^2,$$

故 A 的特征值为 $\lambda_1=3$，$\lambda_2=\lambda_3=1$.

当 $\lambda_1=3$ 时，解方程组 $(A-3I)x=0$，得基础解系 $\alpha_1=\begin{pmatrix}0\\1\\1\end{pmatrix}$，将其单位化得 $p_1=\dfrac{1}{\sqrt{2}}\begin{pmatrix}0\\1\\1\end{pmatrix}$.

当 $\lambda_2=\lambda_3=1$ 时，解方程组 $(A-I)x=0$，得基础解系 $\alpha_2=\begin{pmatrix}1\\0\\0\end{pmatrix}$，$\alpha_3=\begin{pmatrix}0\\1\\-1\end{pmatrix}$. 这两个向量

已是正交的，故只需将其单位化，得 $p_2=\begin{pmatrix}1\\0\\0\end{pmatrix}$，$p_3=\dfrac{1}{\sqrt{2}}\begin{pmatrix}0\\1\\-1\end{pmatrix}$.

于是求得正交矩阵

$$P=(p_1,\ p_2,\ p_3)=\begin{pmatrix}0&1&0\\\dfrac{1}{\sqrt{2}}&0&\dfrac{1}{\sqrt{2}}\\\dfrac{1}{\sqrt{2}}&0&-\dfrac{1}{\sqrt{2}}\end{pmatrix},$$

使 $P^{-1}AP=\begin{pmatrix}3&&\\&1&\\&&1\end{pmatrix}$.

值得注意的是，对于 A 的二重特征值 $\lambda_2=\lambda_3=1$，上面求得的 α_2，α_3 碰巧是正交的，故不必正交化，只要单位化即可. 但如果求得的基础解系为

$$\alpha_2=\begin{pmatrix}1\\1\\-1\end{pmatrix},\ \alpha_3=\begin{pmatrix}0\\1\\-1\end{pmatrix},\ \alpha_2^T\alpha_3\neq0.$$

此时须先将 α_2，α_3 正交化，取

$$\beta_2=\alpha_2=\begin{pmatrix}1\\1\\-1\end{pmatrix},\ \beta_3=\alpha_3-\frac{\langle\beta_2,\ \alpha_3\rangle}{\langle\beta_2,\ \beta_2\rangle}\beta_2=\frac{1}{3}\begin{pmatrix}-2\\1\\-1\end{pmatrix}.$$

再单位化，得

$$p_2=\frac{1}{\sqrt{3}}\begin{pmatrix}1\\1\\-1\end{pmatrix},\ p_3=\frac{1}{\sqrt{6}}\begin{pmatrix}-2\\1\\-1\end{pmatrix}.$$

于是又得正交矩阵 $P=\begin{pmatrix}0&\dfrac{1}{\sqrt{3}}&-\dfrac{2}{\sqrt{6}}\\\dfrac{1}{\sqrt{2}}&\dfrac{1}{\sqrt{3}}&\dfrac{1}{\sqrt{6}}\\\dfrac{1}{\sqrt{2}}&-\dfrac{1}{\sqrt{3}}&-\dfrac{1}{\sqrt{6}}\end{pmatrix}$，使 $P^{-1}AP=\begin{pmatrix}3&&\\&1&\\&&1\end{pmatrix}$.

这也说明,定理 4.6 中的正交矩阵 P 不唯一.

例 2 设三阶实对称矩阵 A 的特征值为 $-1,1,1$,与特征值 -1 对应的特征向量为

$$p_1 = \begin{pmatrix} 0 \\ 1 \\ 1 \end{pmatrix}, \ 求 A.$$

解 设与特征值 $\lambda = 1$ 对应的特征向量为 $\alpha = \begin{pmatrix} x_1 \\ x_2 \\ x_3 \end{pmatrix}$,由于实对称矩阵不同特征值所对应的特征向量一定正交,故 $p_1^T \alpha = 0$,即 $x_2 + x_3 = 0$,解之得基础解系为

$$p_2 = \begin{pmatrix} 1 \\ 0 \\ 0 \end{pmatrix}, \quad p_3 = \begin{pmatrix} 0 \\ 1 \\ -1 \end{pmatrix}.$$

而 A 对应于二重特征值 $\lambda = 1$ 的线性无关特征向量一定有两个,故 p_2, p_3 就是对应于 $\lambda = 1$ 的特征向量.

记 $P = (p_1, p_2, p_3) = \begin{pmatrix} 0 & 1 & 0 \\ 1 & 0 & 1 \\ 1 & 0 & -1 \end{pmatrix}$,于是

$$A = PBP^{-1} = \begin{pmatrix} 0 & 1 & 0 \\ 1 & 0 & 1 \\ 1 & 0 & -1 \end{pmatrix} \begin{pmatrix} -1 & & \\ & 1 & \\ & & 1 \end{pmatrix} \begin{pmatrix} 0 & \frac{1}{2} & \frac{1}{2} \\ 1 & 0 & 0 \\ 0 & \frac{1}{2} & -\frac{1}{2} \end{pmatrix} = \begin{pmatrix} 1 & 0 & 0 \\ 0 & 0 & -1 \\ 0 & -1 & 0 \end{pmatrix}.$$

习 题 7-4

1. 求正交矩阵 T,使 $T^T A T$ 成对角形,其中 A 为

(1) $\begin{pmatrix} 2 & -2 & 0 \\ -2 & 1 & -2 \\ 0 & -2 & 0 \end{pmatrix}$;

(2) $\begin{pmatrix} 2 & 2 & -2 \\ 2 & 5 & -4 \\ -2 & -4 & 5 \end{pmatrix}$;

(3) $\begin{pmatrix} 0 & 0 & 4 & 1 \\ 0 & 0 & 1 & 4 \\ 4 & 1 & 0 & 0 \\ 1 & 4 & 0 & 0 \end{pmatrix}$;

(4) $\begin{pmatrix} -1 & -3 & 3 & -3 \\ -3 & -1 & -3 & 3 \\ 3 & -3 & -1 & -3 \\ -3 & 3 & -3 & -1 \end{pmatrix}$;

(5) $\begin{pmatrix} 1 & 1 & 1 & 1 \\ 1 & 1 & 1 & 1 \\ 1 & 1 & 1 & 1 \\ 1 & 1 & 1 & 1 \end{pmatrix}$.

2. 设三阶实对称矩阵 A 的特征值为 $0,1,1$,A 的属于 0 的特征向量为 $\alpha = \begin{pmatrix} 0 \\ 1 \\ 1 \end{pmatrix}$,求 A.

3. 设 A，B 为 n 阶实对称矩阵，证明 A 与 B 相似的充要条件是 A 与 B 有相同的特征值.

4. 判断 n 阶矩阵 $A = \begin{pmatrix} 1 & 1 & \cdots & 1 \\ 1 & 1 & \cdots & 1 \\ \vdots & \vdots & & \vdots \\ 1 & 1 & \cdots & 1 \end{pmatrix}$ 与 $B = \begin{pmatrix} n & 0 & \cdots & 0 \\ 1 & 0 & \cdots & 0 \\ \vdots & \vdots & & \vdots \\ 1 & 0 & \cdots & 0 \end{pmatrix}$ 是否相似，并说明理由.

5. 令 A 是一个反对称实矩阵.证明：$I+A$ 可逆，并且 $U=(I-A)(I+A)^{-1}$ 是一个正交矩阵.

§5　最小二乘法问题

在很多工程问题中，我们通过测量可以得到多组数据，根据所得数据列方程组求解问题。但在求解线性方程组过程中，

$$\begin{cases} a_{11}x_1 + a_{12}x_2 + \cdots + a_{1s}x_s = b_1 \\ a_{21}x_1 + a_{22}x_2 + \cdots + a_{2s}x_s = b_2 \\ \cdots\cdots\cdots\cdots\cdots \\ a_{n1}x_1 + a_{n2}x_2 + \cdots + a_{ns}x_s = b_n \end{cases},$$

有可能出现无解的情形，即任何一组数 x_1，x_2，$\cdots$，x_s 都可能使

$$\sum_{i=1}^{n}(a_{i1}x_1 + a_{i2}x_2 + \cdots + a_{is}x_s - b_i)^2 \tag{1}$$

不等于零。

在没有精确解的情况下，我们就设法找 x_1^0，x_2^0，$\cdots$，x_s^0 使得误差最小，即(1)式值最小，这样的 x_1^0，x_2^0，$\cdots$，x_s^0 成为方程组的最小二乘解.这种问题就叫最小二乘法问题.

下面我们利用欧式空间的概念来表达最小二乘法，并给出最小二乘解所满足的代数条件.令

$$A = \begin{pmatrix} a_{11} & a_{12} & \cdots & a_{1n} \\ a_{21} & a_{22} & \cdots & a_{2n} \\ \vdots & \vdots & & \vdots \\ a_{n1} & a_{n2} & \cdots & a_{nn} \end{pmatrix}, B = \begin{pmatrix} b_1 \\ b_2 \\ \vdots \\ b_n \end{pmatrix}, X = \begin{pmatrix} x_1 \\ x_2 \\ \vdots \\ x_n \end{pmatrix}, Y = \begin{pmatrix} \sum_{j=1}^{s} a_{1j}x_j \\ \sum_{j=1}^{s} a_{2j}x_j \\ \vdots \\ \sum_{j=1}^{s} a_{nj}x_j \end{pmatrix} = AX. \tag{2}$$

用距离的概念，(1)式就是

$$|Y-B|^2.$$

最小二乘法就是找 x_1^0，x_2^0，$\cdots$，x_s^0 使 Y 与 B 的距离最短.但从(2)知道，向量 Y 就是

$$Y = x_1 \begin{pmatrix} a_{11} \\ a_{21} \\ \vdots \\ a_{n1} \end{pmatrix} + x_2 \begin{pmatrix} a_{12} \\ a_{22} \\ \vdots \\ a_{n2} \end{pmatrix} + \cdots + x_s \begin{pmatrix} a_{1s} \\ a_{2s} \\ \vdots \\ a_{ns} \end{pmatrix}.$$

把 A 的各列向量分别记成 α_1，α_2，$\cdots$，α_s.由它们生成的子空间为 $L(\alpha_1, \alpha_2, \cdots, \alpha_s)$.$Y$ 就是 $L(\alpha_1, \alpha_2, \cdots, \alpha_s)$ 中的向量.于是最小二乘法问题可叙述成：

找 X 使(1)最小，就是在 $L(\alpha_1, \alpha_2, \cdots, \alpha_s)$ 中找一向量 Y，使得 B 到它的距离比到子空间 $L(\alpha_1, \alpha_2, \cdots, \alpha_s)$ 中其他向量的距离都短.

在以前的学习中，我们都知道，向量到子空间各向量的距离以垂线最短.所以我们设

$$Y = AX = x_1 a_1 + x_2 a_2 + \cdots + x_s a_s$$

是所要求的向量，则

$$C = B - Y = B - AX$$

必须垂直于子空间 $L(\alpha_1, \alpha_2, \cdots, \alpha_s)$.为此只需而且必须

$$(C, \alpha_1) = (C, \alpha_2) = \cdots = (C, \alpha_s) = 0.$$

回忆矩阵乘法规则，上述一串等式可以写成矩阵相乘的式子，即

$$\alpha_1^T C = 0, \quad \alpha_2^T C = 0, \quad \cdots, \quad \alpha_s^T C = 0.$$

而 α_1^T，α_2^T，$\cdots$，α_s^T 按行正好排成矩阵 A^T，上述一串等式合起来就是

$$A^T (B - AX) = 0,$$

或

$$A^T A X = A^T B.$$

这就是最小二乘解所满足的代数方程，它是一个线性方程组，系数矩阵是 $A^T A$，常数项是 $A^T B$.这种线性方程组总是有解的.

例 1　已知某种材料在生产过程中的废品率 y 与某种化学成分 x 有关.下表中记载了某工厂生产中 y 与对应的 x 的几次数值：

$y(\%)$	1.00	0.8	0.9	0.81	0.60	0.56	0.35
$x(\%)$	3.6	3.7	3.8	3.9	4.0	4.1	4.2

我们想找出一个 y 的 x 一个近似公式.

把表中的数值画出图来看，发现它的变化趋势近于一条直线.因此我们决定选取 x 的一次式 $ax + b$ 来表达.当然最好能选到适当的 a，b 使得下面的等式

$$3.6a + b - 1.00 = 0,$$
$$3.7a + b - 0.9 = 0,$$
$$3.8a + b - 0.9 = 0,$$
$$3.9a + b - 0.81 = 0,$$
$$4.0a + b - 0.60 = 0,$$
$$4.1a + b - 0.56 = 0,$$
$$4.2a + b - 0.35 = 0$$

都成立.实际上是不可能的.任何 a，b 代入上面各式都发生些误差，于是我们想到找 a，b 使得

上面各式的误差的平方和最小,即找 a , b 使

$$(3.6a+b-1.00)^2+(3.7a+b-0.9)^2+(3.8a+b-0.9)^2+(3.9a+b-0.81)^2$$
$$+(4.0a+b-0.60)^2+(4.1a+b-0.56)^2+(4.2a+b-0.35)^2$$

最小.这里讨论的是误差的平方即二乘方,故称为最小二乘法,现转向一般的最小二乘法问题:实系数线性方程组.

$$A=\begin{pmatrix}3.6 & 1\\3.7 & 1\\3.8 & 1\\3.9 & 1\\4.0 & 1\\4.1 & 1\\4.2 & 1\end{pmatrix},\ B=\begin{pmatrix}1.00\\0.90\\0.90\\0.81\\0.60\\0.56\\0.35\end{pmatrix}.$$

最小二乘解 a , b 所满足的方程就是

$$A^T A\begin{pmatrix}a\\b\end{pmatrix}-A^T B=0,$$

即为

$$\begin{cases}106.75a+27.3b-19.675=0\\27.3a+7b-5.12=0\end{cases}.$$

解得

$$a=-1.05,\ b=4.81\ (取三位有效数字).$$

习 题 7-5

1. 求下列方程的最小二乘解:

$$\begin{cases}0.39x-1.89y=1\\0.61x-1.80y=1\\0.93x-1.68y=1\\1.35x-1.50y=1\end{cases}.$$

第 八 章

二 次 型

在平面解析几何中,为便于研究二次曲线

$$ax^2 + bxy + cy^2 = d$$

的几何性质,可以经过适当的坐标变换,把方程化为标准形

$$a'x'^2 + c'y'^2 = d.$$

通过此标准形,我们可方便地识别曲线的类型,研究曲线的性质.

科学技术和经济管理领域中的许多数学模型也经常遇到类似的问题:要把 n 元二次齐次多项式通过适当的线性变换,化为平方和的形式,本章将重点研究此问题.

§1 二次型和对称矩阵

定义 1.1 设 F 是一个数域,F 上 n 元二次齐次多项次

$$
\begin{aligned}
f(x_1, x_2, \cdots, x_n) = {} & a_{11}x_1^2 + a_{22}x_2^2 + \cdots + a_{nn}x_n^2 + 2a_{12}x_1x_2 \\
& + 2a_{13}x_1x_3 + \cdots + 2a_{n-1,n}x_{n-1}x_n
\end{aligned}
\tag{1}
$$

叫做 F 上一个 n 元二次型.

F 上 n 元多项式总可以看成 F 上一个 n 个变量的函数.二次型(1)定义了一个函数 $f: F^n \to F$. 所以 n 元二次型也称为 n 个变量的二次型.

例如,

$$x_1^2 - 4x_1x_2 + 2x_1x_3 + 4x_2^2 + 2x_2^2$$

就是一个 3 元二次型.

在(1)式中,我们令 $a_{ij} = a_{ji}\,(1 \leqslant i, j \leqslant n)$.因为 $x_ix_j = x_jx_i$,所以(1)式可以写成

$$f(x_1, x_2, \cdots, x_n) = \sum_{i=1}^{n}\sum_{j=1}^{n} a_{ij}x_ix_j, \quad a_{ij} = a_{ji}. \tag{2}$$

令 $A = (a_{ij})$ 是(2)式右端的系数所构成的矩阵,称为二次型 $f(x_1, x_2, \cdots, x_n)$ 的矩阵.

因为 $a_{ij}=a_{ji}$，所以 A 是 F 上一个 n 阶对称矩阵.利用矩阵的乘法,(2)式可以写成

$$f(x_1,x_2,\cdots,x_n)=(x_1,x_2,\cdots,x_n)A\begin{bmatrix}x\\x_2\\\vdots\\x_n\end{bmatrix}. \tag{3}$$

再令 $x=(x_1,x_2,\cdots,x_n)$,则(3)式可简写为:

$$f(x_1,x_2,\cdots,x_n)=x^TAx. \tag{4}$$

二次型(4)的秩指的就是矩阵 A 的秩.

例如,$f(x_1,x_2,x_3)=x_1^2-4x_1x_2+2x_1x_3+4x_2^2+2x_3^2$ 的矩阵为

$$A=\begin{pmatrix}1&-2&1\\-2&4&0\\1&0&2\end{pmatrix},$$

而 $f(x_1,x_2,x_3)$ 的矩阵形式为

$$f(x_1,x_2,x_3)=(x_1,x_2,x_3)\begin{pmatrix}1&-2&1\\-2&4&0\\1&0&2\end{pmatrix}\begin{pmatrix}x_1\\x_2\\x_3\end{pmatrix}.$$

$f(x_1,x_2,x_3)$ 的秩为 3.

与解析几何问题一样,我们也希望用变量的线性变换来简化有关的二次型.为此,我们引入:

定义 1.2 数域 F 上的关系式

$$\begin{cases}x_1=p_{11}y_1+p_{12}y_2+\cdots+p_{1n}\\x_1=p_{21}y_1+p_{22}y_2+\cdots+p_{2n}\\\cdots\cdots\cdots\cdots\cdots\cdots\\x_n=p_{n1}y_1+p_{n2}y_2+\cdots+p_{nn}\end{cases} \tag{5}$$

称为由变量 $x_1,x_2,\cdots,x_n$ 到变量 $y_1,y_2,\cdots,y_n$ 的一个线性变换,简称线性变换(或称线性替换).

令 $P=(p_{ij})$ 是(5)的系数所构成的矩阵,则(5)式可以写成

$$\begin{bmatrix}x_1\\x_2\\\vdots\\x_n\end{bmatrix}=P\begin{bmatrix}y_1\\y_2\\\vdots\\y_n\end{bmatrix}. \tag{6}$$

将(6)代入(3)就得到

$$f'(y_1,y_2,\cdots,y_n)=(y_1,y_2,\cdots,y_n)P^TAP\begin{bmatrix}y_1\\y_2\\\vdots\\y_n\end{bmatrix}=Y^TBY. \tag{7}$$

即变换后的二次型的矩阵 B 与原二次型的矩阵 A 之间满足

$$B = P^T A P. \tag{8}$$

矩阵 P 称为线性变换(5)的矩阵.如果 P 是非奇异的,就称(5)是一个非奇异线性变换.

因为 A 是对称矩阵,所以 $B^T = (P^T A P)^T = P^T A^T P = P^T A P = B$. 所以 B 也是对称矩阵. 对于满足(8)式的 A,B,我们引入下述定义:

定义 1.3 设 A,B 是数域 F 上的两个 n 阶矩阵.若存在一个数域 F 上的 n 阶可逆矩阵 P,使

$$B = P^T A P,$$

那么我们称矩阵 A,B 为合同的.

这样,上面的结果可以叙述为:一个二次型经可逆线性变换后,新二次型的矩阵与原二次型的矩阵是合同的.反过来,若两个 n 阶对称矩阵 A 与 B 合同,设 $B = P^T A P$,其中 C 是 n 阶可逆矩阵,那么经过可逆线性变换 $x = Py$,二次型 $x^T A x$ 化为

$$(Py)^T A(Py) = y^T (P^T A P) y = y^T B y.$$

至此,我们证明了下述定理.

定理 1.1 若 A,B 是 n 阶对称矩阵,则 A,B 合同的充分必要条件是 n 元二次型 $x^T A x$ 可经可逆线性变换化为 $y^T B y$.

由定理 1.1 可以看出,二次型化标准形的问题,用矩阵的语言来说,就是将对称矩阵合同于一个对角矩阵的问题,于是,矩阵的理论为以下讨论提供了有力的工具.

如同矩阵的相似关系,矩阵的合同关系具有下列性质:

1° 反身性 $A = E^T A E$,即 n 阶矩阵 A 与自己合同.

2° 对称性 如果 A 与 B 合同,那么 B 也与 A 合同.

这是因为,由 $B = P^T A P$ 可以得出

$$(P^{-1})^T B P^{-1} = (P^T)^{-1} B P^{-1} = (P^T)^{-1} P^T A P P^{-1} = A.$$

3° 传递性 如果 A_1 与 A_2 合同,A_2 与 A_3 合同,那么 A_1 与 A_3 也合同.

这是因为,由 $A_2 = P_1^T A_1 P_1$ 和 $A_3 = P_2^T A_2 P_2$ 可推出

$$A_3 = (P_1 P_2)^T A_1 (P_1 P_2).$$

但是,矩阵的合同关系与相似关系是两个不同的概念.一般来说,合同的矩阵不一定是相似的.例如,设

$$A = \begin{pmatrix} 1 & 0 \\ 0 & 0 \end{pmatrix}, B = \begin{pmatrix} 1 & 1 \\ 1 & 1 \end{pmatrix},$$

则有 A 与 B 合同,而 A 与 B 不相似.事实上,若取

$$P = \begin{pmatrix} 1 & 1 \\ 0 & 1 \end{pmatrix},$$

则有 $P^T A P = B$,故 A 与 B 是合同的.但是,A 和 B 的特征多项式分别为 $\lambda(\lambda - 1)$ 和 $\lambda(\lambda - 2)$,是不相同的,故 A 与 B 不相似.

反之,相似的矩阵也不一定是合同的.例如,设

$$A = \begin{pmatrix} 1 & 0 \\ 0 & 0 \end{pmatrix}, \quad B = \begin{pmatrix} 1 & 1 \\ 0 & 0 \end{pmatrix}, \quad P = \begin{pmatrix} 1 & 1 \\ 0 & 1 \end{pmatrix},$$

则有 $P^{-1}AP = B$,故 A 与 B 相似,但是,A 与 B 并不合同.这是因为,与对称矩阵合同的矩阵仍是对称矩阵,而现在 A 是对称矩阵,B 不是对称矩阵,故 A,B 必不合同.

习 题 8-1

1. 写出下列二次型 f 的矩阵 A,并求二次型的秩:

(1) $f(x_1, x_2, x_3) = x_1^2 + 2x_2^2 - 3x_3^2 + 4x_1x_2 - 6x_2x_3$;

(2) $f(x, y, z) = (x, y, z) \begin{pmatrix} 2 & 1 & 3 \\ 1 & 3 & 2 \\ 7 & 4 & 5 \end{pmatrix} \begin{pmatrix} x \\ y \\ z \end{pmatrix}$.

2. 设 $A = (a_{ij})_{n \times n}$,写出二次型

$$f(x_1, x_2, \cdots, x_n) = \sum_{i=1}^{n} (a_{i1}x_1 + a_{i2}x_2 + \cdots + a_{in}x_n)^2$$

的矩阵.

3. 写出下列实对称矩阵所对应的二次型:

(1) $A = \begin{pmatrix} 0 & \frac{1}{2} & -1 & 0 \\ \frac{1}{2} & -1 & \frac{1}{2} & \frac{1}{2} \\ -1 & \frac{1}{2} & 0 & \frac{1}{2} \\ 0 & \frac{1}{2} & \frac{1}{2} & 1 \end{pmatrix}$;

(2) $A = \begin{pmatrix} 1 & -1 & 0 & \cdots & 0 & 0 \\ -1 & 1 & -1 & \cdots & 0 & 0 \\ \vdots & \vdots & \vdots & & \vdots & \vdots \\ 0 & 0 & 0 & \cdots & 1 & -1 \\ 0 & 0 & 0 & \cdots & -1 & 1 \end{pmatrix}_{n \times n}$.

4. 设 A,B,C,D 均为 n 阶对称方阵,且 A 与 B 合同,C 与 D 合同,证明 $\begin{pmatrix} A & 0 \\ 0 & C \end{pmatrix}$ 与 $\begin{pmatrix} B & 0 \\ 0 & D \end{pmatrix}$ 合同.

5. 证明一个非奇异的对称矩阵必与它的逆矩阵合同.

6. 令 A 是数域 F 上一个 n 阶反对称矩阵,即满足条件 $A^T = -A$.

(1) A 必与如下形式的一个矩阵合同:

$$\begin{pmatrix} 0 & 1 & & & & & & & 0 \\ -1 & 0 & & & & & & & \\ & & \ddots & & & & & & \\ & & & 0 & 1 & & & & \\ & & & -1 & 0 & & & & \\ & & & & & 0 & & & \\ & & & & & & \ddots & & \\ 0 & & & & & & & & 0 \end{pmatrix};$$

(2) 反对称矩阵的秩一定是偶数；

(3) F 上两个 n 阶反对称矩阵合同的充要条件是它们有相同的秩.

§2 二次型的标准化

对于二次型,我们讨论的主要问题是：寻求可逆的线性变换

$$x = Py,$$

使二次型 $f(x_1, x_2, \cdots, x_n) = x^T A x$ 只含平方项,即使得

$$f'(y_1, y_2, \cdots, y_n) = d_1 y_1^2 + d_2 y_2^2 + \cdots + d_n y_n^2.$$

这种只含平方项的二次型,称为二次型的标准形.

事实上,化二次型为标准形,就是对实对称矩阵 A,寻找可逆矩阵 P,使 $P^T A P$ 成为对角矩阵.

下面介绍三种化二次型为标准形的方法.

一、正交变换法

由于二次型的矩阵是实对称矩阵,由第七章第四节知,实对称矩阵必可对角化.于是有：

定理 2.1 对于二次型 $f(x_1, x_2, \cdots, x_n) = x^T A x$,总有正交变换 $x = Py$,使 f 化为标准形

$$f = \lambda_1 y_1^2 + \lambda_2 y_2^2 + \cdots + \lambda_n y_n^2,$$

其中 $\lambda_1, \lambda_2, \cdots, \lambda_n$ 是 f 的矩阵 $A = (a_{ij})$ 的特征值.

例 1 求一个正交变换 $x = Py$,化二次型

$$f = x_1^2 - 2x_2^2 - 2x_3^2 - 4x_1 x_2 + 4x_1 x_3 + 8x_2 x_3$$

为标准形.

解 二次型 f 的矩阵为

$$A = \begin{pmatrix} 1 & -2 & 2 \\ -2 & -2 & 4 \\ 2 & 4 & -2 \end{pmatrix},$$

它的特征多项式为

$$|A-\lambda I|=\begin{vmatrix} 1-\lambda & -2 & 2 \\ -2 & -2-\lambda & 4 \\ 2 & 4 & -2-\lambda \end{vmatrix}=-(\lambda+7)(\lambda-2)^2,$$

于是 A 的特征值为 $\lambda_1=-7,\lambda_2=\lambda_3=2$.

当 $\lambda_1=-7$ 时,解方程组 $(A+7I)x=0$, 由

$$A+7I=\begin{pmatrix} 8 & -2 & 2 \\ -2 & 5 & 4 \\ 2 & 4 & 5 \end{pmatrix}\rightarrow\begin{pmatrix} 2 & 4 & 5 \\ 0 & 9 & 9 \\ 0 & -18 & -18 \end{pmatrix}\rightarrow\begin{pmatrix} 1 & 0 & \frac{1}{2} \\ 0 & 1 & 1 \\ 0 & 0 & 0 \end{pmatrix},$$

得基础解系 $\xi_1=\begin{pmatrix} 1 \\ 2 \\ -2 \end{pmatrix}$, 单位化即得 $p_1=\frac{1}{3}\begin{pmatrix} 1 \\ 2 \\ -2 \end{pmatrix}$.

当 $\lambda_2=\lambda_3=2$ 时,解方程组 $(A-2I)x=0$, 由

$$A-2I=\begin{pmatrix} -1 & -2 & 2 \\ -2 & -4 & 4 \\ 2 & 4 & -4 \end{pmatrix}\rightarrow\begin{pmatrix} 1 & 2 & -2 \\ 0 & 0 & 0 \\ 0 & 0 & 0 \end{pmatrix},$$

得基础解系 $\xi_2=\begin{pmatrix} -2 \\ 1 \\ 0 \end{pmatrix}$, $\xi_3=\begin{pmatrix} 2 \\ 0 \\ 1 \end{pmatrix}$.

将 ξ_2,ξ_3 正交化,令 $\beta_2=\xi_2=\begin{pmatrix} -2 \\ 1 \\ 0 \end{pmatrix}$,

$$\beta_3=\xi_3-\frac{\beta_2^T\xi_3}{\beta_2^T\beta_2}\beta_2=\begin{pmatrix} 2 \\ 0 \\ 1 \end{pmatrix}+\frac{4}{5}\begin{pmatrix} -2 \\ 1 \\ 0 \end{pmatrix}=\frac{1}{5}\begin{pmatrix} 2 \\ 4 \\ 5 \end{pmatrix}.$$

再将 β_2,β_3 单位化,令

$$p_2=\frac{\beta_2}{\|\beta_2\|}=\frac{1}{\sqrt{5}}\begin{pmatrix} -2 \\ 1 \\ 0 \end{pmatrix}, \quad p_3=\frac{1}{3\sqrt{5}}\begin{pmatrix} 2 \\ 4 \\ 5 \end{pmatrix}.$$

于是所求的正交变换为

$$x=\begin{pmatrix} \frac{1}{3} & -\frac{2}{\sqrt{5}} & \frac{2}{3\sqrt{5}} \\ \frac{2}{3} & \frac{1}{\sqrt{5}} & \frac{4}{3\sqrt{5}} \\ -\frac{2}{3} & 0 & \frac{\sqrt{5}}{3} \end{pmatrix}y,$$

化二次型为标准形 $f = -7y_1^2 + 2y_2^2 + 2y_3^2$.

二、配方法

对任意一个二次型 $f = x^T A x$，也可用配方法找到可逆变换 $x = Py$，化二次型 f 为标准形.举例如下：

例 2 用配方法化二次型

$$f(x_1, x_2, x_3) = x_1^2 + 2x_1 x_2 + 2x_1 x_3 + 2x_2^2 + 8x_2 x_3 + 10x_3^2$$

为标准形,并求所用的变换矩阵.

解 先将含 x_1 的项配方,有

$$
\begin{aligned}
f(x_1, x_2, x_3) &= x_1^2 + 2x_1(x_2 + x_3) + (x_2 + x_3)^2 \\
&\quad - (x_2 + x_3)^2 + 2x_2^2 + 8x_2 x_3 + 10x_3^2 \\
&= (x_1 + x_2 + x_3)^2 + x_2^2 + 6x_2 x_3 + 9x_3^2.
\end{aligned}
$$

再对后面含有 x_2 的项配方,有

$$f(x_1, x_2, x_3) = (x_1 + x_2 + x_3)^2 + (x_2 + 3x_3)^2.$$

令

$$
\begin{cases}
y_1 = x_1 + x_2 + x_3 \\
y_2 = \quad\ \ x_2 + 3x_3 , \\
y_3 = \qquad\quad x_3
\end{cases}
$$

即

$$
\begin{pmatrix} y_1 \\ y_2 \\ y_3 \end{pmatrix} =
\begin{pmatrix} 1 & 1 & 1 \\ 0 & 1 & 3 \\ 0 & 0 & 1 \end{pmatrix}
\begin{pmatrix} x_1 \\ x_2 \\ x_3 \end{pmatrix},
$$

所求的可逆变换为

$$
\begin{pmatrix} x_1 \\ x_2 \\ x_3 \end{pmatrix} =
\begin{pmatrix} 1 & -1 & 2 \\ 0 & 1 & -3 \\ 0 & 0 & 1 \end{pmatrix}
\begin{pmatrix} y_1 \\ y_2 \\ y_3 \end{pmatrix},
$$

相应的变换矩阵为

$$
C = \begin{pmatrix} 1 & -1 & 2 \\ 0 & 1 & -3 \\ 0 & 0 & 1 \end{pmatrix},
$$

将原二次型化为标准形

$$f = y_1^2 + y_2^2.$$

例 3 用配方法化二次型

$$f(x_1, x_2, x_3) = 2x_1 x_2 + 2x_1 x_3 - 6x_2 x_3$$

为标准形,并求所用的可逆线性变换.

解 因为 f 中只有混合项,没有平方项,故要先作一个辅助变换使其出现平方项,然后按例 2 的方式进行配方.

$$令\begin{cases}x_1=y_1+y_2\\x_2=y_1-y_2,\\x_3=y_3\end{cases}即\begin{bmatrix}x_1\\x_2\\x_3\end{bmatrix}=\begin{bmatrix}1&1&0\\1&-1&0\\0&0&1\end{bmatrix}\begin{bmatrix}y_1\\y_2\\y_3\end{bmatrix},则原二次型化为$$

$$\begin{aligned}f&=2y_1^2-4y_1y_3-2y_2^2+8y_2y_3\\&=2(y_1-y_3)^2-2y_2^2-2y_3^2+8y_2y_3\\&=2(y_1-y_3)^2-2(y_2-2y_3)^2+6y_3^2.\end{aligned}$$

再令
$$\begin{cases}z_1=y_1-y_3\\z_2=y_2-2y_3,\\z_3=y_3\end{cases}$$

即

$$\begin{bmatrix}z_1\\z_2\\z_3\end{bmatrix}=\begin{bmatrix}1&0&-1\\0&1&-2\\0&0&1\end{bmatrix}\begin{bmatrix}y_1\\y_2\\y_3\end{bmatrix},$$

或

$$\begin{bmatrix}y_1\\y_2\\y_3\end{bmatrix}=\begin{bmatrix}1&0&1\\0&1&2\\0&0&1\end{bmatrix}\begin{bmatrix}z_1\\z_2\\z_3\end{bmatrix},$$

则原二次型化为标准形

$$f=2z_1^2-2z_2^2+6z_3^2.$$

所用的可逆线性变换为

$$\begin{bmatrix}x_1\\x_2\\x_3\end{bmatrix}=\begin{bmatrix}1&1&0\\1&-1&0\\0&0&1\end{bmatrix}\begin{bmatrix}y_1\\y_2\\y_3\end{bmatrix}=\begin{bmatrix}1&1&0\\1&-1&0\\0&0&1\end{bmatrix}\begin{bmatrix}1&0&1\\0&1&2\\0&0&1\end{bmatrix}\begin{bmatrix}z_1\\z_2\\z_3\end{bmatrix}$$

$$=\begin{bmatrix}1&1&3\\1&-1&-1\\0&0&1\end{bmatrix}\begin{bmatrix}z_1\\z_2\\z_3\end{bmatrix}.$$

一般地,任何二次型都可用上面两例的类似方法,找到可逆线性变换,将其化为标准形,且在标准形中所含的项数等于二次型的秩.

三、初等变换法

由于任一二次型 $f=x^TAx\ (A^T=A)$ 都可找到可逆线性变换 $x=Py$ 将其化为标准形,即存在可逆矩阵 P,使 P^TAP 为对角矩阵.而任一可逆矩阵都可成若干初等矩阵的乘积,即存在初等矩阵 $P_1,P_2,\cdots,P_s$,使 $P=P_1,P_2,\cdots,P_s$.

考虑到 $P_i^T(1\leqslant i\leqslant s)$ 与 P_i 是同种初等矩阵,则对角矩阵

$$P^TAP=P_s^T\cdots P_2^TP_1^TAP_1P_2\cdots P_s.$$

这说明：对于实对称矩阵 A 相继施以初等列变换,同时施以同种的初等行变换,矩阵 A 就合同于一个对角矩阵.

由此得到化二次型为标准形的初等变换法：

(1) 构造 $2n \times n$ 矩阵 $\begin{pmatrix} A \\ E \end{pmatrix}$,对 A 每施以一次初等行变换,就对 $\begin{pmatrix} A \\ E \end{pmatrix}$ 施行一次同种的初等列变换；

(2) 当 A 化为对角矩阵时,E 将化为满秩矩阵 P；

(3) 得到可逆线性变换 $x = Py$ 及二次型的标准形.

例 4 用初等变换法化例 1 中的二次型

$$f(x_1, x_2, x_3) = x_1^2 - 2x_2^2 - 2x_3^2 - 4x_1x_2 + 4x_1x_3 + 8x_2x_3$$

为标准形,并求所作的可逆线性变换.

解 二次型 f 的矩阵为

$$A = \begin{pmatrix} 1 & -2 & 2 \\ -2 & -2 & 4 \\ 2 & 4 & -2 \end{pmatrix},$$

于是

$$\begin{pmatrix} A \\ E \end{pmatrix} = \begin{pmatrix} 1 & -2 & 2 \\ -2 & -2 & 4 \\ 2 & 4 & -2 \\ 1 & 0 & 0 \\ 0 & 1 & 0 \\ 0 & 0 & 1 \end{pmatrix} \xrightarrow[c_2+c_3]{r_2+r_3} \begin{pmatrix} 1 & 0 & 2 \\ 0 & 4 & 2 \\ 2 & 2 & -2 \\ 1 & 0 & 0 \\ 0 & 1 & 0 \\ 0 & 1 & 1 \end{pmatrix}$$

$$\xrightarrow[c_3+(-2)\times c_1]{r_3+(-2)\times r_1} \begin{pmatrix} 1 & 0 & 0 \\ 0 & 4 & 2 \\ 0 & 2 & -6 \\ 1 & 0 & -2 \\ 0 & 1 & 0 \\ 0 & 1 & 1 \end{pmatrix} \xrightarrow[c_3+\left(-\frac{1}{2}\right)\times c_2]{r_3+\left(-\frac{1}{2}\right)\times r_2} \begin{pmatrix} 1 & 0 & 0 \\ 0 & 4 & 0 \\ 0 & 0 & -7 \\ 1 & 0 & -2 \\ 0 & 1 & -\frac{1}{2} \\ 0 & 1 & \frac{1}{2} \end{pmatrix}.$$

令 $P = \begin{pmatrix} 1 & 0 & -2 \\ 0 & 1 & -\frac{1}{2} \\ 0 & 1 & \frac{1}{2} \end{pmatrix}$,则所求的可逆线性变换为 $x = Py$,将原二次型化为

$$f = y_1^2 + 4y_2^2 - 7y_3^2.$$

比较例 1 和例 4 的结果可以看出,用不同的可逆线性变换化二次型为标准形,其标准形一般是不同的.但有两点是相同的：一是标准形中平方项的项数,即二次型的秩. 这一点已在前

面证明.另一相同之处就是标准形中正平方项和负平方项的项数.这一点将在后面第四节中加以研究.

习 题 8-2

1. 设二次型 $f=2x_1^2+x_2^2-4x_1x_2-4x_2x_3$,分别作下列三个可逆变换,求新二次型.

(1) $x=\begin{bmatrix} 1 & 1 & -2 \\ 0 & 1 & -2 \\ 0 & 0 & 1 \end{bmatrix}y$;　　(2) $x=\begin{bmatrix} \dfrac{1}{\sqrt{2}} & 1 & -1 \\ 0 & 1 & -1 \\ 0 & 0 & \dfrac{1}{2} \end{bmatrix}y$;

(3) $x=\begin{bmatrix} 1 & -1 & 0 \\ 0 & 1 & 2 \\ 0 & 0 & 1 \end{bmatrix}y$.

2. 已知二次型 $f=5x_1^2+5x_2^2+cx_3^2-2x_1x_2+6x_1x_3-6x_2x_3$ 的秩为 2.求参数 c 及此二次型矩阵的特征值.

3. 对下列每一矩阵 A,分别求一可逆矩阵 P,使 P^TAP 为对角矩阵:

(1) $A=\begin{bmatrix} 1 & 2 & 1 \\ 2 & 1 & 1 \\ 1 & 1 & 3 \end{bmatrix}$;　(2) $A=\begin{bmatrix} 0 & 1 & 1 & 1 \\ 1 & 0 & 1 & 1 \\ 1 & 1 & 0 & 1 \\ 1 & 1 & 1 & 0 \end{bmatrix}$;　(3) $A=\begin{bmatrix} 1 & 1 & -1 & 1 \\ 1 & 4 & 2 & 1 \\ -1 & 2 & 4 & -1 \\ 1 & 1 & -1 & -1 \end{bmatrix}$.

4. 写出二次型 $\sum_{i=1}^{3}\sum_{j=1}^{3}|i-j|x_ix_j$ 的矩阵,并将这个二次型化为一个与它等价的二次型,使后者只含变量的平方项.

5. 求正交变换 $x=Py$,将下列二次型化为标准形:

(1) $f=2x_1^2+x_2^2-4x_1x_2-4x_2x_3$;

(2) $f=x_1^2+4x_2^2+4x_3^2-4x_1x_2+4x_1x_3-8x_2x_3$.

6. 用配方法和初等变换法化下列二次型为标准形,并写出相应的可逆变换矩阵 P:

(1) $f=2x_2^2-x_3^2+4x_1x_2-4x_1x_3-4x_2x_3$;

(2) $f=2x_1x_2+4x_1x_3$.

7. 已知二次型 $f=2x_1^2+3x_2^2+2tx_2x_3+3x_3^2(t<0)$ 通过正交变换 $x=Py$ 可化为标准形 $f=y_1^2+2y_2^2+5y_3^2$,求参数 t 及所用的正交变换矩阵 P.

§3　复数域和实数域上的二次型

上一节我们讨论了二次型的标准化问题.我们发现,在一般的数域内,二次型的标准型不是唯一的,而与所取的非奇异线性变换有关.本节我们将在复数域和实数域上进一步讨论二次型标准化的唯一性问题.

复数域和实数域上的二次型分别叫做复二次型和实二次型.我们将给出两个复二次型和两个实二次型等价的充要条件.这相当于给出复数域上两个对称矩阵和实数域上两个对称矩阵合同的充要条件.

首先对复二次型回答这个问题. 我们有:

定理 3.1 复数域上两个 n 阶对称矩阵合同的充要条件是它们有相同的秩. 两个复二次型等价的充要条件是它们有相同的秩.

证 显然只要证明第一个论断.

条件的必要性是明显的. 我们只证条件的充分性. 设 A, B 是复数域上两个 n 阶对称矩阵, 且 A 与 B 有相同的秩 r. 由二次型初等变换法知, 分别存在复可逆矩阵 P 和 Q, 使得

$$P^{\mathrm{T}}AP = \begin{pmatrix} c_1 & & & & & & & 0 \\ & c_2 & & & & & & \\ & & \ddots & & & & & \\ & & & c_r & & & & \\ & & & & 0 & & & \\ & & & & & \ddots & & \\ 0 & & & & & & & 0 \end{pmatrix},$$

$$Q^{\mathrm{T}}BQ = \begin{pmatrix} d_1 & & & & & & & 0 \\ & d_2 & & & & & & \\ & & \ddots & & & & & \\ & & & d_r & & & & \\ & & & & 0 & & & \\ & & & & & \ddots & & \\ 0 & & & & & & & 0 \end{pmatrix}.$$

当 $r > 0$ 时, $c_i \neq 0$, $d_i \neq 0$, $i = 1, 2, \cdots, r$. 取 n 阶复矩阵

$$S = \begin{pmatrix} \dfrac{1}{\sqrt{c_1}} & & & & & & 0 \\ & \ddots & & & & & \\ & & \dfrac{1}{\sqrt{c_r}} & & & & \\ & & & 1 & & & \\ & & & & \ddots & & \\ 0 & & & & & 1 \end{pmatrix},$$

$$T = \begin{pmatrix} \dfrac{1}{\sqrt{d_1}} & & & & & & 0 \\ & \ddots & & & & & \\ & & \dfrac{1}{\sqrt{d_r}} & & & & \\ & & & 1 & & & \\ & & & & \ddots & & \\ 0 & & & & & 1 \end{pmatrix},$$

这里 $\sqrt{c_i}$，$\sqrt{d_i}$ 分别表示复数 c_i 和 d_i 的一个平方根.那么 $S^T=S$，$T^T=T$，而

$$S^T P^T A P S = T^T Q^T B Q T = \begin{pmatrix} I_r & O \\ O & O \end{pmatrix}.$$

因此,矩阵 A，B 都与矩阵

$$\begin{pmatrix} I_r & O \\ O & O \end{pmatrix}$$

合同,所以 A 与 B 合同.

根据定理 3.1,对于二次型 $f(x_1, x_2, \cdots, x_n)=x^T A x$ 总可以化成:

$$f'(y_1, y_2, \cdots, y_n)=y_1^2+y_2^2+\cdots+y_r^2. \tag{1}$$

(1)式称为复二次型 $f(x_1, x_2, \cdots, x_n)$ 的典范型.显然,典范型完全被原二次型矩阵的秩决定.

现在来看实数域上的情形.首先证明:

定理 3.2 实数域上每一 n 阶对称矩阵 A 都合同于如下形式的一个矩阵:

$$\begin{pmatrix} I_p & O & O \\ O & -I_{r-p} & O \\ O & O & O \end{pmatrix},$$

这里 r 等于 A 的秩.

证 由二次型初等变换法知,存在实可逆矩阵 P,使得

$$P^T A P = \begin{pmatrix} c_1 & & & & & & \\ & c_2 & & & & & \\ & & \ddots & & & & \\ & & & c_r & & & \\ & & & & 0 & & \\ & & & & & \ddots & \\ 0 & & & & & & 0 \end{pmatrix}.$$

如果 $r>0$,必要时交换两列和两行(这相当于右乘以 P_{ij},左乘以 P_{ij}^T),我们可以假定 $c_1, \cdots, c_p>0, c_{p+1}, \cdots, c_r<0, 0 \leqslant p \leqslant r$. 取

$$T = \begin{pmatrix} \frac{1}{\sqrt{|c_1|}} & & & & & \\ & \ddots & & & & \\ & & \frac{1}{\sqrt{|c_r|}} & & & \\ & & & 1 & & \\ & & & & \ddots & \\ & & & & & 1 \end{pmatrix},$$

那么

$$T^{\mathrm{T}}P^{\mathrm{T}}APT = \begin{pmatrix} I_p & O & O \\ O & -I_{r-p} & O \\ O & O & O \end{pmatrix}.$$

因此,我们有:

定理 3.3 实数域 R 上每一 n 元二次型都与如下形式的一个二次型等价:

$$x_1^2 + \cdots + x_p^2 - x_{p+1}^2 - \cdots - x_r^2, \tag{2}$$

其中 r 是所给二次型的秩.

二次型(2)叫做实二次型的典范形式.定理 3.3 是说,实数域上每一个二次型都与一个典范形式等价.在典范形式里,平方项的个数 r 等于二次型的秩,因而是唯一确定的.我们还要进一步证明,在典范形式(2)里,系数是 1 的项的个数 p 也是唯一确定的(因而系数是 -1 的项的个数 $r-p$ 也是唯一确定的).这就是实二次型的惯性定律.

定理 3.4(惯性定律) 任意一个实数域上的二次型,经过适当的非奇异线性变换可以化成典范型,且典范型是唯一的.

证明过程略,读者可自行尝试.

由这个定理,实数域上每一个二次型 $f(x_1, x_2, \cdots, x_n)$ 都与唯一的典范形式(2)等价.在(2)中,正平方项的个数 p 叫做所给二次型的正惯性指数,负平方项的个数 $r-p$ 叫做所给二次型的负惯性指数,正项的个数 p 与负项的个数 $r-p$ 的差 $s=p-(r-p)=2p-r$ 叫做所给的二次型的符号差.一个实二次型的秩,惯性指数和符号差都是唯一确定的.

由定理 3.3 和 3.4 容易得到:

定理 3.5 实数域上两个 n 元二次型等价的充要条件是它们有相同的秩和符号差.

证 设 $f_1(x_1, x_2, \cdots, x_n)$ 和 $f_2(x_1, x_2, \cdots, x_n)$ 是实数域上两个 n 元二次型.令 A_1 和 A_2 分别是它们的矩阵.那么由定理 3.2,存在实可逆矩阵 P,使得

$$P^{\mathrm{T}}A_1 P = \begin{pmatrix} I_p & O & O \\ O & -I_{r-p} & O \\ O & O & O \end{pmatrix}.$$

如果 f_2 与 f_1 等价,那么 A_2 与 A_1 合同.于是存在实可逆矩阵 Q,使得 $A_2 = Q^{\mathrm{T}}A_1 Q$.取 $T=Q^{-1}P$,那么

$$T^{\mathrm{T}}A_2 T = P^{\mathrm{T}}Q^{\mathrm{T-1}}Q^{\mathrm{T}}A_1 QQ^{-1}P$$
$$= P^{\mathrm{T}}A_1 P = \begin{pmatrix} I_p & O & O \\ O & -I_{r-p} & O \\ O & O & O \end{pmatrix}.$$

因此 f_2 与 f_1 都与同一个典范形式等价,所以它们有相同的秩和符号差.

反过来,如果 f_2 与 f_1 有相同的秩 r 和符号差 s,那么它们也有相同的正惯性指数 $p=\dfrac{1}{2}(r+s)$.因此 A_1, A_2 都与矩阵

$$\begin{pmatrix} I_p & O & O \\ O & -I_{r-p} & O \\ O & O & O \end{pmatrix}$$

合同.由此推出 A_2 与 A_1 合同,从而 f_2 与 f_1 等价.

习题 8-3

1. 单选题

(1) 下列二次型中,正惯性指数等于 2 的是( ).

(A) $f(x_1, x_2, x_3) = (x_1 + x_2 + x_3)^2 - 2x_2^2$

(B) $f(x_1, x_2, x_3) = x_1^2 + x_2^2 + 5x_3^2 - 6x_1x_2 - 2x_1x_3 + 2x_2x_3$

(C) $f(x_1, x_2, x_3) = x_1^2 + x_2^2 + x_3^2 - x_1x_2$

(D) $f(x_1, x_2, x_3) = x_1^2 + x_2^2 + x_3^2 - 2x_1x_2 + 2x_1x_3 - 2x_2x_3$

(2) 实对称矩阵 A 的秩等于 r,它的正惯性指数为 m,则它的符号差为( ).

(A) r (B) $m - r$ (C) $2m - r$ (D) $r - m$

2. 用初等变换法将下列二次型化为规范标准型并求其正负惯性指数:

$$2x_1x_2 - 6x_1x_3 - 6x_2x_4 + 2x_3x_4.$$

3. 确定实二次型

$$x_1x_2 + x_3x_4 + \cdots + x_{2n-1}x_{2n}$$

的秩和符号差.

4. 设 S 是复数域上一个 n 阶对称矩阵.证明存在复数域上一个矩阵 A,使得

$$S = A^T A.$$

5. 令

$$A = \begin{bmatrix} 5 & 4 & 3 \\ 4 & 5 & 3 \\ 3 & 3 & 2 \end{bmatrix}. \quad B = \begin{bmatrix} 4 & 0 & -6 \\ 0 & 1 & 0 \\ -6 & 0 & 9 \end{bmatrix}.$$

证明 A 与 B 在实数域上合同,并且求一可逆实矩阵 P,使得 $P^T A P = B$.

6. 确定实二次型 $ayz + bzx + cxy$ 的秩和符号差.

7. 证明实二次型

$$\sum_{i=1}^{n} \sum_{j=1}^{n} (\lambda ij + i + j) x_i x_j \quad (n > 1)$$

的秩和符号差与 λ 无关.

§4 正定二次型

在实二次型 $f(x_1, x_2, \cdots, x_n)$ 上的典范型中,有一类特殊的情形,即平方项系数全为正数或者负数,这类二次型具有特殊的地位,本节就重点研究此类二次型定义以及其常用的判别条件.

定义 4.1 如果 n 元二次型 $f(x_1, x_2, \cdots, x_n)$ 对于变量 $x_1, x_2, \cdots, x_n$ 的每一组不全为零的值,都有 $f(x_1, x_2, \cdots, x_n) > 0$,那么就称 $f(x_1, x_2, \cdots, x_n)$ 是一个正定二次型.

反之,如果 $f(x_1, x_2, \cdots, x_n)$ 对于变量 $x_1, x_2, \cdots, x_n$ 的每一组不全为零的值,都有 $f(x_1, x_2, \cdots, x_n) < 0$,就称 $f(x_1, x_2, \cdots, x_n)$ 是负定的.

显然,二次型

$$f(x_1, x_2, \cdots, x_n) = x_1^2 + x_2^2 + \cdots + x_n^2$$

是正定的,因为只有在 $x_1 = x_2 = \cdots = x_n = 0$ 时,$x_1^2 + x_2^2 + \cdots + x_n^2$ 才为 0.

同理,不难验证,实二次型

$$f(x_1, x_2, \cdots, x_n) = d_1 x_1^2 + d_2 x_2^2 + \cdots + d_n x_n^2$$

是正定的当且仅当 $d_i > 0, i = 1, 2, \cdots, n$.

因此,我们不难得出:

定理 4.1 实数域上二次型 $f(x_1, x_2, \cdots, x_n)$ 是正定的充要条件是它的秩和符号差都等于 n. $f(x_1, x_2, \cdots, x_n)$ 是负定的充要条件是它的秩等于 n,符号差等于 $-n$.

证 我们只需要对正定的情形证明,负定情形的证明完全类似.设 A 是二次型 $f(x_1, x_2, \cdots, x_n)$ 的矩阵.如果 A 的秩和符号差等于 n,那么存在实可逆矩阵 P,使得

$$P^T A P = I.$$

令

$$\begin{pmatrix} x_1 \\ x_2 \\ \vdots \\ x_n \end{pmatrix} = P \begin{pmatrix} y_1 \\ y_2 \\ \vdots \\ y_n \end{pmatrix}, \tag{1}$$

那么

$$
\begin{aligned}
f(x_1, x_2, \cdots, x_n) &= (x_1, x_2, \cdots, x_n) A \begin{pmatrix} x_1 \\ x_2 \\ \vdots \\ x_n \end{pmatrix} \\
&= (y_1, y_2, \cdots, y_n) P^T A P \begin{pmatrix} y_1 \\ y_2 \\ \vdots \\ y_n \end{pmatrix} \\
&= (y_1, y_2, \cdots, y_n) I \begin{pmatrix} y_1 \\ y_2 \\ \vdots \\ y_n \end{pmatrix} \\
&= y_1^2 + y_2^2 + \cdots + y_n^2.
\end{aligned}
$$

由(1)式可以看出 $x_1, x_2, \cdots, x_n$ 不全为零时,$y_1, y_2, \cdots, y_n$ 也不全为零.因此,对于任意不全为零的实数 $x_1, x_2, \cdots, x_n$,都有

$$f(x_1, x_2, \cdots, x_n) = y_1^2 + y_2^2 + \cdots + y_n^2 > 0.$$

反过来,如果 $r<n$ 或 $r=n$ 而 $p<n$,不论哪一种情形都有 $p<n$. 因此存在实可逆矩阵 P,使得

$$P^TAP=\begin{pmatrix} I_p & O & O \\ O & -I_{r-p} & O \\ O & O & O \end{pmatrix}, 0\leqslant p<n.$$

取一组实数 $y_1, y_2, \cdots, y_n$,使得 $y_1=\cdots=y_p=0$,$y_{p+1}, \cdots, y_n$ 不全为零,并且令

$$\begin{pmatrix} x_1 \\ x_2 \\ \vdots \\ x_n \end{pmatrix} = P \begin{pmatrix} y_1 \\ y_2 \\ \vdots \\ y_n \end{pmatrix},$$

那么 $x_1, x_2, \cdots, x_n$ 也不全为零.然而

$$f(x_1, x_2, \cdots, x_n)=(y_1, y_2, \cdots, y_n)\begin{pmatrix} I_p & O & O \\ O & -I_{r-p} & O \\ O & O & O \end{pmatrix}\begin{pmatrix} y_1 \\ y_2 \\ \vdots \\ y_3 \end{pmatrix}$$

$$=-(y_{p+1}^2+\cdots+y_r^2)\leqslant 0.$$

所以二次型 f 不是正定的.

下面我们再给出一个直接从所给的二次型的矩阵来判断这个二次型是不是正定的判别法.首先引入一个概念.

设 $A=(a_{ij})$ 是一个 n 阶实对称矩阵.位于 A 的前 k 行和前 k 列的子式

$$\begin{pmatrix} a_{11} & a_{12} & \cdots & a_{1k} \\ a_{21} & a_{22} & \cdots & a_{2k} \\ \vdots & \vdots & & \vdots \\ a_{k1} & a_{k2} & \cdots & a_{kk} \end{pmatrix}$$

叫作 A 的 k 阶主子式.令 $k=1, 2, \cdots, n$,就得到 A 的一切主子式.

以 A 为矩阵的二次型 $f(x_1, x_2, \cdots, x_n)$ 的 k 阶主子式指的是 A 的 k 阶主子式.

定理 4.2 实二次型

$$f(x_1, x_2, \cdots, x_n)=\sum_{i=1}^n\sum_{j=1}^n a_{ij}x_ix_j$$

是正定的当且仅当它的一切主子式都大于零.

证 如果二次型 $f(x_1, x_2, \cdots, x_n)$ 的某一 k 阶主子式不大于零,$1\leqslant k\leqslant n$,令

$$A_k=\begin{pmatrix} a_{11} & a_{12} & \cdots & a_{1k} \\ a_{21} & a_{22} & \cdots & a_{2k} \\ \vdots & \vdots & & \vdots \\ a_{k1} & a_{k2} & \cdots & a_{kk} \end{pmatrix},$$

A_k 是一个 k 阶实对称矩阵,所以存在 k 阶实可逆矩阵 Q,使得

$$Q^T A_k Q = \begin{pmatrix} I_s & O & O \\ O & -I_t & O \\ O & O & O \end{pmatrix}.$$

由于 $\det A_k \leqslant 0$,所以 $\det(Q^T A_k Q) = (\det Q)^2 \det A_k \leqslant 0$,因此 $s < k$. 于是由定理 4.1,以 A_k 为矩阵的 k 个变量的实二次型 $f(x_1, x_2, \cdots, x_n)$ 不是正定的,即存在不全为零的实数 $c_1, c_2, \cdots, c_k$,使得

$$f_k(c_1, c_2, \cdots, c_k) \leqslant 0.$$

于是对于不完全为零的 n 个实数 $c_1, c_2, \cdots, c_k, 0, \cdots, 0$ 来说,我们有

$$f(c_1, c_2, \cdots, c_k, 0, \cdots, 0) = (c_1, c_2, \cdots, c_k, 0, \cdots, 0)A \begin{pmatrix} c_1 \\ c_2 \\ \vdots \\ c_k \\ 0 \\ \vdots \\ 0 \end{pmatrix}$$

$$= (c_1, c_2, \cdots, c_k)A_k \begin{pmatrix} c_1 \\ c_2 \\ \vdots \\ c_k \end{pmatrix}$$

$$= f_k(c_1, c_2, \cdots, c_k) \leqslant 0.$$

所以二次型 $f(x_1, x_2, \cdots, x_n)$ 不是正定的.

反过来,设 n 个变量的二次型 $f(x_1, x_2, \cdots, x_n)$ 的所有主子式都大于零. 我们证明,这个二次型是正定的. 当 $n = 1$ 时,论断是正确的,因为当 $a_{11} > 0$ 时,对于任意实数 $x_1 \neq 0$ 都有 $a_{11} x_1^2 > 0$. 设 $n > 1$,并且假定对于 $n-1$ 个变量的实二次型来说,论断成立. 现在设

$$f(x_1, x_2, \cdots, x_n) = \sum_{i=1}^{n} \sum_{j=1}^{n} a_{ij} x_i x_j$$

是一个 n 个变量的二次型,它的矩阵是 $A = (a_{ij})$,并且假设 A 的一切主子式都大于零. 对 A 作如下分块:

$$A = \begin{pmatrix} A_1 & \alpha \\ \alpha^T & a_{nn} \end{pmatrix},$$

这里

$$A_1 = \begin{pmatrix} a_{11} & \cdots & a_{1, n-1} \\ \vdots & & \vdots \\ a_{n-1, 1} & \cdots & a_{n-1, n-1} \end{pmatrix}, \alpha = \begin{pmatrix} a_{1n} \\ \vdots \\ a_{n-1, n} \end{pmatrix},$$

A_1 的一切主子式都大于零. 由归纳假设和定理 4.1,存在 $n-1$ 阶可逆矩阵 P_1 使得

$$P_1^T A_1 P_1 = I_{n-1},$$

I_{n-1} 是 $n-1$ 阶单位矩阵.取

$$Q = \begin{pmatrix} P_1 & O \\ O & 1 \end{pmatrix},$$

则

$$Q^T A Q = \begin{pmatrix} P_1^T & O \\ O & 1 \end{pmatrix} \begin{pmatrix} A_1 & \alpha \\ \alpha^T & \alpha_{nn} \end{pmatrix} \begin{pmatrix} P_1 & O \\ O & 1 \end{pmatrix} = \begin{pmatrix} I_{n-1} & \beta \\ \beta^T & a_{nn} \end{pmatrix},$$

这里 $\beta = P_1^T \alpha$. 再取

$$P = \begin{pmatrix} I_{n-1} & -\beta \\ O & 1 \end{pmatrix},$$

则

$$P^T Q^T A Q P = \begin{pmatrix} I_{n-1} & O \\ O & c \end{pmatrix},$$

这里 $c = -\beta^T \beta + a_{nn}$. 然而

$$c = \begin{vmatrix} I_{n-1} & O \\ O & c \end{vmatrix} = (\det P^T)(\det Q^T)(\det A)(\det Q)(\det P)$$
$$= (\det Q)^2 \det A > 0,$$

所以以 $P^T Q^T A Q P$ 为矩阵的二次型 $y_1^2 + \cdots + y_{n-1}^2 + c y_n^2$ 是正定的,因而与它等价的二次型 $f(x_1, x_2, \cdots, x_n)$ 是正定的.

一般地,判断二次型的正定性除了可以用定义及定理 4.2 外,还有下述重要理论:

定理 4.3 若 A 是 n 阶实对称矩阵,则下列命题等价:

(1) $f = x^T A x$ 是正定二次型(或 A 是正定矩阵);

(2) A 的 n 个特征值全为正;

(3) f 的标准形的 n 个系数全为正;

(4) f 的正惯性指数为 n;

(5) A 与单位矩阵 E 合同(或 E 为 A 的规范形);

(6) 存在可逆矩阵 P,使 $A = P^T P$;

(7) A 的各阶顺序主子式都为正.

证 (1)$\Rightarrow$(2) 由实二次型的性质知,存在正交变换 $x = Py$,化二次型 $f = x^T A x$ 为标准形 $f = \lambda_1 y_1^2 + \lambda_2 y_2^2 + \cdots + \lambda_n y_n^2$,其中 $\lambda_1, \lambda_2, \cdots, \lambda_n$ 为 A 的特征值.分别取

$$y = \begin{pmatrix} 1 \\ 0 \\ \vdots \\ 0 \end{pmatrix}, \begin{pmatrix} 0 \\ 1 \\ \vdots \\ 0 \end{pmatrix}, \cdots, \begin{pmatrix} 0 \\ 0 \\ \vdots \\ 1 \end{pmatrix},$$

相应地 $x = Py \neq 0$,使 $f = \lambda_1, \lambda_2, \cdots, \lambda_n$. 又由二次型的正定性可知,$\lambda_i > 0$, $i = 1, 2, \cdots, n$.

(2)$\Rightarrow$(3)$\Rightarrow$(4)$\Rightarrow$(5) 显然.

(5)⇒(6)　因为 A 与 E 合同，故存在可逆矩阵 C，使

$$C^{\mathrm{T}}AC = E,\ \text{即}\ A = (C^{\mathrm{T}})^{-1}EC^{-1} = (C^{-1})^{\mathrm{T}}C^{-1},$$

取 $P = C^{-1}$ 即可.

(6)⇒(1)　对任意 $x \neq 0$，有 $Px \neq 0$，于是

$$x^{\mathrm{T}}Ax = x^{\mathrm{T}}P^{\mathrm{T}}Px = (Px)^{\mathrm{T}}(Px) > 0.$$

等价条件(7)即为定理 4.2.

例 1　设二次型

$$f(x_1, x_2, x_3) = x_1^2 + x_2^2 + 5x_3^2 + 2tx_1x_2 - 2x_1x_3 + 4x_2x_3.$$

试问 t 为何值时，该二次型为正定二次型.

解　该二次型的矩阵为

$$A = \begin{pmatrix} 1 & t & -1 \\ t & 1 & 2 \\ -1 & 2 & 5 \end{pmatrix}.$$

由定理 6.3 知，要使 A 为正定矩阵，则

$$a_{11} = 1 > 0,\ \begin{vmatrix} 1 & t \\ t & 1 \end{vmatrix} = 1 - t^2 > 0,\ \begin{vmatrix} 1 & t & -1 \\ t & 1 & 2 \\ -1 & 2 & 5 \end{vmatrix} = -5t^2 - 4t > 0.$$

解之得 $-\dfrac{4}{5} < t < 0$，即当 $-\dfrac{4}{5} < t < 0$ 时，该二次型为正定二次型.

与判断正定二次型类似，有：

定理 4.4　若 A 是 n 阶实对称矩阵，则下列命题等价：

(1) $f = x^{\mathrm{T}}Ax$ 是负定二次型(或 A 是负定矩阵)；

(2) A 的 n 个特征值全为负；

(3) f 的标准形的 n 个系数全为负；

(4) f 的负惯性指数为 n；

(5) A 与负单位矩阵 $-E$ 合同(或 $-E$ 为 A 的规范形)；

(6) 存在可逆矩阵 P，使 $A = -P^{\mathrm{T}}P$；

(7) A 的各阶顺序主子式中，奇数阶顺序主子式为负，偶数阶顺序主子式为正.

例 2　设偶数阶方阵 A 为负定矩阵，A^* 为 A 的伴随矩阵，证明 A^* 也是负定矩阵.

证　由于 A 为负定矩阵，则 A 的所有特征值全为负，即 $\lambda_i < 0, i = 1, 2, \cdots, n, n$ 为偶数. 又 A^* 的特征值 $\lambda_i^* = \dfrac{|A|}{\lambda_i} = \dfrac{\lambda_1\lambda_2\cdots\lambda_n}{\lambda_i}$ $(i = 1, 2, \cdots, n)$ 是奇数个负数的连乘，故 $\lambda_i^* < 0, i = 1, 2, \cdots, n$，即 A^* 是负定矩阵.

习 题 8-4

1. 判断下列矩阵的正定性：

(1) $\begin{bmatrix} 1 & 1 & 1 \\ 1 & 2 & 2 \\ 1 & 2 & 3 \end{bmatrix}$; (2) $\begin{bmatrix} -1 & 1 & 0 \\ 1 & -2 & 1 \\ 0 & 1 & -3 \end{bmatrix}$; (3) $\begin{bmatrix} 2 & -1 & 0 \\ -1 & 2 & -1 \\ 0 & -1 & 2 \end{bmatrix}$.

2. 判断下列二次型的正定性：

(1) $f(x_1, x_2, x_3) = -2x_1^2 - 6x_2^2 - 4x_3^2 + 2x_1x_2 + 2x_1x_3$;

(2) $f(x_1, x_2, x_3) = x_1^2 + 2x_2^2 + 3x_3^2 + 2x_1x_2 - 4x_2x_3$;

(3) $f(x_1, x_2, x_3, x_4) = x_1^2 + 3x_2^2 + 9x_3^2 + 19x_4^2 - 2x_1x_2 + 4x_1x_3 + 2x_1x_4 - 6x_2x_4 - 12x_3x_4$.

3. 某同学对下列实二次型用配方法求惯性指数：

$$f(x_1, x_2, x_3) = x_1^2 + x_2^2 + x_3^2 - x_1x_2 - x_1x_3 - x_2x_3$$
$$= \frac{1}{2}(x_1 - x_2)^2 + \frac{1}{2}(x_2 - x_3)^2 + \frac{1}{2}(x_1 - x_3)^2.$$

因此他认为 f 是正定型. 你认为他的结论是否正确；如不正确，指出错误的原因.

4. 问 t 为何值时，二次型

$$f = 2x_1^2 + x_2^2 + 3x_3^2 + 2tx_1x_2 + 2x_1x_3$$

是正定二次型.

5. 问 t 为何值，二次型

$$f = -x_1^2 - x_2^2 - 5x_3^2 + 2tx_1x_2 - 2x_1x_3 + 4x_2x_3$$

是负定二次型.

6. 设 A 是正定矩阵，证明 A^T，A^{-1}，A^* 也是正定矩阵.

7. 设 A，B 均为 n 阶正定矩阵，证明 BAB 也是正定矩阵.

8. 设 A 是正定矩阵，证明 A 的主对角元 $a_{ii} > 0$, $i = 1, 2, \cdots, n$.

9. 证明：对称矩阵 A 正定的充要条件是：存在可逆矩阵 U，使得 $A = U^T U$，即 A 与 E 合同.

部分习题答案

习题 1-1

1—5. 略.

习题 1-2

1. 略.

2. $f(x)=0$, $g(x)=x$, $h(x)=ix$.

3. 略.

习题 1-3

1. (1) 商式: x^2-x-2,余式: $-7x-3$；　　(2) 商式: x^2+2,余式: x^2+6x-5.

2—3. 略.

4. $p=m^3-2m$, $q=m^2-1$.

5—7. 略.

习题 1-4

1. (1) $(f(x), g(x))=x+3$；　　(2) $(f(x), g(x))=g(x)$.

2—4. 略.

5. $u(x)=-(x+1)$, $v(x)=x+2$.

6—9. 略.

10. $k=1$ 或 $k=3$.

11—15. 略.

习题 1-5

1. (1) $3x^2+1$；　　(2) $(x+1)(x^2-3x+1)$.

2. 复数域:

$$x^4+1=\left(x-\frac{\sqrt{2}}{2}(1+i)\right)\left(x-\frac{\sqrt{2}}{2}(1-i)\right)\left(x+\frac{\sqrt{2}}{2}(1+i)\right)\left(x+\frac{\sqrt{2}}{2}(1-i)\right)；$$

实数域: $x^4+1=(x^2+\sqrt{2}x+1)(x^2-\sqrt{2}x+1)$；

有理数域: x^4+1 不可约.

3. 略.

4. (1) $f(x)=(x+1)^2(x-1)^3$；　　(2) $f(x)=2(x-1)^2(x-3)(x^2+1)$.

5—6. 略.

习题 1-6

1—3. 略.

4.(1) $12a^3 + 3b^2 = 0$;   (2) $27a^4 - b^3 = 0$.

5. 略.

习题 1-7

1. $f(3) = 109$, $f(-2) = -71$.

2. 是,二重根.

3. $a = 2$, $b = 11$, $c = 23$, $d = 13$.

4. (1) $x^5 = (x-1)^5 + 5(x-1)^4 + 10(x-1)^3 + 10(x-1)^2 + 5(x-1) + 1$;

    (2) $f(x) = (x+2)^4 - 8(x+2)^3 + 22(x+2)^2 - 24(x+2) + 11$.

5. $f(x) = -\dfrac{2}{3}x^3 + \dfrac{17}{2}x^2 - \dfrac{203}{6}x + 42$.

6. $f(x) = -\dfrac{4}{\pi^2}x(x-\pi)$.

7—9. 略.

习题 1-8

1. (1) $g(x) = \dfrac{a_0}{c^n}x^n + \dfrac{a_1}{c^{n-1}}x^{n-1} + \cdots + \dfrac{a_{n-1}}{c}x + a_n$;

    (2) $g(x) = a_n x^n + a_{n-1}x^{n-1} + \cdots + a_1 x + a_0$.

2. 略.

3. 复数域: $x^n - 2 = \prod\limits_{k=0}^{n}\left(x - \sqrt[n]{2}\left(\cos\dfrac{2k\pi}{n} + i\sin\dfrac{2k\pi}{n}\right)\right)$;

   实数域:

   为偶数时, $x^n - 2 = (x - \sqrt[n]{2})(x + \sqrt[n]{2})\prod\limits_{k=0}^{\frac{n}{2}-1}\left(x^2 - \left(2\sqrt[n]{2}\cos\dfrac{2k\pi}{n}\right)x + \sqrt[n]{4}\right)$;

   为奇数时, $x^n - 2 = (x - \sqrt[n]{2})\prod\limits_{k=0}^{\frac{n-1}{2}}\left(x^2 - \left(2\sqrt[n]{2}\cos\dfrac{2k\pi}{n}\right)x + \sqrt[n]{4}\right)$.

4. 略.

习题 1-9

1—3. 略.

4.(1) $\alpha = 2$, 单根;

   (2) $\alpha = -\dfrac{1}{2}$, 二重根;

   (3) $\alpha_1 = -1$, $\alpha_2 = 2$ 均为单根.

习题 2-1

1. (1) -1;　　　　(2) 0;　　　　(3) 0;　　　　(4) -4;
   (5) $3abc - a^3 - b^3 - c^3$;　　　　(6) $(a-b)(b-c)(c-a)$.

2. -3 或 $\pm\sqrt{3}$.

3. $x_1 = 3$, $x_2 = 1$, $x_3 = 1$.

习题 2-2

1. (1) 0;　　(2) 4;　　(3) 15;　　(4) 13;　　(5) $\dfrac{n(n-1)}{2}$;　　(6) $n(n-1)$.

2. (1) $i = 8$, $k = 3$;　　　　(2) $i = 3$, $k = 6$.

3. $\dfrac{n(n-1)}{2}$;

   当 $n = 4k$, $4k + 1$ 时, $\dfrac{n(n-1)}{2}$ 均为偶数, 故原排列为偶排列;

   当 $n = 4k + 2$, $4k + 3$ 时, $\dfrac{n(n-1)}{2}$ 均为奇数, 故原排列为奇排列.

4. $\dfrac{n(n-1)}{2} - k$.

习题 2-3

1. (1) 不是;　　　　　　　　　　(2) 带正号.

2. $-a_{11}a_{23}a_{32}a_{44}$; $a_{11}a_{23}a_{34}a_{42}$.

3. $D_1 = (-1)^{\frac{n(n-1)}{2}} n!$; $D_2 = (-1)^{n-1} n!$; $D_3 = (-1)^{\frac{(n-1)(n-2)}{2}} n!$.

4. x^4 的系数为 2, x^3 的系数为 -1.

5. (1) 0;　　　(2) 4;　　　(3) $4abcdef5$;　　　(4) $abcd + ab + cd + ad + 13$;
   (5) -160;　　(6) 32;　　(7) -20;　　　(8) $xy(xy + 2x + 2y)$;
   (9) $[x + (n-1)a](x-a)^{n-1}$.

习题 2-4

2. (1) $a^{n-2}(a^2 - 1)$;　　　　(2) $-2(n-2)!$;　　　　(3) $\prod\limits_{1 \leqslant i < j \leqslant n+1}(j - i)$;

   (4) $\prod\limits_{i=1}^{n}(a_i d_i - b_i c_i)$;　　(5) $(-1)^{n-1}(n-1)2^{n-2}$;　　(6) $a_1 a_2 \cdots a_n \left(1 + \sum\limits_{i=1}^{n} \dfrac{1}{a_i}\right)$.

习题 2-5

1. (1) $x_1 = 1$, $x_2 = 2$, $x_3 = 3$, $x_4 = -1$;

   (2) $x_1 = -\dfrac{151}{211}$, $x_2 = \dfrac{161}{211}$, $x_3 = -\dfrac{109}{211}$, $x_4 = \dfrac{64}{211}$.

2. $\lambda = 1$ 或 $\mu = 0$.

3. $\lambda = 0, 2, 3$.

4. 2, 20.

习题 2-6

1. $M_1 = \begin{vmatrix} 1 & 2 \\ 1 & 0 \end{vmatrix} = -2$, $M_2 = \begin{vmatrix} 1 & 1 \\ 1 & 1 \end{vmatrix} = 0$, $M_3 = \begin{vmatrix} 1 & 4 \\ 1 & 3 \end{vmatrix} = -1$,

$M_4 = \begin{vmatrix} 2 & 1 \\ 0 & 1 \end{vmatrix} = 2$, $M_5 = \begin{vmatrix} 2 & 4 \\ 0 & 3 \end{vmatrix} = 6$, $M_6 = \begin{vmatrix} 1 & 4 \\ 1 & 3 \end{vmatrix} = -1$.

它们的代数余子式为：

$A_1 = (-1)^{1+3+1+2} \begin{vmatrix} 0 & -1 \\ 0 & 1 \end{vmatrix} = 0$, $A_2 = (-1)^{1+3+2+4} \begin{vmatrix} -1 & 1 \\ 1 & 1 \end{vmatrix} = -2$,

$A_3 = (-1)^{1+3+2+3} \begin{vmatrix} -1 & 2 \\ 1 & 3 \end{vmatrix} = 5$, $A_4 = (-1)^{1+3+1+2} \begin{vmatrix} 0 & 1 \\ 0 & 1 \end{vmatrix} = 0$,

$A_5 = (-1)^{4+1+1+3} \begin{vmatrix} 0 & 2 \\ 0 & 3 \end{vmatrix} = 0$, $A_6 = (-1)^{1+3+1+2} \begin{vmatrix} 0 & -1 \\ 0 & 1 \end{vmatrix} = 0$.

$\therefore D = (-2) \times 1 + 0 \times (-2) + (-1) \times 5 + 2 \times 0 + 6 \times 0 + (-1) \times 0 = -7$.

2. 系数行列式 $D = \begin{vmatrix} a & b & c & d \\ b & -a & d & -c \\ c & -d & -a & b \\ d & c & -b & -a \end{vmatrix}$,

$D^2 = DD' = \begin{vmatrix} a & b & c & d \\ b & -a & d & -c \\ c & -d & -a & b \\ d & c & -b & -a \end{vmatrix} \begin{vmatrix} a & b & c & d \\ b & -a & -d & c \\ c & -d & -a & -b \\ d & c & b & -a \end{vmatrix}$

$= \begin{vmatrix} a^2+b^2+c^2+d^2 & 0 & 0 & 0 \\ 0 & a^2+b^2+c^2+d^2 & & \\ 0 & & a^2+b^2+c^2+d^2 & \\ 0 & & & a^2+b^2+c^2+d^2 \end{vmatrix}$

$= (a^2+b^2+c^2+d^2)^4$.

因 a, b, c, d 不全为 0,有 $(a^2+b^2+c^2+d^2)^4 \neq 0$,即 $D \neq 0$,故原方程组只有零解.

习题 3-2

1. $A+B = \begin{pmatrix} 2 & 0 & 1 \\ 1 & 4 & 0 \end{pmatrix}$; $A-B = \begin{pmatrix} 8 & -4 & 1 \\ 5 & 4 & -2 \end{pmatrix}$; $2A-3B = \begin{pmatrix} 19 & -10 & 2 \\ 12 & 8 & -5 \end{pmatrix}$.

2. (1) $\begin{bmatrix} 35 \\ 6 \\ 49 \end{bmatrix}$;　(2) $\begin{bmatrix} 2 & 0 \\ 3 & 2 \\ 1 & 4 \end{bmatrix}$;　(3) $\begin{bmatrix} 8 & -2 & 1 \\ -1 & 9 & 0 \\ -9 & -3 & 1 \\ -1 & 2 & 1 \end{bmatrix}$;　(4) 0;

(5) $\begin{bmatrix} 2 & 3 & -1 \\ -2 & -3 & 1 \\ -2 & -3 & 1 \end{bmatrix}$;　(6) $a_{11}x_1^2 + 2a_{12}x_1x_2 + a_{22}x_2^2$;

(7) $\begin{pmatrix} -5 & -2 \\ 4 & 0 \end{pmatrix}$;

(8) $\begin{vmatrix} \lambda_1^5 & 0 & 0 \\ 0 & \lambda_2^5 & 0 \\ 0 & 0 & \lambda_3^5 \end{vmatrix}$.

3. $\begin{vmatrix} -6 & 1 & 3 \\ 12 & -4 & 9 \\ -10 & -1 & 16 \end{vmatrix}$.

4. (1) 取 $A = \begin{pmatrix} 1 & 1 \\ -1 & -1 \end{pmatrix} \neq 0$, 而 $A^2 = 0$;

(2) 取 $A = \begin{pmatrix} 1 & 0 \\ 0 & 0 \end{pmatrix}$, 有 $A \neq 0$, $A \neq E$, 而 $A^2 = A$;

(3) 取 $A = \begin{pmatrix} 1 & 0 \\ 0 & 0 \end{pmatrix}$, $X = \begin{pmatrix} 1 & 0 \\ 0 & 0 \end{pmatrix}$, $Y = \begin{pmatrix} 1 & 0 \\ 0 & 1 \end{pmatrix}$, 有 $X \neq Y$, 而 $AX = AY$.

8. $\begin{pmatrix} 1 & 0 \\ n\lambda & 1 \end{pmatrix}$.

9. $A^2 = \begin{pmatrix} 1 & 2 & 1 & 0 \\ 0 & 1 & 2 & 1 \\ 0 & 0 & 1 & 2 \\ 0 & 0 & 0 & 1 \end{pmatrix}$; $A^3 = \begin{pmatrix} 1 & 3 & 3 & 1 \\ 0 & 1 & 3 & 3 \\ 0 & 0 & 1 & 3 \\ 0 & 0 & 0 & 1 \end{pmatrix}$; $A^n = \begin{pmatrix} 1 & C_n^1 & C_n^2 & C_n^3 \\ 0 & 1 & C_n^1 & C_n^2 \\ 0 & 0 & 1 & C_n^1 \\ 0 & 0 & 0 & 1 \end{pmatrix}$.

10. $A^T A = \begin{pmatrix} 14 & -4 & 8 \\ -4 & 2 & -2 \\ 8 & -2 & 10 \end{pmatrix}$; $AA^T = \begin{pmatrix} 4 & -2 & 6 \\ -2 & 3 & -1 \\ 6 & -1 & 19 \end{pmatrix}$.

12. $|E + A| = 0$.

习题 3-3

1. (1) $\begin{pmatrix} 1 & 2 & -2 & 1 & 5 \\ 0 & -3 & 4 & -3 & -2 \\ 0 & 3 & 0 & 0 & -1 \\ 0 & 0 & 0 & 0 & 0 \end{pmatrix}$;

(2) $\begin{vmatrix} 1 & -2 & -1 & 0 & 2 \\ 0 & 3 & 2 & 8 & -3 \\ 0 & 0 & 0 & 3 & -1 \\ 0 & 0 & 0 & 0 & 0 \end{vmatrix}$.

2. (1) $\begin{pmatrix} 0 & 1 & 0 & 5 \\ 0 & 0 & 1 & 3 \\ 0 & 0 & 0 & 0 \end{pmatrix}$;

(2) $\begin{vmatrix} 1 & 0 & 2 & 0 & -2 \\ 0 & 1 & -1 & 0 & 3 \\ 0 & 0 & 0 & 1 & 4 \\ 0 & 0 & 0 & 0 & 0 \end{vmatrix}$.

3. $\begin{pmatrix} 1 & 0 & 0 & 6 & 3 & 4 \\ 0 & 1 & 0 & 4 & 2 & 3 \\ 0 & 0 & 1 & 9 & 4 & 6 \end{pmatrix}$.

4. $\begin{pmatrix} a_3 & a_2 & a_1 \\ b_3 & b_2 & b_1 \\ c_3 & c_2 & c_1 \end{pmatrix}$.

5. C

习题 3-4

1. (1) $A^* = \begin{pmatrix} 1 & 3 & 3 \\ 2 & -4 & 1 \\ 1 & -2 & -2 \end{pmatrix}$; (2) $A^* = \begin{pmatrix} 0 & 0 & 0 \\ -24 & 12 & 0 \\ 16 & -8 & 0 \end{pmatrix}$.

2. (1) $\begin{pmatrix} \dfrac{5}{17} & \dfrac{1}{17} \\ \dfrac{2}{17} & \dfrac{-3}{17} \end{pmatrix}$; (2) $\begin{pmatrix} \cos\theta & \sin\theta \\ -\sin\theta & \cos\theta \end{pmatrix}$; (3) $\begin{pmatrix} 0 & 0 & 1 \\ 0 & 1 & 0 \\ 1 & 0 & 0 \end{pmatrix}$; (4) 不可逆;

(5) 不可逆; (6) $\begin{pmatrix} 1 & -1 & 0 & 0 \\ 0 & 1 & -1 & 0 \\ 0 & 0 & 1 & -1 \\ 0 & 0 & 0 & 1 \end{pmatrix}$; (7) $\begin{pmatrix} 1 & 0 & 0 & 0 \\ -a & 1 & 0 & 0 \\ 0 & -a & 1 & 0 \\ 0 & 0 & -a & 1 \end{pmatrix}$;

(8) $\begin{pmatrix} 22 & -17 & -1 & 4 \\ -6 & 5 & 0 & -1 \\ -26 & 20 & 2 & -5 \\ 17 & -13 & -1 & 3 \end{pmatrix}$.

3. $(A^*)^{-1} = \begin{pmatrix} 5 & -2 & -1 \\ -2 & 2 & 0 \\ -1 & 0 & 1 \end{pmatrix}$.

4. (1) $X = \begin{pmatrix} 1 & 2 & 3 \\ 4 & 5 & 6 \\ 7 & 8 & 9 \end{pmatrix}$; (2) $X = \begin{pmatrix} 1 & -1 & 1 \\ -1 & 1 & 1 \\ 1 & 1 & -1 \end{pmatrix}$; (3) $X = \begin{pmatrix} 1 & 1 \\ \dfrac{1}{4} & 0 \end{pmatrix}$.

5. (1) 提示: $B = E_4(2,3)A$; (2) $E_4(2,3)$.

习题 3-5

1. $AB = \begin{pmatrix} 2 & 1 & 0 & 0 \\ -1 & -2 & 0 & 0 \\ 0 & 0 & 1 & 2 \\ 0 & 0 & 2 & 4 \end{pmatrix}$.

2. $|A| = 3$; $|A^{10}| = 3^{10}$; $AA^T = \begin{pmatrix} 2 & 5 & 0 & 0 \\ 5 & 13 & 0 & 0 \\ 0 & 0 & 13 & 2 \\ 0 & 0 & 2 & 1 \end{pmatrix}$.

3. $\begin{pmatrix} 0 & A \\ B & 0 \end{pmatrix}^{-1} = \begin{pmatrix} 0 & B^{-1} \\ A^{-1} & 0 \end{pmatrix}$.

4. $D = \begin{pmatrix} A^{-1} & 0 \\ -B^{-1}CA^{-1} & B^{-1} \end{pmatrix}$.

5. $A^{-1} = \begin{bmatrix} 0 & 0 & 1 & 0 \\ 0 & 0 & 0 & 1 \\ 1 & \dfrac{2}{3} & 0 & 0 \\ 0 & \dfrac{1}{3} & 0 & 0 \end{bmatrix}$.

习题 3-6

1. 能, 能, 不能.

2. (1) 3; (2) 2; (3) 3; (4) 2.

3. $a = 2$.

4. $\lambda = 1$ 时, $r(A) = 2$.

习题 4-1

1. (1) $\begin{bmatrix} x_1 \\ x_2 \\ x_3 \end{bmatrix} = \begin{bmatrix} 3 \\ 1 \\ -2 \end{bmatrix}$; (2) 无解; (3) $\begin{bmatrix} x_1 \\ x_2 \\ x_3 \end{bmatrix} = \begin{bmatrix} 1 \\ 2 \\ 1 \end{bmatrix}$.

2. (1) 有非零解; (2) 有非零解.

习题 4-2

1. (1) $\begin{bmatrix} x_1 \\ x_2 \\ x_3 \end{bmatrix} = \begin{bmatrix} 3 \\ 1 \\ -2 \end{bmatrix}$; (2) $\begin{bmatrix} x_1 \\ x_2 \\ x_3 \end{bmatrix} = \begin{bmatrix} 1 \\ 0 \\ 0 \end{bmatrix}$; (3) 无解; (4) $\begin{bmatrix} x \\ y \\ z \end{bmatrix} = \begin{bmatrix} -2k-1 \\ k+2 \\ k \end{bmatrix}$.

2. (1) $\lambda \neq 0$ 且 $\lambda \neq 1$ 时有唯一解, $\lambda = 1$ 时无解, $\lambda = 0$ 时有无穷多解 $\begin{bmatrix} x_1 \\ x_2 \\ x_3 \end{bmatrix} = \begin{bmatrix} -c \\ c \\ c \end{bmatrix}$;

(2) $\lambda \neq 10$ 且 $\lambda \neq 1$ 时有唯一解, $\lambda = 10$ 时无解, $\lambda = 1$ 时有无穷多解

$$\begin{bmatrix} x_1 \\ x_2 \\ x_3 \end{bmatrix} = \begin{bmatrix} -2k_1 + k_2 + 1 \\ k_1 \\ k_2 \end{bmatrix}.$$

3. (1) $a \neq 1$ 且 $b \neq 0$ 时有唯一解 $\begin{bmatrix} x_1 \\ x_2 \\ x_3 \end{bmatrix} = \begin{bmatrix} \dfrac{1-2b}{b(1-a)} \\ \dfrac{1}{b} \\ \dfrac{4b-2ab-1}{b(1-a)} \end{bmatrix}$, $a = 1$ 且 $b = \dfrac{1}{2}$ 时有无穷解

$$\begin{bmatrix} x_1 \\ x_2 \\ x_3 \end{bmatrix} = \begin{bmatrix} 2-c \\ 2 \\ c \end{bmatrix};$$

$$(2)\ a=0\ 且\ b=2\ 时有解\begin{pmatrix}x_1\\x_2\\x_3\\x_4\\x_5\end{pmatrix}=\begin{pmatrix}-2+c_1+c_2+5c_3\\3-2c_1-2c_2-6c_3\\c_1\\c_2\\c_3\end{pmatrix}.$$

4. 略.

习题 4-3

1. 提示：将四个点的坐标分别代入三次曲线的方程，得到非齐次线性方程组 $\sum_{j=0}^{3}a_jx_i^j=y_i$，

$i=1,2,3,4$；系数行列式记为 D，有唯一解 $a_j=\dfrac{D_{j+1}}{D}$，$j=1,2,3,4$.

2. 甲、乙、丙三种化肥各需要 3 千克、5 千克和 15 千克.

3. $x=\begin{pmatrix}400\\250\\300\end{pmatrix}.$

4. $\begin{pmatrix}x_1\\x_2\\x_3\\x_4\\x_5\end{pmatrix}=\begin{pmatrix}40+c\\30+c\\20\\40+c\\c\end{pmatrix}.$

习题 4-4

1. 略.

2. $\begin{cases}x_3=-x_1+2x_2\\x_4=1\end{cases}.$

3—5. 略.

习题 5-1

1. (1)(3)(4) 是；其余否.

2. (1) $\left(-\dfrac{1}{3},-\dfrac{1}{2},\dfrac{7}{6}\right)$；　　(2) $(-2,1,-10)$.

3. 提示：转化为齐次线性方程组有无非零解的问题.
4. 解题思路类似于第 3 题.
5—10. 略.

习题 5-2

1. (1) 是；　　(2) 是；　　(3) 不是；　　(4) 不是.
2—7. 略.

习题 5-3

1. (1) 线性无关；   (2) 线性无关；   (3) 线性相关.
2—6. 略.
7. (1) 错；   (2) 对；   (3) 对；   (3) 错.
8—10. 略.

习题 5-4

1. $n+1$ 维.   (1) 不是；   (2) 是.
2. (1) 2；   (2) 2；   (3) 3.
3. $(0, 0, 1, 0)$, $(0, 0, 0, 1)$.   注：答案不唯一.
4. $\dfrac{n(n+1)}{2}$.
5. C 看成它的本身上的向量空间的维数是 1.
6—9. 略.

习题 5-5

1. $T = \begin{pmatrix} 0 & 0 & \cdots & 0 & 1 \\ 1 & 0 & \cdots & 0 & 0 \\ 0 & 1 & \cdots & 0 & 0 \\ \vdots & \vdots & & \vdots & \vdots \\ 0 & 0 & \cdots & 1 & 0 \end{pmatrix}$.

2. (1) $\begin{pmatrix} 0 \\ 0 \\ 1 \\ 2 \end{pmatrix}$；   (2) $\begin{pmatrix} 1 \\ 0 \\ 0 \\ 0 \end{pmatrix}$；   (3) $\begin{pmatrix} 4 \\ -4 \\ 0 \\ 4 \end{pmatrix}$；   (4) $\begin{pmatrix} 0 \\ 0 \\ 1 \\ -1 \end{pmatrix}$.

3. $(1, 1, 1, -1)$.

4. $\begin{pmatrix} \dfrac{7}{4} & \dfrac{1}{2} & \dfrac{7}{4} \\ \dfrac{9}{4} & \dfrac{1}{2} & \dfrac{5}{4} \\ \dfrac{1}{4} & -\dfrac{5}{2} & -\dfrac{3}{4} \end{pmatrix}$.

5. 略.

习题 5-6

1. 由本章第四节习题 5 知，复数域 C 作为是实数 R 上向量空间，维数是 2，因此它与 V_2 同构.
2—3. 略.

习题 5-7

1—4. 略.

5. 基础解系为 $\xi_1 = \begin{pmatrix} 1 \\ -2 \\ 1 \\ 0 \\ 0 \end{pmatrix}, \xi_2 = \begin{pmatrix} 1 \\ -2 \\ 0 \\ 1 \\ 0 \end{pmatrix}$. 　注：答案不唯一.

6. 导出齐次方程组的基础解系 $\eta = (-1, 1, 1, 0)^T$，方程特解 $\eta^* = (-8, 13, 0, 2)^T$，方程一般解为 $x = k\eta + \eta^*, (k \in F)$.

7. $\begin{cases} x_1 - 2x_2 + x_3 = 0 \\ 2x_1 - 3x_2 + x_4 = 0 \end{cases}$ 　注：答案不唯一.

8—10. 略.

习题 6-1

1.(1) 当 $\alpha = 0$ 时，σ 是 R^3 到自身的线性映射；当 $\alpha \neq 0$ 时，σ 不是 R^3 到自身的线性映射；

(2) 是；　　　　　　(3) 不是；　　　　　　(4) 不是.

2—3. 略.

4. 线性映射 σ 的核和像的维数都是 2 维.

5—6. 略.

习题 6-2

1. $F[x]$ 的求导变换和求原函数变换一般不满足交换律.

2—5. 略.

6.(1) 略；　　　　　　(2) $\mathrm{Ker}(\sigma)$ 和 $\mathrm{Im}(\sigma)$ 的维数分别是 $n-1$ 和 1.

习题 6-3

1.(1) $\begin{pmatrix} 0 & 1 & 0 & \cdots & 0 \\ 0 & 0 & 2 & \cdots & 0 \\ \vdots & \vdots & \vdots & & \vdots \\ 0 & 0 & 0 & \cdots & n \\ 0 & 0 & 0 & \cdots & 0 \end{pmatrix}$;　　(2) $\begin{pmatrix} 0 & 1 & 0 & \cdots & 0 \\ 0 & 0 & 1 & \cdots & 0 \\ \vdots & \vdots & \vdots & & \vdots \\ 0 & 0 & 0 & \cdots & 1 \\ 0 & 0 & 0 & \cdots & 0 \end{pmatrix}$.

2.(1) $\begin{pmatrix} 1 & 0 & 0 \\ 0 & 2 & 0 \\ 0 & 0 & 3 \end{pmatrix}$;　　(2) $\begin{pmatrix} -5 \\ 8 \\ 0 \end{pmatrix}$.

3—8. 略.

习题 6-4

1—4. 略.

习题 6-5

1.(1) A 的实特征根是 1 和 2(二重)，属于特征根 1 的特征向量为 $a(1, 1, 1), a \neq 0$，属于特征根 2 的特征向量为 $a(-2, -1, 1), a \neq 0$；

（2）A 的实特征根是 1，属于特征根 1 的特征向量为 $a(1,2,1)$，$a \neq 0$；

（3）A 的实特征根是 0，2 和 -3，属于特征根 0 的特征向量为 $a(2,0,-1)$，$a \neq 0$，属于特征根 2 的特征向量为 $b(12,-5,3)$，$b \neq 0$，属于特征根 -3 的特征向量为 $c(1,0,-1)$，$c \neq 0$.

2. $k = 1$ 或 -2.

3—10. 略.

习题 6-6

1. 在实数域 R 上，本章第五节习题 1 中只有第三个矩阵

$$\begin{pmatrix} 3 & 6 & 6 \\ 0 & 2 & 0 \\ -3 & -12 & -6 \end{pmatrix}$$

可以对角化，且过渡矩阵为

$$T = \begin{pmatrix} -2 & 12 & 1 \\ 0 & -5 & 0 \\ 1 & 3 & -1 \end{pmatrix},$$

对角化矩阵为

$$T^{-1}AT = \Lambda = \begin{pmatrix} 0 & 0 & 0 \\ 0 & 2 & 0 \\ 0 & 0 & -3 \end{pmatrix}.$$

在复数域 C 上，除第三个矩阵外，还有第二个.

2. $A^{10} = \begin{pmatrix} -1\,022 & -2\,046 & 0 \\ 1\,023 & 2\,047 & 0 \\ 1\,023 & 2\,046 & 1 \end{pmatrix}$.

3. $A = \dfrac{1}{3}\begin{pmatrix} -1 & 0 & 2 \\ 0 & 1 & 2 \\ 2 & 2 & 0 \end{pmatrix}$，$A^{50} = \dfrac{1}{9}\begin{pmatrix} 5 & 4 & -2 \\ 4 & 5 & 2 \\ -2 & 2 & 8 \end{pmatrix}$.

4. $x + y = 0$.

5. $a = -1$，$b = -3$. 因 A 有三个不同的特征值 $\lambda_1 = -2$，$\lambda_2 = -1$，$\lambda_3 = 1$，故 A 可对角化.

6—11. 略.

习题 7-1

1. 略.

2. （1）$\dfrac{\pi}{2}$； （2）$\dfrac{\pi}{4}$； （3）$\arccos \dfrac{3}{\sqrt{77}}$.

3. $\arccos \dfrac{1}{\sqrt{n}}$.

4. η，$-\eta$. 其中 $\eta = \dfrac{1}{57}(-34,44,-6,11)$.

5—8. 略.

习题 7-2

1. $\left(0, \dfrac{1}{\sqrt{2}}, \dfrac{1}{\sqrt{2}}\right)$, $\left(\dfrac{2}{\sqrt{6}}, -\dfrac{1}{\sqrt{6}}, \dfrac{1}{\sqrt{6}}\right)$, $\left(\dfrac{1}{\sqrt{3}}, \dfrac{1}{\sqrt{3}}, -\dfrac{1}{\sqrt{3}}\right)$.

2. $\gamma_1 = \left(0, \dfrac{2}{\sqrt{5}}, \dfrac{1}{\sqrt{5}}, 0\right)$, $\gamma_2 = \left(\dfrac{\sqrt{30}}{6}, -\dfrac{\sqrt{30}}{30}, \dfrac{2\sqrt{30}}{30}, 0\right)$.

$\gamma_3 = \left(\dfrac{\sqrt{10}}{10}, \dfrac{\sqrt{10}}{10}, -\dfrac{\sqrt{10}}{5}, -\dfrac{\sqrt{10}}{5}\right)$, $\gamma_4 = \left(\dfrac{\sqrt{15}}{15}, \dfrac{\sqrt{15}}{15}, -\dfrac{2\sqrt{15}}{15}, \dfrac{\sqrt{15}}{5}\right)$.

3. 答案不唯一.

4—9. 略.

习题 7-3

1—6. 略.

习题 7-4

1. (1) $T = \begin{pmatrix} \dfrac{2}{3} & \dfrac{1}{3} & -\dfrac{2}{3} \\[2mm] \dfrac{1}{3} & \dfrac{2}{3} & \dfrac{2}{3} \\[2mm] -\dfrac{2}{3} & \dfrac{2}{3} & -\dfrac{1}{3} \end{pmatrix}$, $T^T A T = \begin{pmatrix} 1 & & \\ & -2 & \\ & & 4 \end{pmatrix}$;

(2) $T = \begin{pmatrix} \dfrac{2}{\sqrt{5}} & \dfrac{2}{3\sqrt{5}} & \dfrac{1}{3} \\[2mm] -\dfrac{1}{\sqrt{5}} & \dfrac{4}{3\sqrt{5}} & \dfrac{2}{3} \\[2mm] 0 & \dfrac{\sqrt{5}}{3} & -\dfrac{2}{3} \end{pmatrix}$, $T^T A T = \begin{pmatrix} 1 & & \\ & 1 & \\ & & 10 \end{pmatrix}$;

(3) $T = \dfrac{1}{2}\begin{pmatrix} 1 & 1 & 1 & 1 \\ 1 & 1 & -1 & -1 \\ 1 & -1 & 1 & -1 \\ 1 & -1 & -1 & 1 \end{pmatrix}$, $T^T A T = \begin{pmatrix} 5 & & & \\ & -5 & & \\ & & 3 & \\ & & & -3 \end{pmatrix}$;

(4) $T = \begin{pmatrix} \dfrac{\sqrt{2}}{2} & \dfrac{\sqrt{6}}{6} & \dfrac{\sqrt{3}}{6} & \dfrac{1}{2} \\[2mm] \dfrac{\sqrt{2}}{2} & -\dfrac{\sqrt{6}}{6} & -\dfrac{\sqrt{3}}{6} & -\dfrac{1}{2} \\[2mm] 0 & -\dfrac{\sqrt{6}}{3} & \dfrac{\sqrt{3}}{6} & \dfrac{1}{2} \\[2mm] 0 & 0 & \dfrac{\sqrt{3}}{2} & -\dfrac{1}{2} \end{pmatrix}$, $T^T A T = \begin{pmatrix} -4 & & & \\ & -4 & & \\ & & -4 & \\ & & & 8 \end{pmatrix}$;

$$(5)\ T=\begin{pmatrix} \dfrac{\sqrt{2}}{2} & \dfrac{\sqrt{6}}{6} & \dfrac{\sqrt{3}}{6} & \dfrac{1}{2} \\[2mm] -\dfrac{\sqrt{2}}{2} & \dfrac{\sqrt{6}}{6} & \dfrac{\sqrt{3}}{6} & \dfrac{1}{2} \\[2mm] 0 & -\dfrac{\sqrt{6}}{3} & \dfrac{\sqrt{3}}{6} & \dfrac{1}{2} \\[2mm] 0 & 0 & -\dfrac{\sqrt{3}}{2} & \dfrac{1}{2} \end{pmatrix},\ T^{T}AT=\begin{pmatrix} 0 & & & \\ & 0 & & \\ & & 0 & \\ & & & 4 \end{pmatrix}.$$

$$2.\ A=\begin{pmatrix} 1 & 0 & 0 \\[1mm] 0 & \dfrac{1}{2} & -\dfrac{1}{2} \\[2mm] 0 & -\dfrac{1}{2} & \dfrac{1}{2} \end{pmatrix}.$$

3—5. 略.

习题 7-5

1. 略.

习题 8-1

$$1.\ (1)\ A=\begin{pmatrix} 1 & 2 & 0 \\ 2 & 2 & -3 \\ 0 & -3 & -3 \end{pmatrix},\ 秩\ 3;$$

$$(2)\ A=\begin{pmatrix} 2 & 1 & 5 \\ 1 & 3 & 3 \\ 5 & 3 & 5 \end{pmatrix},\ 秩\ 3.$$

$$2.\ 令\begin{pmatrix} y_1 \\ y_2 \\ \vdots \\ y_n \end{pmatrix}=A\begin{pmatrix} x_1 \\ x_2 \\ \vdots \\ x_n \end{pmatrix},\ A=\begin{pmatrix} a_{11} & a_{12} & \cdots & a_{1n} \\ a_{21} & a_{22} & \cdots & a_{2n} \\ \cdots & \cdots & \cdots & \cdots \\ a_{n1} & a_{n2} & \cdots & a_{nn} \end{pmatrix},\ f\ 对应的矩阵为\ A^{T}A.$$

3. (1) $f=-x_2^2+x_4^2+x_1x_2-2x_1x_3+x_2x_3+x_2x_4+x_3x_4$;

(2) $f=\sum\limits_{i=1}^{n}x_i^2-2\sum\limits_{i=1}^{n-1}x_ix_{i+1}$.

4—6. 略.

习题 8-2

1. (1) $f=2y_1^2-y_2^2+4y_3^2$;

(2) $f=y_1^2-y_2^2+y_3^2$;

(3) $f=2y_1^2+7y_2^2-4y_3^2-8y_1y_2-8y_1y_3+8y_2y_3$.

2. $c=3$, $\lambda_1=0$, $\lambda_2=4$, $\lambda_3=9$.

3. (1) $P = \begin{pmatrix} 1 & -2 & -\dfrac{1}{3} \\ 0 & 1 & -\dfrac{1}{3} \\ 0 & 0 & 1 \end{pmatrix}$;

(2) $P = \begin{pmatrix} 1 & -\dfrac{1}{2} & -1 & -\dfrac{1}{2} \\ 1 & \dfrac{1}{2} & -1 & -\dfrac{1}{2} \\ 0 & 0 & 1 & -\dfrac{1}{2} \\ 0 & 0 & 0 & 1 \end{pmatrix}$;

(3) $P = \begin{pmatrix} 1 & -1 & -1 & 2 \\ 0 & 1 & 0 & -1 \\ 0 & 0 & 0 & 1 \\ 0 & 0 & 1 & 0 \end{pmatrix}$.

4. $A = \begin{pmatrix} 0 & 1 & 2 \\ 1 & 0 & 1 \\ 2 & 1 & 0 \end{pmatrix}$, $\begin{pmatrix} x_1 \\ x_2 \\ x_3 \end{pmatrix} = \begin{pmatrix} 1 & -\dfrac{1}{2} & -1 \\ 1 & -\dfrac{1}{2} & -2 \\ 0 & 0 & -1 \end{pmatrix} \begin{pmatrix} y_1 \\ y_2 \\ y_3 \end{pmatrix}$,

$f = \displaystyle\sum_{i=1}^{3}\sum_{j=1}^{3} |\, i - j\, |\, x_i x_j = 2y_1^2 - \dfrac{1}{2}y_2^2 - 4y_3^2$.

5. (1) $x = \begin{pmatrix} \dfrac{2}{3} & \dfrac{2}{3} & \dfrac{1}{3} \\ \dfrac{1}{3} & -\dfrac{2}{3} & \dfrac{2}{3} \\ -\dfrac{2}{3} & \dfrac{1}{3} & \dfrac{2}{3} \end{pmatrix} y$, $f = y_1^2 + 4y_2^2 - 2y_3^2$;

(2) $x = \begin{pmatrix} 0 & \dfrac{4}{3\sqrt{2}} & \dfrac{1}{3} \\ \dfrac{1}{\sqrt{2}} & \dfrac{1}{3\sqrt{2}} & -\dfrac{2}{3} \\ \dfrac{1}{\sqrt{2}} & -\dfrac{1}{3\sqrt{2}} & \dfrac{2}{3} \end{pmatrix} y$, $f = 9y_3^2$.

6. (1) $C = \begin{pmatrix} 1 & 0 & 0 \\ -1 & 1 & 1 \\ 0 & 0 & 1 \end{pmatrix}$, $f = -2y_1^2 + 2y_2^2 - 3y_3^2$;

$C = \begin{pmatrix} 0 & 1 & 0 \\ 1 & -1 & 1 \\ 0 & 0 & 1 \end{pmatrix}$, $f = 2y_1^2 - 2y_2^2 - 3y_3^2$.

(2) $C = \begin{pmatrix} 1 & 1 & 0 \\ 1 & -1 & -2 \\ 0 & 0 & 1 \end{pmatrix}$, $f = 2y_1^2 - 2y_2^2$;

$$C = \begin{pmatrix} 1 & -\dfrac{1}{2} & 0 \\ 1 & \dfrac{1}{2} & -2 \\ 0 & 0 & 1 \end{pmatrix}, \quad f = 2y_1^2 - \dfrac{1}{2}y_2^2.$$

7. $t = -2$, $P = \begin{pmatrix} 0 & 1 & 0 \\ \dfrac{1}{\sqrt{2}} & 0 & \dfrac{1}{\sqrt{2}} \\ -\dfrac{1}{\sqrt{2}} & 0 & \dfrac{1}{\sqrt{2}} \end{pmatrix}$.

习题 8-3

1. (1) B;   (2) C.

2. 略.

3. 秩为 $2n$, 符号差为 0.

4—5. 略.

6. 若 a, b, c 全为零, 秩与符号差都等于 0;

    若 a, b, c 不全为零, 当 $abc = 0$ 时, 秩为 2, 符号差为 0;

                                      当 $abc > 0$ 时, 秩为 3, 符号差为 -1;

                                      当 $abc < 0$ 时, 秩为 3, 符号差为 1.

7. 略.

习题 8-4

1. (1) 正定;   (2) 负定;   (3) 正定.

2. (1) 负定;   (2) 不定;   (3) 正定.

3. 不正确, 因为他使用的线性变换是不可逆的.

4. $|t| < \sqrt{\dfrac{5}{3}}$.

5. $0 < t < \dfrac{4}{5}$.

6—9. 略.